国家职业资格培训教材
技能型人才培训用书

化学检验工(初级)

第2版

国家职业资格培训教材编审委员会　组编
朱伟军　主编

机械工业出版社

本书是依据《国家职业标准　化学检验工》（初级）的知识要求和技能要求，按照满足岗位培训需要的原则编写的。本书的主要内容包括：职业道德与安全生产、化学检验基础知识、样品交接、检验准备、采样、检验和测定、测后工作、设备的维护与保养、安全实验。本书末还附有试题库、模拟试卷样例及答案，以便于企业培训、考核和读者自查自测。

本书主要用作企业培训和职业技能鉴定培训教材，也可作为技工学校、职业院校以及各种短训班的教学用书，还可供有关人员自学使用。

图书在版编目（CIP）数据

化学检验工：初级/朱伟军主编；国家职业资格培训教材编审委员会组编．—2版．—北京：机械工业出版社，2013.7（2025.11重印）
国家职业资格培训教材．技能型人才培训用书
ISBN 978-7-111-42664-6

Ⅰ.①化…　Ⅱ.①朱…②国…　Ⅲ.①化工产品—检验—技术培训—教材　Ⅳ.①TQ075

中国版本图书馆CIP数据核字（2013）第113560号

机械工业出版社（北京市百万庄大街22号　邮政编码100037）
策划编辑：王华庆　责任编辑：王华庆
版式设计：霍永明　责任校对：陈　越
封面设计：饶　薇　责任印制：邓　博

北京中科印刷有限公司印刷
2025年11月第2版第9次印刷
169mm×239mm·23印张·446千字
标准书号：ISBN 978-7-111-42664-6
定价：39.80元

凡购本书，如有缺页、倒页、脱页，由本社发行部调换

电话服务	网络服务
社服务中心：(010)88361066	教材网：http://www.cmpedu.com
销售一部：(010)68326294	机工官网：http://www.cmpbook.com
销售二部：(010)88379649	机工官博：http://weibo.com/cmp1952
读者购书热线：(010)88379203	**封面无防伪标均为盗版**

国家职业资格培训教材（第2版）

编 审 委 员 会

第2版 序

在“十五”末期，为贯彻落实“全国职业教育工作会议”和“全国再就业会议”精神，加快培养一大批高素质的技能型人才，机械工业出版社精心策划了与原劳动和社会保障部《国家职业标准》配套的《国家职业资格培训教材》。这套教材涵盖41个职业工种，共172种，有十几个省、自治区、直辖市相关行业的200多名工程技术人员、教师、技师和高级技师等从事技能培训和鉴定的专家参加编写。教材出版后，以其兼顾岗位培训和鉴定培训需要，理论、技能、题库合一，便于自检自测的特点，受到全国各级培训、鉴定部门和广大技术工人的欢迎，基本满足了培训、鉴定和读者自学的需要，在“十一五”期间为培养技能人才发挥了重要作用，本套教材也因此成为国家职业资格鉴定考证培训及企业员工培训的品牌教材。

2010年，《国家中长期人才发展规划纲要（2010—2020年）》、《国家中长期教育改革和发展规划纲要（2010—2020年）》、《关于加强职业培训促就业的意见》相继颁布和出台，2012年1月，国务院批转了七部委联合制定的《促进就业规划（2011—2015年）》，在这些规划和意见中，都重点阐述了加大职业技能培训力度、加快技能人才培养的重要意义，以及相应的配套政策和措施。为适应这一新形势，同时也鉴于第1版教材所涉及的许多知识、技术、工艺、标准等已发生了变化的实际情况，我们经过深入调研，并在充分听取了广大读者和业界专家意见的基础上，决定对已经出版的《国家职业资格培训教材》进行修订。本次修订，仍以原有的大部分作者为班底，并保持原有的“以技能为主线，理论、技能、题库合一”的编写模式，重点在以下几个方面进行了改进：

1. 新增紧缺职业工种——为满足社会需求，又开发了一批近几年比较紧缺的以及新增的职业工种教材，使本套教材覆盖的职业工种更加广泛。

2. 紧跟国家职业标准——按照最新颁布的《国家职业技能标准》（或《国家职业标准》）规定的工作内容和技能要求重新整合、补充和完善内容，涵盖职业标准中所要求的知识点和技能点。

3. 提炼重点知识技能——在内容的选择上，以“够用”为原则，提炼出应重点掌握的必需专业知识和技能，删减了不必要的理论知识，使内容更加精练。

4. 补充更新技术内容——紧密结合最新技术发展，删除了陈旧过时的内容，补充了新的技术内容。

5. 同步最新技术标准——对原教材中按旧技术标准编写的内容进行更新，所有内容均与最新的技术标准同步。

6. 精选技能鉴定题库——按鉴定要求精选了职业技能鉴定试题，试题贴近教材、贴近国家试题库的考点，更具典型性、代表性、通用性和实用性。

7. 配备免费电子教案——为方便培训教学，我们为本套教材开发配备了配套的电子教案，免费赠送给选用本套教材的机构和教师。

8. 配备操作实景光盘——根据读者需要，部分教材配备了操作实景光盘。

一言概之，经过精心修订，第2版教材在保留了第1版精华的同时，内容更加精练、可靠、实用，针对性更强，更能满足社会需求和读者需要。全套教材既可作为各级职业技能鉴定培训机构、企业培训部门的考前培训教材，又可作为读者考前复习和自测使用的复习用书，也可供职业技能鉴定部门在鉴定命题时参考，还可作为职业技术院校、技工院校、各种短训班的专业课教材。

在本套教材的调研、策划、编写过程中，得到了许多企业、鉴定培训机构有关领导、专家的大力支持和帮助，在此表示衷心的感谢！

虽然我们已经尽了最大努力，但是教材中仍难免存在不足之处，恳请专家和广大读者批评指正。

国家职业资格培训教材第2版编审委员会

第1版 序一

当前和今后一个时期，是我国全面建设小康社会、开创中国特色社会主义事业新局面的重要战略机遇期。建设小康社会需要科技创新，离不开技能人才。“全国人才工作会议”、“全国职教工作会议”都强调要把“提高技术工人素质、培养高技能人才”作为重要任务来抓。当今世界，谁掌握了先进的科学技术并拥有大量技术娴熟、手艺高超的技能人才，谁就能生产出高质量的产品，创出自己的名牌；谁就能在激烈的市场竞争中立于不败之地。我国有近一亿技术工人，他们是社会物质财富的直接创造者。技术工人的劳动，是科技成果转化为生产力的关键环节，是经济发展的重要基础。

科学技术是财富，操作技能也是财富，而且是重要的财富。中华全国总工会始终把提高劳动者素质作为一项重要任务，在职工中开展的“当好主力军，建功‘十一五’，和谐奔小康”竞赛中，全国各级工会特别是各级工会职工技协组织注重加强职工技能开发，实施群众性经济技术创新工程，坚持从行业和企业实际出发，广泛开展岗位练兵、技术比赛、技术革新、技术协作等活动，不断提高职工的技术技能和操作水平，涌现出一大批掌握高超技能的能工巧匠。他们以自己的勤劳和智慧，在推动企业技术进步，促进产品更新换代和升级中发挥了积极的作用。

欣闻机械工业出版社配合新的《国家职业标准》为技术工人编写了这套涵盖41个职业的172种“国家职业资格培训教材”。这套教材由全国各地技能培训和考评专家编写，具有权威性和代表性；将理论与技能有机结合，并紧紧围绕《国家职业标准》的知识点和技能鉴定点编写，实用性、针对性强，既有必备的理论和技能知识，又有考核鉴定的理论和技能题库及答案，编排科学，便于培训和检测。

这套教材的出版非常及时，为培养技能型人才做了一件大好事，我相信这套教材一定会为我们培养更多更好的高技能人才做出贡献！

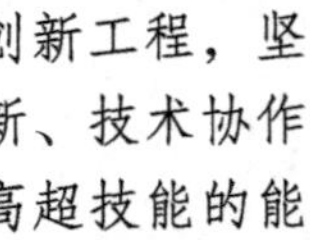

（李永安　中国职工技术协会常务副会长）

第1版 序二

为贯彻“全国职业教育工作会议”和“全国再就业会议”精神，全面推进技能振兴计划和高技能人才培养工程，加快培养一大批高素质的技能型人才，我们精心策划了这套与劳动和社会保障部最新颁布的《国家职业标准》配套的《国家职业资格培训教材》。

进入21世纪，我国制造业在世界上所占的比重越来越大，随着我国逐渐成为“世界制造业中心”进程的加快，制造业的主力军——技能人才，尤其是高级技能人才的严重缺乏已成为制约我国制造业快速发展的瓶颈，高级蓝领出现断层的消息屡屡见诸报端。据统计，我国技术工人中高级以上技工只占3.5%，与发达国家40%的比例相去甚远。为此，国务院先后召开了“全国职业教育工作会议”和“全国再就业会议”，提出了“三年50万新技师的培养计划”，强调各地、各行业、各企业、各职业院校等要大力开展职业技术培训，以培训促就业，全面提高技术工人的素质。

技术工人密集的机械行业历来高度重视技术工人的职业技能培训工作，尤其是技术工人培训教材的基础建设工作，并在几十年的实践中积累了丰富的教材建设经验。作为机械行业的专业出版社，机械工业出版社在“七五”、“八五”、“九五”期间，先后组织编写出版了“机械工人技术理论培训教材”149种，“机械工人操作技能培训教材”85种，“机械工人职业技能培训教材”66种，“机械工业技师考评培训教材”22种，以及配套的习题集、试题库和各种辅导性教材约800种，基本满足了机械行业技术工人培训的需要。这些教材以其针对性、实用性强，覆盖面广，层次齐备，成龙配套等特点，受到全国各级培训、鉴定和考工部门和技术工人的欢迎。

2000年以来，我国相继颁布了《中华人民共和国职业分类大典》和新的《国家职业标准》，其中对我国职业技术工人的工种、等级、职业的活动范围、工作内容、技能要求和知识水平等根据实际需要进行了重新界定，将国家职业资格分为5个等级：初级（5级）、中级（4级）、高级（3级）、技师（2级）、高级技师（1级）。为与新的《国家职业标准》配套，更好地满足当前各级职业培训和技术工人考工取证的需要，我们精心策划编写了这套《国家职业资格培训教材》。

这套教材是依据劳动和社会保障部最新颁布的《国家职业标准》编写的，

为满足各级培训考工部门和广大读者的需要，这次共编写了41个职业的172种教材。在职业选择上，除机电行业通用职业外，还选择了建筑、汽车、家电等其他相近行业的热门职业。每个职业按《国家职业标准》规定的工作内容和技能要求编写初级、中级、高级、技师（含高级技师）四本教材，各等级合理衔接、步步提升，为高技能人才培养搭建了科学的阶梯型培训架构。为满足实际培训的需要，对多工种共同需求的基础知识我们还分别编写了《机械制图》、《机械基础》、《电工常识》、《电工基础》、《建筑装饰识图》等近20种公共基础教材。

在编写原则上，依据《国家职业标准》又不拘泥于《国家职业标准》是我们这套教材的创新。为满足沿海制造业发达地区对技能人才细分市场的需要，我们对模具、制冷、电梯等社会需求量大又已单独培训和考核的职业，从相应的职业标准中剥离出来单独编写了针对性较强的培训教材。

为满足培训、鉴定、考工和读者自学的需要，在编写时我们考虑了教材的配套性。教材的章首有培训要点、章末配复习思考题，书末有与之配套的试题库和答案，以及便于自检自测的理论和技能模拟试卷，同时还根据需求为20多种教材配制了VCD光盘。

为扩大教材的覆盖面和体现教材的权威性，我们组织了上海、江苏、广东、广西、北京、山东、吉林、河北、四川、内蒙古等地相关行业从事技能培训和考工的200多名专家、工程技术人员、教师、技师和高级技师参加编写。

这套教材在编写过程中力求突出“新”字，做到“知识新、工艺新、技术新、设备新、标准新”；增强实用性，重在教会读者掌握必需的专业知识和技能，是企业培训部门、各级职业技能鉴定培训机构、再就业和农民工培训机构的理想教材，也可作为技工学校、职业高中、各种短训班的专业课教材。

在这套教材的调研、策划、编写过程中，曾经得到广东省职业技能鉴定中心、上海市职业技能鉴定中心、江苏省机械工业联合会、中国第一汽车集团公司以及北京、上海、广东、广西、江苏、山东、河北、内蒙古等地许多企业和技工学校的有关领导、专家、工程技术人员、教师、技师和高级技师的大力支持和帮助，在此谨向为本套教材的策划、编写和出版付出艰辛劳动的全体人员表示衷心的感谢！

教材中难免存在不足之处，诚恳希望从事职业教育的专家和广大读者不吝赐教，批评指正。我们真诚希望与您携手，共同打造职业培训教材的精品。

国家职业资格培训教材编审委员会

前言

本书第1版自出版以来，已重印多次，得到了广大读者的认可与好评。但近几年化学检验技术得到了较快发展，本书第1版所涉及的技术、工艺、标准、名词术语等有些已发生了变化，因此我们对第1版进行了修订，以使其能更好地满足读者的需求。

本书在修订过程中，以满足岗位培训需要为宗旨，以实用、够用以原则，以技术为主线，使理论为技能服务，并将理论知识和操作技能结合起来，有机地融于一本。第2版的主要特点是：

(1) 内容先进　本书在内容编排上力求结合化工生产实际，充分重视内容的先进性，尽可能反映与本职业相关联的新技术、新工艺、新设备，并采用法定计量单位和最新名词术语，以充分满足职业资格培训的需要。

(2) 最大限度地体现技能培训特色　本书以最新《国家职业标准　化学检验工》(初级)为依据，以职业技能鉴定要求为尺度，以满足本职业对从业人员的要求为目标，以岗位技能需求为出发点，确定核心技能模块，编写每一个技能训练。

(3) 配套资源丰富　本书配有电子课件，书后附有试题库、模拟试卷样例及答案，以便于教学、培训和读者自查自测。

(4) 服务目标明确　本书主要用于企业培训和职业技能鉴定培训，也可作为技工学校、职业院校以及各种短训班的教学用书，还可供有关人员自学使用。

本书由徐州工业职业技术学院朱伟军主编，徐州工业职业技术学院张惠、黄从国参加编写。朱伟军负责第三、四、七、八、九章以及知识要求试题、模拟试卷样例和附录的编写工作，并对全书进行了统稿，张惠负责第一、二章及技能要求试题的编写工作，黄从国负责第五、六章的编写工作。本书由徐州工业职业技术学院顾明华主审。

在本书编写过程中，得到了徐州工业职业技术学院领导、同事的支持和帮助，在此表示衷心的感谢！在本书的编写过程中，参阅了有关文献资料，在此向这些文献资料的作者表示衷心的感谢！

由于编者水平有限，书中难免存在缺点和不足之处，恳请广大读者批评指正

编　者

目 录

第一章

职业道德与安全生产

培训学习目标 通过本章学习，学员应了解职业道德的基本概念；掌握职业道德的原则、特点及社会作用，养成良好的职业道德；熟悉化学检验人员安全守则；掌握防毒及中毒后的现场急救方法；熟悉预防化学烧伤、玻璃割伤的方法及现场采样的安全注意事项。

第一节 职业道德

一、职业与职业道德

1. 什么是职业

所谓职业，是指由于社会分工而形成的具有特定专业和专门职责，并以此作为主要生活来源的社会活动。职业是在人类社会出现分工之后产生的一种社会现象。

职业在社会生活中主要体现出三方面的要素：一是职业职责，即每一种职业都包含着一定的社会责任，每一种职业人员必须承担一定的社会任务，为社会做出应有的贡献；二是职业权利，即每一种职业人员都有一定的职业业务权利，也就是说，只有从事这种职业的人员才享有这种权利；三是职业利益，即每种职业人员都能从职业工作中取得工资、奖金、荣誉等利益。任何一种职业都是职业职责、职业权利和职业利益的统一体。

职业既是人们谋生的手段，又是人们进行社会交往的一种主要渠道。在职业交往中必然涉及各方面的利益，那么如何调节职业交往中的矛盾问题呢？这就需要用职业道德来调节。

2. 什么是职业道德

所谓职业道德，就是从事一定职业的人员在工作或劳动过程中，所应遵循的与其特定职业活动相适应的行为规范。

每个从业人员，不论是从事哪种职业，在职业活动中都要遵守职业道德。如教师要遵守教书育人、为人师表的职业道德；医生要遵守救死扶伤的职业道德；分析检验人员要遵守实事求是、坚持原则的职业道德等。

职业道德不仅是从业人员在职业活动中的行为标准和要求，而且是本行业对社会所承担的道德责任和义务。职业道德是社会道德在职业生活中的具体化。

二、职业道德的原则

职业道德原则是职业道德体系的核心，反映职业道德的本质特征。不同的社会制度、不同的阶级，由于经济利益和政治观念不同，有着不同的职业道德原则。资产阶级的职业道德原则是极端利己主义和个人主义，为少数剥削阶级服务。社会主义的职业道德原则是社会主义集体主义原则的具体化。集体主义构成社会主义职业道德体系的灵魂和核心，是人们职业道德活动的普遍依据。具体来讲，社会主义职业道德的主要原则有：

1. 热爱社会主义

作为一项职业道德原则，热爱社会主义就是要坚持社会主义道路，坚持社会主义的整体利益高于一切。坚持这一原则，必须处理好两种关系：一是要正确处理局部利益与全局利益的关系，全局利益高于局部利益，局部利益要服从全局利益，全局利益要照顾局部利益；二是要正确处理眼前利益与长远利益的关系，长远利益高于眼前利益，眼前利益要服从长远利益，长远利益要照顾眼前利益。如果全局利益与局部利益或者长远利益与眼前利益发生冲突，那么后者必须服从前者，也就是要识大体、顾大局。

2. 坚持集体主义

集体主义主张个人与集体的一致性，集体的利益和意志高于个人的利益和意志。

集体利益与个人利益相结合是集体主义的核心。其实质是个人利益、集体利益和国家利益统筹兼顾，因为个人利益和集体利益是相互依存的。个人利益的满足和增长依赖集体事业乃至整个国家经济实力的不断发展与壮大，而集体利益、国家利益又是由无数的劳动群众创建的，没有劳动群众的个人利益，也就没有集体利益和国家的利益。所以，必须重视两者的结合。但个人利益与集体利益和国家利益相比较，集体利益、国家利益具有全局性、根本性。因此，在某种情况下，当两者发生矛盾而又不能两全时，个人利益要自觉地服从集体利益和国家利益，这才是正当的职业道德行为。

3. 忠于职守，为人民服务

忠于职守和为人民服务是从事一定职业的人，在工作、生活、劳动过程中必须遵循的职业道德原则。

由于社会分工的不同，各行各业的性质和职责也各有所异，但服务的对象都是广大人民群众。所以，作为从业人员首先要热爱人民。热爱人民就是对祖国和人民怀有深厚的炽热感情，没有这种感情，就谈不上对本职工作的热爱与忠诚，也就谈不上全心全意为人民服务。

4. 反对个人主义

个人主义是资产阶级和一切剥削阶级世界观的核心，是资产阶级道德的基本原则。其根本特征是：专致于谋取和扩大个人的特殊利益，以致为此而不惜侵犯、损害和牺牲社会公共利益和他人利益。

要健全和完善社会主义市场经济体制，净化社会风气，提高公民的职业道德素质，就必须反对个人主义。应大力提倡集体主义，坚决反对个人主义，对社会上出现的各种利己主义言行要进行抵制。

三、职业道德的特点

各种职业道德反映着由于职业不同而形成的不同的职业心理、职业习惯、职业传统和职业理想，反映着由于职业的不同所带来的道德意识和道德行为上的差别。作为一种客观存在的道德现象，职业道德具有如下特点：

1. 行业性与特定性

在范围和对象上，职业道德具有鲜明的行业性与特定性。职业道德是与职业分工、职业活动相联系的。一定的职业道德只适用于一定的职业活动范围，有多少种职业分工就会有多少种职业道德。

2. 稳定性与连续性

由于职业道德反映着社会总体需要和各种职业利益及其特殊要求，因此其在内容和结构上就会具有稳定性和连续性，形成比较稳定的职业传统习惯和比较特殊的职业心理与品格。

3. 灵活性和多样性

职业道德是为适应各种职业活动内容与交往形式的要求而形成的，因此在反映形式和表现方式上往往比较具体、灵活、多样。它既可通过严格的规章制度、严明的守则公约、严肃的作风纪律表现出来，也可以通过简单的标语口号、鲜明的誓词条例和具体的注意事项表现出来。例如，生产车间的“安全生产、质量第一”，仓库前的“严禁烟火”以及商店内的“顾客第一、热诚服务”等，都是职业道德的表现形式。

4. 严格的纪律性

纪律也是一种行为规范，既要求人们能自觉遵守，又带有一定的强制性。也就是说，一方面遵守纪律是一种美德；另一方面，遵守纪律又带有强制性，具有法令的要求。例如，工人必须执行安全规定，分析检验人员必须遵守分析操作规程等。

四、职业道德的社会作用

职业道德是社会道德体系的重要组成部分。它一方面具有社会道德的一般作用，另一方面又具有自身的特殊作用，具体表现在：

1. 协调职业交往中从业人员内部以及从业人员与服务对象之间的关系

职业道德的基本职能是协调职能。它一方面可以协调从业人员内部的关系，即运用职业道德规范约束职业内部人员的行为，促进职业内部人员的团结与合作。例如，职业道德规范要求各行各业的从业人员，都要团结、互助、爱岗、敬业、齐心协力地为发展本行业、本职业服务。另一方面，职业道德又可以协调从业人员和服务对象之间的关系。例如，职业道德规定了制造产品的工人要怎样对用户负责，分析化验人员怎样对分析化验结果负责，营销人员怎样对顾客负责，医生怎样对病人负责，教师怎样对学生负责等。

2. 有助于维护和提高本行业的信誉

一个行业、一个企业的信誉，也就是它们的形象、信用和声誉，是指企业及其产品与服务被社会公众信任的程度。提高企业的信誉主要靠产品的质量和服务质量，而从业人员职业道德水平高是产品质量和服务质量的有效保证。若从业人员职业道德水平不高，则很难生产出优质的产品和提供优质的服务。

3. 促进本行业的发展

行业、企业的发展有赖于高的经济效益，而高的经济效益源于高的员工素质。员工素质主要包含知识、能力、责任心三个方面，其中责任心是最重要的。职业道德水平高的从业人员其责任心是极强的，因此职业道德能促进本行业的发展。

4. 有助于提高全社会的道德水平

职业道德是整个社会道德的主要内容。职业道德一方面涉及每个从业者如何对待职业，如何对待工作，同时也是一个从业人员的生活态度、价值观念的表现，是一个人的道德意识、道德行为发展的成熟阶段，具有较强的稳定性和连续性。另一方面，职业道德也是一个职业集体甚至一个行业全体人员的行为表现，如果每个行业和每个职业集体都具备优良的道德，对整个社会道德水平的提高肯定会发挥重要作用。

五、化学检验工职业道德的基本要求

1. 忠于职守

职守就是工作岗位。忠于职守体现了化学检验人员对本职工作的理解、认识和负责的态度，也体现了化学检验人员干一行、爱一行、钻一行的精神。

忠于职守，就是要忠于党的事业，忠于人民的事业，在思想认识上能够正确对待不同的内部分工，正确对待不同的劳动报酬，正确对待不同的工作环境。

忠于职守还要求化学检验人员必须按照生产规程和岗位职责的要求，自觉地在自己的工作岗位上尽职尽责，搞好工作。

2. 钻研技术

技术是人类在认识自然、改造自然的实践中积累起来的有关生产劳动的知识、经验和技巧，它是完成生产任务的基础。没有过硬的技术和业务能力，产品质量、生产效率、经济效益就无从谈起，当然也就谈不上为国家、为人民做多大贡献。

随着现代化建设事业的发展，科学技术的发展日新月异，分析检验的方法也在不断发展、更新。这就要求化学检验人员必须努力学习科学文化知识，刻苦钻研业务技术，以适应分析岗位发展和分析技术不断更新的要求。无论是现在还是将来，学习科学文化知识、钻研科学技术，都是化学检验人员必须具备的重要职业道德素质。

3. 遵章守纪

章是指章程、制度；纪是指劳动纪律。遵章守纪就是要严格执行技术规范、各项分析操作规程及企业内部制度，自觉遵守劳动纪律，不迟到、不早退、不旷工、不怠工，听从指挥，服从工作调配，有严肃的工作态度，有认真的工作作风和严谨的工作秩序，对待工作一丝不苟，保证各项工作顺利完成。

4. 团结互助

团结显示的是集体的力量；互助表现的是同志间的情感和友谊。团结互助反映的是集体的友谊和凝聚力。这种友谊和力量只有建立在工人阶级感情基础上才能发挥其巨大的威力。

相互协调、密切配合、团结互助也是化学检验人员职业道德的基本要求。团结互助表现在职业实践中，一是热爱本职工作，虚心向学有专长的同志学习，形成尊重知识、尊重人才的风尚；二是岗位之间、上下工序之间认真负责，讲团结、讲友爱、讲互助、讲奉献；三是坚持原则，按章办事，不扯皮，不推诿，不刁难，不袖手旁观，不相互拆台。

5. 勤俭节约

勤俭节约直接涉及个人、企业和国家的利益，与热爱企业、热爱祖国、热爱社会主义有密切的关系，具有重要的道德意义。

6. 关心企业

热爱分析检验事业、热爱企业、热爱本职工作是化学检验人员应当具备的基本品质，只有这样，才能谈得上关心企业。关心企业，就要对企业有深厚的感情，摆正自己与企业的位置，意识到自己就是企业的主人，企业的利益就是自己的利益，企业的兴衰就是自己的兴衰。只有对分析检验事业充满热爱，关心企业的命运和前途、发展和振兴，才能把本职工作成就作为人生理想的追求，才能在个人利益与企业、国家利益相冲突时放弃和牺牲个人利益，自觉维护企业、国家利益。

7. 勇于创新

勇于创新，就是要求化学检验人员要拿出开拓创新的勇气和胆量，为实现既定的目标去积极开展有益于事业发展的实践活动，要自觉地把个人追求与分析检验事业的奋斗目标结合起来，敢于做前人未做的工作，去开创和发展分析检验事业。

第二节　安全生产

根据化验室工作的特点，化验室的安全包括防火、防爆、防中毒、防腐蚀、防烫伤、保证压力容器和电器的安全以及防止环境污染等方面。

一、化学检验人员安全守则

1）化学检验人员必须认真学习化验操作规程和有关的安全技术规程，了解仪器设备的性能及操作过程中可能发生事故的原因，掌握预防和处理事故的方法。

2）化学检验人员必须熟悉和遵守化学危险品安全使用规程以及煤气、电器设备安全守则。

3）化学检验人员应具有安全用电、防火防爆、灭火、预防中毒及中毒救治等基本安全常识。

4）化验室内禁止吸烟、进食，也不能用烧杯等仪器当茶杯使用。禁止赤膊、穿拖鞋进入化验室。

5）化验室应保持秩序井然，禁止喧哗打闹。

6）工作时应穿工作服，进行有危险性的工作时要佩带防护口罩、防护眼镜、防护手套等防护用具，不能穿实验工作服到食堂等公共场所。

7）与化验无关的人员不应在化验室久留。同时，也不允许化验人员在化验室干与化验无关的事情。

8）化验室工作结束后，应当进行安全检查，离开时要关闭一切电源、热源、水源和门窗等。

二、防毒及中毒后的现场急救

毒害性化学试剂通称为毒害品，指的是进入人体血液后导致疾病或死亡的物品。不同毒害品的致毒途径和毒害程度有所不同，因此，在日常的生产及分析工作中应注意防毒。

1. 防毒措施

1）在使用有毒气体或进行能产生有毒气体的试验时，必须在通风橱内进行操作，头部应在通风橱外面。如果发现大量毒气逸至室内，则应立即关闭气体发生器，打开门窗，并迅速停止一切试验，停水、停电，离开现场。

2）一切试剂瓶和药品瓶必须要有标签。剧毒性药品必须制订保管、使用制度，专人管理，并严格遵守。此类药品应设专柜并加锁，必须与一般药品分开。

3）在取用剧毒药品时，必须做好安全防护工作，穿防护工作服，戴防护眼镜和橡胶手套，切勿让毒物触及五官或伤口。

4）在使用剧毒药品时，必须严格遵守操作规程。使用过剧毒药品的仪器、台面，均应用水清洗干净，手和脸更应仔细洗净，沾污了的工作服需及时换洗。

5）对有毒药品的残渣必须做妥善有效的处理。若为含有氰化物的残渣，则可用亚铁盐在碱性介质中销毁，不允许乱丢乱放，不能随意倒入废物缸或废液缸中，也不能直接倒入水槽或下水道中。

5）在取用有毒试样时，需站在上风处。利用球胆取气样分析时，要保证球胆不漏气，用完后要放在室外排空。

2. 中毒的现场急救

在使用、操作毒害性及腐蚀性危险化学品时，若发生中毒、灼伤事故，则应及时采取措施进行急救，这对于减轻伤势、改善中毒症状、预防并发症、争取治疗时间是十分必要的。

在呼吸系统急性中毒时，应使中毒者迅使其速离开现场，转移到通风良好的环境中，松开衣服使其静卧，并注意防寒、防暑。若出现休克、虚脱、心肺机能不全等症状，则必须先做抗休克处理；若呼吸困难，则应做人工呼吸，给予氧气。对于心脏跳动停止者，应进行体外心脏按压，同时根据病情遵医嘱服用呼吸兴奋剂或注射强心剂。

对于口服中毒者，需立即用质量分数为 3% ~5% 的小苏打溶液或1:5000的高锰酸钾溶液洗胃。洗胃时，要使其一边喝，一边呕吐。最简单的催吐方法是用手指或筷子压住中毒者的舌根，或者给其服用少量（15 ~20mL）质量分数为 1%

的硫酸铜或硫酸锌溶液（催吐剂），使其迅速将毒物吐出。洗胃时必须反复多次进行，直至吐出物中基本没有毒物为止。洗胃后再服解毒剂，如鸡蛋清、牛奶、桔子汁等。若是吞服了汽油、煤油、强酸、强碱等，则不宜催吐。中毒以致昏迷者，也不宜催吐。

若眼部受毒物侵害，则应立即以大量清水（最好为温水）冲洗患处及其周围至少15min。

若皮肤受毒物侵害，则应立即以大量清水冲洗患处15～30min。若被碱烧伤，则可用质量分数为2%的乙酸溶液清洗。若被酸灼伤，则可用稀$NaHCO_3$溶液洗涤。

但必须明确指出，急救措施绝不能代替医生的进一步检查和治疗。

三、化学烧伤与玻璃割伤的预防

化学烧伤与玻璃割伤的预防方法如下：

1）在取用腐蚀性、刺激性药品（如强酸、强碱、浓氨水、氯化氧磷、浓过氧化氢、氢氟酸、冰乙酸和溴水等）时，应尽可能戴上橡胶手套和防护眼镜等。

2）在开启大瓶液体药品前，必须用手锯将封口石膏锯开，禁止用其他物体敲打，以免瓶子被打破。

3）稀释硫酸必须在耐热容器内进行，并且在不断搅拌下慢慢地将浓硫酸加入水中，绝对不能将水加注到浓硫酸中，否则可能会引起硫酸的溅射，造成烧伤。溶解氢氧化钠、氢氧化钾等发热物质也必须在耐热容器中进行。

4）取下盛有正在沸腾的水或溶液的容器时，必须先用烧杯夹将其夹住摇动几下，以防因溶液突然剧烈沸腾而溅出伤人。

5）在切割玻璃管（棒）及给瓶塞打孔时，必须遵照玻璃和打孔器的安全工作基本规程，以避免割伤。在往玻璃管上套橡胶管或将玻璃管插进橡胶塞孔内时，必须正确选择合适的匹配直径，将玻璃管端面烧圆滑，用水或甘油湿润管壁及塞内孔，并用布裹住手，以防玻璃管破碎时割伤手部。在把玻璃管插入塞孔内时，必须握住塞子的侧面，不能把它撑在手掌上。

6）在装配或拆卸玻璃仪器装置时，要小心地进行，以防玻璃仪器破损割伤手部。特别是在拆卸仪器时，应采取防止损坏的措施，如用金属（或厚玻璃）保护管连接在要加固的玻璃零件上，或者在连接的零件之间放置有弹性的衬垫等。

四、现场采样安全注意事项

1）进入车间需戴安全帽。

2）经过酸、碱、氨等管线下面时，若发现滴漏，不得抬头仰望，也不得在运行的设备上通行。禁止将电线作为扶手，切忌靠近高压电线。

3）登高取样时应注意安全，必要时系安全带。

4）当所采样品为危险品时，采样者要熟悉样品的危险性并采取安全防范措施。例如，在对有毒物质样品取样时，应根据样品毒性的具体情况使用防毒面具、呼吸罩等，以保护呼吸器官；戴橡胶手套或涂上保护软膏来保护皮肤；戴防护眼镜防止眼睛受伤害。当所采样品为危险品时，采样者应有第二人陪伴。

5）在通过旋塞取流体样品时，为了避免打开旋塞时流体大量流出，应有限制流出总量和流速的装置。当需要从高压设备中取气体试样时，应先使气样通过减压设备，然后再采样。

6）在任何情况下，采样者都必须确保所有被打开的器具和采样口均能够按照要求重新关闭。

复习思考题

1. 什么是职业？什么是职业道德？

2. 社会主义职业道德的主要原则有哪些？当个人利益与集体利益、国家利益发生矛盾时，应如何处理？

3. 职业道德具有哪些特点？

4. 化学检验人员在日常工作中应注意哪些安全问题？

5. 含有氰化物的残渣应如何处理？能否将其直接倒入下水道中？为什么？

6. 出现呼吸系统急性中毒时，应该如何处理？

7. 取用腐蚀性、刺激性药品时，应做哪些防护工作？

8. 进行现场采样时，应注意哪些安全事项？

第二章

化学检验基础知识

培训学习目标 通过本章学习，学员应了解化学检验方法的分类；掌握准确度、精密度的概念，误差的来源、分类及减免方法；熟练掌握有效数字的记录、修约和运算规则；了解化验室管理的基础知识；掌握化学分析的基本理论；了解常见的分析仪器。

第一节　化学检验方法的分类

按化学检验的原理、操作方法或使用仪器的不同，可将检验方法分为化学分析法和仪器分析法两大类。

一、化学分析法

化学分析法是对物质的化学组成进行以化学反应为基础的定性或定量分析的方法。

在化学分析中，由于反应类型及操作方法的不同，它又可以分为下列两类：

1. 称量分析法（重量分析法）

称量分析法是通过称量操作，测定试样中待测组分的质量，以确定其含量的一种分析方法。重量分析法又分为沉淀法和气化法。重量分析法准确度高，但操作繁琐，耗时较长，故目前应用较少。

2. 滴定分析法（容量分析法）

滴定分析法是通过滴定操作，根据所需滴定剂的体积和浓度，以确定试样中待测组分含量的一种分析方法。

滴定分析法操作简单、方便，耗时少，准确度也较高，因此在生产和科研中应用较广。

二、仪器分析法

仪器分析法是指通过光、电、电磁、热、放射能等测量仪器对物质的化学组成进行分析的方法。根据测定原理的不同，仪器分析法又可分为光学分析法、电化学分析法、色谱分析法、质谱分析法、放射化学分析法及热分析法等多种方法。

仪器分析法具有灵敏度高、分析速度快的特点，能测出含量极低的物质的含量，适用于微量或痕量成分分析和生产过程控制分析，能够完成许多化学分析方法难以完成的分析任务，是分析化学的发展方向。但是，由于目前精密分析仪器价格比较高，尚未普及，因此仪器分析法的应用受到一定的限制。化学分析法由于历史悠久，所使用的设备和仪器比较简单，测定常量组分时的准确度高；同时，在仪器分析中，试样的处理、方法准确性校验等方面也往往需要化学分析的方法和内容。所以，化学分析法目前仍在科研和生产中广泛地被采用。总之，化学分析法和仪器分析法各有优缺点，两者相辅相成，前者是基础，后者是发展方向。

第二节　化学检验数据和误差

一、准确度与精密度

1. 真值

客观存在的实际数值即为真值。一般来说，真值是未知的，但下列情况的真值可以认为是已知的。

（1）理论真值　如某化合物的理论组成等。

（2）计量学约定真值　如国际计量大会上确定的长度、质量、物质的量单位等。

（3）相对真值　认定精度高一个数量级的测定值作为低一级测量值的真值，这种真值是相对而言的。例如，厂矿实验室中标准试样及管理试样中组分的含量等可视为真值。

2. 准确度

准确度表示测试结果与被测量真值或约定真值间的一致程度。它们之间的差别越小，分析结果越准确，即准确度越高。

3. 精密度

在规定条件下，相互独立的测试结果之间的一致程度称为精密度。几次分析结果的数值越接近，分析结果的精密度就越高。

4. 准确度和精密度两者之间的关系

在对一组平行测定结果进行评价时，要同时检测其准确度和精密度。例如，甲、乙、丙三人同时测定铁矿石中 Fe_2O_3 的含量（真实含量以质量分数表示为 50.36%），各分析四次，测定结果见表2-1及图2-1。

表2-1　铁矿石中 Fe_2O_3 的质量分数测定结果

测定人	1	2	3	4	平均值
甲	50.30%	50.30%	50.28%	50.29%	50.29%
乙	50.40%	50.30%	50.25%	50.23%	50.30%
丙	50.36%	50.35%	50.34%	50.33%	50.35%

由图2-1可看出，甲分析结果的精密度很好，但平均值与真实值相差较大，说明准确度低；乙分析结果的精密度不高，准确度也不高；只有丙分析结果的精密度和准确度都比较高。所以，精密度高的准确度不一定就高，但准确度高的精密度一定要高。如果一组数据精密度很差，那么也就失去了衡量准确度的前提。

5. 误差

准确度的高低用误差（E）来衡量。误差是指测量结果（x）与真实值（x_T）之差。误差越小，表示测量结果与真实值越接近，准确度越高；反之，误差越大，准确度越低。误差可用绝对误差（E_a）与相对误差（E_r）两种方法表示。

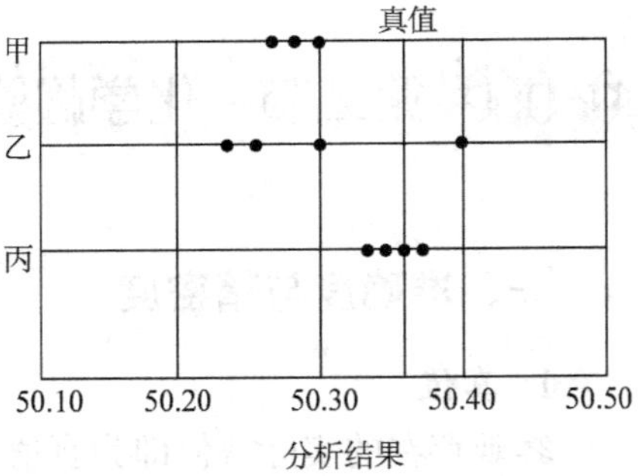

图2-1　不同分析人员的分析结果

绝对误差 E_a 表示测量结果与真实值之间的代数差，即

$$E_a = x - x_T \tag{2-1}$$

相对误差是指绝对误差 E_a 在真实值中所占的百分比，即

$$E_r = \frac{E_a}{x_T} \times 100\% \tag{2-2}$$

例如，测定某铝合金中铝的质量分数为81.18%，已知其真实值为81.13%，则绝对误差为

$$E_a = 81.18\% - 81.13\% = 0.05\%$$

相对误差为

$$E_r = \frac{E_a}{x_T} \times 100\% = \frac{0.05\%}{81.13\%} \times 100\% = 0.062\%$$

绝对误差和相对误差都有正值和负值之分。当误差为正值时，表示测定结果

偏高；当误差为负值时，表示测定结果偏低。相对误差能反映误差在真实结果中所占的比例，使得各种情况下测量结果的准确度比较起来更为方便，因此最常用。但应注意，在说明一些仪器测量的准确度时，用绝对误差更清楚。例如分析天平的称量误差是 ±0.0002g，常量滴定管的读数误差是 ±0.02mL 等，这些都是用绝对误差来说明的。

6. 偏差

精密度的高低常用偏差（d）来衡量。偏差小，说明测定结果精密度高；偏差大，说明测定结果精密度低，测定结果不可靠。偏差是指测定值（x）与几次测定结果平均值（$\bar{x}$）之差。与误差相似，偏差也有绝对偏差和相对偏差。设一组测量值为 x_1、x_2、…、x_n，其算术平均值为$\bar{x}$，单次测量值为 x_i，其偏差可表示为

绝对偏差 $$d_i = x_i - \bar{x} \tag{2-3}$$

相对偏差 $$d_r = \frac{d_i}{\bar{x}} \times 100\% \tag{2-4}$$

由于在几次平行测定中各次测定的偏差有负有正，有些还可能是零，因此为了说明分析结果的精密度，通常以单次测量偏差绝对值的平均值，即平均偏差 $\bar{d}$ 表示其精密度。

$$\bar{d} = \frac{|d_1| + |d_2| + \cdots + |d_n|}{n} = \frac{|x_1 - \bar{x}| + |x_2 - \bar{x}| + \cdots + |x_n - \bar{x}|}{n} \tag{2-5}$$

测量结果的相对平均偏差为

$$\bar{d}_r = \frac{\bar{d}}{\bar{x}} \times 100\% \tag{2-6}$$

7. 标准偏差

标准偏差又称为均方根偏差（S），其数学表达式为

$$S = \sqrt{\frac{\sum (x_i - \bar{x})^2}{n - 1}} \tag{2-7}$$

标准偏差与算术平均值的绝对值之比称为相对标准偏差（RSD），又称为变异系数或变动系数（CV），通常以百分数表示。其计算式为

$$CV = \frac{S}{|\bar{x}|} \times 100\% \tag{2-8}$$

用标准偏差表示精密度比用平均偏差表示更合理。因为单次测定值的偏差经平方以后，较大的偏差就能显著地被反映出来。所以在生产和科研的分析报告中常用标准偏差表示分析结果的精密度。

8. 极差

在一组测量数据中，最大值（x_{max}）与最小值（x_{min}）之差称为极差，用字母 R 表示。

$$R = x_{max} - x_{min} \tag{2-9}$$

用该方法表示误差十分简单，适用于少数几次测定中估计误差的范围。它的不足之处是没有利用全部测量数据。

二、分析结果的报告

不同的分析任务，对分析结果准确度的要求不同。平行测定的次数不同，分析结果的报告也不同。

1. 例行分析

在例行分析中，一般一个试样做两次平行测定。如果两次分析结果之差不超过双面公差（即公差的2倍），则取平均值报告分析结果；如果超过双面公差，则需再做一份分析，最后取两个差值小于双面公差的数据，以平均值报告分析结果。

2. 多次测量

对于多次测量，通常用两种方式报告分析结果：一是采用测量值的算术平均值及算术平均偏差；另一种是采用测量值的算术平均值及标准偏差。

三、误差的来源及减免方法

在定量分析中，对于各种原因导致的误差，根据其性质的不同，可以将其区分为系统误差与随机误差两大类。

1. 系统误差

系统误差是在分析过程中由某些固定的原因所引起的误差。它具有重复性和单向性。系统误差的大小、符号（正、负）在理论上是可以测定的，所以又称为可测误差。系统误差主要来源于以下几种情况：

（1）仪器误差　仪器、量器不准（如移液管的刻度不准确、分析天平所用的砝码未经校正等）所引起的误差。

（2）试剂误差　所使用的试剂纯度不够（如试剂不纯、蒸馏水中含微量待测组分等）引起的误差。

（3）方法误差　分析方法本身的缺陷（如在称量分析中选择的沉淀形式，其溶解度较大或称量形式不稳定等）引起的误差。

（4）操作误差　操作者的主观因素（如滴定终点颜色的辨别经常偏深或过浅等）造成的误差。

2. 随机误差

随机误差（又称为偶然误差）是由于测量过程中许多因素随机作用而形成的具有抵偿性的误差。例如，环境温度、压力、湿度、仪器的微小变化、分析人员对各份试样处理时的微小差别等，这些不确定的因素都会引起随机误差。随机误差是不可避免的，即使是优秀的分析人员，很仔细地对同一试样进行多次测定，也不可能得到完全一致的分析结果，而是有高有低。随机误差产生的确定原因不易被找出，似乎没有规律性，但如果进行多次测定，就会发现测定数据的分布符合一般的统计规律。

随机误差的大小决定分析结果的精密度。在消除了系统误差的前提下，如果严格操作，增加测定次数，分析结果的算术平均值就趋近于真实值。也就是说，采用“多次测定，取平均值”的方法可以减小随机误差。

在定量分析中，除系统误差和随机误差外，还有一类“过失”误差，即操作者粗心大意，不遵守操作规程所造成的差错。例如，溶液溅失、沉淀穿滤、加错试剂、读错刻度、记录和计算错误等，往往使分析结果有较大的误差。这种“过失”误差不能算作随机误差，若证实某测量结果是由过失引起的，则应弃去不用。

3. 误差的减免方法

（1）选择合适的分析方法　各种分析方法的准确度是不相同的。在选择分析方法时，主要根据组分含量对准确度的要求，在可能的条件下选择最佳的分析方法。

（2）增加平行测定次数　由于在消除系统误差的前提下，平行测定次数越多，平均值就越接近真实值，因此增加测定次数可以减小随机误差。但测定次数过多意义不大，一般分析测定，平行测定4~6次即可。

（3）消除测量过程中的系统误差　由于造成系统误差的原因是多方面的，因此应根据具体情况，采用不同的方法来消除系统误差。

1）对照试验。对照试验是检验系统误差的有效方法。常用已知准确结果的标准试样与被测试样一起进行对照试验，或用其他可靠的分析方法进行对照试验，也可由不同人员、不同单位进行对照试验。

2）空白试验。对于由试剂和器皿所带进的杂质造成的系统误差，一般可通过做空白试验来扣除。在不加试样的情况下，用与有试样时同样的操作进行的试验称为空白试验。空白试验所得结果称为空白值。从试样分析结果中扣除空白值后，即可以得到比较可靠的分析结果。

3）校准仪器。对于仪器不准确引起的系统误差，可以通过校准仪器来减小其影响。例如砝码、移液管和滴定管等，在精确的分析中必须进行校准，并在计算结果时采用校正值。在日常分析工作中，因为仪器出厂时已进行过校准，所以只要妥善保管，通常可以不再进行校准。

4）分析结果的校正。分析过程中的系统误差，有时可采用适当的方法进行校正。例如，在用硫氰酸盐比色法测定钢铁中的钨时，钒的存在将引起正的系统误差。为了扣除钒的影响，可采用校正系数法。根据实验结果，质量分数为1%的钒相当于质量分数为0.2%的钨，即钒的校正系数为0.2（校正系数因实验条件不同而略有变化）。因此，在测得试样中钒的含量后，利用校正系数，即可由钨的测定结果中扣除钒的结果，从而得到钨的正确结果。

四、有效数字及其运算规则

在分析检验中，为了得到准确的分析结果，不仅要准确地进行各种测量，而且还要正确地进行记录和计算。分析结果所表达的不仅仅是试样中待测组分的含量，而且还反映了测量的准确程度。因此，在实验数据的记录和结果的计算中，数据有效位数的保留不是任意的，而是要根据测量仪器、分析方法的准确度来决定，这就涉及有效数字的概念。

1. *有效数字*

有效数字是指在分析工作中实际能够测量得到的数字。在保留的有效数字中，只有最后一位数字是可疑的（有 ±1 的误差），其余数字都是准确的。例如滴定管读数 25.31mL 中，25.3mL 是确定的，0.01mL 是可疑的，可能为 25.31mL ± 0.01mL。有效数字的位数由所使用的仪器决定，不能任意增加或减少。下列是一组数据的有效数字位数：

2.1	1.0	两位有效数字
1.98	0.0382	三位有效数字
18.79%	0.7200	四位有效数字
43219	1.0008	五位有效数字
3600	100	有效数字位数不确定

在以上数据中，数字“0”具有不同的意义。在第一个非“0”数字前的所有的“0”都不是有效数字，只起定位作用，与精度无关，例如0.0382；而第一个非“0”数字后的所有的“0”都是有效数字，例如：1.0008、0.7200。另外，像3600这样的数字，一般看成4位有效数字，但它可能是2位或3位有效数字。对于这样的情况，应该根据实际情况，分别写成 3.6×10^3、3.60×10^3 或 3.600×10^3 较好。

在相关计算中，常会遇到倍数、分数关系，如2、3、1/3、1/5等。由于其是非测量所得，可视为无限多位有效数字，而对于含有对数的有效数字，如pH、$\mathrm{p}K_a$、lg$K$ 等，其位数取决于小数部分的位数，整数部分只说明该数值的方次。如 pH = 9.32 为两位有效数字而不是三位。

2. 有效数字修约规则

在处理数据过程中，涉及的各测量值的有效数字位数可能不同，根据有效数字的要求，常常要弃去多余的数字，然后再进行计算。舍弃多余数字的过程称为数字修约。它所遵循的规则称为数字修约规则。数字修约时，应依据 GB/T 8170—2008《数值修约规则与极限数值的表示和判定》执行。有效数字修约规则可归纳为口诀：四舍六入五成双；五后非零就进一，五后皆零视奇偶，五前为偶应舍去，五前为奇则进一。

例 2-1 将下列数据修约为两位有效数字：1.43426、1.4631、1.4507、1.4500。

解 1）1.43426，根据有效数字修约规则，第三位数字小于 4，应舍去，所以 1.43426 修约后为 1.4。

2）1.4631 的第三位数字等于 6，应进 1，所以 1.4631 修约后为 1.5。

3）1.4507 的第三位数字为 5，但其后面数字并非全部为 0，应进 1，所以 1.4507 修约后为 1.5。

4）1.4500 的第三位数字为 5，其后面数字全部为 0，而 5 前面的数字为偶数，应舍弃。所以，1.4500 修约后为 1.4。

注意，若拟舍弃的数字为两位以上，应按规则一次修约，不能分次修约。例如将 2.5491 修约为两位有效数字，不能先修约为 2.55，再修约为 2.6，而应一次修约到位即 2.5。在用计数器（或计算机）处理数据时，对于运算结果，也应按照有效数字的计算规则进行修约。

3. 有效数字运算规则

在分析检验过程中，往往要经过几个不同的测量环节，在分析结果的计算中，每个环节测量值的误差都将传递到结果中。因此，为了保证运算结果能真正反映实际测量的准确度，获得准确、可靠的分析结果，在进行结果运算时，应遵循有效数字的运算规则。具体运用如下：

1）加减法。几个数据加减时，最后结果有效数字的保留应以小数点后位数最少的数据为依据。例如：

$$0.12 + 0.0354 + 42.716 = 0.12 + 0.04 + 42.72 = 42.88$$

先修改，再计算，可使计算简便。

2）乘除法。几个数据相乘或相除时，它们的积或商的有效数字位数的保留必须以各数据中有效数字位数最少的数据为准。例如：

$$1.54 \times 31.76 = 1.54 \times 31.8 = 48.972 \approx 49.0$$

3）乘方和开方。对数据进行乘方或开方时，所得结果的有效数字位数保留应与原数据相同。例如：$6.72^2 = 45.1584$，保留三位有效数字应为 45.2；$\sqrt{9.65} = 3.10644$，保留三位有效数字应为 3.11。

4）对数计算。所取对数的小数点后的位数（不包括整数部分）应与原数据的有效数字的位数相等。例如：lg102 = 2.00860017，保留三位有效数字应为2.009。

5）在计算中常遇到分数、倍数等，可视为多位有效数字。

6）在乘除运算过程中，首位数为“8”或“9”的数据，有效数字位数可以多取一位。

7）在混合计算中，有效数字的保留以最后一步计算的规则执行。

8）表示分析方法的精密度和准确度时，大多数取1~2位有效数字。

4. 有效数字运算规则在分析检验中的应用

在分析中，常涉及大量数据的处理及计算工作。分析中记录数据及计算分析结果的基本规则如下：

1）记录测定结果时，只应保留一位可疑数字。在分析测试过程中，测量误差，质量为±0.000*x*g，容积为±0.0*x*mL，pH值为±0.0*x*单位，电位为±0.000*x*V，吸光度为±0.00*x*单位等。由于测量仪器不同，测量误差可能不同，因此应根据具体试验情况正确记录测量数据。

2）有效数字位数确定以后，应按数字修约规则进行修约。

3）几个数相加减时，以绝对误差最大的数为标准，使所得数只有一位可疑数字。几个数相乘时，一般以有效数字位数最少的数为标准，弃去过多的数字，然后进行乘除。在计算过程中，为了提高计算结果的可靠性，可以暂时多保留一位数字。但是，在得到最后结果时，一定要注意弃去多余的数字。

4）对于高含量组分（质量分数>10%），一般要求分析结果有4位有效数字；对于中含量组分（质量分数为1%~10%），一般要求保留3位有效数字；对于微量组分（质量分数<1%），一般只要求保留2位有效数字。通常以此为标准，报告分析结果。

5）在分析化学的许多计算中，当涉及各种常数时，一般视为准确的，不考虑其有效数字的位数。对于各种误差的计算，一般只要求保留2位有效数字。对于各种化学平衡的计算，可根据具体情况，保留2位或3位有效数字。

第三节　化验室基本知识

一、常见分析仪器的分类及使用方法

化验室中常见的分析仪器有玻璃仪器、石英玻璃与玛瑙器皿、瓷器皿与刚玉器皿、金属器皿、塑料器皿和其他用品等。

1. 玻璃仪器

化验室中之所以大量使用玻璃仪器，是因为玻璃具有一系列优良的性质，如高的化学稳定性、热稳定性、绝缘性，良好的透明度，一定的机械强度，并可按需要制成各种不同形状的产品。改变玻璃的化学组成，可以制出适应不同要求的玻璃器皿。

玻璃虽然具有较好的化学稳定性，不受一般酸、碱、盐的侵蚀，但是氢氟酸对玻璃有很强烈的腐蚀作用，故不能用玻璃仪器进行含有氢氟酸的实验。

碱液，特别是浓的或热的碱液，也会对玻璃产生明显的侵蚀。因此，玻璃容器不能用于长时间存放碱液，更不能使用磨口玻璃容器存放碱液。

（1）玻璃仪器的分类

1）玻璃仪器按等级的不同，可分为一等玻璃量器和二等玻璃量器。一等玻璃量器通常用衡量法进行容积标定，二等玻璃量器则用容量比较法进行容积标定。

凡分等级的玻璃量器，在其刻度上方的显著部位均标明一等或二等字样。无上述字样记号的均为二等量器，即其容积的标定为容量比较法，定量时标准环境温度为20℃。

2）玻璃仪器按量取方式的不同，可分为量出式量器和量入式量器。对于量出式量器，从量器中移出的物质体积等于刻度表上的相应读数，标注符号为“A”。量入式量器中移入的物质体积等于刻度表上的相应读数，标注符号为“E”。

3）特殊玻璃仪器。玻璃仪器除常见的普通仪器外，还有特殊玻璃仪器。特殊玻璃仪器包括成套标准磨口组合仪器和成套特殊仪器，如水分分析仪、含砂测定器、测砷管、凯氏定氮器、旋转蒸发器和脂肪提取器等。

（2）玻璃仪器的洗涤与干燥　化验室经常使用的玻璃仪器的干净程度，常常影响分析结果的可靠性与准确性，所以保证所使用玻璃仪器干净是十分重要的。

洗涤玻璃仪器的方法很多，在洗涤时应根据实验的要求、污物的性质和污染的程度分别采用不同的洗涤方法。

玻璃仪器应在每次实验完后洗净、干燥备用。不同实验对玻璃仪器的干燥程度有不同的要求。一般定量分析用的烧杯、锥形瓶等仪器洗净后即可使用，而在有机分析或有机合成中所用的玻璃仪器常常要求是干燥的。玻璃仪器常用的干燥方法如下：

1）晾干。不急用的，要求一般干燥的仪器，可在用蒸馏水刷洗后，倒去水分，置于无尘处让其自然干燥。通常可用安装有斜木钉的架子或有透气孔的柜子放置玻璃仪器。

2）烘干。将洗净的玻璃仪器倒去水分，放在105～120℃电烘箱内烘干，也可放在红外干燥箱中烘干。称量用的称量瓶等在烘干后要放在干燥器中冷却和保存。在烘干厚壁玻璃仪器时，要注意使烘箱温度慢慢上升，不能将其直接置于温度较高的烘箱中，以免烘裂。玻璃量器不可放在烘箱中烘干。

3）热（冷）风吹干。对于急于干燥的或不适于放入烘箱的玻璃仪器可采用吹干的办法，通常是用少量乙醇或丙酮、乙醚将玻璃仪器荡洗干净，然后用电吹风机吹干。开始用冷风吹，当大部分溶剂挥发后再用热风吹至完全干燥，最后用冷风吹去残余的蒸气，使其不再冷凝在容器内。此方法要求通风好，防止中毒，不可有明火，以防有机溶剂蒸气燃烧爆炸。

2. *石英玻璃与玛瑙器皿*

（1）石英玻璃仪器　石英玻璃的化学成分是二氧化硅，其质量分数在99.95%以上。根据原料不同，石英玻璃分为透明和半透明及不透明的熔融石英玻璃。

石英玻璃能耐急冷急热，其软化温度为1650℃，具有耐高温性能。它的耐酸性能非常好，除氢氟酸和磷酸外，任何浓度的酸即使在高温下也极少和石英玻璃作用。但石英玻璃不能耐氢氟酸腐蚀，磷酸在150℃以上也能与其作用，强碱溶液包括碱金属碳酸盐也能腐蚀石英玻璃。石英玻璃仪器外表上与玻璃仪器相似，无色透明，但比玻璃仪器价格贵，更脆，易破碎，使用时必须特别小心，应与玻璃仪器分开存放，妥加保管。

石英玻璃仪器常用于高纯物质的分析及痕量金属的分析，不会引入碱金属。常用的石英玻璃仪器有石英烧杯、蒸发皿、石英管、石英比色皿、石英蒸馏器，以及石英棱镜、透镜等。

（2）玛瑙器皿（玛瑙研钵）　玛瑙是一种贵重的矿物，是石英的隐晶质集合体的一种，除主要成分二氧化硅外，还含有少量的铝、铁、钙、镁、锰的氧化物。它的硬度大，与很多化学试剂不起作用，主要用于研磨各种物质。

玛瑙研钵不能受热，不可放在烘箱中烘烤，也不能与氢氟酸接触。

使用玛瑙研钵时，若遇到大块物料或晶体，则要轻轻将其压碎后再研磨。硬度过大、粒度过粗的物质最好不要在玛瑙研钵中研磨，以免损坏其表面。使用后，研钵要用水洗净，必要时可用稀盐酸清洗或用氯化钠研磨，也可用脱脂棉蘸无水乙醇擦净。

3. *瓷器皿与刚玉器皿*

（1）瓷器皿　化验室所用瓷器皿实际上是上釉的陶器。它的熔点较高（1410℃），可耐高温灼烧，如瓷坩埚可以加热至1200℃，灼烧后其质量变化很小，故常用于灼烧沉淀与称量。

厚壁瓷器皿在高温蒸发和灼烧操作中，应避免温度的突然变化和加热不均匀现象，以防破裂。瓷器皿对酸碱等化学试剂的稳定性较玻璃器皿为好，但同样不能和氢氟酸接触。瓷器皿力学性能较强，而且价格便宜，故应用较广。

（2）刚玉器皿（刚玉坩埚） 天然的刚玉几乎是纯的三氧化二铝。人造刚玉则是由纯的三氧化二铝经高温烧结而成。它耐高温，熔点达2045℃，硬度大，有相当的抗酸碱腐蚀能力。刚玉坩埚可用于某些碱性熔剂的熔融和烧结，但温度不应过高，且时间要尽量短，在某些情况下可以代替镍、铂坩埚，但在测定铝或铝对测定有干扰的情况下不能使用。

4. 金属器皿

（1）铂器皿 铂又称为白金，价格昂贵，但由于有许多优良的性质，尽管出现了各种代用品，但是许多分析工作仍然离不开铂。铂的熔点高达1774℃，化学性质稳定，在空气中灼烧后不起化学变化，也不吸收水分，大多数化学试剂对它无侵蚀作用，耐氢氟酸性能好，能耐熔融的碱金属碳酸盐，因而常用于沉淀灼烧称重、氢氟酸溶样以及碳酸盐的熔融处理等。

（2）其他金属（金、银、镍、铁等）器皿

1）金器皿。金器皿不受碱金属氢氧化物和氢氟酸的侵蚀，价格较铂便宜，故常用来代替铂器皿，但它的熔点较低（1063℃），故不能耐高温灼烧，灼烧温度一般低于700℃。硝酸铵对金有明显的侵蚀作用。金器皿也不能与王水接触。

2）银器皿。银器皿价廉，不受氢氧化钾（钠）的侵蚀，在熔融此类物质时仅在接近空气的边缘处略有腐蚀。银的熔点为960℃，不能在火上直接加热，加热后表面将生成一层氧化银。银在高温下不稳定，在200℃以下较稳定。银易与硫作用，生成硫化银，故不能在银坩埚中分解和灼烧含硫的物质，不许使用碱性硫化试剂。熔融状态的铝、锌、锡、铅、汞等金属盐都能使银坩埚变脆。银坩埚不可用于熔融硼砂。浸取熔融物时不可使用酸，特别不能用浓酸。银坩埚的质量经灼烧会发生变化，故不适于称量沉淀。

3）镍坩埚。镍的熔点为1450℃，在空气中灼烧易被氧化，所以镍坩埚不能用于灼烧和称量沉淀。它具有良好的抗碱性物质侵蚀的性能，故在化验室中主要用于碱性熔剂的熔融处理。

氢氧化钠、碳酸钠等碱性熔剂可在镍坩埚中熔融，其熔融温度一般不超过700℃。氧化钠也可在镍坩埚中熔融，但温度要低于500℃，时间要短，否则侵蚀严重。酸性熔剂和含硫化物熔剂不能用镍坩埚熔融。若要熔融含硫化合物，则应在过量的过氧化钠环境下进行。熔融状态的铝、锌、锡、铅等金属盐能使镍坩埚变脆。银、汞、钒的化合物和硼砂等也不能在镍坩埚中灼烧。

新的镍坩埚在使用前应在700℃的温度下灼烧数分钟，以除去油污并使其表面生成氧化膜，处理后的坩埚应呈暗绿色或灰黑色。以后，在每次使用前用水煮沸洗涤，必要时可滴加少量盐酸稍煮片刻，用蒸馏水洗涤烘干后使用。

4）铁坩埚。铁坩埚的使用与镍坩埚相似，但没有镍坩埚耐用，价格便宜，较适于过氧化钠的熔融，以代替镍坩埚。铁坩埚中常含有硅及其他杂质，也可用低硅钢坩埚代替。铁坩埚或低硅钢坩埚在使用前应进行钝化处理。其方法为：先用稀盐酸洗，然后用细砂纸轻擦，并用热水冲洗，再放入 H_2SO_4（质量分数为5%）和 HNO_3（质量分数为1%）的混合溶液中浸泡数分钟，再用水洗净、干燥，于300～400℃灼烧10min。

5. 塑料器皿

塑料是高分子材料的一类，在化验室中常作为金属、木材、玻璃等的代用品。

（1）聚乙烯和聚丙烯器皿　聚乙烯可分为低密度、中密度、高密度三种。低密度聚乙烯的软化点为100℃，中密度的为127～130℃，高密度的为125℃。聚乙烯短时间可使用到100℃，能耐一般酸碱的腐蚀，不溶于一般有机溶剂，但能被氧化性酸慢慢侵蚀，与脂肪烃、芳香烃和卤代烃长时间接触能溶胀。聚丙烯塑料比聚乙烯塑料硬，熔点约为170℃，最高使用温度约为130℃，120℃以下可以连续使用，与大多数介质不起作用，但受浓硫酸、浓硝酸、溴水及其他强氧化剂慢慢侵蚀，硫化氢和氨会被吸附。化验室常用聚丙烯和聚乙烯制作的桶、试剂瓶、烧杯、漏斗、洗瓶等，用于储存蒸馏水、标准滴定溶液和某些试剂溶液。它们比玻璃容器优越，尤其适宜于微量元素分析。

（2）聚四氟乙烯器皿　聚四氟乙烯是热塑性塑料，色泽白，有蜡状感觉，耐热性好，最高工作温度可达250℃。除熔融态钠和液态氟外，聚四氟乙烯能耐浓酸、浓碱、强氧化剂的腐蚀，在王水中煮沸也不起变化。聚四氟乙烯的电绝缘性能好，并能切削加工，在415℃以上急剧分解，并放出有毒的全氟异丁烯气体。聚四氟乙烯可用于制造烧杯、蒸发皿、分液漏斗的活塞、搅拌器及表面皿等。

6. 常用的其他用品

（1）煤气灯　煤气灯温度可达1000～1200℃，可供加热、灼烧、焰色试验、简单玻璃加工等操作。

煤气灯的样式有多种，但构造原理基本相同，都是由灯座、灯管组成。灯管上部有螺纹和几个圆孔。螺纹用来与灯座连接，圆孔是空气入口，用橡胶管与煤气源相连。正常的灯焰分三层：内层为焰心，温度最低；中层显蓝色，称为还原焰，温度较高；外层为氧化焰，温度最高。

（2）酒精灯和酒精喷灯　酒精灯结构简单，使用方便，但温度较低。酒精喷灯有坐式、吊式和立式三种，温度可达800～900℃，按加热方式可分为直热式和旁热式两种。在没有煤气设备的化验室，常用酒精灯和酒精喷灯代替煤气灯。

(3) 水浴锅 当被加热的物体要求受热均匀，温度不超过100℃时，可用水浴加热。水浴锅通常用铜或铝制作，有多个重叠的圆圈，适于放置不同规格的器皿。使用时需注意，不能把水浴锅烧干，也不能把水浴锅当作沙盘使用。多孔电热恒温水浴锅使用更为方便。

(4) 铁台架、铁环和铁三脚架 铁架台和铁环用于固定和放置反应容器。铁环上放石棉网可用于放置被加热的烧杯等。铁三脚架上垫石棉网或泥三角，可用于加热或灼烧。

(5) 泥三角和石棉网 泥三角由套有瓷管或陶土管的铁丝弯成，用于灼烧坩埚。石棉网是一块铁丝网，中间铺有石棉，有大小之分。石棉是热的不良导体，能使物体受热均匀，避免局部过热。使用时应注意不能与水、酸、碱接触。

(6) 双顶丝和万能夹 双顶丝用来把万能夹固定在铁架台的垂直圆铁杆上。万能夹用来夹住烧瓶或冷凝管等玻璃仪器。万能夹头部可以旋转不同角度，便于调节被夹物的位置。其头部套有耐热橡胶管或垫有石棉绳，以免夹碎玻璃仪器。

(7) 烧杯夹 烧杯夹用于夹取热的烧杯，由不锈钢制成，头部绕有石棉绳。

(8) 坩埚钳 坩埚钳主要用于夹持坩埚及钳取蒸发皿。长柄坩埚钳用于在高温炉内取放坩埚。坩埚钳多为铁制，表面常镀铬。在使用坩埚钳时要注意，不要沾上酸等腐蚀性物质。为了保持其头部清洁，放置时钳头应朝上。

(9) 滴定台和滴定管夹 滴定台又称为滴定管架，在底板中央有支杆。铁制底板上常铺有乳白色玻璃面或大理石板面，以便滴定时容易观察颜色变化。

滴定管夹又称为蝴蝶夹，可紧固在滴定台的支杆上，依靠弹簧的作用夹住滴定管。滴定管夹与滴定管接触处要套上橡胶管。在使用滴定管时，要将其调整到合适的高度及垂直位置。

二、分析天平

天平是化验室必备的常用仪器之一。它是精确测定物体质量的计量仪器。化验工作中常要准确地称量一些物质的质量，称量的准确度直接影响测定的准确度。

天平有两个重要指标：一个是最高载重量（又称为最大载荷或最大称量），表示天平可以称量的最大值；另一个是天平的感量，即天平标尺一个分度对应的质量。若在天平的一个托盘上增加平衡小砝码，其质量值为 m（单位为mg），此时天平指针沿标牌移动的分度数若为 n，则二者之比即为感量（S），其单位为mg。

$$S = m/n$$

天平感量又称为分度值或天平最小准确称重量。

根据天平的感量，通常把天平分成三类：感量在0.001～0.1g之间的称为普通天平，适于一般粗略称量，通常称量几克到几百克的物质；感量为0.0001g的天平称为分析天平，适用于称取样品、标样及称量分析等，最大称量通常为数十克；感量为0.01mg，称准至0.01mg的天平称为微量天平，又称为十万分之一克天平，称量常在几毫克，适用于有机半微量或微量分析与精密分析。

根据天平的构造原理，可把天平分为机械天平（又称为杠杆天平）和电子天平两大类。机械天平又分为等臂双盘天平和不等臂单盘天平。双盘天平又分为摆动天平和阻尼天平。阻尼天平有老式的空气阻尼天平、部分机械加码天平（半自动电光天平）、全机械加码天平（全自动电光天平）等。根据我国技术与经济现状，工厂、企业、基层化验室使用较多的为部分机械加码天平和单盘天平。近年来，随着技术水平的提高和设备的更新，许多基层化验室已广泛使用电子天平。

1. 台秤

台秤又称为托盘天平、台天平。台秤的分度值（感量）通常为0.01~0.1g，适用于粗略称量，能迅速地称出物体的质量，但精度不高，仅用于配制一般溶液时的称量。台秤的构造原理分为两类：一类基于杠杆原理，另一类是基于电磁原理的电子台秤。

在使用台秤称量物品时，左盘放被称物品，右盘放砝码（10g或5g以下的质量，可用游码）。当添加砝码至台秤的指针停在刻度盘的中间位置时，台秤处于平衡状态，这时指针所停的位置称为停点。当零点与停点二者之间相差在一小格以内时，砝码加游码的质量读数就是被称物品的质量。

2. 部分机械加码天平

部分机械加码天平又称为半自动电光分析天平，是根据杠杆原理而设计的。杠杆是指一根有支点 O、重点 A 和力点 B 三个作用力点的杆，如图2-2所示。支点 O 到重点 A 和力点 B 间的距离分别称为重臂 AO 和力臂 BO，习惯上统称为力臂。Q 为被称物的重力，P 为砝码的重力。作用在杠杆臂上的力与这个力臂的乘积称为力矩（$Q \times AO$ 和 $P \times BO$）。当杠杆达到平衡时，支点两边的力矩相等，即 $Q \times AO = P \times BO$。如果 O 点是 AB 的中点，则 $AO = BO$，两臂长度相等。当等臂天平达到平衡时，$P = Q$，物体的质量即等于砝码的质量。

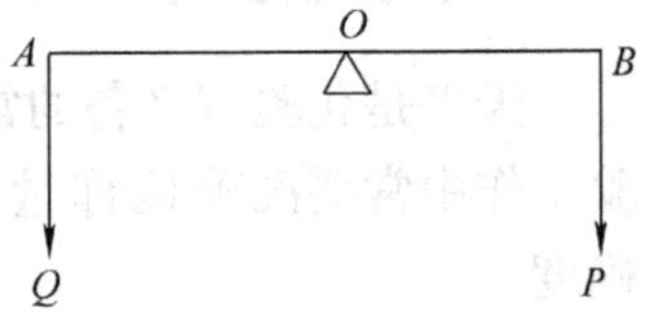

图2-2　杠杆原理

3. 单盘分析天平

单盘分析天平是不等臂的天平，配有全部机械减（加）码装置及光学读数结构。它具有感量恒定，无不等臂性误差，全机械减码操作简便，称量迅速，维护保养方便等优点。单盘天平只有两个玛瑙刀，一个是支点刀，另一个是承重刀。单盘天平仅有一个天平盘，并支持在天平梁的一臂上，所有砝码都挂在盘的上部。天平梁的另一臂上装有固定的重砣和阻尼器，使天平保持平衡状态。称量时采取减码方式，将被称量物放在天平盘内，减去与称量物相同质量的砝码，使横梁始终保持全载的平衡状态。即用放在秤盘上的被称物替代悬挂在盘上部的砝码，使横梁保持原有的平衡位置。所减去的砝码质量即等于被称物的质量。悬挂系统的总质量不因被称物质量的不同而改变。因此，在称量范围内，天平灵敏度是恒定的。同时，单臂天平不存在不等臂性误差。

4. 电子天平

电子天平应用现代控制技术及电流测量的准确性，从而加快了天平的称量过程与准确性、稳定性。电子天平的规格品种齐全，最大载荷可以大到数吨，小到几毫克，其读数准确度为0.1μg～10g。超微量天平的读数准确度达1μg，再现性（标准偏差）也能达到1μg。

电子天平支承点采用弹簧片，不需要机械天平的宝石、玛瑙刀与刀承，取消了升降框的装置，采用数字显示方式代替指针刻度式显示，以及采用体积小的大集成电路。因此，电子天平具有寿命长、性能稳定、灵敏度高、体积小、操作方便、安装容易和维护简单等优点。

电子天平采用了电磁力平衡原理，称量时全量程不用砝码，放上被称物后在几秒钟内即可达到平衡，显示读数。有的电子天平采用单片机控制，更可使称量速度快、精度高、准确度好。

电子天平还具有自动校正、累计称量、超载指示、故障报警、自动去皮重等功能。

电子天平具有质量信号输出功能，可以与打印机、计算机联用，实现称量、记录、打印、计算等自动化。它具有RS232C标准输出接口，同时也可以与其他分析仪器联用，实现从样品称量、样品处理、分析检验到结果处理、计算等全过程的自动化，大大地提高了生产效率。

三、溶液的配制及试剂的选用

1. 一般溶液的配制

一般溶液是指非标准滴定溶液。它在分析工作中常用于溶解样品、调节pH值、分离或掩蔽离子、显色等。配制一般溶液时精度要求不高，溶液浓度只需保留1～2位有效数字，试剂的质量由托盘天平称量，体积用量筒量取即可。

2. 滴定分析用标准滴定溶液的配制

已知准确浓度的溶液叫做标准滴定溶液。标准滴定溶液浓度的准确度直接影响分析结果的准确度。因此，制备标准滴定溶液在方法、仪器、量具和试剂等方面都有严格的要求。

（1）制备标准滴定溶液的基本要求　制备标准滴定溶液时应按照GB/T

601—2002《化学试剂标准滴定溶液的制备》，其规定如下：

1）制备标准滴定溶液用水，在未注明其他要求时，应符合GB/T 6682—1992《分析实验室用水规格和试验方法》（现已修定为GB/T 6682—2008）中三级水的要求。

2）所用试剂的纯度应在分析纯以上。标定标准滴定溶液所用的基准试剂应为容量分析工作基准试剂。

3）所用分析天平的砝码、滴定管、容量瓶及移液管均需进行校正。

4）标准滴定溶液的浓度是指20℃时的浓度，在标定和使用时，若温度有差异，则应按温度补正值进行补正。

5）在标定或比较标准滴定溶液浓度时，平行试验不得少于8次，两人各做4次平行测定，每人4次平行测定结果的极差（即最大值和最小值之差）与平均值之比应不大于0.1%，结果取平均值，浓度值取四位有效数字。

6）当规定用标定和比较两种方法测定浓度时，不得略去其中任何一种，且两种方法测得的浓度值之差不得大于0.2%，以标定结果为准。

7）制备的标准滴定溶液浓度与规定浓度相对误差不得大于5%。

8）在配制浓度等于或低于0.02mol/L的标准滴定溶液时，应于临用前将浓度高的标准滴定溶液用煮沸并冷却的蒸馏水稀释，必要时重新标定。

9）碘量法反应时，溶液的温度不能过高，一般在15~20℃之间进行。

10）滴定分析用标准滴定溶液在常温（15~25℃）下，保存时间一般不得超过2个月。

（2）标准滴定溶液的制备方法　制备标准滴定溶液有直接配制法和标定法两种方法。

1）直接配制法。在分析天平上准确称取一定量已干燥的“基准物”溶于水后，转入已校正的容量瓶中用水稀释至刻度，摇匀，即可算出其准确浓度。

常用的基准物见表2-2。

表2-2　常用的基准物

名称	化学式	式量	使用前的干燥条件
碳酸钠	Na_2CO_3	105.99	270~300℃干燥2~2.5h
邻苯二甲酸氢钾	$KHC_8H_4O_4$	204.22	110~120℃干燥1~2h
重铬酸钾	$K_2Cr_2O_7$	294.18	研细，100~110℃干燥3~4h
三氧化二砷	As_2O_3	197.84	105℃干燥3~4h
草酸钠	$Na_2C_2O_4$	134.00	130~140℃干燥1~1.5h
碘酸钾	KIO_3	214.00	120~140℃干燥1.5~2h
溴酸钾	$KBrO_3$	167.00	120~140℃干燥1.5~2h

（续）

名称	化学式	式量	使用前的干燥条件
铜	Cu	63.546	用质量分数为2%的乙酸、水、乙醇依次洗涤后，放入干燥器中保存24h以上
锌	Zn	65.38	用（1+3）HCl、水、乙醇依次洗涤后，放入干燥器中保存24h以上
氧化锌	ZnO	81.39	800~900℃干燥2~3h
碳酸钙	$CaCO_3$	100.09	105~110℃干燥2~3h
氯化钠	NaCl	58.44	500~650℃干燥40~45min
氯化钾	KCl	74.55	500~650℃干燥40~45min
硝酸银	$AgNO_3$	169.87	在浓H_2SO_4干燥器中干燥至恒重

2）标定法。很多物质不符合基准物的条件。例如，浓盐酸中氯化氢很易挥发，固体氢氧化钠易吸收水分和CO_2，高锰酸钾不易提纯等。它们都不能直接配制标准滴定溶液。一般先将这些物质配成近似所需浓度的溶液，再用基准物测定其准确浓度，这一操作叫做标定。标定的方法有两种：

①直接标定。准确称取一定量的基准物，溶解于水后用待标定的溶液滴定至反应完全，根据所消耗待标定溶液的体积和基准物的质量，计算出待标定溶液的准确浓度，计算公式为

$$c = \frac{m_B}{M_B V} \tag{2-10}$$

式中 c——待标定溶液的物质的量浓度（mol/L）；

m_B——基准物的质量（g）；

M_B——基准物的摩尔质量（g/mol）；

V——所消耗待标定溶液的体积（L）。

例如，标定HCl或H_2SO_4时，可用基准物无水碳酸钠，也就是将无水碳酸钠在270~300℃烘干至恒重，用不含CO_2的水溶解后，加入溴甲酚绿-甲基红混合指示剂，用HCl或H_2SO_4滴定至溶液颜色由绿色变为暗红色。

②间接标定。有一部分标准滴定溶液，没有合适的用以标定的基准试剂，只能用另一已知浓度的标准滴定溶液来标定。例如，乙酸溶液可用NaOH标准滴定溶液标定，草酸溶液可用$KMnO_4$标准滴定溶液标定等。当然，间接标定的系统误差比直接标定的误差要大一些。

在实际工作中，除了上述两种标定方法之外，还可以用标准物质来标定标准滴定溶液。这样做的目的是使标定与测定的条件基本相同，可以消除共存元素的影响，使结果更符合实际情况。目前我国已有上千种标准物质出售。

在用基准物直接标定标准滴定溶液的浓度后，为了更准确地保证其浓度，可采用比较法进行验证。例如，HCl 标准滴定溶液在用无水碳酸钠基准物标定后，再用 NaOH 标准滴定溶液进行标定。国家规定两种标定结果之差不得大于 0.2%，比较既可检验 HCl 标准滴定溶液的浓度是否准确，也可考查 NaOH 标准滴定溶液的浓度是否可靠，最后以直接标定结果为准。

标准滴定溶液要定期标定。它的有效期要根据溶液的性质、存放条件和使用情况来确定。标准滴定溶液的有效期见表 2-3。

表 2-3 标准滴定溶液的有效期

溶液类别	浓度 c_B/（mol/L）	有效期/月	溶液类别	浓度 c_B/（mol/L）	有效期/月
各种酸溶液	各种浓度	3	硫酸亚铁溶液	1；0.64	20
氢氧化钠溶液	各种浓度	2	硫酸亚铁溶液	0.1	用前标定
氢氧化钾-乙醇溶液	0.1；0.5	1	亚硝酸钠溶液	0.1；0.25	2
硫代硫酸钠溶液	0.05；0.1	2	硝酸银溶液	0.1	3
高锰酸钾溶液	0.05；0.1	3	硫氰酸钾溶液	0.1	3
碘溶液	0.02；0.1	1	亚铁氰化钾溶液	各种浓度	1
重铬酸钾溶液	0.1	3	EDTA 溶液	各种浓度	3
溴酸钾-溴化钾溶液	0.1	3	锌盐溶液	0.025	2
氢氧化钡溶液	0.05	1	硝酸铅溶液	0.025	2

3. 微量分析用离子标准溶液的配制

微量分析，如比色法、原子吸收法等，所用离子标准溶液常用质量浓度表示，单位为 μg/mL、mg/mL、g/L。配制时需用基准物或纯度在分析纯以上的高纯试剂配制。质量浓度低于 0.1mg/mL 的标准溶液，常在临用前用较浓的标准滴定溶液在容量瓶中稀释而成。过稀的离子溶液，浓度易变，不宜长期存放。在配制离子标准溶液时，可按式（2-11）计算出所需纯试剂的质量，溶解后在容量瓶中稀释成一定体积，摇匀即可。

$$m = \frac{\rho V}{1000f} \tag{2-11}$$

式中 m——纯试剂的质量（g）；

ρ——欲配离子标准溶液的质量浓度（mg/mL）；

V——欲配离子标准溶液的体积（mL）；

f——换算系数。f=试剂中欲配组分的摩尔质量/试剂的摩尔质量。

4. 溶液配制时的注意事项

1）分析实验所用的溶液应用纯水配制，容器应用纯水洗涤三次以上，特殊要求的溶液应事先做纯水的空白检验。

2）溶液要用带塞的试剂瓶盛放；见光易分解的溶液要装于棕色瓶中；盛放挥发性试剂（如有机溶剂）配制的溶液的试剂瓶，瓶塞要严密；盛放见空气易变质及放出腐蚀性气体的溶液的试剂瓶也要盖紧，长期存放时要用蜡封住；浓碱液应用塑料瓶装，若装在玻璃瓶中，则要用橡胶塞塞紧，不能用玻璃磨口塞。

3）每瓶试剂溶液必须有标明名称、规格、浓度和配制日期的标签。

4）在配制硫酸、磷酸、硝酸、盐酸等溶液时，应把酸倒入水中。对于溶解时放热较多的试剂，不可在试剂瓶中配制，以免炸裂。在配制硫酸溶液时，应将浓硫酸分为小份慢慢倒入水中，边加边搅拌，必要时以冷水冷却烧杯外壁。

5）当用有机溶剂配制溶液（如配制指示剂溶液）时，若有机物溶解较慢，则应不时搅拌，可以在热水浴中温热溶液，不可直接加热。在使用易燃溶剂时要远离明火。几乎所有的有机溶剂都有毒，因此应在通风柜内操作。应避免有机溶剂不必要的蒸发，烧杯应加盖。

5）要熟悉一些常用溶液的配制方法。例如碘溶液，应将碘溶于较浓的碘化钾水溶液中，才可稀释。在配制易水解盐类的水溶液时，应先加酸溶解，再以一定浓度的稀酸稀释。例如配制 $SnCl_2$ 溶液时，如果操作不当而使 $SnCl_2$ 发生水解，即使加相当多的酸也很难溶解沉淀。

7）不能用手接触腐蚀性及有剧毒的溶液。对于剧毒废液，应做解毒处理，不可将其直接倒入下水道。

5. 化学试剂的选用

应根据不同的工作要求合理地选用相应级别的试剂，见表2-4。因为试剂的价格与其级别及纯度关系很大，在满足实验要求的前提下，选用试剂的级别就低不就高。痕量分析要选用高纯或优级纯试剂，以降低空白值和避免杂质干扰。同时，对所用纯水的制取方法和仪器的洗涤方法也应有特殊的要求。化学分析可使用分析纯试剂，有些教学实验（如酸碱滴定）也可用化学纯试剂，但配位滴定最好选用分析纯试剂，因为试剂中有些杂质金属离子可能封闭指示剂，会使终点难以观察。

对分析结果准确度要求高的工作，如仲裁分析、进出口商品检验、试剂检验等，可选用优级纯、分析纯试剂。车间控制分析可选用分析纯、化学纯试剂。制备实验、冷却浴或加热浴用的药品可选用工业品。

我国国家标准中提到的部分仪器分析方法应选用的试剂规格。

表 2-4　部分仪器分析方法应选用的试剂规格

分析方法	试剂规格	引用标准
气相色谱法	标准样品主体的质量分数不得低于99.9%	GB/T 9722—2006
分子吸收分光光度法（紫外可见）	规定了有机溶剂在使用波长下的吸光度	GB/T 9721—2006
无火焰（石墨炉）原子吸收光谱法	所用盐酸、硝酸经亚沸蒸馏制得	GB/T 10724—1989
电感耦合高频等离子体原子发射光谱法	用亚沸蒸馏法纯化分析纯盐酸、硝酸，所用盐酸、硝酸经亚沸蒸馏制得	GB/T 10725—1989
阳极溶出伏安法	用于配制支持电解质溶液和镀膜的试剂宜使用高纯试剂	GB/T 3914—2008

注：GB/T 10724—1989 和 GB/T 10725—1989 已作废，但无替代标准，在此仅供参考。

虽然化学试剂都按国家标准检验，但是不同制造厂或不同产地的化学试剂在性能上有时表现出某种差异，有时因原料不同，非控制项目的杂质会造成干扰或使实验出现异常现象，故在做实验时要注意产品厂家。另外，在标签上都印有“批号”，不同批号的产品因制备条件不同，性能也有所不同。在某些工作中，不同批号的试剂应做对照试验。在选用紫外光谱用溶剂、液相色谱流动相、色谱载体、吸附剂、指示剂、有机显色剂及试纸时，应注意试剂的生产厂家及批号并做好记录，必要时应做专项检验和对照试验。

应该指出，未经药理检验的化学试剂是不能作为医药使用的。

四、化验室管理基础知识

1. 化验室的工作环境

（1）化验室位置的选择　好的工作环境对化验室的工作有重要意义。清新的空气使人精神焕发，噪声使人心情烦躁，强烈的震动能使天平的横梁弯曲、灵敏度下降。空气中的灰尘、有害气体能使仪器、设备受损，使纯水的质量下降，从而影响分析的准确度。因此，在工厂里应根据不同的工作性质，为化验室选择合适的环境和位置。

工厂化验室按工作性质可分为中心化验室、质监室（科）、中控分析室、环保监测室等。

中心化验室、质监室应建在离生产车间、交通要道、泵房等稍远一些的地方，以减轻机器、车辆的震动和噪声对分析工作的影响；应远离污染源、电磁辐射，以免有害气体、粉尘、电磁波对仪器、设备的侵蚀和干扰。

中控分析室则宜建在车间附近，以便于及时取样以及发生异常情况时迅速与车间、岗位取得联系。若需从车间向化验室拉气体、液体管线，则将化验室建在车间附近可缩短管线长度，减少死体积，使分析结果能更及时地反映当时的生产情况。

环保监测室应建在离工厂稍远、无污染的地方。因环保监测分析绝大多数是微量或超微量分析，对周围环境要求很高，若附近的空气或水源有污染，则会对测定结果的准确性有很大影响，甚至使测出的结果毫无意义。

总之，工厂应在保证实验工作顺利进行的前提下，根据各化验室的工作性质、任务以及工厂的具体条件，适当选择化验室的位置。

（2）化验室内应配备的工作室　根据分析工作的需要，应在化验室内设化学分析室、仪器分析（包括物理测试）室、高温室、天平室、标准溶液制备室、样品室等工作室。除此之外，化验室内还应有办公室、更衣室、储藏室，有条件的还可设图书资料室、计算机室等。对各工作室的环境要求如下：

1）天平室：应挂遮光窗帘，不受日光直射，室内光线柔和，室温要求为25℃ ±3℃；室内应干燥，相对湿度应保持在45% ~65%之间；天平室附近无震源，天平台应防震。

2）标准溶液制备室：应安装空调，室温保持18 ~25℃，设除湿机，保持相对湿度为65% ±5%；溶液储藏室应挂遮光窗帘。

3）化学分析室：应采光良好，排风好，上下水道畅通，室温应为25℃ ±5℃，相对湿度为45% ~75%。

4）仪器分析（物理测试）室：应防尘、防震，并满足不同仪器的特有要求；室温应在25℃ ±3℃之间，相对湿度为45% ~60%。

5）高温室：应有完善的供电系统、消防设施和良好的通风条件。

5）样品室：应通风好，安全，避光，并满足产品标准规定的特殊要求，室温应为25℃ ±5℃。

2. 化学试剂及溶液的管理

（1）化学试剂的管理

1）导致化学试剂变质的原因

①空气的影响。空气中的氧能使还原性的试剂氧化，如硫酸亚铁保存时间长了会变为硫酸铁，硫代硫酸钠、硫化钠会被空气中的 O_2 氧化为硫酸钠或亚硫酸钠等。强碱性试剂会吸收空气中的二氧化碳而变为碳酸盐，如氢氧化钠、氢氧化钡吸收二氧化碳后变为碳酸钠、碳酸钡。空气中的水分可使某些试剂潮解、结块，如硫化钠吸水后会变成液体，氯化镁、氯化钙会结成硬块。空气中的灰尘、纤维能使某些试剂还原、变色。因此，化学试剂应密闭储存于试剂瓶中，开启后应随即盖严。

②光的影响。日光中的紫外线能加速某些试剂的化学反应而使其变质。例如，银、汞的卤化物，溴、碘的钠盐和铵盐，酚类化合物等是属于一般要求避光的，只要储存在棕色瓶中即可。有些试剂属于严格要求避光的，如碘在棕色瓶外

还要加一层黑纸，使用时外层黑纸不要撕下来，储存时应连带黑纸一起放在暗处保存。

③温度的影响。试剂变质的速度与温度有关，夏季高温会加速不稳定试剂的分解，如抗坏血酸高温时很容易变质。但冬季室温太低，又会促使一些试剂聚合，如甲醛在低温时能聚合成聚甲醛。

④杂质的影响。杂质含量有时对试剂纯度的变化影响很大，例如纯净的溴化汞实际上不受光的影响，而含有微量溴化亚汞或有机物的溴化汞遇光很容易变黑。对这类试剂应尽量使用纯度级别较高的试剂，并且在取用和储存过程中应严防杂质污染。

⑤储存期的影响。不稳定的试剂在长期储存后可能发生歧化、聚合、分解、沉淀等变化。对这类试剂应少量多次采购，使用前应注意出厂日期或批号。有些不稳定试剂要求在包装箱或瓶签上注明有效期，应注意在有效期内使用。

对较稳定而储存期又比较长的试剂，使用前除应检查其外观外，最好做一下对比试验，尤其是基准试剂或其他高纯试剂，只要换批号就应做对比试验。例如，基准碳酸钠、基准草酸钠储存期过长可使纯度下降。请注意，一定不能使用变质的试剂进行样品分析。

2）化学试剂的储存。在储存化学试剂时，应避免上述导致化学试剂变质的因素出现。

化验室的各工作室内不要储存过多的化学试剂，暂时不用的试剂可储存在专门的储藏室中。药品储藏室最好不向阳，但室内要干燥、通风。若化学试剂用量不多，则可设专柜储存。工作室内的药品柜应按试剂的性质分类存放。盐类可以按阴离子分类，也可以按阳离子分类，并按此登记造册，以便于查找和取用。

工作室内少量易挥发的试剂和有机易燃试剂，应放在底层柜或通风柜下储存，并下铺砂子，以使其放置牢固并方便灭火。

化验室内属于危险品的化学试剂，应按国家公安部门的规定设立危险品仓库或危险品专柜。危险品专柜应为铁制，储存时应按性质分类、分柜保管，避免因混淆而产生安全隐患（如易燃品、还原剂不应和氧化剂放在一起）。

3）化学试剂的使用注意事项

①取试剂的药勺一定要洗干净后才能伸入瓶内挖取药品。高纯试剂或基准试剂取出后不得倒回瓶内。

②当使用有机溶剂或挥发性强的试剂时，应在通风良好的地方或在排风柜内进行。任何情况下都不准用明火直接加热有机溶剂。

③使用时要严防溅洒、沾污，不得在酸性条件下使用氰化物。

④对剧毒试剂，应在瓶签上注明“剧毒”字样，并穿戴好防护用具，在有人监护的情况下于排风柜内配制和使用。皮肤有外伤的人不得配制和使用剧毒试

剂，未用完的试剂应放在指定的铁柜内加锁保管，实验完后应进行无毒化处理，不得直接排入下水道。

⑤在开启易挥发的试剂瓶（如浓盐酸、浓氨水、有机溶剂等）时，尤其在夏季室温较高的情况下，应先经流水冷却后，盖上湿布再打开。开启时，应戴好防护眼镜，并且瓶口不可对着自己或别人，以防气、液冲出发生伤害事故。

（2）溶液、制剂和制品的管理

1）导致溶液变质的原因。溶液的质量除主要受试剂质量的影响外，还受其他多种因素的影响。

①溶液的稳定性。有些试剂固态时稳定性好，配成溶液后稳定性可能变差，这是由试剂本身的性质决定的。因此，配好的溶液应标明配制日期，并经常检查，若发现溶液有变色、沉淀、分解等现象，则应弃去重配。预防溶液变质的措施为：不稳定的溶液应少量多次配制，例如，抗坏血酸溶液只能配制10天的用量，超过10天应重新配制；个别情况下应采取特殊的储存方法，如避光、冷藏，加入不干扰测定的稳定剂等，例如，在硫代硫酸钠溶液中加入少量碳酸钠可防止其分解。

②溶液的储存期。一般浓溶液的变化较小，稀溶液的变化较大，溶液越稀，其有效使用期限越短。10^{-5}mol/L的稀溶液需当日配制当日使用。

③容器的耐蚀性。玻璃容器的耐蚀性一般较差。玻璃被碱腐蚀后生成的硅酸盐等杂质会污染溶液，所以浓度较大的碱溶液应使用聚乙烯容器（密封性好的瓶或桶）盛装，而具有氧化性的溶液，如高锰酸钾、碘溶液、溴溶液等则不能用聚乙烯容器盛装，可用玻璃容器盛装。软质玻璃耐碱性更差，一般的玻璃量器均由软质玻璃制成，所以不能用玻璃量器长期储存溶液。

④容器的密闭性。试剂瓶的磨口塞与瓶口应密合良好，塑料瓶的瓶口也应密封不漏水，以防尘土和有害气体侵入后与溶液发生反应，或溶剂挥发使溶液浓度改变。

2）一般溶液、制剂、制品的使用和管理。倒取溶液时应仔细核对标签的名称是否与所取溶液相符，以免倒错，造成分析错误；溶液用完后应立即盖好瓶塞，不要长时间敞口，也不允许将吸管长时间插在试剂瓶中。同时，当取用相同容器盛装的相同颜色的几种不同溶液或两人以上同台操作时，注意不要将瓶塞盖错，以免造成交叉污染；试剂瓶上部常凝聚水珠，用前要摇匀；使用溶液时应注意溶液的有效期，不要使用过期的溶液。已经变质、污染或失效的溶液应随时倒掉，并洗净试剂瓶，以便重新配制，避免被别人误用；试剂瓶应整齐排列在无阳光直射的试剂架上。试剂架应安装玻璃拉门，以免灰尘聚集在瓶口上，导致在倒取溶液时引起污染，必要时可在试剂瓶口倒置一大小适当的烧杯。试剂瓶的排列方法以方便使用、整齐为目的，不强求一致。浓度较大的易挥发酸（如盐酸）

不要和氨水瓶排在一起，以免交叉污染；碱性溶液和浓酸溶液不要储存在具有磨口塞的玻璃瓶中，以免瓶塞腐蚀或固结后不易打开。遇光易分解的溶液、制剂及制品（如碘、碘化钾溶液、淀粉-碘化钾试纸、溴化汞试纸等）应储存于棕色瓶中，置于暗处保存；配制溶液、制剂与制品所用试剂的名称、数量以及有关的计算，应详细写在原始记录本上，以备查对；剧毒溶液不论浓度大小，都应使用多少配制多少，实验未完的剩余溶液应置于专柜中加锁保管，实验完毕后的剩余溶液，应报请实验室负责人以适当的方法处理掉。所有的试剂瓶均应粘贴醒目的，与内容物相符的标签。标签的大小应和瓶子大小相称。非涂塑标签应涂蜡，以免被溶液腐蚀。损坏的标签应及时更换。标签上应注明溶液名称、浓度、配制日期及有效期等。倒取溶液时不要污染标签。溶液的名称应按无机化合物和有机化合物系统命名原则命名，一般不使用商品名称，如氢氧化钠溶液不能写成“烧碱”溶液等。瓶签上溶液的浓度应按 GB/T 20001.4—2001 附录 A 中规定的浓度表示方法书写，不允许写已被废除的或非法定计量单位（如当量浓度、摩尔浓度、ppm 等）。浓度单位的表示方法和符号要正确。书写物质的量浓度时，应将浓度符号、基本单元、浓度数值、单位符号写全，缺一不可，顺序应正确，符号和数字应正确无误。

3）标准滴定溶液、基准溶液、标准溶液的使用和管理。标准滴定溶液应严格按照国家标准、行业标准的规定方法配制。国家标准、行业标准中没有的，应制订企业标准，规定出配制方法，并严格遵照执行；配制标准溶液用水应符合国家标准 GB/T 6682—2008《分析实验室用水规格及试验方法》中三级水的要求。配制标准滴定溶液用水，应符合二级水的要求。配制以上溶液用的天平、砝码、滴定管、容量瓶、吸管均需在检定合格后才能使用，并且不得超过检定周期，使用时应加校正值。各种标准滴定溶液的浓度应为20℃时的浓度，否则应予以校正。闲杂人员不得进入溶液储藏室，严禁外人乱动储藏室内的溶液。标准滴定溶液或标准溶液在常温（15～20℃）下的保存时间一般不得超过两个月。临时领取溶液应在指定地点进行，发放周期可根据各单位的具体情况自定。发放溶液时应登记账册，详细填写溶液名称、浓度、领取数量、发放日期、有效期、领取单位或领取人、发放人，并由另一人核对。溶液制备室应保留发放溶液 1～5L，以备有问题时进行复核。使用单位在更换新溶液时应保留原溶液 1L，并做新旧溶液对比，即用同一样品，使用两批溶液分别用同一方法测定，相对误差在 0.1% 以内时可使用新溶液，若相对误差超过 0.1%，则应向实验室负责人报告，联系溶液室进行复标。溶液浓度配制失误、标定差错或错发溶液应由标准滴定溶液室的专责人员承担责任。使用人由于保管不当、过期或溶液污染而发生浓度变化，造成分析结果差错，应由使用人承担责任。

3. 仪器、设备、计量器具的管理

（1）玻璃仪器的使用、保存及管理 玻璃仪器包括玻璃量器和一般玻璃仪器。在此仅介绍一般玻璃仪器的使用注意事项及保管方法。

经常使用的玻璃仪器应置于仪器柜内。仪器柜的隔板上应衬垫大张定性滤纸或其他洁净的白纸。仪器上应覆盖清洁的纱布，并关好柜门，防止落尘。非标准口的具塞玻璃仪器，如容量瓶、比色管、碘量瓶等，应在洗涤前将塞子用塑料绳或橡皮筋系在管口处，以免打破塞子或相互弄混。比色皿用完后应洗净，在小瓷盘或培养皿中垫上滤纸，将洗净的比色皿倒置于滤纸上，控干后收于比色皿盒内，若继续使用，则可放在培养皿中盖上盖子。在使用比色皿时只能拿磨砂玻璃面，不能拿透光面。比色时应先用滤纸吸干外部水珠，再用镜头纸擦净，不可用滤纸用力擦拭透光面。专用组合仪器，如气体分析仪、定氮组合装置、脂肪提取器以及其他大型蒸馏设备，用完后应立即洗净，尤其是接触浓碱液的活塞、管路、蒸馏瓶等，最好用稀酸洗一下，以中和尚未洗净的碱液。洗净后若连续使用，则不必每次都拆卸存放，安放在原处，加罩防尘即可；若较长时间不用，则应拆卸后放在专用的纸盒内保存，此时应在各磨口处垫纸，以防固结打不开磨口塞。总之，一切玻璃仪器用完后都要清洗干净，不要在仪器内遗留油脂、酸碱液、腐蚀性物质或有毒物质，要养成良好的工作习惯。

（2）精密仪器、设备的使用管理 精密仪器、设备是指比较精密的电热、光电、机械等仪器设备及贵重器皿。

所有仪器设备应达到标准规定的技术要求及国家计量标准的精度要求，在用仪器设备完好率应达100%。精密仪器应按其性质、灵敏度要求、环境要求、使用率大小等，固定房间、固定位置安装。实验台要避免震动；精密仪器设备应由仪表工或专责工程技术人员按照仪器使用说明书进行安装调试，仪器运行正常后交岗位人员使用；进口仪器应由供方人员安装调试，运行正常后交使用方人员使用；实验室的精密仪器、设备要有专人管理（一般由专责工程师或工人技师担任）。对室内的精密仪器、设备逐一登记造册，立档建卡。仪器档案应包括下列文件：仪器、设备的开箱验收和调试记录（进口仪器的开箱应有供方和商检人员在场，并做开箱验收记录），仪器的各种初始参数，定期保养、维修、检定、校准的证书以及使用情况的登记、记录等；每台仪器、设备都应有专责人员，负责仪器的维护、保养和使用，以随时掌握使用情况。当出现故障时，应立即报告实验室负责人，联系有关部门修理，不得继续使用和擅自拆卸，进口仪器应联系供方修理。每台仪器、设备的专责人员，应按仪器的使用说明书制订该仪器的使用规则，并书写上墙，使用人员必须严格遵守使用规则。初次使用仪器的人必须在专人指导下使用，不得自行摆弄；每台仪器都应有良好的接地线或装有触电保护器，并按使用说明书要求，接到规定的电源上，严防接错。电气设备必须由电工安装。在使用仪器设备时若发生烧毁、漏电等情况，则应立即拉下电源，防止事故恶化，并及时报告专责管理人员，联系修理。精密仪器应做专用的箱、柜、盒、罩等加以保护，以防灰尘和有害气体的侵蚀。仪器、设备使用完后应将各部件恢复到所要求的位置，及时做好清理工作，拉下电源，盖好防护罩。各种贵重仪器（如金、铂器皿，铂丝、铂网、玛瑙乳钵等）要登记造册，设专人、专柜保管，严防丢失。铂器皿使用时要登记，并严格遵守使用规则，使用后立即归还，归还时专责人员应检查铂器皿有无损伤，以明确责任。报废或不再使用的仪器设备应及时清理，不要放在工作室内，以免影响其他工作。

（3）计量器具的使用、检定及管理制度　实验室内所有的计量器具都应按规定的检定周期由计量检定机构进行检定。每件计量器具都应有检定合格证，并在计量器具上贴有检定标志。未经检定或超过检定周期的计量器具不准使用。实验室内的计量器具应有专人管理，负责计量器具的登记、送检、发放等工作，以及检定证书或合格证的保管。实验室使用的基本玻璃量器较多（主要是滴定管、容量瓶、吸管等），经计量检定部门或取得检定资格证书的人员检定合格后，要登记建账、建卡，检定卡片要妥善保管。吸管和容量瓶最好把校正值写在标签上，贴在量器表面并用蜡封，以方便使用。滴定管的校正曲线可用塑料薄膜封装后放在醒目、方便的地方。精密分析（如标准滴定溶液的制备、成品分析等）时应使用A级玻璃量器，并把校正值计入计算结果。一般中间控制分析可用B级玻璃量器。应按国家计量检定规程规定的检定周期及时送检计量器具，各单位也可根据具体情况规定各自的小于国家规定的检定周期，如长期接触碱液的玻璃量器腐蚀很快，可3个月至半年检定一次。当分析结果发生较大波动而又找不出其他原因时，应对玻璃量器进行检定。间断使用的玻璃量器，累计使用时间达到检定周期时也应送检。兼职管理人员应负责统计计量器具累计使用时间及送检工作。计量部门规定必须检定的仪器设备，应按要求的时间送检。不易或不宜移动的仪器设备，可请检定人员来室检定。每台仪器设备经计量检定部门检定合格后发给检定证书，检定证书应放入仪器档案妥为保存，不得丢失。未经检定或检定不合格的仪器、仪表、设备不准使用。

第四节　初级工化学分析基本理论简介

一、酸碱滴定法简介

酸碱滴定法是利用酸和碱之间质子（H^+）传递反应进行滴定分析的方法，是重要的滴定方法之一。

1. 方法简介

1）在酸碱滴定中，滴定剂一般都是强酸或强碱，如 HCl、H_2SO_4、NaOH 和 KOH 等，被滴定的是各种具有碱性或酸性的物质。由于浓盐酸易挥发，氢氧化钠易吸收空气中的水分和二氧化碳，所以不能直接配制准确浓度的标准滴定溶液，只能先配制近似浓度的溶液，然后用基准物质标定其浓度。

2）酸碱标准滴定溶液的浓度一般配成 0.1mol/L 或 0.01mol/L。

3）用不同浓度的 NaOH 溶液滴定不同浓度的 HCl 溶液的滴定曲线如图 2-3 所示。

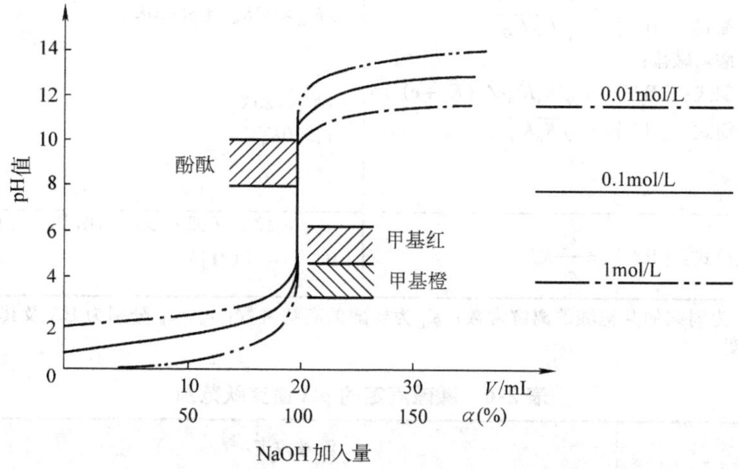

图 2-3　用不同浓度的 NaOH 溶液滴定不同浓度的 HCl 溶液的滴定曲线

4）常见溶液中 [H^+] 的简化计算公式及使用条件见表 2-5。

5）酸碱滴定的关键是要知道 pH 值突跃范围，并根据突跃范围选择合适的指示剂。酸碱滴定的 pH 值突跃范围见表 2-6。

表 2-5　常见溶液中 [H^+] 的简化计算公式及使用条件

	计算公式	使用条件（允许误差为 5%）
强酸	近似式：$[H^+]=c$	$c_a \geqslant 10^{-6}$mol/L
	$[H^+]=\sqrt{K_w}$	$c_a < 10^{-8}$mol/L
	精确式：$[H^+]=\frac{1}{2}(c+\sqrt{c^2+4K_w})$	10^{-6}mol/L $> c_a \geqslant 10^{-8}$mol/L
一元弱酸	近似式：$[H^+]=\frac{1}{2}(-K_a+\sqrt{K_a^2+4c_aK_a})$	$c_aK_a \geqslant 20K_w$
	最简式：$[H^+]=\sqrt{cK_a}$	$c_aK_a \geqslant 20K_w$ 且 $c_a/K_a \geqslant 500$

(续)

	计算公式	使用条件（允许误差为5%）
二元弱酸	近似式：$[H^+]=\frac{1}{2}(-K_{a1}+\sqrt{K_{a1}^2+4c_aK_{a1}})$	$c_aK_{a1}\geqslant 20K_w$ 且 $2K_{a2}/\sqrt{c_aK_{a1}}>>1$
	最简式：$[H^+]=\sqrt{c_aK_{a1}}$	$c_aK_{a1}\geqslant 20K_w$，$c/K_{a1}\geqslant 500$ 且 $2K_{a2}/\sqrt{c_aK_{a1}}>>1$
两性物质	酸式盐： 近似式：$[H^+]=\sqrt{cK_{a1}K_{a2}/(K_{a1}+c)}$ 最简式：$[H^+]=\sqrt{K_{a1}K_{a2}}$ 弱酸弱碱盐： 近似式：$[H^+]=\sqrt{K_aK'_ac/(K_a+c)}$ 最简式：$[H^+]=\sqrt{K_aK'_a}$	 $cK_{a2}\geqslant 20K_w$ $cK_{a2}\geqslant 20K_w$ 且 $c\geqslant 20K_{a1}$ $cK'_a\geqslant 20K_w$ $c\geqslant 20K_a$
缓冲溶液	最简式：$[H^+]=\frac{c_a}{c_b}K_a$	c_a、c_b较大（即 $c_a>>[OH]-[H^+]$，$c_b>>[H^+]-[OH]$）

注：K'_a 为弱碱的共轭酸的离解常数；K_a 为弱酸的离解常数；c_a、c_b 分别为HA及其共轭碱 A^- 的浓度。

表2-6　酸碱滴定的pH值突跃范围

滴定类型	溶液浓度/（mol/L）		
	1.0	0.1	0.01
强碱滴定强酸①	$3.3\xrightarrow{7.0③}10.7$	$4.3\xrightarrow{7.0}9.7$	$5.3\xrightarrow{7.0}8.7$
强碱滴定弱酸②			
$K_a=10^{-3}$	$5.5\xrightarrow{8.3}11.0$	$5.6\xrightarrow{7.8}10.0$	$5.7\xrightarrow{7.35}9.0$
$K_a=10^{-4}$	$6.5\xrightarrow{8.8}11.0$	$6.6\xrightarrow{8.3}10.0$	$6.7\xrightarrow{7.88}9.0$
$K_a=10^{-5}$	$7.5\xrightarrow{9.3}11.0$	$7.6\xrightarrow{8.8}10.0$	$7.7\xrightarrow{8.35}9.0$
$K_a=10^{-6}$	$8.5\xrightarrow{9.8}11.0$	$8.6\xrightarrow{9.3}10.0$	$8.57\xrightarrow{8.85}9.14$
$K_a=10^{-7}$	$9.5\xrightarrow{10.3}11.0$	$9.56\xrightarrow{9.8}10.13$	$9.25\xrightarrow{9.35}9.46$
$K_a=10^{-8}$	$10.44\xrightarrow{10.8}11.1$	$10.21\xrightarrow{10.3}10.42$	$9.83\xrightarrow{9.85}9.87$
$K_a=10^{-9}$	$11.16\xrightarrow{11.3}11.39$	$10.78\xrightarrow{10.8}10.82$	$10.35\xrightarrow{10.35}10.35$
$K_a=10^{-10}$	$11.76\xrightarrow{11.8}11.85$		

（续）

滴定类型	溶液浓度/（mol/L）		
	1.0	0.1	0.01
强酸滴定强碱①	$10.7 \xrightarrow{7.0} 3.3$	$9.7 \xrightarrow{7.0} 4.3$	$8.7 \xrightarrow{7.0} 5.3$
强酸滴定弱碱②			
$K_b = 10^{-3}$	$8.5 \xrightarrow{5.7} 3.0$	$8.0 \xrightarrow{6.2} 4.0$	$8.3 \xrightarrow{6.65} 5.0$
$K_b = 10^{-4}$	$7.5 \xrightarrow{5.2} 3.0$	$7.4 \xrightarrow{5.7} 4.0$	$7.3 \xrightarrow{6.15} 5.0$
$K_b = 10^{-3}$	$6.5 \xrightarrow{4.7} 3.0$	$6.4 \xrightarrow{5.2} 4.0$	$6.3 \xrightarrow{5.65} 5.0$
$K_b = 10^{-6}$	$5.5 \xrightarrow{4.2} 3.0$	$5.4 \xrightarrow{4.7} 4.0$	$5.43 \xrightarrow{5.15} 4.86$
$K_b = 10^{-7}$	$4.5 \xrightarrow{3.7} 3.0$	$4.44 \xrightarrow{4.2} 3.87$	$4.75 \xrightarrow{4.65} 4.54$
$K_b = 10^{-8}$	$3.56 \xrightarrow{3.2} 2.9$	$3.97 \xrightarrow{3.7} 3.58$	$4.17 \xrightarrow{4.15} 4.13$
$K_b = 10^{-9}$	$2.84 \xrightarrow{2.7} 2.55$	$3.22 \xrightarrow{3.2} 3.18$	$3.65 \xrightarrow{3.65} 3.65$
$K_b = 10^{-10}$	$2.26 \xrightarrow{2.2} 2.15$		

① pH 值突跃范围是指滴定剂加入量与理论终点时应加入的量相差从不足 0.1% 到过量 0.1%。

② pH 值突跃范围是指滴定剂加入量与理论终点时应加入的量相差从不足 0.2% 到过量 0.2%。K_a 指弱酸的离解常数；K_b 指弱碱的离解常数。

③ 横线上的数字为理论终点时的 pH 值。

6）当滴定到指示剂颜色发生突变时，记录下消耗滴定剂的体积，从而可计算出被测组分的含量。

2. 酸碱指示剂

酸碱指示剂是酸碱滴定用的指示剂。常用的酸碱指示剂一般是一些有机弱酸或弱碱，其酸式与共轭碱式具有不同的颜色。当溶液 pH 值改变时，酸碱指示剂获得质子转化为酸式，或失去质子转化为碱式。指示剂的酸式与碱式具有不同的结构，因而具有不同的颜色。

例如，酚酞是一种有机弱酸，有羟式和醌式两种结构。在酸性溶液中，酚酞主要以羟式结构存在，溶液呈无色；在碱性溶液中，酚酞主要以醌式结构存在，溶液呈红色。

当溶液的 pH 值发生变化时，随着指示剂结构的变化，颜色随之发生变化，因而可通过酸碱指示剂颜色的变化来确定酸碱滴定的终点。

几种常用酸碱指示剂在室温下水溶液中的变色范围见表 2-7。

在酸碱滴定中，合适指示剂的变色范围应在滴定突跃范围之内，其变色点必须处于突跃范围内。

表2-7　几种常用酸碱指示剂在室温下水溶液中的变色范围

指示剂	变色范围（pH值）	颜色变化	pK_{HIn}	质量浓度/（g/L）	用量/（滴/10mL试液）
百里酚蓝	1.2～2.8	红→黄	1.7	1g/L的体积分数为20%的乙醇溶液	1～2
甲基黄	2.9～4.0	红→黄	3.3	1g/L的体积分数为90%的乙醇溶液	1
甲基橙	3.1～4.4	红→黄	3.4	0.5g/L的甲基橙水溶液	1
溴酚蓝	3.0～4.6	黄→紫	4.1	1g/L的体积分数为20%的乙醇溶液或其钠盐水溶液	1
溴甲酚绿	4.0～5.6	黄→蓝	4.9	1g/L的体积分数为20%的乙醇溶液或其钠盐水溶液	1～3
甲基红	4.4～6.2	红→黄	5.0	1g/L的体积分数为60%的乙醇溶液或其钠盐水溶液	1
溴百里酚蓝	6.2～7.6	黄→蓝	7.3	1g/L的体积分数为20%的乙醇溶液或其钠盐水溶液	1
中性红	6.8～8.0	红→黄橙	7.4	1g/L的体积分数为60%的乙醇溶液	1
苯酚红	6.8～8.4	黄→红	8.0	1g/L的体积分数为60%的乙醇溶液或其钠盐水溶液	1
酚酞	8.0～10.0	无色→红	9.1	5g/L的体积分数为90%的乙醇溶液	1～3
百里酚蓝	8.0～9.6	黄→蓝	8.9	1g/L的体积分数为20%的乙醇溶液	1～4
百里酚酞	9.4～10.6	无色→蓝	10.0	1g/L的体积分数为90%的乙醇溶液	1～2

3. 酸碱滴定法的应用实例

酸碱滴定法在实际生产中应用极为广泛，许多酸、碱性物质，包括一些有机酸（或碱）均可用酸碱滴定法进行测定。有些非酸（碱）性物质，还可以用间接酸碱滴定法进行测定。

实际上，酸碱滴定法除广泛应用于大量化工产品主成分的测定外，还广泛应用于钢铁及某些原材料中C、S、P、Si与N等元素的测定，以及有机合成工业与医药工业中原料、中间产品和成品等的分析测定，甚至现行国家标准（GB）中的化学试剂、化工产品、食品添加剂、水质标准、石油产品等凡涉及酸度、碱度项目的，多数采用酸碱滴定法进行测定。

下面列举几个实例，简要说明酸碱滴定法的应用。

（1）工业硫酸的测定　工业硫酸是一种重要的化工产品，也是一种基本的工业原料，广泛应用于化工、轻工、制药及国防科研等部门，在国民经济中占有非常重要的地位。

纯硫酸是一种无色透明的油状粘稠液体，密度约为1.84g/mL，其纯度常用硫酸的质量分数来表示。

1）测定步骤。硫酸是一种强酸，可用NaOH标准滴定溶液滴定，滴定反

应为

$$H_2SO_4 + 2NaOH = Na_2SO_4 + 2H_2O$$

滴定硫酸时一般可选用甲基橙、甲基红等指示剂，国家标准 GB/T 534—2002 中规定使用甲基红-亚甲基蓝混合指示剂。

2）结果计算。硫酸的质量分数 $w(H_2SO_4)$ 的计算公式为

$$w(H_2SO_4) = \frac{c(NaOH)V(NaOH)M(\frac{1}{2}H_2SO_4)}{m_S \times 1000} \times 100\% \qquad (2\text{-}12)$$

式中　$w(H_2SO_4)$——工业硫酸试样中 H_2SO_4 的质量分数；

$c(NaOH)$——NaOH 标准滴定溶液的浓度（mol/L）；

$V(NaOH)$——NaOH 标准滴定溶液的体积（mL）；

$M(\frac{1}{2}H_2SO_4)$——以$\frac{1}{2}H_2SO_4$ 作为基本单元的硫酸的摩尔质量（49.04g/mol）；

m_S——称取 H_2SO_4 试样的质量（g）。

在滴定分析时，由于硫酸具有强腐蚀性，因此在使用和称取硫酸试样时，严禁溅出；硫酸在稀释时会放出大量的热，使得试样溶液温度升高，因此需要冷却后才能转移至容量瓶中稀释或进行滴定分析；硫酸试样的称取量由硫酸的密度和大致含量及 NaOH 标准滴定溶液的浓度决定。

（2）混合碱的测定　混合碱的组分主要有 NaOH、Na_2CO_3、$NaHCO_3$。由于 NaOH 与 $NaHCO_3$ 不可能共存，因此混合碱的组成，或者为三种组分中任一种，或者为 NaOH 与 Na_2CO_3 的混合物，或者为 Na_2CO_3 与 $NaHCO_3$ 的混合物。单一组分的化合物用 HCl 标准滴定溶液直接滴定即可；若是两种组分的混合物，则一般可用氯化钡法与双指示剂法进行测定。下面详细讨论双指示剂法。

在用双指示剂法测定混合碱时，无论其组成如何，其测定方法均是相同的，具体操作为：准确称取一定量的试样（m_S），用蒸馏水溶解后先以酚酞为指示剂，用 HCl 标准滴定溶液滴定至粉红色消失，记下 HCl 标准滴定溶液所消耗的体积 V_1（mL）。此时，存在于溶液中的 NaOH 全部被中和，而 Na_2CO_3 则被中和为 $NaHCO_3$。然后在溶液中加入甲基橙指示剂，继续用 HCl 标准滴定溶液滴定至溶液由黄色变为橙红色，再次记录所用去的 HCl 标准滴定溶液的体积 V_2（mL）。显然，V_2 是滴定溶液中 $NaHCO_3$（包括溶液中原本存在的 $NaHCO_3$ 与Na_2CO_3被中和所生成的 $NaHCO_3$）所消耗的体积。由于 Na_2CO_3 被中和到 $NaHCO_3$ 与 $NaHCO_3$ 被中和到 H_2CO_3 所消耗的 HCl 标准滴定溶液的体积是相等的，因此有以下判别式：

1）若 $V_1 > V_2$，则表明溶液中有 NaOH 存在，因此，混合碱由 NaOH 与

Na_2CO_3 组成，且将溶液中的 Na_2CO_3 中和到 $NaHCO_3$ 所消耗的 HCl 标准滴定溶液的体积为 V_2（mL），所以

$$w(Na_2CO_3) = \frac{c(HCl)V_2 \times 106.0}{m_S \times 1000} \times 100\% \tag{2-13}$$

而将溶液中的 NaOH 中和成 NaCl 所消耗的 HCl 标准滴定溶液的体积为 $V_1 - V_2$，所以

$$w(NaOH) = \frac{c(HCl)(V_1 - V_2) \times 40.00}{m_S \times 1000} \times 100\% \tag{2-14}$$

2）$V_1 < V_2$，表明溶液中有 $NaHCO_3$ 存在，因此，混合碱由 Na_2CO_3 与 $NaHCO_3$ 组成，且将溶液中的 Na_2CO_3 中和到 $NaHCO_3$ 所消耗的 HCl 标准滴定溶液的体积为 V_1（mL），所以

$$w(Na_2CO_3) = \frac{c(HCl)V_1 \times 106.0}{m_S \times 1000} \times 100\% \tag{2-15}$$

而将溶液中的 $NaHCO_3$ 中和成 H_2CO_3 所消耗的 HCl 标准滴定溶液的体积为 $V_2 - V_1$，所以

$$w(NaHCO_3) = \frac{c(HCl)(V_2 - V_1) \times 84.01}{m_S \times 1000} \times 100\% \tag{2-16}$$

氯化钡法与双指示剂法相比，操作上虽然稍麻烦，但是由于测定时 CO_3^{2-} 被沉淀，所以最后的滴定实际上是强酸滴定强碱，因此结果反而比双指示剂法准确。

二、氧化还原滴定法简介

1. *方法简介*

（1）氧化还原反应的方向和程度　氧化剂和还原剂的强弱，用有关电对的电极电位衡量。电对的电极电位越高，其氧化态的氧化能力越强；电对的电极电位越低，其还原态的还原能力越强。因此，氧化剂可以氧化电极电位比它低的还原剂，还原剂可以还原电极电位比它高的氧化剂。

1）标准电极电位。对于任何一个可逆氧化还原电对有

$$Ox + ne^- \rightleftharpoons Red$$

这里 Ox 是一个电子接受体，即氧化剂；Red 是一个电子给予体，即还原剂。当反应达到平衡时，其电极电位与氧化态、还原态之间的关系遵循能斯特方程，即

$$\varphi_{Ox/Red} = \varphi^{\theta}_{Ox/Red} + \frac{RT}{nF}\ln\frac{a_{Ox}}{a_{Red}} \tag{2-17}$$

式中　$\varphi^{\theta}_{Ox/Red}$——Ox/Red 电对的标准电极电位；

a_{Ox}——电对中氧化态的活度；

a_{Red}——电对中还原态的活度；

R——气体常数，8.314J/（mol·K）；

T——热力学温度（K）；

F——法拉第常数，96485C/mol；

n——电极反应中转移的电子数。

将以上常数代入式（2-17），并取常用对数，则25℃时得

$$\varphi_{Ox/Red} = \varphi^{\theta}_{Ox/Red} + \frac{0.059}{n}\lg\frac{a_{Ox}}{a_{Red}} \tag{2-18}$$

可见，在一定温度下，电对的电极电位与氧化态和还原态的浓度有关。

当 $a_{Ox} = a_{Red} = 1\text{mol/L}$ 时，$\varphi_{Ox/Red} = \varphi^{\theta}_{Ox/Red}$。因此，标准电极电位是在一定的温度下（通常为25℃），当 $a_{Ox} = a_{Red} = 1\text{mol/L}$ 时（若反应物有气体参加，则其分压等于100kPa）的电极电位。

电对的电位值越高，其氧化态的氧化能力越强；电对的电位值越低，其还原态的还原能力越强。

2）条件电极电位。在实际应用中，通常知道的是物质在溶液中的浓度，而不是其活度。为简化起见，常常忽略溶液中离子强度的影响，用浓度值代替活度值进行计算。但是，只有在浓度极稀时，这种处理方法才是正确的，当浓度较大，尤其是高价离子参与电极反应时，或有其他强电解质存在时，计算结果就会与实际测定值产生较大偏差。因此，若以浓度代替活度，则应引入相应的活度系数 γ_{Ox} 及 γ_{Red}，即

$$a_{Ox} = \gamma_{Ox}[Ox] \qquad a_{Red} = \gamma_{Red}[Red]$$

此外，当溶液中的介质不同时，氧化态、还原态还会发生某些副反应（如酸效应、沉淀反应、配位效应等）而影响电极电位，所以必须考虑这些副反应的发生，从而引入相应的副反应系数 α_{Ox} 和 α_{Red}，则

$$a_{Ox} = \gamma_{Ox}[Ox] = \gamma_{Ox}\frac{c_{Ox}}{\alpha_{Ox}}$$

$$a_{Red} = \gamma_{Red}[Red] = \gamma_{Red}\frac{c_{Red}}{\alpha_{Red}}$$

将上述关系代入能斯特方程式得：

$$\varphi_{Ox/Red} = \varphi^{\theta}_{Ox/Red} + \frac{0.059}{n}\lg\frac{\gamma_{Ox}\alpha_{Red}c_{Ox}}{\gamma_{Red}\alpha_{Ox}c_{Red}}$$

当 $c_{Ox} = c_{Red} = 1\text{mol/L}$ 时，有

$$\varphi_{Ox/Red}^{\theta'} = \varphi_{Ox/Red}^{\theta} + \frac{0.059}{n}\lg\frac{\gamma_{Ox}\alpha_{Red}}{\gamma_{Red}\alpha_{Ox}} \tag{2-19}$$

$\varphi_{Ox/Red}^{\theta'}$称为条件电极电位。它是在一定的介质条件下，氧化态和还原态的总浓度均为1mol/L时的电极电位。

条件电极电位反映了离子强度和各种副反应影响的总结果，是氧化还原电对在客观条件下的实际氧化还原能力。它在一定条件下为一常数。在进行氧化还原平衡计算时，应采用与给定介质条件相同的条件电极电位。若缺乏相同条件的$\varphi_{Ox/Red}^{\theta'}$数值，则可采用介质条件相近的条件电极电位数据。对于没有相应条件电极电位的氧化还原电对，则采用标准电极电位。

通过有关氧化还原电对电极电位的计算，即可判断氧化还原反应进行的方向。

3）氧化还原平衡常数。氧化还原滴定要求氧化还原反应进行得越完全越好。反应进行的完全程度常用反应平衡常数的大小来衡量，平衡常数可根据能斯特方程式，从有关电对的条件电位或标准电极电位求出。对于氧化还原反应

$$n_2Ox_1 + n_1Red_2 \rightleftharpoons n_2Red_1 + n_1Ox_2$$

当反应达到平衡时，有

$$\lg K' = \frac{n_1 n_2(\varphi_1^{\theta'} - \varphi_2^{\theta'})}{0.059} \tag{2-20}$$

若设 $n_1 n_2 = n$，n 为最小公倍数，则

$$\lg K' = \frac{n({\varphi_1}^{\theta'} - {\varphi_2}^{\theta'})}{0.059} \tag{2-21}$$

可见，两电对的条件电位相差越大，氧化还原反应的平衡常数 K' 就越大，反应进行得也就越完全。

（2）常用的氧化还原滴定剂　常用的氧化还原滴定剂见表2-8。

由于还原剂易被空气氧化而改变浓度，所以氧化滴定剂比还原滴定剂用得多。各种方法有各自特点和应用范围，具体测定时可根据情况选用。

表2-8　常用的氧化还原滴定剂

名称	方法	滴定剂 标准滴定溶液	半反应式	$\varphi_{Ox/Red}^{\theta}$/V
氧化剂	高锰酸钾法	$KMnO_4$	$MnO_4^- + 8H^+ + 5e \rightleftharpoons Mn^{2+} + 4H_2O$	1.491
	重铬酸钾法	$K_2Cr_2O_7$	$Cr_2O_7^{2-} + 14H^+ + 6e \rightleftharpoons 2Cr^{3+} + 7H_2O$	1.33
	碘滴定法	I_2	$I_3^- + 2e \rightleftharpoons 3I^-$	0.5338
	溴酸钾法	$KBrO_3$	$BrO_3^- + 6H^+ + 6e \rightleftharpoons Br^- + 3H_2O$	1.44
	硫酸铈法	$Ce(SO_4)_2$	$Ce^{4+} + e \rightleftharpoons Ce^{3+}$	1.61

（续）

名称	方法	滴定剂标准滴定溶液	半反应式	$\varphi^{\theta}_{Ox/Red}$/V
还原剂	滴定碘法	$Na_2S_2O_3$	$S_4O_6^{2-}+2e \rightleftharpoons 2S_2O_3^{2-}$	0.08
	硫酸亚铁法	$(NH_4)_2Fe(SO_4)_2$	$Fe^{3+}+e \rightleftharpoons Fe^{2+}$	0.771
	亚砷酸钠	$NaAsO_2$	$H_3AsO_4+2H^++2e \rightleftharpoons HAsO_2+2H_2O$	0.559
	亚硝酸钠法	$NaNO_2$	$NO_3^-+3H^++2e \rightleftharpoons HNO_2+H_2O$	0.94

（3）氧化还原滴定中待测组分的预处理　在利用氧化还原滴定法分析某些具体试样时，往往需要将欲测组分预先处理成特定的价态。例如：测定铁矿石中总铁含量时，将 Fe^{3+} 预先还原为 Fe^{2+}，然后用氧化剂 $K_2Cr_2O_7$ 滴定；测定锰和铬的含量时，先将试样溶解，如果它们是以 Mn^{2+} 或 Cr^{3+} 形式存在的，就很难找到合适的强氧化剂直接滴定，可先用 $(NH_4)_2S_2O_8$ 将它们分别氧化成 MnO_4^-、$Cr_2O_7^{2-}$，再选用合适的还原剂（如 $FeSO_4$ 溶液）进行滴定。又如 Sn^{4+} 的测定，要找一个强还原剂来直接滴定它是不可能的，需将 Sn^{4+} 预还原成 Sn^{2+}，然后选用合适的氧化剂（如碘溶液）来滴定。这种测定前的氧化还原步骤，称为氧化还原预处理。

预处理是氧化还原滴定法中关键性步骤之一。熟练掌握各种氧化剂、还原剂的特点，选择合理的预处理步骤，可以提高方法的可选择性。部分常用的预氧化剂见表 2-9。

表 2-9　部分常用的预氧化剂

氧化剂	用途	使用条件	过量氧化剂的去除方法
$NaBiO_3$	$Mn^{2+} \rightarrow MnO_4^-$ $Cr^{3+} \rightarrow Cr_2O_7^{2-}$ $Ce^{3+} \rightarrow Ce^{4+}$	在硝酸溶液中	$NaBiO_3$ 微溶于水，过量时可过滤除去
KIO_4	$Ce^{3+} \rightarrow Ce^{4+}$ $VO^{2+} \rightarrow VO^{3+}$ $Cr^{3+} \rightarrow Cr_2O_7^{2-}$	在酸性介质中加热	加入 Hg^{2+} 与过量的 KIO_4 作用，生成 $Hg(IO_4)_2$ 沉淀，过滤除去
Cl_2 或 Br_2	$I^- \rightarrow IO_3^-$	酸性或中性	煮沸或通空气流
H_2O_2	$Cr^{3+} \rightarrow CrO_4^{2-}$	碱性介质	在碱性溶液中煮沸

在氧化还原滴定过程中，由于还原剂的保存比较困难，因此氧化剂标准滴定溶液的使用比较广泛，这就要求待测组分必须处于还原状态，因而预先还原更显重要。常用的预还原剂包括：

1）二氯化锡（$SnCl_2$）。$SnCl_2$ 是中等强度的还原剂，在 1mol/L 的 HCl 中

$\varphi^{\theta'}_{Sn^{4+}/Sn^{2+}}=0.139V$。$SnCl_2$ 常用于预先还原 Fe^{3+}，还原速度随着氯离子浓度的增高而加快。在热的盐酸溶液中，$SnCl_2$ 可以将 Fe^{3+} 定量并迅速地还原为 Fe^{2+}，过量的 $SnCl_2$ 可加入 $HgCl_2$ 除去。

$$SnCl_2 + 2HgCl_2 = SnCl_4 + Hg_2Cl_2 \downarrow$$

但要注意，如果加入 $SnCl_2$ 的量过多，就会进一步将 Hg_2Cl_2 还原为 Hg，而 Hg 将与氧化剂作用，使分析结果产生误差。所以预先还原 Fe^{3+} 时 $SnCl_2$ 不能过量太多。由于 $HgCl_2$ 为剧毒物质，因此为避免污染环境，近年来已采用 $SnCl_2$ - $TiCl_3$ 无汞测定法。

$SnCl_2$ 也可将Mo(Ⅵ)还原为Mo(Ⅴ)及Mo(Ⅳ)，将As(Ⅴ)还原为As(Ⅲ)。

2）三氯化钛（$TiCl_3$）。$TiCl_3$ 是一种强还原剂，在 1mol/L 的 HCl 中 $\varphi^{\theta'}_{Ti^{4+}/Ti^{3+}}=-0.04V$。在测定铁的含量时，为了避免使用剧毒的 $HgCl_2$，也可以采用 $TiCl_3$ 还原 Fe^{3+}，但其选择性不如 $SnCl_2$ 好。

3）金属还原剂。常用的金属还原剂有铁、铝和锌等，它们都是非常强的还原剂。在 HCl 介质中，铝可以将 Ti^{4+} 还原为 Ti^{3+}，将 Sn^{4+} 还原为 Sn^{2+}，过量的金属可以过滤除去。为了方便，通常将金属装入还原柱内使用，一般称为还原器，常用的有锌汞齐还原器（琼斯还原器）、银还原器（瓦尔登还原器）、铅还原器等。溶液以一定的流速通过还原器，流出时待测组分已被还原至一定的价态，还原器可以连续长期使用。

其他常见的预还原剂见表2-10。

表2-10 常见的预还原剂

还原剂	用途	使用条件	过量还原剂除去的办法
SO_2	$Fe^{3+} \rightarrow Fe^{2+}$	H_2SO_4 溶液	煮沸或通 CO_2 气流
	$AsO_4^{3-} \rightarrow AsO_3^{3-}$	SCN^- 催化	
	$Sb^{5+} \rightarrow Sb^{3+}$	—	
	$V^{5+} \rightarrow V^{4+}$	—	
	$Cu^{2+} \rightarrow Cu^{+}$	SCN^- 存在下	
联胺	$As^{5+} \rightarrow As^{3+}$	—	浓 H_2SO_4 中煮沸
	$Sb^{5+} \rightarrow Sb^{3+}$		
Al	$Sn^{4+} \rightarrow Sn^{2+}$	在 HCl 溶液	—
	$Ti^{4+} \rightarrow Ti^{3+}$		
H_2S	$Fe^{3+} \rightarrow Fe^{2+}$	强酸性溶液	煮沸
	$MnO_4^{-} \rightarrow Mn^{2+}$		
	$Ce^{4+} \rightarrow Ce^{3+}$		
	$Cr_2O_7^{2-} \rightarrow Cr^{3+}$		

(4) 氧化还原滴定指示剂的分类与选择原则　在氧化还原滴定过程中，虽然可以用电位法确定终点，但是更经常使用的还是指示剂法。应用于氧化还原滴定中的指示剂有以下几类：

1）自身指示剂。利用标准滴定溶液或被滴定物质本身颜色的变化来指示滴定终点的指示剂称为自身指示剂。有些滴定剂本身有很深的颜色，而滴定产物为无色或颜色很浅，在这种情况下，滴定时可不必另加指示剂。例如 $KMnO_4$ 本身显紫红色，用它来滴定 Fe^{2+}、$C_2O_4^{2-}$ 溶液时，反应产物 Mn^{2+}、Fe^{3+} 等颜色很浅或为无色，滴定到化学计量点后，只要 $KMnO_4$ 稍微过量（实验证明，在 100mL 水溶液中有 0.01mL 0.02mol/L 的 $KMnO_4$ 溶液，肉眼就能观察到粉红色）半滴，就能使溶液呈现淡红色，指示到达滴定终点。

2）专属指示剂。这种指示剂本身并不具有氧化还原性，但能与滴定剂或被测定物质发生显色反应，而且显色反应是可逆的，因而可以指示滴定终点。这类指示剂最常用的是淀粉，如可溶性淀粉与碘溶液反应生成深蓝色的化合物，当 I_2 被还原为 I^- 时，蓝色就突然褪去。因此，在碘量法中，多用淀粉溶液作指示剂。用淀粉指示剂可以检出浓度约为 10^{-5}mol/L 的碘溶液，但淀粉指示剂与 I_2 的显色灵敏度与淀粉的性质和加入时间、温度及反应介质等条件有关（详见碘量法），例如温度升高时其显色灵敏度下降。

3）氧化还原指示剂。这类指示剂本身是氧化剂或还原剂，其氧化态和还原态具有不同的颜色。在滴定过程中，当指示剂由氧化态转为还原态，或由还原态转为氧化态时，溶液颜色随之发生变化，从而指示滴定终点。例如用 $K_2Cr_2O_7$ 滴定 Fe^{2+} 时，常用二苯胺磺酸钠为指示剂。二苯胺磺酸钠的还原态无色，氧化态为紫红色。当滴定至化学计量点时，稍过量的 $K_2Cr_2O_7$ 使二苯胺磺酸钠由还原态转变为氧化态，溶液显紫红色，指示滴定终点的到达。

部分常用的氧化还原指示剂见表 2-11。

表 2-11　部分常用的氧化还原指示剂

指示剂	$\varphi_{In}^{\theta'}$/V [H^+] =1mol/L	颜色变化		配制方法
		还原态	氧化态	
次甲基蓝	+0.52	无	蓝	0.5g/L 水溶液
二苯胺磺酸钠	+0.85	无	紫红	0.5g 指示剂，2g Na_2CO_3，加水稀释至 100mL
邻苯氨基苯甲酸	+0.89	无	紫红	0.11g 指示剂溶于 20mL 50g/L 的 Na_2CO_3 溶液中，用水稀释至 100mL
邻二氮菲亚铁	+1.06	红	浅蓝	1.485g 邻二氮菲，0.695g $FeSO_4\cdot 7H_2O$，用水稀释至 100mL

氧化还原指示剂不仅对某种离子有特效，而且对氧化还原反应普遍适用，因而是一种通用指示剂，应用范围比较广泛。选择这类指示剂的原则是：指示剂变色点的电位应当处在滴定体系的电位突跃范围内，而且应当使指示剂的条件电极电位与化学反应计量点的电位尽量一致，以减少终点误差。例如，在1mol/L H_2SO_4 溶液中，用 Ce^{4+} 滴定 Fe^{2+}，滴定到化学计量点后0.1%的电位突跃范围是0.86～1.26V。显然，选择邻苯氨基苯甲酸和邻二氮菲亚铁是合适的，若选二苯胺磺酸钠，则终点会提前，终点误差将会大于允许的误差。

应该指出，指示剂本身会消耗滴定剂。例如，0.1mL质量分数为0.2%的二苯胺磺酸钠会消耗0.1mL 0.017mol/L的 $K_2Cr_2O_7$ 溶液，因此若 $K_2Cr_2O_7$ 溶液的浓度是0.01mol/L或更稀，则应进行指示剂的空白校正。

2. 高锰酸钾（$KMnO_4$）法

（1）方法与特点　$KMnO_4$ 是一种强氧化剂，它的氧化能力和还原产物与溶液的酸度有关。

在强酸性溶液中，$KMnO_4$ 与还原剂作用被还原为 Mn^{2+}，即

$$MnO_4^- + 8H^+ + 5e^- \rightleftharpoons Mn^{2+} + 4H_2O \qquad \varphi^\theta = 1.51V$$

由于在强酸性溶液中 $KMnO_4$ 有更强的氧化性，因此高锰酸钾滴定法一般多在强酸性介质（0.5～1mol/L的 H_2SO_4）下使用，而不使用盐酸介质，这是由于盐酸具有还原性，能诱发一些副反应，干扰滴定。硝酸由于含有氮氧化物，容易产生副反应，因此很少被采用。

在弱酸性、中性或碱性溶液中，$KMnO_4$ 被还原为 MnO_2，即

$$MnO_4^- + 2H_2O + 3e^- \rightleftharpoons MnO_2\downarrow + 4OH^- \qquad \varphi^\theta = 0.593\ V$$

由于反应产物为棕色的 MnO_2 沉淀，妨碍终点观察，所以很少使用。

在pH>12的强碱性溶液中用高锰酸钾氧化有机物时，由于在强碱性（浓度大于2 mol/L的NaOH）条件下的反应速度比在酸性条件下的反映速度更快，所以常利用 $KMnO_4$ 在强碱性溶液中与有机物的反应来测定有机物。

$$MnO_4^- + e^- \rightleftharpoons MnO_4^{2-} \qquad \varphi^\theta_{MnO_4^-/MnO_4^{2-}} = 0.564V$$

$KMnO_4$ 法有以下特点：

1）$KMnO_4$ 氧化能力强，应用广泛，可直接或间接地测定多种无机物和有机物，例如可直接滴定的还原性物质有 Fe^{2+}、As(Ⅲ)、Sb(Ⅲ)、W(Ⅴ)、U(Ⅳ)、H_2O_2、$C_2O_4^{2-}$、NO_2^- 等，返滴定时可测定 MnO_2、PbO_2 等物质，也可以通过 MnO_4^- 与 $C_2O_4^{2-}$ 反应间接测定一些非氧化还原物质如 Ca^{2+}、Th^{4+} 等。

2）$KMnO_4$ 溶液呈紫红色，当试液为无色或颜色很浅时，滴定不需要外加指示剂。

3）由于 $KMnO_4$ 氧化能力强，因此方法的选择性欠佳，而且 $KMnO_4$ 与还原

性物质的反应比较复杂，易发生副反应。

4）$KMnO_4$ 标准滴定溶液不能直接配制，且标准滴定溶液不够稳定，不能久置，需经常标定。

（2）高锰酸钾标准滴定溶液的制备（执行 GB/T 601—2002） 市售高锰酸钾试剂常含有少量的 MnO_2 及其他杂质，使用的蒸馏水中也含有少量尘埃、有机物等还原性物质。这些物质都能使 $KMnO_4$ 还原，因此 $KMnO_4$ 标准滴定溶液不能直接配制，必须先配成近似浓度的溶液，放置一周后滤去沉淀，然后再用基准物质标定。

标定 $KMnO_4$ 溶液的基准物很多，有 $Na_2C_2O_4$、$H_2C_2O_4 \cdot 2H_2O$、$(NH_4)_2Fe(SO_4)_2 \cdot 6H_2O$ 和纯铁等。其中常用的是 $Na_2C_2O_4$，这是因为它易提纯且性质稳定，不含结晶水，在 105～110℃烘干至恒重后即可使用。

MnO_4^- 与 $C_2O_4^{2-}$ 的标定反应在 H_2SO_4 介质中进行，反应式为

$$2MnO_4^- + 5C_2O_4^{2-} + 16H^+ = 2Mn^{2+} + 10CO_2\uparrow + 8H_2O$$

为了使标定反应能定量地较快进行，标定时应注意以下滴定条件：

1）温度。$Na_2C_2O_4$ 溶液应加热至 70～85℃再进行滴定，但不能使温度超过 90℃，否则 $H_2C_2O_4$ 分解，导致标定结果偏高。

$$H_2C_2O_4 \xlongequal{\geq 90℃} H_2O + CO_2\uparrow + CO\uparrow$$

2）酸度。溶液应保持足够大的酸度，一般控制 H_2SO_4 浓度为 0.5～1mol/L。如果酸度不足，则易生成 MnO_2 沉淀；如果酸度过高，则又会使 $H_2C_2O_4$ 分解。

3）滴定速度。MnO_4^- 与 $C_2O_4^{2-}$ 的反应开始时速度很慢，在有 Mn^{2+} 离子生成之后，反应速度逐渐加快。因此，开始滴定时，应该等第一滴 $KMnO_4$ 溶液退色后再加第二滴。此后，反应生成的 Mn^{2+} 有自动催化作用，加快了反应速度，随之可加快滴定速度，但不能过快，否则加入的 $KMnO_4$ 溶液会因来不及与 $C_2O_4^{2-}$ 反应而在热的酸性溶液中分解，导致标定结果偏低。

$$4MnO_4^- + 12H^+ = 4Mn^{2+} + 6H_2O + 5O_2\uparrow$$

若滴定前加入少量的 $MnSO_4$ 作为催化剂，则在滴定的最初阶段即可以较快地进行。

4）滴定终点。用 $KMnO_4$ 溶液滴定至溶液呈淡粉红色，30s 内不褪色即为终点。若放置时间过长，则空气中的还原性物质能使 $KMnO_4$ 还原而褪色。

标定好的 $KMnO_4$ 溶液在放置一段时间后，若有 $MnO(OH)_2$ 沉淀析出，则应重新过滤并标定。标定结果可按式（2-22）计算。

$$c\left(\frac{1}{5}KMnO_4\right) = \frac{m(Na_2C_2O_4)}{(V - V_0)M\left(\frac{1}{2}Na_2C_2O_4\right) \times 10^{-3}} \qquad (2\text{-}22)$$

式中 $m(Na_2C_2O_4)$——称取 $Na_2C_2O_4$ 的质量（g）；

V——滴定时消耗 $KMnO_4$ 标准滴定溶液的体积（mL）；

V_0——空白试验时消耗 $KMnO_4$ 标准滴定溶液的体积（mL）；

$M(\frac{1}{2}Na_2C_2O_4)$——以（$\frac{1}{2}Na_2C_2O_4$）为基本单元的 $Na_2C_2O_4$ 摩尔质量（67.00g/mol）。

（3）$KMnO_4$ 法使用时的注意事项

1）在进行滴定反应时，所用的酸一般为 H_2SO_4，应避免使用 HCl 或 HNO_3。

2）要使滴定反应定量地较快进行，必须控制好滴定条件，即控制好滴定过程中的温度、酸度和滴定速度等。

3）在计算分析结果时，要注意 $KMnO_4$ 在不同介质条件下，其基本单元不同。在强酸性溶液中，基本单元为［$1/5KMnO_4$］；在弱酸性、中性或弱碱性溶液中，基本单元为［$1/3KMnO_4$］；在强碱性溶液中，基本单元为 $KMnO_4$。

（4）$KMnO_4$ 法应用实例

1）直接滴定法测定 H_2O_2。在酸性溶液中，H_2O_2 能够被 $KMnO_4$ 定量氧化，其反应式为

$$2MnO_4^- + 5H_2O_2 + 6H^+ = 2Mn^{2+} + 5O_2\uparrow + 8H_2O$$

此反应在室温下即可顺利进行。滴定开始时反应较慢，随着 Mn^{2+} 生成而加速，也可先加入少量 Mn^{2+} 作为催化剂。

若 H_2O_2 中含有机物质，则后者会消耗 $KMnO_4$，使测定结果偏高。这时，应改用碘量法或铈量法测定 H_2O_2。

2）间接滴定法测定 Ca^{2+}、Th^{4+}。Ca^{2+}、Th^{4+} 等在溶液中没有可变价态，使其生成草酸盐沉淀，可用高锰酸钾法间接测定。

以 Ca^{2+} 的测定为例，使其先沉淀为 CaC_2O_4，再经过滤、洗涤后将沉淀溶于热的稀 H_2SO_4 溶液中，最后用 $KMnO_4$ 标准滴定溶液滴定 $H_2C_2O_4$，根据所消耗 $KMnO_4$ 的量，间接求得 Ca^{2+} 的含量。

为了保证 Ca^{2+} 与 $C_2O_4^{2-}$ 间 1:1 的计量关系，以及获得颗粒较大的 CaC_2O_4 沉淀，以便于过滤和洗涤，必须采取以下相应的措施。

①在酸性试液中先加入过量 $(NH_4)_2C_2O_4$，再用稀氨水慢慢中和试液至甲基橙显黄色，使沉淀缓慢地生成。

②沉淀完全后必须放置陈化一段时间。

③用蒸馏水洗去沉淀表面吸附的 $C_2O_4^{2-}$。若在中性或弱碱性溶液中沉淀，则会有部分 $Ca(OH)_2$ 或碱式草酸钙生成，使测定结果偏低。为减少沉淀溶解损失，应用尽可能少的冷水洗涤沉淀。

3）返滴定法测定软锰矿中 MnO_2。软锰矿中的 MnO_2 是利用 MnO_2 与 $C_2O_4^{2-}$

在酸性溶液中的反应进行测定的。其反应式为

$$MnO_2 + C_2O_4^{2-} + 4H^+ = Mn^{2+} + 2CO_2\uparrow + 2H_2O$$

向磨细的矿样中加入过量的 $Na_2C_2O_4$，再加 H_2SO_4 并加热，当样品中无棕黑色颗粒存在时，表示试样分解完全，然后用 $KMnO_4$ 标准滴定溶液趁热返滴定剩余的草酸，由 $Na_2C_2O_4$ 的加入量和 $KMnO_4$ 溶液消耗量之差即可求出 MnO_2 的含量。

3. 重铬酸钾法

（1）方法简介 重铬酸钾是一种常用的氧化剂，具有较强的氧化性。在酸性介质中，$Cr_2O_7^{2-}$ 被还原为 Cr^{3+}，其电极反应式为

$$Cr_2O_7^{2-} + 14H^+ + 6e = 2Cr^{3+} + 7H_2O \qquad \varphi^{\theta}_{Cr_2O_7^{2-}/Cr^{3+}} = 1.33V$$

重铬酸钾的氧化能力不如高锰酸钾强，因此重铬酸钾可以测定的物质不如高锰酸钾广泛，但与高锰酸钾法相比，它有自己的优点。重铬酸钾法的特点表现为：

1）重铬酸钾易提纯，可以制成基准物质，在 140～150℃干燥 2h 后，可直接称量，配制标准滴定溶液。重铬酸钾标准滴定溶液相当稳定，保存在密闭容器中，浓度可长期保持不变。

2）室温下，当盐酸溶液浓度低于 3mol/L 时，$Cr_2O_7^{2-}$ 不会诱导氧化 Cl^-，因此可在盐酸介质中进行滴定。$Cr_2O_7^{2-}$ 的滴定还原产物是 Cr^{3+}，呈绿色，滴定时必须用指示剂指示滴定终点。常用的指示剂为二苯胺磺酸钠。

（2）重铬酸钾标准滴定溶液的制备

1）直接配制法。重铬酸钾标准滴定溶液可用直接法配制，但在配制前应将 $K_2Cr_2O_7$ 基准试剂在 105～110℃温度下烘至恒重。

2）间接配制法。执行 GB/T 601—2002 标准。若使用分析纯 $K_2Cr_2O_7$ 试剂配制标准滴定溶液，则需进行标定。其标定方法为：移取一定体积的 $K_2Cr_2O_7$ 溶液，加入过量的 KI 和 H_2SO_4，用已知浓度的 $Na_2S_2O_3$ 标准滴定溶液进行滴定，以淀粉指示液指示滴定终点，反应方程式为

$$Cr_2O_7^{2-} + 6I^- + 14H^+ = 2Cr^{3+} + 3I_2 + 7H_2O$$

$$I_2 + 2S_2O_3^{2-} = S_4O_6^{2-} + 2I^-$$

重铬酸钾标准滴定溶液的浓度可按式（2-23）计算。

$$c(K_2Cr_2O_7) = \frac{c(Na_2S_2O_3)(V_1 - V_2)}{V} \tag{2-23}$$

式中 $c(K_2Cr_2O_7)$——重铬酸钾标准滴定溶液的浓度（mol/L）；

$c(Na_2S_2O_3)$——硫代硫酸钠标准滴定溶液的浓度（mol/L）；

V_1——滴定时消耗硫代硫酸钠标准滴定溶液的体积（mL）；

V_2——空白试验消耗硫代硫酸钠标准滴定溶液的体积（mL）；

V——重铬酸钾标准滴定溶液的体积(mL)。

(3) 重铬酸钾法应用实例

1) 铁矿石中全铁量的测定。重铬酸钾法是测定铁矿石中全铁量的标准方法。根据预氧化还原方法的不同,重铬酸钾法分为 $SnCl_2$-$HgCl_2$ 法和 $SnCl_2$-$TiCl_3$(无汞测定法)。

①$SnCl_2$-$HgCl_2$ 法。试样用热浓 HCl 溶解,用 $SnCl_2$ 趁热将 Fe^{3+} 还原为 Fe^{2+}。冷却后,过量的 $SnCl_2$ 用 $HgCl_2$ 氧化,再用水稀释,并加入 H_2SO_4-H_3PO_4 混合酸和二苯胺磺酸钠指示剂,立即用重铬酸钾标准滴定溶液滴定至溶液由浅绿色变为紫红色。滴定反应式为

$$Cr_2O_7^{2-} + 6Fe^{2+} + 14H^+ = 2Cr^{3+} + 6Fe^{3+} + 7H_2O$$

测定中加入 H_3PO_4 的目的有两个:一是降低 Fe^{3+}/Fe^{2+} 电对的电极电位,使滴定突跃范围增大,从而使二苯胺磺酸钠变色点的电位落在滴定突跃范围之内;二是使滴定反应的产物生成无色的 $Fe(HPO_4)_2^-$,消除 Fe^{3+} 离子黄色的干扰,有利于滴定终点的观察。

②无汞测定法。样品用酸溶解后,以 $SnCl_2$ 趁热将大部分 Fe^{3+} 还原为 Fe^{2+},再以钨酸钠为指示剂,用 $TiCl_3$ 还原剩余的 Fe^{3+},反应式为

$$2Fe^{3+} + Sn^{2+} = 2Fe^{2+} + Sn^{4+}$$

$$Fe^{3+} + Ti^{3+} = Fe^{2+} + Ti^{4+}$$

在 Fe^{3+} 定量还原为 Fe^{2+} 之后,稍过量的 $TiCl_3$ 即可使溶液中作为指示剂的六价钨还原为蓝色的五价钨合物(俗称为"钨蓝"),此时溶液呈现蓝色,然后滴入重铬酸钾溶液,使钨蓝刚好褪色,或者以 Cu^{2+} 为催化剂使稍过量的 Ti^{3+} 被水中溶解的氧所氧化,从而消除少量的还原剂的影响,最后以二苯胺磺酸钠为指示剂,用重铬酸钾标准滴定溶液滴定溶液中的 Fe^{2+},即可求出全铁含量。

2) 利用 $Cr_2O_7^{2-}$ 与 Fe^{2+} 的反应测定其他物质。$Cr_2O_7^{2-}$ 与 Fe^{2+} 的反应可逆性强,速率快,计量关系好,无副反应发生,指示剂变色明显。此反应不仅用于测铁,还可利用它间接地测定其他多种物质。

①测定氧化剂。NO_3^-(或 ClO_3^-)等氧化剂被还原的反应速率较慢,测定时可加入过量的 Fe^{2+} 标准滴定溶液与其反应,反应式为

$$3Fe^{2+} + NO_3^- + 4H^+ = 3Fe^{3+} + NO + 2H_2O$$

待反应完全后用 $K_2Cr_2O_7$ 标准滴定溶液返滴定剩余的 Fe^{2+},即可求得 NO_3^- 的含量。

②测定还原剂。一些强还原剂如 Ti^{3+} 等极不稳定,易被空气中的氧所氧化。为使其测定准确,可使 Ti^{3+} 流经还原柱后,用盛有 Fe^{3+} 溶液的锥形瓶接收,此时发生反应,反应式为

$$Ti^{3+} + Fe^{3+} = Ti^{4+} + Fe^{2+}$$

置换出的 Fe^{2+} 再用 $K_2Cr_2O_7$ 标准滴定溶液滴定。

③测定非氧化、还原性物质。在测定 Pb^{2+}（或 Ba^{2+}）等物质时，一般先将其沉淀为 $PbCrO_4$，然后过滤沉淀，沉淀经洗涤后溶解于酸中，再以 Fe^{2+} 标准滴定溶液滴定 $Cr_2O_7^{2-}$，从而间接求出 Pb^{2+} 的含量。

4. 碘量法

（1）方法简介 碘量法是利用 I_2 的氧化性和 I^- 的还原性来进行滴定的方法，其基本反应为

$$I_2 + 2e = 2I^-$$

固体 I_2 在水中溶解度很小（298K 时为 1.18×10^{-3} mol/L），且易于挥发，通常将 I_2 溶解于 KI 溶液中，此时它以 I_3^- 配离子的形式存在，其半反应为

$$I_3^- + 2e \rightleftharpoons 3I^- \qquad \varphi^{\theta}_{I_3^-/I^-} = 0.545V$$

从 $\varphi^{\theta}_{I_3^-/I^-}$ 值可以看出，I_2 是较弱的氧化剂，能与较强的还原剂作用；I^- 是中等强度的还原剂，能与许多氧化剂作用。因此，碘量法既可测定氧化剂，又可测定还原剂。同时，I_3^-/I^- 电对反应的可逆性好，副反应少，又有很灵敏的淀粉指示剂指示终点，因此碘量法的应用范围很广。

1）直接碘量法。用 I_2 配成的标准滴定溶液可以直接测定电位值比 $\varphi^{\theta}_{I_2/I^-}$ 小的还原性物质，如 S^{2-}、SO_3^{2-}、Sn^{2+}、$S_2O_3^{2-}$、As（Ⅲ）、维生素 C 等。这种碘量法称为直接碘量法，又叫碘滴定法。直接碘量法不能在碱性溶液中进行滴定，因为 I_2 在碱性溶液中会发生歧化反应，反应式为

$$3I_2 + 6OH^- = IO_3^- + 5I^- + 3H_2O$$

2）间接碘量法。电位值比 $\varphi^{\theta}_{I_3^-/I^-}$ 高的氧化性物质，可在一定的条件下用 I^- 还原，然后用 $Na_2S_2O_3$ 标准滴定溶液滴定释放出的 I_2，这种方法称为间接碘量法，又称为滴定碘法。间接碘量法的基本反应为

$$2I^- - 2e = I_2$$

$$I_2 + 2S_2O_3^{2-} = S_4O_6^{2-} + 2I^-$$

利用这一方法可以测定很多氧化性物质，如 Cu^{2+}、$Cr_2O_7^{2-}$、IO_3^-、BrO_3^-、AsO_4^{3-}、ClO^-、NO_2^-、H_2O_2、MnO_4^- 和 Fe^{3+} 等。

间接碘量法多在中性或弱酸性溶液中进行。

（2）碘量法的注意事项

1）碘量法的误差来源于两个方面：一是 I_2 易挥发；二是在酸性溶液中 I^- 易被空气中的 O_2 氧化。

为了防止 I_2 挥发和空气中的氧气氧化 I^-，测定时要加入过量的 KI，使 I_2 生成 I_3^-，并使用碘量瓶，另外，滴定时不要剧烈摇动，以减少 I_2 的挥发。由于 I^-

被空气氧化的反应随着光照及酸度增高而加快，因此在反应时，应将碘量瓶置于暗处；滴定前调节好酸度，析出 I_2 后立即进行滴定。此外，Cu^{2+}、NO_2^- 等离子可催化空气对 I^- 的氧化，因此应设法消除干扰。滴定所用的淀粉必须是可溶性淀粉。

2）间接碘量法中要注意，KI 与待测氧化性物质反应的速度一般很慢，为使反应完全，加入 KI 后要放置一段时间，但放置时间不能过长（一般不超过5min），随后立即用 $Na_2S_2O_3$ 溶液滴定，否则过量的 KI 将被空气氧化成 I_2。放置时要避光，置于暗处，瓶口要加盖。但若是 KIO_3 与 KI 作用，则不需要放置，应及时进行滴定。

3）所用 KI 溶液中应不含 KIO_3 或 I_2。如果 KI 溶液显黄色，或将溶液酸化后加入淀粉指示剂显蓝色，则应事先用 $Na_2S_2O_3$ 滴定至无色后再使用。

4）在滴定至终点后，经过 5min 以上，溶液又出现蓝色，这是空气氧化 I^- 所引起的，不影响分析结果。若滴定至终点后很快又转变为蓝色，则表示反应未完全，应另取溶液重新滴定。

5）I_3^- 与淀粉的蓝色在热溶液中会消失：因此，不能在热溶液中进行滴定。

6）要注意反应介质的条件：淀粉在弱酸性溶液中灵敏度很高，显蓝色；当 $pH < 2$ 时，淀粉会水解成糊精，与 I_2 作用显红色；当 $pH > 9$ 时，I_2 转变为 IO^- 离子，与淀粉不显色。

7）直接碘量法用淀粉指示剂指示终点时，应在滴定开始时将其加入。终点时，溶液由无色突变为蓝色。间接碘量法用淀粉指示剂指示终点时，应等滴至 I_2 的黄色很浅时再加入淀粉指示剂（若过早加入淀粉，则它与 I_2 形成的蓝色配位化合物会吸留部分 I_2，往往易使终点提前且不明显）。终点时，溶液由蓝色转变为无色。

8）淀粉指示剂的用量一般为 2～5mL（浓度为 5g/L 的淀粉指示剂）。

9）碘标准滴定溶液应装入棕色酸式滴定管中，储存时也需注意不能接触橡胶之类的有机物质，试剂瓶应用玻璃塞。

（3）碘量法标准滴定溶液的制备　碘量法中需要配制和标定 I_2 和 $Na_2S_2O_3$ 两种标准滴定溶液。

1）$Na_2S_2O_3$ 标准滴定溶液的制备（执行 GB/T 601—2002 标准）。市售硫代硫酸钠（$Na_2S_2O_3 \cdot 5H_2O$）一般都含有少量杂质，因此配制 $Na_2S_2O_3$ 标准滴定溶液不能用直接法，只能用间接法。

配制好的 $Na_2S_2O_3$ 溶液在空气中不稳定，容易分解，配制好的 $Na_2S_2O_3$ 溶液应储存于棕色瓶中，于暗处放置两周后，过滤除去沉淀后再标定。标定后的 $Na_2S_2O_3$ 溶液在储存过程中若变混浊，则应重新标定或弃去重配。

标定 $Na_2S_2O_3$ 溶液的基准物质有 $K_2Cr_2O_7$、KIO_3、$KBrO_3$ 及升华 I_2 等。除 I_2 外，其他物质都需在酸性溶液中与 KI 作用析出 I_2 后，再用配制的 $Na_2S_2O_3$ 溶液滴定。例如以 $K_2Cr_2O_7$ 作基准物，在酸性溶液中 $K_2Cr_2O_7$ 与 I^- 的反应式为

$$Cr_2O_7^{2-} + 6I^- + 14H^+ = 2Cr^{3+} + 3I_2 + 7H_2O$$

反应析出的 I_2 以淀粉为指示剂用待标定的 $Na_2S_2O_3$ 溶液滴定。

用 $K_2Cr_2O_7$ 标定 $Na_2S_2O_3$ 溶液时应注意，$Cr_2O_7^{2-}$ 与 I^- 反应较慢，为加速反应，必须加入过量的 KI 并提高酸度，不过酸度过高会加速空气氧化 I^-，因此一般应控制酸度为 0.2～0.4mol/L，并将溶液在暗处放置 10min，以保证反应顺利完成。

根据所称取 $K_2Cr_2O_7$ 的质量和滴定时消耗 $Na_2S_2O_3$ 标准滴定溶液的体积，即可计算出 $Na_2S_2O_3$ 标准滴定溶液的浓度。

$$c(Na_2S_2O_3) = \frac{m(K_2Cr_2O_7) \times 1000}{(V - V_0)M(\frac{1}{6}K_2Cr_2O_7)} \tag{2-24}$$

式中 $m(K_2Cr_2O_7)$ ——$K_2Cr_2O_7$ 的质量（g）；

V——滴定时消耗 $Na_2S_2O_3$ 标准滴定溶液的体积（mL）；

V_0——空白试验消耗 $Na_2S_2O_3$ 标准滴定溶液的体积（mL）；

$M(\frac{1}{6}K_2Cr_2O_7)$ ——以 $\left[\frac{1}{6}K_2Cr_2O_7\right]$ 为基本单元的 $K_2Cr_2O_7$ 的摩尔质量（49.03g/mol）。

2）I_2 标准滴定溶液的制备（执行 GB/T 601—2002 标准）。用升华法制得的纯碘，可直接配制成标准滴定溶液。但通常是用市售的碘先配成近似浓度的碘溶液，然后用基准试剂或已知准确浓度的 $Na_2S_2O_3$ 标准滴定溶液来标定碘溶液的准确浓度。由于 I_2 难溶于水，易溶于 KI 溶液，故配制时应将 I_2、KI 与少量水一起研磨后再用水稀释，并保存在棕色试剂瓶中待标定。

I_2 溶液可用 As_2O_3 基准物标定。As_2O_3 难溶于水，多用 NaOH 溶解使之生成亚砷酸钠，再用 I_2 溶液滴定 AsO_3^{3-}。

$$As_2O_3 + 6NaOH \rightleftharpoons 2Na_3AsO_3 + 3H_2O$$

$$AsO_3^{3-} + I_2 + H_2O \rightleftharpoons AsO_4^{3-} + 2I^- + 2H^+$$

此反应为可逆反应，为使反应快速定量地向右进行，可加 $NaHCO_3$，以保持溶液 pH≈8。

根据称取的 As_2O_3 质量和滴定时消耗 I_2 溶液的体积，可计算出 I_2 标准滴定溶液的浓度。

$$c(I_2) = \frac{2m(As_2O_3) \times 1000}{(V - V_0)M(As_2O_3)} \tag{2-25}$$

式中 $m(As_2O_3)$ ——所称取 As_2O_3 的质量（g）；

V——滴定时消耗 I_2 溶液的体积（mL）；

V_0——空白试验消耗 I_2 溶液的体积（mL）；

$M(As_2O_3)$ ——As_2O_3 的摩尔质量（g/mol）。

由于 As_2O_3 为剧毒物，一般常用已知浓度的 $Na_2S_2O_3$ 标准滴定溶液标定 I_2 溶液。

（4）碘量法应用实例

1）水中溶解氧（DO）的测定。溶解于水中的氧称为溶解氧，其含量以1L水中溶解的氧气量（O_2，mg / L）表示。水中溶解氧的含量与大气压力、水的温度有密切关系。大气压力减小，溶解氧含量也减小。温度升高，溶解氧含量将显著下降。溶解氧的测定是衡量水污染程度的一项重要指标。

清洁的水样一般采用碘量法测定。当水样有色或含有氧化性或还原性物质、藻类、悬浮物时将干扰测定，必须采用叠氮化钠修正的碘量法或膜电极法等其他方法测定。

碘量法测定溶解氧的原理是：往水样中加入硫酸锰和碱性碘化钾溶液，生成氢氧化亚锰沉淀，氢氧化亚锰性质极不稳定，迅速与水中的溶解氧化合生成棕色锰酸锰沉淀。

$$MnSO_4 + 2NaOH = Mn(OH)_2\downarrow + Na_2SO_4$$

（白色沉淀）

$$2Mn(OH)_2 + O_2 = 2H_2MnO_3$$

$$Mn(OH)_2 + H_2MnO_3 = MnMnO_3\downarrow + 2H_2O$$

（棕色沉淀）

加入硫酸酸化，使已经化合的溶解氧与溶液中所加入的 I^- 起氧化还原反应，析出与溶解氧相当量的 I_2。溶解氧越多，析出的碘也越多，溶液的颜色也就越深。

$$MnMnO_3 + 3H_2SO_4 + 2KI = 2MnSO_4 + K_2SO_4 + I_2 + 3H_2O$$

最后取出一定量反应完毕的水样，以淀粉为指示剂，用 $Na_2S_2O_3$ 标准滴定溶液滴定至终点。滴定反应为

$$2Na_2S_2O_3 + I_2 = Na_2S_4O_6 + 2NaI$$

测定结果的计算公式为

$$\rho(DO) = \frac{(V_0 - V_1)c(Na_2S_2O_3) \times 8.000 \times 1000}{V_水} \tag{2-26}$$

式中 ρ（DO）——水中溶解氧（mg/L）；

V_1——滴定水样时消耗硫代硫酸钠标准滴定溶液的体积（mL）；

V_0——空白试验消耗硫代硫酸钠标准滴定溶液的体积（mL）；

$V_水$——水样的体积（mL）；

$c(Na_2S_2O_3)$——硫代硫酸钠标准滴定溶液的浓度（mol/L）；

8.000——以$\left[\frac{1}{2}O\right]$为基本单元的氧的摩尔质量（g/mol）。

2）维生素 C（VC）的测定。维生素 C 又称为抗坏血酸（$C_6H_8O_6$，摩尔质量为171.62g/mol）。由于维生素 C 分子中的烯二醇基具有还原性，所以它能被 I_2 定量地氧化成二酮基。其反应式为

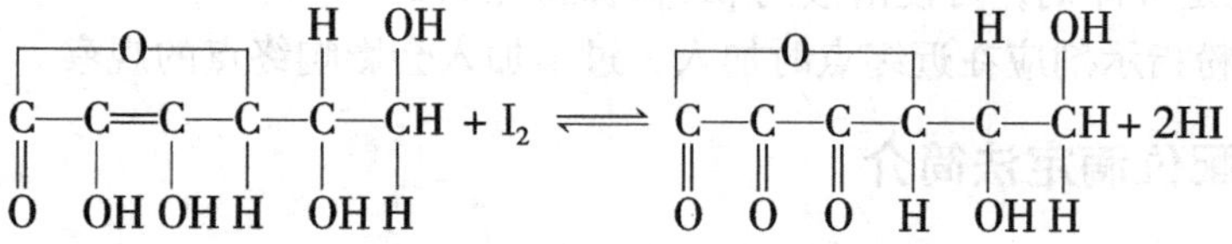

维生素 C 的半反应式为

$C_6H_6O_6 + 2H^+ + 2e = C_6H_8O_6 \qquad \varphi^{\theta}_{C_6H_6O_6/C_6H_8O_6} = +0.18V$

由于维生素 C 的还原性很强，在空气中极易被氧化，尤其在碱性介质中更严重，测定时应加入 HAc 使溶液呈弱酸性，以减少维生素 C 的副反应。

维生素 C 含量的测定方法为：准确称取含维生素 C 的试样，溶解在新煮沸且冷却的蒸馏水中，以 HAc 酸化，加入淀粉指示剂，迅速用 I_2 标准滴定溶液滴定至终点（呈现稳定的蓝色）。

维生素 C 在空气中易被氧化，所以在 HAc 酸化后应立即滴定。由于蒸馏水中溶解有氧，因此蒸馏水必须事先煮沸，否则会使测定结果偏低。如果试液中有能被 I_2 直接氧化的物质存在，则对测定有干扰。

3）铜合金中 Cu 含量的测定——间接碘量法。将铜合金（黄铜或青铜）试样溶于 $HCl + H_2O_2$ 溶液中，加热分解除去 H_2O_2。在弱酸性溶液中，Cu^{2+} 与过量 KI 作用，定量释放出 I_2。释放出的 I_2 再用 $Na_2S_2O_3$ 标准滴定溶液滴定。其反应式为

$$Cu + 2HCl + H_2O_2 = CuCl_2 + 2H_2O$$

$$2Cu^{2+} + 4I^- = 2CuI\downarrow + I_2$$

$$I_2 + 2S_2O_3^{\ 2-} = 2I^- + S_4O_6^{\ 2-}$$

加入过量的 KI，Cu^{2+} 离子的还原可趋于完全。由于 CuI 沉淀强烈地吸附 I_2，使测定结果偏低，因此在滴定近终点时，应加入适量 KSCN，使 CuI（$K_{sp} = 1.1\times10^{-12}$）转化为溶解度更小的 CuSCN（$K_{sp} = 4.8\times10^{-15}$），反应式为

$$CuI + SCN^- = CuSCN\downarrow + I^-$$

在测定过程中应注意：

①SCN^-只能在近终点时加入，否则会直接还原Cu^{2+}离子，使结果偏低。

②溶液的 pH 值应控制在 3.3 ~ 4.0 范围内。若 pH < 4，则 Cu^{2+} 水解使反应不完全，结果偏低；若酸度过高，则 I^- 被空气氧化为 I_2（Cu^{2+} 离子催化此反应），使结果偏高。

③合金中的杂质 As、Sb 在溶样时被氧化为 As(Ⅴ)、Sb(Ⅴ)，当酸度过大时，As(Ⅴ)、Sb(Ⅴ) 能与 I^- 作用析出 I_2，干扰测定。控制适宜的酸度可消除其干扰。

④Fe^{3+} 能氧化 I^- 而析出 I_2，可用 NH_4HF_2 掩蔽（生成 FeF_6^{3-}）。这里 NH_4HF_2 也是缓冲剂，可使溶液的 pH 值保持在 3.3 ~ 4.0。

⑤ 淀粉指示剂应在近终点时加入，过早加入会影响终点的观察。

三、配位滴定法简介

1. 方法简介

（1）配位滴定法概述　配位滴定法是以生成配位化合物的反应为基础的滴定分析方法。例如，用 $AgNO_3$ 标准滴定溶液滴定 CN^- 时，Ag^+ 与 CN^- 发生配位化合反应，生成 $[Ag(CN)_2]^-$ 配离子，其反应式为

$$Ag^+ + 2CN^- \rightleftharpoons [Ag(CN)_2]^-$$

当滴定到达化学计量点时，稍过量的 Ag^+ 与 $[Ag(CN)_2]^-$ 结合生成 $Ag[Ag(CN)_2]$ 白色沉淀，使溶液变浑浊，指示滴定终点的到达。

（2）配位剂　广泛用作配位滴定剂的是含有—$N(CH_2COOH)_2$ 基团的有机化合物，称为氨羧配位剂。其分子中含有氨氮 $\ddot{N}$ 和羧氧 $-\overset{O}{\overset{\|}{C}}-\ddot{O}-$ 配位原子，前者易与 Cu、Ni、Zn、Co、Hg 等金属离子配位，后者则几乎能与所有高价金属离子配位。因此，氨羧配位剂兼有两者的配位能力，几乎能与所有金属离子配位。

在配位滴定中最常用的氨羧配位剂主要有 EDTA（乙二胺四乙酸）、CyDTA（或 DCTA，环己烷二胺基四乙酸）、EDTP（乙二胺四丙酸）、TTHA（三乙基四胺六乙酸）。氨羧配位剂中 EDTA 是目前应用最广泛的一种，用 EDTA 标准滴定溶液可以滴定几十种金属离子。通常所谓的配位滴定法，主要是指 EDTA 滴定法。

2. 乙二胺四乙酸的分析特性

（1）乙二胺四乙酸的性质　乙二胺四乙酸（通常用 H_4Y 表示）简称为 ED-

TA，其结构式为

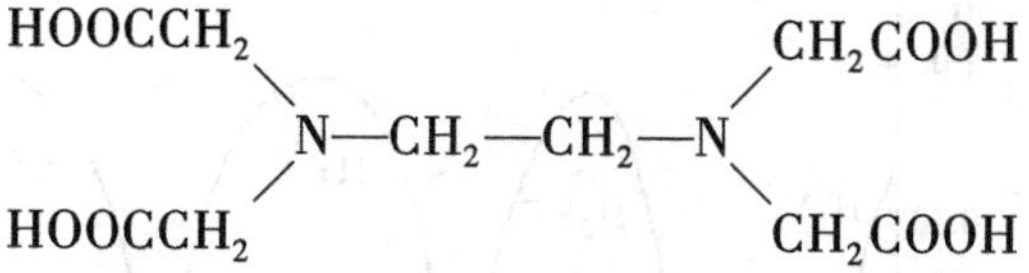

乙二胺四乙酸为白色无水结晶粉末，室温时在水中溶解度较小（22℃时溶解度为0.02g/100mL），难溶于酸和有机溶剂，易溶于碱或氨水中，形成相应的盐。由于乙二胺四乙酸溶解度很小，故常用它的二钠盐。

乙二胺四乙酸的二钠盐（$Na_2H_2Y \cdot 2H_2O$，亦称EDTA二钠盐）为白色结晶粉末，室温下可吸附水分，80℃时可烘干除去，在100～140℃时将失去结晶水而成为无水的乙二胺四乙酸二钠。乙二胺四乙酸二钠易溶于水（22℃时溶解度为11.1g/100mLH_2O，浓度约为0.3mol/L，pH≈4.4），因此通常使用乙二胺四乙酸二钠作滴定剂。

乙二胺四乙酸在水溶液中，具有双偶极离子结构。

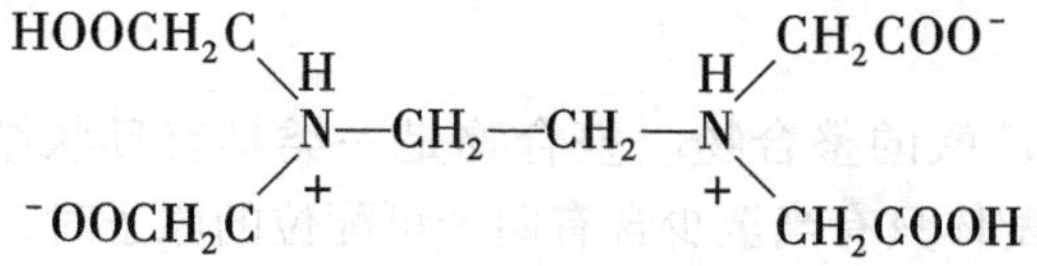

当EDTA溶解于酸度很高的溶液中时，它的两个羧酸根可再接受两个H^+形成H_6Y^{2+}。这样，它就相当于一个六元酸，有六级离解常数。EDTA的逐级离解常数见表2-12。

表2-12　EDTA的逐级离解常数

K_{a1}	K_{a2}	K_{a3}	K_{a4}	K_{a5}	K_{a6}
$10^{-0.9}$	$10^{-1.6}$	$10^{-2.0}$	$10^{-2.67}$	$10^{-6.16}$	$10^{-10.26}$

因此，EDTA在水溶液中总是以H_6Y^{2+}、H_5Y^+、H_4Y、H_3Y^-、H_2Y^{2-}、HY^{3-}和Y^{4-}七种型体存在。它们的分布系数δ与溶液pH值的关系如图2-4所示。

由图2-4可以看出，在pH<1的强酸溶液中，EDTA主要以H_6Y^{2+}型体存在；在pH=2.75～6.24时，EDTA主要以H_2Y^{2-}型体存在；仅在pH>10.34时，EDTA才主要以Y^{4-}型体存在。值得注意的是，在七种型体中只有Y^{4-}（为了方便，以下均用符号Y来表示Y^{4-}）能与金属离子直接配位。Y分布系数越大，EDTA的配位能力就越强。Y分布系数的大小与溶液的pH密切相关，所以溶液

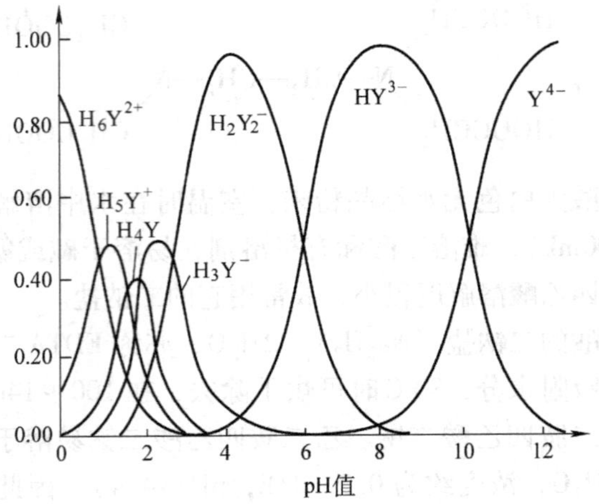

图 2-4　EDTA 溶液中各种存在型体的分布系数 δ 与溶液 pH 值的关系

的酸度便成为影响 EDTA 配位化合物稳定性及滴定终点敏锐性的一个很重要的因素。

(2) 乙二胺四乙酸的螯合物　螯合物是一类具有环状结构的配位化合物。螯合即成环，一个配体只有当至少含有两个可配位的原子时，才能与中心原子形成环状结构。螯合物中所形成的环状结构常称为螯环。能与金属离子形成螯合物的试剂称为螯合剂。EDTA 就是一种常用的螯合剂。

EDTA 分子中有六个配位原子，这六个配位原子恰能满足它们的配位数，在空间位置上均能与同一金属离子形成环状化合物，即螯合物。

3. 配位离解平衡

(1) 配位化合物的绝对稳定常数　对于 1:1 型的配位化合物 ML 来说，其配位反应式为（为简便起见，略去电荷）

$$M + L \rightleftharpoons ML$$

因此反应的平衡常数为

$$K_{MY} = \frac{[ML]}{[M][L]} \tag{2-27}$$

K_{MY} 即为金属-EDTA 配位化合物的绝对稳定常数（或称为形成常数），也可用 $K_{稳}$ 表示。对于具有相同配位数的配位化合物或配离子，$K_{稳}$ 越大，配合物越稳定。$K_{稳}$ 的倒数即为配合物的不稳定常数（或称为离解常数）。

$$K_{稳} = \frac{1}{K_{不稳}} \tag{2-28}$$

或

$$\lg K_{稳} = pK_{不稳}$$

需要指出的是，绝对稳定常数是指无副反应情况下的数据，它不能反映实际滴定过程中真实配位化合物的稳定状况。

(2) 副反应系数和条件稳定常数　在滴定过程中，一般将 EDTA 与被测金属离子 M 的反应称为主反应，而溶液中存在的其他反应都称为副反应。

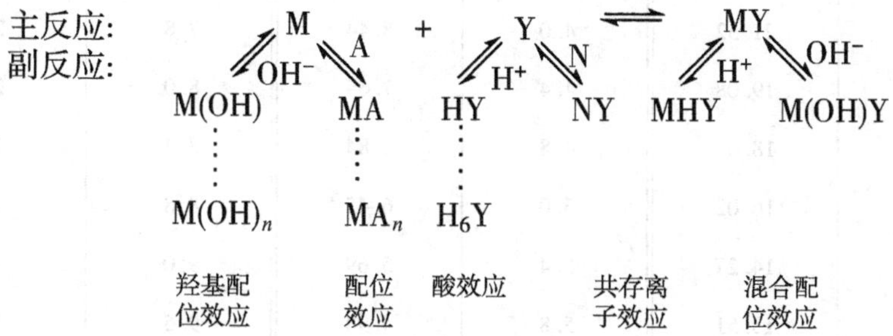

该反应式中的 A 为辅助配位剂，N 为共存离子。

显然，反应物（M、Y）发生副反应不利于主反应的进行，而生成物（MY）的各种副反应则有利于主反应的进行，但所生成的这些混合配位化合物大多数不稳定，可以忽略不计。以下主要讨论反应物发生的副反应。

1）副反应系数。配位反应涉及的平衡比较复杂，为了定量处理各种因素对配位平衡的影响，引入副反应系数的概念。副反应系数是描述副反应对主反应影响程度大小的量度，以 α 表示。

①Y 与 H 的副反应——酸效应与酸效应系数。因 H^+ 的存在而使配位体参加主反应能力降低的现象称为酸效应。酸效应的程度用酸效应系数来衡量。EDTA 的酸效应系数用符号 $\alpha_{Y(H)}$ 表示。所谓酸效应系数是指在一定酸度下，未与 M 配位的 EDTA 各级质子化型体的总浓度 [Y′]（如果将 EDTA 的分析浓度 c_Y 近似看作是 [Y′]，则 $\alpha_{Y(H)}=c_Y/[Y]$）与游离 EDTA 酸根离子浓度 [Y] 的比值，即

$$\alpha_{Y(H)}=\frac{[Y']}{[Y]} \tag{2-29}$$

不同酸度下的 $\alpha_{Y(H)}$ 值的计算公式为

$$\alpha_{Y(H)}=1+\frac{[H]}{K_6}+\frac{[H]^2}{K_6K_5}+\frac{[H]^3}{K_6K_5K_4}+\cdots+\frac{[H]^6}{K_6K_5\cdots K_1} \tag{2-30}$$

式中　K_6、$K_5\cdots K_1$——H_6Y^{2+} 的各级离解常数。

由式(2-30) 可知，$\alpha_{Y(H)}$ 随着 pH 值的增大而减小。$\alpha_{Y(H)}$ 越小则 [Y] 越大，即 EDTA 有效浓度越大，因而酸度对配位化合物的影响越小。

在 EDTA 滴定中，$\alpha_{Y(H)}$ 是最常用的副反应系数。为应用方便，通常用其对

数值 $\lg\alpha_{Y(H)}$。表2-13列出了不同pH值时的 $\lg\alpha_{Y(H)}$。

表2-13　不同pH值时的 $\lg\alpha_{Y(H)}$

pH	$\lg\alpha_{Y(H)}$	pH	$\lg\alpha_{Y(H)}$	pH	$\lg\alpha_{Y(H)}$
0.0	23.64	3.8	8.85	7.4	2.88
0.4	21.32	4.0	8.44	7.8	2.47
0.8	19.08	4.4	7.64	8.0	2.27
1.0	18.01	4.8	6.84	8.4	1.87
1.4	16.02	5.0	6.45	8.8	1.48
1.8	14.27	5.4	5.69	9.0	1.28
2.0	13.51	5.8	4.98	9.5	0.83
2.4	12.19	6.0	4.65	10.0	0.45

由表2-13可看出，多数情况下 $\alpha_{Y(H)}$ 不等于1，仅当 $pH\geqslant12$ 时，$\alpha_{Y(H)}$ 才等于1，即此时Y不与 H^+ 发生副反应，EDTA的配位能力最强。

②Y与N的副反应——共存离子效应和共存离子效应系数。如果溶液中除了被滴定的金属离子M之外，还有其他金属离子N（N亦能与Y形成稳定的配位化合物）存在，且其浓度较大时，Y与N的副反应就会影响Y与M的配位能力，此时共存离子的影响不能忽略。

这种因共存离子N与EDTA反应而降低Y平衡浓度的副反应称为共存离子效应。其影响可用共存离子效应系数 $\alpha_{Y(N)}$ 表示，即

$$\alpha_{Y(N)}=\frac{[Y']}{[Y]}=\frac{[NY]+[Y]}{[Y]}=1+K_{NY}[N] \tag{2-31}$$

式中　[N]——游离共存金属离子N的平衡浓度。

由式（2-31）可知，$\alpha_{Y(N)}$ 的大小只与 K_{NY} 以及N的浓度有关。

若有几种共存离子存在，则一般只考虑其中影响最大的，其他可忽略不计。实际上，Y的副反应系数 α_Y 应同时包括共存离子效应和酸效应两部分，因此有

$$\alpha_Y\approx\alpha_{Y(H)}+\alpha_{Y(N)}-1 \tag{2-32}$$

在实际工作中，当 $\alpha_{Y(H)}>\alpha_{Y(N)}$ 时，酸效应是主要的；当 $\alpha_{Y(N)}>\alpha_{Y(H)}$ 时，共存离子效应是主要的。一般情况下，在滴定剂Y的副反应中，酸效应的影响较大，因此 $\alpha_{Y(H)}$ 是重要的副反应系数。

③金属离子M的配位效应与配位效应系数。在EDTA滴定中，由于其他配位剂的存在而使金属离子参加主反应能力降低的现象称为配位效应。这种由于配位剂L引起副反应的副反应系数称为配位效应系数，用 $\alpha_{M(L)}$ 表示。$\alpha_{M(L)}$ 定义为：

没有参加主反应的金属离子总浓度［M′］与游离金属离子浓度［M］的比值，即

$$\alpha_{M(L)} = \frac{[M']}{[M]} = 1 + \beta_1[L] + \beta_2[L]^2 + \cdots + \beta_n[L]^n \quad (2\text{-}33)$$

$\alpha_{M(L)}$越大，表示副反应越严重。

④配位化合物 MY 的副反应。这种副反应在酸度较高或较低时发生。当酸度较高时，生成酸式配位化合物（MHY），其副反应系数用$\alpha_{MY(H)}$表示；当酸度较低时，生成碱式配位化合物（MOHY），其副反应系数用$\alpha_{MY(OH)}$表示。酸式配位化合物和碱式配位化合物一般不太稳定，在计算中可忽略不计。

2）条件稳定常数。通过上述副反应对主反应影响因素的讨论，可知用绝对稳定常数描述配位化合物的稳定性显然是不符合实际情况的，应将副反应的影响一起考虑，由此推导的稳定常数应区别于绝对稳定常数，称之为条件稳定常数或表观稳定常数，用K'_{MY}表示。K'_{MY}与α_Y、$\alpha_{M(L)}$、α_{MY}的关系为

$$K'_{MY} = K_{MY}\frac{\alpha_{MY}}{\alpha_{M(L)}\alpha_Y} \quad (2\text{-}34)$$

当条件恒定时，α_Y、$\alpha_{M(L)}$、α_{MY}均为定值，故K'_{MY}在一定条件下为常数，称为条件稳定常数。当副反应系数为 1 时（无副反应），$K'_{MY}=K_{MY}$。

若将式（2-34）取对数，可得

$$\lg K'_{MY} = \lg K_{MY} + \lg\alpha_{MY} - \lg\alpha_{M(L)} - \lg\alpha_Y \quad (2\text{-}35)$$

一般情况下，对主反应影响较大的副反应是 EDTA 的酸效应和金属离子的配位效应，其中酸效应的影响更大。如果不考虑其他副反应，仅考虑 EDTA 的酸效应，则式(2-35）可简化为

$$\lg K'_{MY} = \lg K_{MY} - \lg\alpha_{Y(H)} \quad (2\text{-}36)$$

条件稳定常数是利用副反应系数进行校正后的实际稳定常数，可用于判断滴定金属离子的可行性和混合金属离子分别滴定的可行性以及滴定终点时金属离子的浓度计算等。

4. 酸效应曲线和滴定金属离子的最小 pH 值

在配位滴定中，当目测的滴定终点与化学计量点两者 pM（$pM=-\lg[M]$）的差值 ΔpM 为 ±0.2pM 单位，允许的终点误差为 ±0.1% 时，根据有关公式，可推导出准确测定单一金属离子的条件为

$$\lg c_M K'_{MY} \geqslant 6 \quad (2\text{-}37)$$

在金属离子的原始浓度 $c_M=0.010$mol/L 的特定条件下，则

$$\lg K'_{MY} \geqslant 8 \quad (2\text{-}38)$$

假设金属离子未发生副反应，且溶液中无共存离子，则

$$\lg K'_{MY} = \lg K_{MY} - \lg\alpha_{Y(H)} \geqslant 8$$

$$\lg\alpha_{Y(H)} \leqslant \lg K_{MY} - 8 \tag{2-39}$$

将各种金属离子的 $\lg K_{MY}$ 代入式(2-39)，即可求出对应的最大 $\lg\alpha_{Y(H)}$ 值，再从表2-13查得与它对应的pH值，即可求出滴定不同金属离子时所允许的最小pH值。例如，对于浓度为0.01mol/L的 Zn^{2+} 溶液的滴定，以 $\lg K_{ZnY}=16.50$ 代入式（2-39），得

$$\lg\alpha_{Y(H)} \leqslant 8.5$$

从表2-13可查得pH≥4.0，即滴定 Zn^{2+} 允许的最小pH值为4.0。将金属离子的 $\lg K_{MY}$ 值与最小pH值（或对应的 $\lg\alpha_{Y(H)}$ 与最小pH值）所绘成的曲线称为酸效应曲线，如图2-5所示。在使用酸效应曲线时，要注意前提条件。

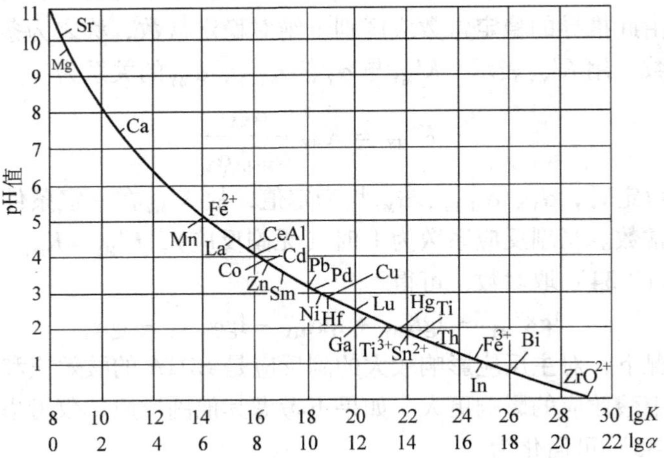

图2-5 酸效应曲线

在实际工作中，利用酸效应曲线可查得单独滴定某种金属离子时所允许的最低pH值。此外，酸效应曲线还可当 $\lg\alpha_{Y(H)}$-pH值曲线使用。

必须注意，使用酸效应曲线确定单独滴定某种金属离子最低pH值的前提是：金属离子浓度为0.01mol/L；允许测定的相对误差为±0.1%；溶液中除EDTA的酸效应外，金属离子未发生其他副反应。如果前提变化，则曲线将发生变化，因此要求的pH值也会有所不同。

5. 配位滴定过程中金属离子（M）浓度的计算

随着滴定剂EDTA的加入，金属离子浓度随之减小，在化学计量点附近，溶液中金属离子浓度发生突变。

当pH=12时，在用0.01000mol/L的EDTA滴定20.00mL 0.01000mol/L的 Ca^{2+} 溶液的过程中，pCa值的变化见表2-14。

表 2-14 pH = 12 时用 0.01000mol/L 的 EDTA 滴定 20.00mL 0.01000mol/L 的 Ca^{2+} 的溶液中 pCa 的变化

	EDTA 加入量		Ca^{2+}被滴定的分数	EDTA 过量的分数	pCa
	mL	%	%	%	
	0	0	—	—	2.0
	18.00	90.0	90.0	—	3.3
	19.80	99.0	99.0	—	4.3
突跃范围	19.98	99.9	99.9	—	5.3
突跃范围	20.00	100.0	100.0	—	6.5
突跃范围	20.02	100.1	—	0.1	7.7
	20.20	101.0	—	1.0	8.7
	40.00	200.0	—	100	10.7

5. 金属指示剂

配位滴定时指示终点的方法很多，其中最重要的是使用金属离子指示剂（简称金属指示剂）指示终点。我们知道，酸碱指示剂是以指示溶液中 H^+ 浓度的变化来确定终点的，而金属指示剂则是以指示溶液中金属离子浓度的变化来确定终点的。

（1）金属指示剂的作用原理　金属指示剂是一种有机染料，也是一种配位剂，能与某些金属离子反应，生成与其本身颜色显著不同的配位化合物，以指示终点。

在滴定前加入金属指示剂（用 In 表示金属指示剂的配位基团），则 In 与待测金属离子 M 有如下反应（省略电荷）：

$$\underset{(\text{甲色})}{M + In} \rightleftharpoons \underset{(\text{乙色})}{MIn}$$

这时溶液呈 MIn（乙色）的颜色。在滴入 EDTA 溶液后，Y 先与游离的 M 结合，至化学计量点附近，Y 夺取 MIn 中的 M，其反应式为

$$MIn + Y \rightleftharpoons MY + In$$

这样，指示剂 In 游离出来，溶液由乙色变为甲色，指示滴定终点的到达。

例如，铬黑 T 在 pH = 10 的水溶液中呈蓝色，与 Mg^{2+} 所生成配位化合物的颜色为酒红色。若在 pH = 10 时用 EDTA 滴定 Mg^{2+}，并在滴定开始前加入指示剂铬黑 T，则铬黑 T 与溶液中的 Mg^{2+} 反应，此时溶液呈现 Mg^{2+} - 铬黑 T 的红色。随着 EDTA 的加入，EDTA 逐渐与 Mg^{2+} 反应，在化学计量点附近，Mg^{2+} 的浓度降至很低，加入的 EDTA 进而夺取了 Mg^{2+} - 铬黑 T 中的 Mg^{2+}，使铬黑 T 游离出来，此时溶液呈现蓝色，指示滴定终点的到达。

另外，在使用指示剂时应注意：

1）指示剂的封闭。有的指示剂与某些金属离子生成很稳定的配位化合物，其稳定性超过了相应的金属离子与EDTA的配位化合物，即$\lg K_{MIn} > \lg K_{MY}$。例如，EBT与Al^{3+}、Fe^{3+}、Cu^{2+}、Ni^{2+}、Co^{2+}等生成的配位化合物非常稳定，若以EDTA滴定这些离子，则在达到化学计量点时，EDTA无法夺取MIn配位化合物中的金属离子，溶液没有颜色变化，这种现象称为指示剂的封闭现象。解决的办法是加入掩蔽剂，使干扰离子生成更稳定的配位化合物，从而不再与指示剂作用。例如，Al^{3+}、Fe^{3+}对铬黑T的封闭可加三乙醇胺予以消除；Cu^{2+}、Co^{2+}、Ni^{2+}可用KCN掩蔽；Fe^{3+}也可先用抗坏血酸还原为Fe^{2+}，再加KCN，以$Fe(CN)_6^{3-}$的形式掩蔽。若干扰离子的量太大，则需预先将其分离除去。

2）指示剂的僵化。有些指示剂与金属离子形成的配位化合物（MIn）在水中的溶解度太小，以致滴定剂与MIn之间反应缓慢，使终点拖长，这种现象称为指示剂的僵化。解决的办法是加入有机溶剂或加热，以增大其溶解度。例如，在用PAN作指示剂时，经常加入酒精或在加热条件下滴定。

3）金属指示剂大多为含双键的有色化合物，易被日光、氧化剂、空气所分解，在水溶液中多不稳定，日久会变质。若将其配成固体混合物，则较稳定，保存时间较长。例如，铬黑T和钙指示剂常用固体NaCl或KCl作稀释剂来配制。

（2）常用的金属指示剂

1）铬黑T（EBT）。铬黑T在溶液中有以下平衡：

$$\underset{\text{(紫红色)}}{H_2In^-} \rightleftharpoons \underset{\text{(蓝色)}}{HIn^{2-}} \rightleftharpoons \underset{\text{(橙色)}}{In^{3-}}$$

$$pK_{a2} = 6.3 \qquad pK_{a3} = 11.6$$

因此当pH<6.3时，EBT在水溶液中呈紫红色；当pH>11.6时，EBT呈橙色，而EBT与二价金属离子形成的配位化合物都显红色，所以只有在pH=7~11范围内使用，EBT才有明显的颜色。实验表明，EBT最适宜的酸度是pH=9~10.5。

铬黑T固体相当稳定，但其水溶液仅能保存几天，这是聚合反应的缘故。聚合后的铬黑T不能再与金属离子显色。pH<6.5的溶液中聚合现象更为严重，加入三乙醇胺可以防止聚合。

铬黑T是在弱碱性溶液中滴定Mg^{2+}、Zn^{2+}、Pb^{2+}等离子的常用指示剂。

2）二甲酚橙（XO）。二甲酚橙为多元酸，在pH>6.3时呈红色，在pH<6.3时呈黄色，与金属离子形成的配位化合物为红色。二甲酚橙是酸性溶液中许多离子配位滴定所使用的极好指示剂。锆、铪、钍、钪、铟、钇、铋、铅、锌、镉等金属的离子都可用二甲酚橙作指示剂，用EDTA直接滴定。

铝、镍、钴、铜、镓等金属的离子会封闭二甲酚橙，可采用返滴定法，即在

pH =5.0 ~5.5（六次甲基四胺缓冲溶液）时，加入过量的 EDTA 标准滴定溶液，再用锌或铅标准滴定溶液返滴定。Fe^{3+} 可在 pH =2 ~3 时，以硝酸铋返滴定法测定。

3）PAN。PAN 与 Cu^{2+} 的显色反应非常灵敏，但很多其他金属离子如 Ni^{2+}、Co^{2+}、Zn^{2+}、Pb^{2+}、Bi^{3+}、Ca^{2+} 等与 PAN 反应缓慢或显色灵敏度低，所以有时利用 Cu－PAN 作间接指示剂来测定这些金属离子。Cu－PAN 指示剂是 CuY 和少量 PAN 的混合液，将其加到含有被测金属离子 M 的试液中时，发生置换反应，反应式为

$$\underset{(\text{黄})}{CuY + PAN} + M \rightleftharpoons MY + \underset{(\text{紫红})}{Cu-PAN}$$

此时溶液呈现紫红色。在加入的 EDTA 与 M 定量反应后，在化学计量点附近 EDTA 将夺取 Cu－PAN 中的 Cu^{2+}，从而使 PAN 游离出来。

$$\underset{(\text{紫红})}{Cu-PAN} + Y \rightleftharpoons CuY + \underset{(\text{黄})}{PAN}$$

溶液由紫红色变为黄色，指示终点到达。因滴定前加入的 CuY 与最后生成的 CuY 是相等的，故加入的 CuY 并不影响测定结果。

在几种离子的连续滴定中，若分别使用几种指示剂，则往往发生颜色干扰。由于 Cu－PAN 可在很宽的 pH 值范围（pH =1.9 ~12.2）内使用，因此可以在同一溶液中连续指示终点。

类似 Cu－PAN 这样的间接指示剂还有 Mg－EBT 等。

常用的金属指示剂见表 2-15。

表 2-15 常用的金属指示剂

指示剂	离解常数	滴定元素	颜色变化	配制方法	对指示剂封闭离子
酸性铬蓝 K	pK_{a1} =6.7 pK_{a2} =10.2 pK_{a3} =14.6	Mg（pH =10） Ca（pH =12）	红→蓝	体积分数为 0.1% 的乙醇溶液	—
钙指示剂	pK_{a2} =3.8 pK_{a3} =9.4 pK_{a4} =13 ~14	Ca（pH =12 ~3）	酒红→蓝	与 NaCl 按 1:100的质量比混合	Co^{2+}、Ni^{2+}、Cu^{2+}、Fe^{3+}、Al^{3+}、Ti^{4+}
铬黑 T	pK_{a1} =3.9 pK_{a2} =6.3 pK_{a3} =11.6	Ca（pH = 10，加入 EDTA－Mg） Mg（pH =10） Pb（pH =10，加入酒石酸钾） Zn（pH =6.8 ~10）	红→蓝 红→蓝 红→蓝 红→蓝	与 NaCl 按 1:100 的质量比混合	Co^{2+}、Ni^{2+}、Cu^{2+}、Fe^{3+}、Al^{3+}、Ti（Ⅳ）

(续)

指示剂	离解常数	滴定元素	颜色变化	配制方法	对指示剂封闭离子
紫脲酸胺	$pK_{a1}=1.6$ $pK_{a2}=8.7$ $pK_{a3}=10.3$ $pK_{a4}=13.5$ $pK_{a5}=14$	Ca（pH＞10，体积分数为25%的乙醇） Cu（pH=7~8） Ni（pH=8.5~11.5）	红→紫 黄→紫 黄→紫红	与NaCl按1:100的质量比混合	—
Cu-PAN	$pK_{a1}=2.9$ $pK_{a2}=11.2$	Cu（pH=6） Zn（pH=5~7）	红→黄 粉红→黄	1g/L的乙醇溶液	—
磺基水杨酸	$pK_{a1}=2.6$ $pK_{a2}=11.7$	Fe（Ⅲ） （pH=1.5~3）。	红紫→黄	10~20g/L的水溶液	—

7. 配位滴定中的掩蔽与解蔽

为了提高配位滴定的选择性，除可利用控制溶液pH值、选择适当的指示剂、分离干扰离子等方法外，最常用的方法是使用掩蔽剂。利用掩蔽剂降低干扰离子的浓度，使它们不与EDTA配位，或者说使它们的EDTA配位化合物的条件稳定常数很小，从而消除干扰。

掩蔽方法按掩蔽反应类型的不同分为配位掩蔽法、氧化还原掩蔽法和沉淀掩蔽法等。

（1）配位掩蔽法　该方法在化学分析中应用最广泛，它通过加入能与干扰离子形成更稳定配位化合物的配位剂（通称为掩蔽剂）来掩蔽干扰离子，从而能够更准确地滴定待测离子。例如，在测定Al^{3+}和Zn^{2+}共存溶液中的Zn^{2+}时，可加入NH_4F与干扰离子Al^{3+}形成十分稳定的AlF_6^{3-}，因而消除了Al^{3+}的干扰。

（2）氧化还原掩蔽法　该方法是加入一种氧化剂或还原剂，改变干扰离子价态，以消除干扰的方法。例如，在锆铁矿中锆的滴定中，由于Zr^{4+}和Fe^{3+}与EDTA配位化合物的稳定常数相差不够大（$\Delta \lg K=29.9-25.1=4.8$），因此$Fe^{3+}$干扰$Zr^{4+}$的滴定。此时可加入抗坏血酸或盐酸羟氨，使$Fe^{3+}$还原为$Fe^{2+}$，由于$\lg K_{FeY^{2-}}=14.3$，比$\lg K_{FeY^-}$小得多，因而避免了干扰。又如前面提到的，当pH=1时测定Bi^{3+}不能使用三乙醇胺掩蔽Fe^{3+}，此时同样可采用抗坏血酸或盐酸羟氨使Fe^{3+}还原为Fe^{2+}，以消除干扰。其他如滴定Th^{4+}、In^{3+}、Hg^{2+}，也可用同样的方法消除Fe^{3+}的干扰。

（3）沉淀掩蔽法　该方法是加入选择性沉淀剂与干扰离子形成沉淀，从而降低干扰离子的浓度，以消除干扰的一种方法。例如在Ca^{2+}、Mg^{2+}共存溶液中，加入NaOH使pH＞12，生成$Mg(OH)_2$沉淀，这时EDTA就可直接滴定Ca^{2+}了。

沉淀掩蔽法要求所生成的沉淀物溶解度要小，沉淀物的颜色为无色或浅色，最好是晶形沉淀，吸附作用小。

由于某些沉淀反应进行得不够完全，造成掩蔽效率有时不太高，再加上沉淀的吸附现象，既影响滴定准确度又影响终点观察，因此沉淀掩蔽法不是一种理想的掩蔽方法，在实际工作中应用不多。

3. EDTA 标准滴定溶液的制备（参见 GB/T 601—2002）

乙二胺四乙酸难溶于水，在实际工作中，通常用它的二钠盐制备标准滴定溶液。实验室中使用的 EDTA 标准滴定溶液一般采用间接法制备，所用水为二次蒸馏水或去离子水。

（1）EDTA 标准滴定溶液的配制与储存　常用的 EDTA 标准滴定溶液的浓度为 0.01～0.05mol/L，配制时，可称取一定量（按所需浓度和体积计算）的 EDTA，用适量蒸馏水溶解（必要时可加热），然后稀释至所需体积，并充分混匀，转移至试剂瓶中待标定。

EDTA 二钠盐溶液正常的 pH 值为 4.8。市售的试剂不纯，pH 值常低于 2，有时 $pH<4$，当室温较低时，易析出难溶于水的乙二胺四乙酸，使溶液变混浊，并且溶液的浓度也发生变化。因此在配制溶液时，可用 pH 试纸检查，若溶液 pH 值较低，则可加几滴 0.1mol/L 的 NaOH 溶液，使溶液的 pH 值在 5～6.5 之间，直至变清为止。

配制好的 EDTA 溶液应储存在聚乙烯塑料瓶或硬质玻璃瓶中。若储存在软质玻璃瓶中，则 EDTA 会不断地溶解玻璃中的 Ca^{2+}、Mg^{2+} 等离子，形成配位化合物，使其浓度不断降低。

（2）EDTA 标准滴定溶液的标定

1）标定 EDTA 常用的基准试剂。用于标定 EDTA 溶液的基准试剂很多，常用基准试剂见表 2-16。

表 2-16　标定 EDTA 的常用基准试剂

基准试剂	基准试剂处理	滴定条件		终点颜色变化
		pH 值	指示剂	
铜片	用稀 HNO_3 溶解，除去氧化膜，用水或无水乙醇充分洗涤，在 105℃烘箱中烘 3min，冷却后称量，以（1+1）HNO_3 溶解，再以 H_2SO_4 蒸发除去 NO_2	4.3（$HAc-Ac^-$ 缓冲溶液）	PAN	红→黄
铅	用稀 HNO_3 溶解，除去氧化膜，用水或无水乙醇充分洗涤，在 105℃烘箱中烘 3min，冷却后称量，以（1+2）HNO_3 溶解，加热除去 NO_2	10（$NH_3-NH_4^+$ 缓冲溶液）	铬黑 T	红→蓝
		5～6（六次甲基四胺）	二甲酚橙	红→黄

(续)

基准试剂	基准试剂处理	滴定条件		终点颜色变化
		pH 值	指示剂	
锌片	用 (1+5) HCl 溶解，除去氧化膜，用水或无水乙醇充分洗涤，在105℃烘箱中烘3min，冷却后称量，以 (1+1) HCl 溶解	10 ($NH_3-NH_4^+$ 缓冲溶液)	铬黑 T	红→蓝
		5~6 (六次甲基四胺)	二甲酚橙	红→黄
$CaCO_3$	在105℃烘箱中烘120min，冷却后称量，以 (1+1) HCl 溶解	12.5~12.9 (KOH)	甲基百里酚蓝 钙指示剂	蓝→灰 酒红→蓝
MgO	在1000℃灼烧后，以 (1+1) HCl 溶解	10 ($NH_3-NH_4^+$ 缓冲溶液)	铬黑 T K-B	红→蓝

实验室中常用金属锌或氧化锌为基准物，由于它们的摩尔质量不大，因此标定时通常采用“称大样”法，即先准确称取较大量的基准物，溶解后定量移入一定体积的容量瓶中配制，然后再移取一定量的溶液标定。

2）标定的条件。为了使测定结果具有较高的准确度，标定的条件与测定的条件应尽可能相同。在可能的情况下，最好选用被测元素的纯金属或化合物作为基准物质。这是因为不同的金属离子与 EDTA 反应完全的程度不同，允许的酸度不同，所以对结果的影响也不同。例如 Al^{3+} 与 EDTA 的反应，在过量 EDTA 存在的情况下，控制酸度并加热，配位率也只能达到99%左右，因此要准确测定 Al^{3+} 含量，最好采用纯铝或含铝标样标定 EDTA 溶液，使误差抵消。又如，由试验用水中引入的杂质（如 Ca^{2+}、Pb^{2}）在不同条件下有不同影响，在碱性中滴定时两者均会与 EDTA 配位，在酸性溶液中则只有 Pb^{2+} 与EDTA配位，在强酸溶液中两者均不与 EDTA 配位。因此，若在相同酸度下标定和测定，则这种影响就可以被抵消。

3）标定方法。在 pH =4~12 时，Zn^{2+} 均能与 EDTA 定量配位，可采用的方法有：

①在 pH =10 的 NH_3-NH_4Cl 缓冲溶液中，以铬黑 T 为指示剂，直接标定。

②在 pH = 5 的六次甲基四胺缓冲溶液中，以二甲酚橙为指示剂，直接标定。

9. EDTA 配位滴定法的应用

在配位滴定中采用不同的滴定方式，可以扩大配位滴定法的应用范围。配位滴定法中常用的滴定方式及其应用如下：

（1）直接滴定法及其应用　直接滴定法是配位滴定中的基本方法。这种方法是将试样处理成溶液后，调节至所需的酸度，再用 EDTA 直接滴定被测离子。在多数情况下，直接法引入的误差较小，操作简便、快速。只要金属离子与

EDTA的配位反应能满足直接滴定的要求，就应尽可能地采用直接滴定法。但有以下任何一种情况，都不宜直接滴定：

1）待测离子与 EDTA 不形成配位化合物或形成的配位化合物不稳定。

2）待测离子与 EDTA 的配位反应很慢，例如 Al^{3+}、Cr^{3+}、Zr^{4+} 等的配位化合物虽然稳定，但是在常温下反应进行得很慢。

3）没有适当的指示剂，或金属离子对指示剂有严重的封闭或僵化现象。

4）在滴定条件下，待测金属离子水解或生成沉淀，在滴定过程中沉淀不易溶解，也不能用加入辅助配位剂的方法防止这种现象的发生。

实际上大多数金属离子都可采用直接滴定法进行测定。例如，测定钙、镁可有多种方法，但以直接配位滴定法最为简便。钙、镁联合测定的方法是：先在 pH = 10 的氨性溶液中，以铬黑 T 为指示剂，用EDTA滴定。由于 CaY 比 MgY 稳定，故先滴定的是 Ca^{2+}。但它们与铬黑 T 配位化合物的稳定性则相反（$\lg K_{CaIn} = 5.4$，$\lg K_{MgIn} = 7.0$），因此当溶液由紫红变为蓝色时，表示 Mg^{2+} 已定量滴定，而此时 Ca^{2+} 早已定量反应，故由此测得的是 Ca^{2+}、Mg^{2+} 的总量。另取同量试液，加入 NaOH 调节溶液酸度至 pH > 12，此时镁以 $Mg(OH)_2$ 沉淀的形式被掩蔽，选用钙指示剂作为指示剂，用 EDTA 滴定 Ca^{2+}，由前后两次测定之差即得到镁的含量。

部分金属离子常用的 EDTA 直接滴定法示例见表 2-17。

表 2-17 EDTA 直接滴定法示例

金属离子	pH 值	指示剂	其他主要滴定条件	终点颜色变化
Bi^{3+}	1	二甲酚橙	—	紫红→黄
Ca^{2+}	12 ~ 13	钙指示剂	—	酒红→蓝
Cd^{2+}、Fe^{2+}、Pb^{2+}、Zn^{2+}	5 ~ 6	二甲酚橙	六次甲基四胺	红紫→黄
Co^{2+}	5 ~ 6	—	六次甲基四胺，加热至 80℃	红紫→黄
Cd^{2+}、Mg^{2+}、Zn^{2+}	9 ~ 10	铬黑 T	氨性缓冲液	红→蓝
Cu^{2+}	2.5 ~ 10	PAN	加热或加乙醇	红→黄绿
Fe^{3+}	1.5 ~ 2.5	磺基水杨酸	加热	红紫→黄
Mn^{2+}	9 ~ 10	铬黑 T	氨性缓冲溶液、抗坏血酸、$NH_4OH \cdot HCl$或酒石酸	红→蓝
Ni^{2+}	9 ~ 10	紫脲酸胺	加热至 50 ~ 60℃	黄绿→紫红
Pb^{2+}	9 ~ 10	铬黑 T	氨性缓冲溶液，加酒石酸，并加热至 40 ~ 70℃	红蓝
Th^{2+}	1.7 ~ 3.5	二甲酚橙	—	紫红→黄

(2) 返滴定法及其应用　返滴定法是在适当的酸度下向试液中加入已知且过量的EDTA，加热（或不加热）使待测离子与EDTA配位完全，然后调节溶液的pH值，加入指示剂，以适当的金属离子标准滴定溶液作为返滴定剂，滴定过量的EDTA。

返滴定法适用于以下一些情况：

1）待测离子与EDTA反应缓慢。

2）待测离子在滴定的pH值下会发生水解，且找不到合适的辅助配位剂。

3）待测离子对指示剂有封闭作用，且找不到合适的指示剂。

例如，Al^{3+}与EDTA配位反应速度缓慢，而且对二甲酚橙指示剂有封闭作用；当酸度不高时，Al^{3+}还易发生一系列水解反应，形成多种多核羟基配位化合物。因此，Al^{3+}不能直接滴定。当用返滴定法测定Al^{3+}时，先在试液中加入一定量并过量的EDTA标准滴定溶液，调节pH＝3.5，煮沸以加速Al^{3+}与EDTA的反应（此时溶液的酸度较高，又有过量EDTA存在，因此Al^{3+}不会形成羟基配位化合物），冷却后，调节pH＝5～6，以保证Al^{3+}与EDTA定量配位，然后以二甲酚橙为指示剂（此时Al^{3+}已形成AlY，不再封闭指示剂），用Zn^{2+}标准滴定溶液滴定过量的EDTA。

返滴定法中用作返滴定剂的金属离子N与EDTA的配位化合物NY应有足够的稳定性，以保证测定的准确度，但NY又不能比待测离子M与EDTA的配位化合物MY更稳定，否则将由于发生下面的反应，使测定结果偏低。

$$N + MY \rightleftharpoons NY + M$$

上例中ZnY^{2-}虽然比AlY^{3-}稍稳定（$\lg K_{ZnY} = 16.5$，$\lg K_{AlY} = 16.1$），但是由于Al^{3+}与EDTA配位缓慢，一旦形成，离解也慢，因此在滴定条件下Zn^{2+}不会把AlY中的Al^{3+}置换出来。但是，如果返滴定时温度较高，AlY活性增大，就有可能发生置换反应，使终点难于确定。

常用作返滴定剂的部分金属离子及其滴定条件见表2-18。

表2-18　常用作返滴定剂的金属离子及其滴定条件

待测金属离子	pH值	返滴定剂	指示剂	终点颜色变化
Al^{3+}，Ni^{2+}	5～6	Zn^{2+}	二甲酚橙	黄→紫红
Al^{3+}	5～6	Cu	PAN	黄→蓝紫（或紫红）
Fe^{2+}	9	Zn^{2+}	铬黑T	蓝→红
Hg^{2+}	10	Mg^{2+}，Zn^{2+}	铬黑T	蓝→红
Sn^{4+}	2	Th^{4+}	二甲酚橙	黄→红

(3) 置换滴定法及其应用　在配位滴定中用到的置换滴定法主要有下列

两类：

1）置换出金属离子。例如，Ag^+ 与 EDTA 形成的配位化合物不够稳定（$\lg K_{AgY}=7.3$），不能用 EDTA 直接滴定。若在 Ag^+ 溶液中加入过量的 $Ni(CN)_4{}^{2-}$，则会发生置换反应，反应式为

$$2Ag^+ + Ni(CN)_4{}^{2-} = 2Ag(CN)_2{}^- + Ni^{2+}$$

此反应的平衡常数 $\lg K_{AgY}=10.9$，反应进行较完全。在 pH = 10 的氨性溶液中，以紫脲酸铵为指示剂，用 EDTA 滴定置换出的 Ni^{2+}，即可求得 Ag^+ 的含量。

紫脲酸铵是配位滴定 Ca^{2+}、Ni^{2+}、Co^{2+} 和 Cu^{2+} 的一个经典指示剂，在强氨性溶液中滴定 Ni^{2+}，溶液由配位化合物的紫色变为指示剂的黄色，变色敏锐。由于 Cu^{2+} 与指示剂的稳定性差，因此只能在弱氨性溶液中滴定。

2）置换出 EDTA。例如，在用返滴定法测定可能含有 Cu^{2+}、Pb^{2+}、Zn^{2+}、Fe^{3+} 等杂质离子的某复杂试样中 Al^{3+} 的含量时，实际测得的是这些离子的含量。为了得到准确的 Al^{3+} 含量，在返滴定至终点后，加入 NH_4F，使 F^- 与溶液中的 AlY^- 反应，生成更为稳定的 $AlF_6{}^{3-}$，即可置换出与 Al^{3+} 相当量的 EDTA。其反应式为

$$AlY^- + 6F^- + 2H^+ = AlF_6{}^{3-} + H_2Y^{2-}$$

置换出的 EDTA 再用 Zn^{2+} 标准滴定溶液滴定，由此可得 Al^{3+} 的准确含量。

锡的测定也常用此方法。例如，在测定锡-铅焊料中锡、铅的含量时，试样经溶解后加入一定量并过量的 EDTA，煮沸、冷却后用六次甲基四胺调节溶液 pH = 5 ~ 6，以二甲酚橙作指示剂，用 Pb^{2+} 标准滴定溶液滴定 Sn^{4+} 和 Pb^{2+} 的总量，然后再加入过量的 NH_4F，置换出 SnY 中的 EDTA，用 Pb^{2+} 标准滴定溶液滴定，即可求得 Sn^{4+} 的含量。

置换滴定法不仅能扩大配位滴定法的应用范围，而且可以提高配位滴定法的选择性。

（4）间接滴定法及其应用　有些离子和 EDTA 生成的配位化合物不稳定，如 Na^+、K^+ 等；有些离子不能够与 EDTA 发生配位反应，如 $SO_4{}^{2-}$、$PO_4{}^{3-}$、CN^-、Cl^- 等阴离子。这些离子可采用间接滴定法测定。常用的间接滴定法见表 2-19。

表 2-19　常用的间接滴定法

待测离子	主要步骤
K^+	沉淀为 $K_2Na[Co(NO_2)_6]\cdot 6H_2O$，经过滤、洗涤、溶解后测出其中的 Co^{3+}
Na^+	沉淀为 $NaZn(UO_2)_3Ac_9\cdot 9H_2O$
$PO_4{}^{3-}$	沉淀为 $MgNH_4PO_4\cdot 6H_2O$，经过滤、洗涤、溶解，测定其中的 Mg^{2+} 或测定滤液中过量的 Mg^{2+}

(续)

待测离子	主要步骤
S^{2-}	沉淀为 CuS，测定滤液中过量的 Cu^{2+}
SO_4^{2-}	沉淀为 $BaSO_4$，测定滤液中过量的 Ba^{2+}
CN^-	加一定量并过量的 Ni^{2+}，形成 $Ni(CN)_4^{2-}$，测定过量的 Ni^{2+}
Cl^-、Br^-、I^-	沉淀为卤化银，过滤，滤液中过量的 Ag^+ 与 $Ni(CN)_4^{2-}$ 置换，测定置换出的 Ni^{2+}

四、沉淀滴定法简介

1. 方法简介

沉淀滴定法是以沉淀反应为基础的一种滴定分析方法。

能用于沉淀滴定法的反应并不多，目前有实用价值的主要是形成难溶性银盐的反应，例如：

$$Ag^+ + Cl^- = AgCl\downarrow \quad (白色)$$

$$Ag^+ + SCN^- = AgSCN\downarrow \quad (白色)$$

这种利用生成难溶银盐的反应进行沉淀滴定的方法称为银量法。银量法主要用于测定 Cl^-、Br^-、I^-、SCN^-、Ag^+ 等离子及含卤素的有机化合物的含量。

除银量法外，沉淀滴定法中还有利用其他沉淀反应的方法，例如，$K_4[Fe(CN)_6]$ 与 Zn^{2+} 以及 $NaB(C_6H_5)_4$ 与 K^+ 形成沉淀的反应，反应式分别为

$$2K_4[Fe(CN)_6] + 3Zn^{2+} = K_2Zn_3[Fe(CN)_6]_2\downarrow + 6K^+$$

$$NaB(C_6H_5)_4 + K^+ = KB(C_6H_5)_4\downarrow + Na^+$$

这两个反应都可用于沉淀滴定法。

2. 银量法确定化学计量点的方法

根据确定滴定终点所采用的指示剂的不同，银量法分为莫尔法、佛尔哈德法和法扬司法。

(1) 莫尔法　该方法是以铬酸钾（K_2CrO_4）为指示剂，在中性或弱碱性介质中用 $AgNO_3$ 标准滴定溶液测定卤素或其混合物含量的方法。

1) 指示剂的作用原理。以测定 Cl^- 为例，以 K_2CrO_4 作指示剂，用 $AgNO_3$ 标准滴定溶液滴定，其反应式为

$$Ag^+ + Cl^- = AgCl\downarrow \quad (白色)$$

$$2Ag^+ + CrO_4^{2-} = Ag_2CrO_4\downarrow \quad (砖红色)$$

该方法的依据是多级沉淀原理。由于 AgCl 的溶解度比 Ag_2CrO_4 的溶解度小，因此在用 $AgNO_3$ 标准滴定溶液滴定时，AgCl 沉淀先析出，当滴定剂 Ag^+ 与 Cl^- 达到化学计量点时，微过量的 Ag^+ 与 CrO_4^{2-} 反应析出砖红色的 Ag_2CrO_4 沉淀，指示滴定终点的到达。

2）滴定条件

①指示剂的用量。当用 $AgNO_3$ 标准滴定溶液滴定 Cl^- 时，指示剂 K_2CrO_4 的用量对终点指示有较大的影响，CrO_4^{2-} 浓度过高或过低，会使 Ag_2CrO_4 沉淀的析出过早或过迟，从而产生一定的终点误差。因此，要求 Ag_2CrO_4 沉淀应该恰好在滴定反应的化学计量点时出现。

在滴定时，由于 K_2CrO_4 显黄色，当其浓度较高时，溶液颜色较深，不易判断砖红色的出现。为了能观察到明显的终点，指示剂的浓度以略低一些为好。试验证明，滴定溶液中 K_2CrO_4 的浓度为 5×10^{-3}mol/L 是确定滴定终点的适宜浓度。

显然，在 K_2CrO_4 的浓度降低后，要使 Ag_2CrO_4 析出沉淀，必须多加一些 $AgNO_3$ 标准滴定溶液，这时滴定剂就过量了，终点将在化学计量点后出现，但由于产生的终点误差一般都小于0.1%，不会影响分析结果的准确度。如果溶液较稀，如用0.01000 mol/L 的 $AgNO_3$ 标准滴定溶液滴定0.01000 mol/L 的 Cl^- 溶液，那么滴定误差可达0.6%，影响分析结果的准确度，此时应做指示剂空白试验进行校正。

②滴定时的酸度。在酸性溶液中，CrO_4^{2-} 与 H^+ 结合生成 $HCrO_4^-$ 并转化为 $Cr_2C_7^{2-}$，使 CrO_4^{2-} 浓度降低，铬酸银沉淀出现过迟，甚至不生成沉淀；若碱性过高，则将出现棕黑色的氧化银沉淀。

$$2H^+ + 2CrO_4^{2-} \rightleftharpoons 2HCrO_4^- \rightleftharpoons Cr_2O_7^{2-} + H_2O$$

$$2Ag^+ + 2OH^- \rightleftharpoons 2AgOH\downarrow \rightleftharpoons Ag_2O\downarrow + H_2O$$

因此，莫尔法只能在中性或弱碱性（pH =6.5 ~10.5）溶液中进行。若溶液酸性太强，则可用 $Na_2B_4O_7\cdot10H_2O$ 或 $NaHCO_3$ 中和；若溶液碱性太强，则可用稀 HNO_3 溶液中和；而在有 NH_4^+ 存在时，滴定的 pH 值范围应控制在6.5 ~7.2之间。

3）应用范围。莫尔法主要用于测定 Cl^-、Br^- 和 Ag^+，如氯化物、溴化物纯度的测定以及天然水中氯含量的测定等。当试样中 Cl^- 和 Br^- 共存时，测得的结果是它们的总量。若测定 Ag^+，则应采用返滴定法，即向含有 Ag^+ 的试液中加入过量的 NaCl 标准滴定溶液，然后再用 $AgNO_3$ 标准滴定溶液滴定剩余的 Cl^-（若直接滴定，则先生成的 Ag_2CrO_4 转化为 AgCl 的速度缓慢，滴定终点难以确定）。莫尔法不宜测定 I^- 和 SCN^-，因为滴定生成的 AgI 和 AgSCN 沉淀表面会强烈吸附 I^- 和 SCN^-，使滴定终点过早出现，造成较大的滴定误差。

莫尔法的选择性较差，凡能与 CrO_4^{2-} 或 Ag^+ 生成沉淀的阳、阴离子均干扰滴定，如 Ba^{2+}、Pb^{2+}、Hg^{2+} 等阳离子，以及 SO_3^{2-}、CO_3^{2-}、PO_4^{3-}、S^{2-}、$C_2O_4^{2-}$ 等阴离子。

（2）佛尔哈德法　该方法是在酸性介质中，以铁铵矾［$NH_4Fe(SO_4)_2$·

$12H_2O$] 作指示剂来确定滴定终点的一种银量法。根据滴定方式的不同，佛尔哈德法分为直接滴定法和返滴定法两种。

1）直接滴定法测定 Ag^+。在含有 Ag^+ 的 HNO_3 介质中，以铁铵矾作指示剂，用 NH_4SCN 标准滴定溶液直接滴定，当滴定到化学计量点时，微过量的 SCN^- 与 Fe^{3+} 结合生成红色的 $[FeSCN]^{2+}$，即为滴定终点。其反应式为：

$$Ag^+ + SCN^- = AgSCN\downarrow \text{（白色）} \quad K_{sp,AgSCN} = 2.0\times10^{-12}$$

$$Fe^{3+} + SCN^- = [FeSCN]^{2+} \text{（红色）} \quad K = 200$$

由于指示剂中的 Fe^{3+} 在中性或碱性溶液中将形成 $Fe(OH)^{2+}$、$Fe(OH)_2^+$ 等深色配位化合物，若碱度再大，则还会产生 $Fe(OH)_3$ 沉淀，因此滴定应在酸性（H^+ 浓度为 0.3～1 mol/L）溶液中进行。

当用 NH_4SCN 标准滴定溶液滴定 Ag^+ 溶液时，生成的 AgSCN 沉淀能吸附溶液中的 Ag^+，使 Ag^+ 浓度降低，以致红色的出现略早于化学计量点。因此在滴定过程中需剧烈摇动溶液，使被吸附的 Ag^+ 释放出来。

此方法的优点在于可直接测定 Ag^+，并可在酸性溶液中进行滴定。

2）返滴定法测定卤素离子。佛尔哈德法测定卤素离子（如 Cl^-、Br^-、I^-）和 SCN^- 时应采用返滴定法，即在酸性（HNO_3 介质）待测溶液中，先加入适当过量的 $AgNO_3$ 标准滴定溶液，再用铁铵矾作指示剂，用 NH_4SCN 标准滴定溶液回滴剩余的 Ag^+。其反应式为

$$\underset{\text{（过量）}}{Ag^+} + X^- = AgX\downarrow$$

$$\underset{\text{（剩余）}}{Ag^+} + SCN^- = AgSCN\downarrow$$

化学计量点后稍过量的 SCN^- 与铁铵矾指示剂反应，生成红色的 $[FeSCN]^{2+}$ 配离子，指示终点的到达。其反应式为

$$Fe^{3+} + SCN^- = [FeSCN]^{2+} \text{（红色）}$$

当用佛尔哈德法测定 Cl^- 时，滴定至临近终点，经摇动后形成的红色会褪去，这是因为 AgSCN 的溶解度小于 AgCl 的溶解度，加入的 NH_4SCN 将与 AgCl 发生沉淀转化反应，反应式为

$$AgCl + SCN^- = AgSCN\downarrow + Cl^-$$

该反应中沉淀的转化速率较慢，滴加 NH_4SCN 形成的红色随着溶液的摇动而消失。这种转化作用只有继续进行到 Cl^- 与 SCN^- 浓度之间建立一定的平衡关系，才会出现持久的红色，无疑已多消耗了 NH_4SCN 标准滴定溶液。为了避免上述现象的发生，通常采用以下措施：

①在向溶液中加入适当过量的 $AgNO_3$ 标准滴定溶液之后，将溶液煮沸，使

$AgCl$ 沉淀凝聚，以减少 $AgCl$ 沉淀对 Ag^+ 的吸附。滤去沉淀，并用稀 HNO_3 充分洗涤沉淀，然后用 NH_4SCN 标准滴定溶液回滴滤液中的过量 Ag^+。

②在滴入 NH_4SCN 标准滴定溶液之前，加入有机溶剂硝基苯或邻苯二甲酸丁酯或1，2－二氯乙烷，用力摇动后，有机溶剂将 $AgCl$ 沉淀包裹，使 $AgCl$ 沉淀与外部溶液隔离，阻止 $AgCl$ 沉淀与 NH_4SCN 发生转化反应。此方法方便，但硝基苯有毒。

③提高 Fe^{3+} 的浓度以减小终点时 SCN^- 的浓度，从而减小上述误差。试验证明，一般溶液中 $c(Fe^{3+})=0.2mol/L$ 时，终点误差将小于0.1%。

佛尔哈德法在测定 Br^-、I^- 和 SCN^- 时，滴定终点十分明显，不会发生沉淀转化，因此不必采取上述措施。但是在测定碘化物时，必须在加入过量 $AgNO_3$ 溶液之后再加入铁铵矾指示剂，以免因 I^- 对 Fe^{3+} 的还原作用而造成误差。强氧化剂和氮的氧化物以及铜盐、汞盐都与 SCN^- 作用，干扰测定，因此必须预先将其除去。

（3）法扬司法　该方法是以吸附指示剂确定滴定终点的一种银量法。

1）吸附指示剂的作用原理。吸附指示剂是一类有机染料，它的阴离子在溶液中易被带正电荷的胶状沉淀吸附，吸附后结构改变，从而引起颜色的变化，指示滴定终点的到达。

现以 $AgNO_3$ 标准滴定溶液滴定 Cl^- 为例，说明指示剂荧光黄的作用原理。

荧光黄是一种有机弱酸，用 HFI 表示，在水溶液中可离解为荧光黄阴离子 FI^-，呈黄绿色。

$$HFI \rightleftharpoons FI^- + H^+$$

在化学计量点前，生成的 $AgCl$ 沉淀在过量的 Cl^- 溶液中，因吸附 Cl^- 而带负电荷，形成的 $(AgCl)\cdot Cl^-$ 不吸附指示剂阴离子 FI^-，溶液呈黄绿色。在达到化学计量点时，微过量的 $AgNO_3$ 可使 $AgCl$ 沉淀吸附 Ag^+ 形成 $(AgCl)\cdot Ag^+$ 而带正电荷。此带正电荷的 $(AgCl)\cdot Ag^+$ 可吸附荧光黄阴离子 FI^-，因结构发生变化而呈现粉红色，使整个溶液由黄绿色变成粉红色，指示滴定终点的到达。

$$\underset{\text{（黄绿色）}}{(AgCl)\cdot Ag^+ + FI^-} \xrightarrow{\text{吸附}} \underset{\text{（粉红色）}}{(AgCl)\cdot Ag\cdot FI}$$

2）使用吸附指示剂时的注意事项。为了使滴定终点变色敏锐，使用吸附指示剂时需要注意以下几点：

①保持沉淀呈胶体状态。由于吸附指示剂的颜色变化发生在沉淀微粒表面上，因此应尽可能使卤化银沉淀呈胶体状态，具有较大的表面积。为此，在滴定前应将溶液稀释，并加糊精或淀粉等高分子化合物作为保护剂，以防止卤化银沉淀凝聚。

②控制溶液酸度。常用的吸附指示剂大多是有机弱酸，而起指示剂作用的是它们的阴离子。酸度大时，H^+与指示剂阴离子结合成不被吸附的指示剂分子，无法指示终点。酸度的大小与指示剂的离解常数有关。若离解常数大，则酸度可以大一些。例如荧光黄的$pK_a \approx 7$，适用于$pH = 7 \sim 10$的条件下进行滴定，若$pH < 7$，则荧光黄主要以HFI形式存在，不被吸附。

③避免强光照射。卤化银沉淀对光敏感，易分解析出银，使沉淀变为灰黑色，影响滴定终点的观察，因此在滴定过程中应避免强光照射。

④吸附指示剂的选择。沉淀胶体微粒对指示剂离子的吸附能力应略小于对待测离子的吸附能力，否则指示剂将在化学计量点前变色。但其吸附能力也不能太小，否则终点出现过迟。卤化银对卤化物和几种吸附指示剂吸附能力的次序如下：

I^- > 二甲基二碘荧光黄 > Br^- > 曙红 > Cl^- > 荧光黄

因此，滴定Cl^-不能选曙红作指示剂，而应选荧光黄作指示剂。

⑤应用范围。法扬司法可用于测定Cl^-、Br^-、I^-、SCN^-及生物碱盐类（如盐酸麻黄碱）等。测定Cl^-时常用荧光黄或二氯荧光黄作指示剂，而测定Br^-、I^-和SCN^-时常用曙红作指示剂。

此方法终点明显，简便，但反应条件要求较严，应注意溶液的酸度、浓度及胶体的保护等。

3. $AgNO_3$标准滴定溶液的制备[$c(AgNO_3) = 0.1mol/L$]

（1）配制　称取17.5g硝酸银，溶于1000mL水中，摇匀，保存于棕色瓶中。

（2）标定　称取0.2g于500～600℃灼烧至恒重的基准氯化钠，称准至0.0001g，溶于70mL水中，加10mL 10g/L的淀粉溶液，用配制好的硝酸银溶液滴定。用216型银电极作指示剂，用217型双盐桥饱和甘汞电极作参比电极，按GB/T 9725—2007中二级微商法的规定确定终点。

（3）计算　硝酸银标准滴定溶液的浓度可按式(2-40)计算。

$$c(AgNO_3) = \frac{m}{V \times 0.05844} \tag{2-40}$$

式中　$c(AgNO_3)$——硝酸银标准滴定溶液的物质的量浓度（mol/L）；

m——氯化钠的质量（g）；

V——消耗硝酸银标准滴定溶液的体积（mL）；

0.05844——与1.00mL硝酸银标准滴定溶液[$c(AgNO_3) = 0.1mol/L$]相当的氯化钠质量（g/mmol）。

五、重量分析法简介

1. 重量分析法的分类和特点

重量分析法是用适当的方法先将试样中待测组分与其他组分分离，然后用称量的方法测定该组分的含量。根据分离方法的不同，重量分析法常分为三类。

（1）沉淀法　沉淀法是重量分析法中的主要方法。这种方法是利用试剂与待测组分生成溶解度很小的沉淀，经过滤、洗涤、烘干或灼烧成为组成一定的物质，然后称量其质量，再计算待测组分的含量。例如，在测定试样中 SO_4^{2-} 的含量时，向试液中加入过量的 $BaCl_2$ 溶液，使 SO_4^{2-} 完全生成难溶的 $BaSO_4$ 沉淀，经过滤、洗涤、烘干、灼烧后，称量 $BaSO_4$ 的质量，再计算试样中 SO_4^{2-} 的含量。

（2）汽化法（又称为挥发法）　利用物质的挥发性质，通过加热或其他方法使试样中的待测组分挥发逸出，然后根据试样减少的质量计算该组分的含量；或者用吸收剂吸收逸出的组分，根据吸收剂增加的质量计算该组分的含量。例如，在测定氯化钡晶体（$BaCl_2 \cdot 2H_2O$）中结晶水的含量时，可将一定质量的氯化钡试样加热，使水分逸出，根据氯化钡减少的质量计算出试样中水分的含量；也可以用吸湿剂（高氯酸镁）吸收逸出的水分，根据吸湿剂增加的质量来计算水分的含量。

（3）电解法　利用电解的方法使待测金属离子在电极上还原析出，然后称重，根据电极增加的质量，求得其含量。

重量分析法是经典的化学分析法。它通过直接称量得到分析结果，不需要从容量器皿中引入许多数据，也不需要标准试样或基准物质作比较，对高含量组分的测定比较准确，一般测定的相对误差不大于0.1%。对高含量的硅、磷、钨、镍、稀土元素等试样的精确分析，至今仍常使用重量分析方法。但重量分析法的不足之处是操作较繁琐，耗时多，不适于生产中的控制分析，对低含量组分的测定误差较大。

2. 沉淀重量分析法对沉淀形式和称量形式的要求

在利用沉淀重量分析法进行分析时，首先将试样分解为试液，然后加入适当的沉淀剂使其与被测组分发生沉淀反应，并以沉淀形式沉淀出来，沉淀经过过滤、洗涤，在适当的温度下烘干或灼烧，转化为称量形式，再进行称量，最后根据称量形式的化学式计算出被测组分在试样中的含量。沉淀形式和称量形式可能相同，也可能不同，例如：

$$\underset{\text{（被测组分）}}{Ba^{2+}} \xrightarrow{\text{沉淀}} \underset{\text{（沉淀形式）}}{BaSO_4} \xrightarrow{\text{灼烧}} \underset{\text{（称量形式）}}{BaSO_4}$$

$$Fe^{3+} \xrightarrow{\text{沉淀}} Fe(OH)_3 \xrightarrow{\text{灼烧}} Fe_2O_3$$

（被测组分）　　（沉淀形式）　　（称量形式）

在重量分析法中，为获得准确的分析结果，沉淀形式和称量形式必须满足以下要求。

（1）对沉淀形式的要求

1）沉淀要完全，沉淀的溶解度要小，测定过程中沉淀的溶解损失量不应超过分析天平的称量误差，一般要求溶解损失量应小于0.1mg。例如，在测定Ca^{2+}时，以形成$CaSO_4$和CaC_2O_4两种沉淀形式作比较，$CaSO_4$的溶解度较大（$K_{sp}=2.45\times10^{-5}$），CaC_2O_4的溶解度小（$K_{sp}=1.78\times10^{-9}$）。显然，用$(NH_4)_2C_2O_4$作沉淀剂比用硫酸作沉淀剂沉淀的更完全。

2）沉淀必须纯净，并易于过滤和洗涤。沉淀纯净是获得准确分析结果的重要因素之一。对于颗粒较大的晶体沉淀（如$MgNH_4PO_4\cdot6H_2O$），由于其表面积较小，吸附杂质的机会较少，因此沉淀较纯净，易于过滤和洗涤。对于颗粒细小的晶形沉淀（如CaC_2O_4、$BaSO_4$），由于某种原因其比表面积大，吸附杂质多，洗涤次数也相应增多。非晶形沉淀，如$Al(OH)_3$、$Fe(OH)_3$等体积庞大、疏松，吸附杂质较多，过滤费时且不易洗净。对于这类沉淀，必须选择适当的沉淀条件，以满足对沉淀形式的要求。

3）沉淀形式应易于转化为称量形式。沉淀经烘干、灼烧后，应易于转化为称量形式。例如Al^{3+}的测定，若沉淀为8-羟基喹啉铝[$Al(C_9H_6NO)_3$]，则在130℃烘干后即可称量；若沉淀为$Al(OH)_3$，则必须在1200℃灼烧才能转变为无吸湿性的Al_2O_3后方可称量。因此，测定Al^{3+}时前一种法比后一种法好。

（2）对称量形式的要求

1）称量形式的组成必须与化学式相符，这是定量计算的基本依据。例如测定PO_4^{3-}，可以形成磷钼酸铵沉淀，但组成不固定，无法利用它作为测定PO_4^{3-}的称量形式；若采用磷钼酸喹啉法测定PO_4^{3-}，则可得到组成与化学式相符的称量形式。

2）称量形式要有足够的稳定性，不易吸收空气中的CO_2、H_2O。例如测定Ca^{2+}时，若将Ca^{2+}沉淀为$CaC_2O_4\cdot H_2O$，则灼烧后得到CaO，易吸收空气中H_2O和CO_2，因此CaO不宜作为称量形式。

3）称量形式的摩尔质量应尽可能大，这样可增大称量形式的质量，以减小称量误差。例如在铝的测定中，分别用Al_2O_3和8-羟基喹啉铝[$Al(C_9H_6NO)_3$]作为称量形式进行测定，若被测组分Al的质量为0.1000g，则可分别得到0.1888g Al_2O_3和1.7040g $Al(C_9H_6NO)_3$。两种称量形式由称量误差所引起的相对误差分别为±1%和±0.1%。显然，以$Al(C_9H_6NO)_3$作为称量形式比以Al_2O_3作为称量形式测定 Al 的准确度高。

3. 沉淀剂的选择

根据上述对沉淀形式和称量形式的要求，选择沉淀剂时应考虑以下几点：

（1）选用具有较好选择性的沉淀剂 所选的沉淀剂只能和待测组分生成沉淀，而与试液中的其他组分不起作用。例如，在沉淀锆离子时，选用在盐酸溶液中与锆有特效反应的苦杏仁酸作沉淀剂，这时即使有钛、铁、钡、铝、铬等十几种离子存在，也不发生干扰。

（2）选用能与待测离子生成溶解度最小的沉淀的沉淀剂 所选的沉淀剂应能使待测组分沉淀完全。例如，生成难溶钡盐的化合物有 $BaCO_3$、$BaCrO_4$、BaC_2O_4 和 $BaSO_4$ 等。根据其溶解度可知，$BaSO_4$ 溶解度最小，因此以 $BaSO_4$ 的形式沉淀 Ba^{2+} 比生成其他难溶化合物好。

（3）尽可能选用易挥发或经灼烧易除去的沉淀剂 这样沉淀中带有的沉淀剂即使未洗净，也可以借烘干或灼烧而除去。一些铵盐和有机沉淀剂都能满足这项要求。例如，沉淀 Fe^{3+} 时，选用氨水而不用 NaOH 作沉淀剂。

（4）选用溶解度较大的沉淀剂 用此类沉淀剂可以减少沉淀对沉淀剂的吸附作用。例如，在使 SO_4^{2-} 生成 $BaSO_4$ 沉淀时，应选 $BaCl_2$ 作沉淀剂，而不用 $Ba(NO_3)_2$ 作沉淀剂，因为 $Ba(NO_3)_2$ 的溶解度比 $BaCl_2$ 小，$BaSO_4$ 吸附 $Ba(NO_3)_2$ 比吸附 $BaCl_2$ 严重。

4. 沉淀的分类、形成过程、特性与沉淀条件

（1）沉淀的类型 沉淀按其物理性质的不同，可粗略地分为晶形沉淀和无定形沉淀两大类。介于晶型沉淀与无定型沉淀之间的沉淀称为凝乳状沉淀，其性质也介于两者之间。

在沉淀过程中，究竟生成的沉淀属于哪一种类型，主要取决于沉淀本身的性质和沉淀的条件。

（2）沉淀的形成过程 沉淀的形成是一个复杂的过程。一般来讲，沉淀的形成要经过晶核形成和晶核长大两个过程，简单表示如下：

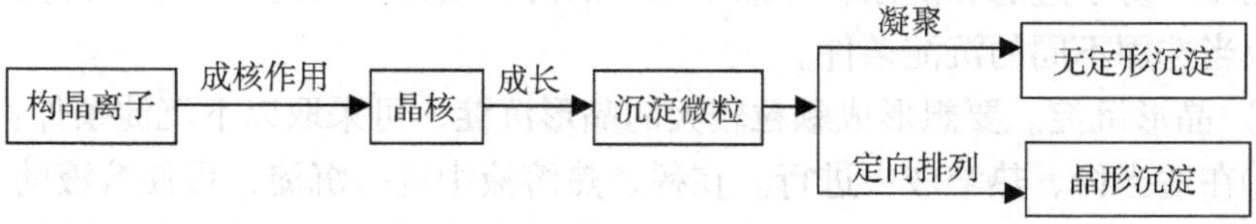

（3）影响沉淀纯净的因素 在称量分析中，要求获得的沉淀是纯净的。但是，沉淀从溶液中析出时，总会或多或少地夹杂溶液中的其他组分。因此必须了解影响沉淀纯净的各种因素，找出减少杂质混入的方法，以获得符合称量分析要求的沉淀。影响沉淀纯净的主要因素有共沉淀现象和后沉淀现象。

由后沉淀引入的杂质量比共沉淀要多，且随着沉淀在溶液中放置时间的延长而增多。因此为防止后沉淀现象的发生，某些沉淀的陈化时间不宜过长。

（4）减少沉淀污染的方法　要想提高沉淀的纯度，可采用下列措施：

1）采用适当的分析程序。当试液中含有几种组分时，首先应沉淀低含量组分，再沉淀高含量组分。因为，在大量沉淀析出时，会使部分低含量组分掺入沉淀，产生测定误差。

2）降低易被吸附的杂质离子的浓度。对于易被吸附的杂质离子，可采用适当的掩蔽方法或改变其价态来降低其浓度。例如，在将 SO_4^{2-} 沉淀为 $BaSO_4$ 时，Fe^{3+} 易被吸附，可把 Fe^{3+} 还原为不易被吸附的 Fe^{2+}，或加酒石酸、EDTA 等，使 Fe^{3+} 生成稳定的配离子，以减小沉淀对 Fe^{3+} 的吸附。

3）选择适宜的沉淀条件。沉淀条件包括溶液浓度、温度、试剂的加入次序和速度、陈化与否等。对于不同类型的沉淀，应选用不同的沉淀条件，以获得符合称量分析要求的沉淀。

4）再沉淀。必要时，在将沉淀过滤、洗涤、溶解后，再进行一次沉淀。再沉淀时，溶液中杂质的量大为降低，共沉淀和后沉淀现象自然减少。

5）选择适当的洗涤液洗涤沉淀。用适当的洗涤液通过洗涤交换的方法，可洗去沉淀表面吸附的杂质离子。例如，$Fe(OH)_3$ 吸附 Mg^{2+}，在用 NH_4NO_3 稀溶液洗涤时，被吸附在表面的 Mg^{2+} 与洗涤液中的 NH_4^+ 发生交换，吸附在沉淀表面的 NH_4^+ 可在燃烧沉淀时分解除去。

为了提高洗涤沉淀的效率，同体积的洗涤液应尽可能分多次洗涤，通常采用“少量多次”的洗涤原则。

6）选择合适的沉淀剂。无机沉淀剂选择性差，易形成胶状沉淀，吸附杂质多，难于过滤和洗涤。有机沉淀剂选择性高，常能形成结构较好的晶形沉淀，吸附杂质少，易于过滤和洗涤。因此，在可能的情况下，尽量选择有机试剂作沉淀剂。

（5）沉淀的条件　在称量分析中，为了获得准确的分析结果，要求沉淀完全、纯净、易于过滤和洗涤，并减小沉淀的溶解损失。因此，对于不同类型的沉淀，应当选用不同的沉淀条件。

1）晶形沉淀。要想形成颗粒较大的晶形沉淀，可采取以下沉淀条件：

①在适当稀、热溶液中进行。在稀、热溶液中进行沉淀，可使溶液的相对过饱和度保持较低，以利于生成晶形沉淀，同时也有利于得到纯净的沉淀。对于溶解度较大的沉淀，溶液不能太稀，否则沉淀溶解损失较多，影响结果的准确度。在沉淀完全后，应将溶液冷却后再进行过滤。

②快搅慢加。在不断搅拌的同时缓慢滴加沉淀剂，可使沉淀剂迅速扩散，防止局部相对过饱和度过大而产生大量小晶粒。

③陈化。陈化是指沉淀完全后，将沉淀连同母液一起放置一段时间，使小晶粒变为大晶粒，不纯净的沉淀转变为纯净的沉淀的过程。因为在同样条件下，小晶粒的溶解度比大晶粒的溶解度大。在同一溶液中，当大晶粒饱和，而小晶粒未饱和时，小晶粒就要溶解。这样，溶液中的构晶离子就要在大晶粒上沉积，直至达到饱和。这时，小晶粒又为未饱和，又要溶解。如此反复进行，小晶粒逐渐消失，大晶粒不断长大。

陈化过程不仅能使晶粒变大，而且能使沉淀变得更纯净。

加热和搅拌可以缩短陈化时间。但是陈化作用对伴随有混晶共沉淀的沉淀不一定能提高纯度，对伴随有后沉淀的沉淀不仅不能提高纯度，有时反而会降低纯度。

2）无定形沉淀。无定形沉淀的特点是结构疏松，比表面积大，吸附杂质多，溶解度小，易形成胶体，不易过滤和洗涤。对于这类沉淀，关键问题是创造适宜的沉淀条件来改善沉淀的结构，使之不形成胶体，并且有较紧密的结构，便于过滤和减小杂质吸附。因此，无定形沉淀的沉淀条件是：

①在较浓的溶液中进行沉淀。在浓溶液中进行沉淀，离子水化程度小，结构较紧密，体积较小，容易过滤和洗涤。但在浓溶液中，杂质的浓度也比较高，沉淀吸附杂质的量也较多。因此，在沉淀完毕后，应立即加入热水进行稀释并搅拌，使被吸附的杂质离子转移到溶液中。

②在热溶液中及电解质存在的情况下进行沉淀。在热溶液中进行沉淀，可防止生成胶体，并减少杂质的吸附。电解质的存在可促使带电荷的胶体粒子相互凝聚，加快沉降速度，因此电解质一般选用易挥发的铵盐，如 NH_4NO_3 或 NH_4Cl 等。它们在灼烧时均可挥发除去。有时在溶液中加入与胶体带相反电荷的另一种胶体来代替电解质，也可使被测组分沉淀完全。例如测定 SiO_2 时，加入带正电荷的动物胶，使之与带负电荷的硅酸胶体凝聚而沉降下来。

③趁热过滤洗涤，不需陈化。沉淀完毕后，趁热过滤，不需陈化，因为沉淀放置后逐渐失去水分，聚集得更为紧密，使吸附的杂质更难洗去。

在洗涤无定形沉淀时，一般选用热、稀的电解质溶液作洗涤液，主要是防止沉淀因重新变为胶体而难于过滤和洗涤。常用的洗涤液有 NH_4NO_3、NH_4Cl 或氨水等。

无定形沉淀吸附杂质较严重，一次沉淀很难保证纯净，必要时需进行再沉淀。

3）均匀沉淀法。为改善沉淀条件，避免由加入沉淀剂所引起的溶液局部相对过饱和现象的发生，可采用均匀沉淀法。这种方法通过某一化学反应，使沉淀剂从溶液中缓慢、均匀地产生出来，使沉淀在整个溶液中缓慢、均匀地析出，获得颗粒较大，结构紧密、纯净，易于过滤和洗涤的沉淀。例如，在沉淀 Ca^{2+} 时，如果直接加入（$(NH_4)_2C_2O_4$），那么尽管按晶形沉淀条件进行沉淀，但是仍得到颗粒细小的 CaC_2O_4 沉淀。若在含有 Ca^{2+} 的溶液中用 HCl 酸化后加入 $(NH_4)_2C_2O_4$，则溶液中主要存在的是 $HC_2O_4^-$ 和 $H_2C_2O_4$，此时，向溶液中加入尿素并加热至90℃，尿素会逐渐水解产生 NH_3，反应式为

$$CO(NH_2)_2 + H_2O \rightleftharpoons 2NH_3 + CO_2 \uparrow$$

水解产生的 NH_3 均匀地分布在溶液的各个部分，使溶液的酸度逐渐降低，$C_2O_4^{2-}$ 浓度渐渐增大，CaC_2O_4 则均匀而缓慢地析出，形成颗粒较大的晶形沉淀。

均匀沉淀法还可以通过有机化合物的水解（如酯类水解）、配合物的分解、氧化还原反应等方式进行。不同类型的沉淀，沉淀条件是有差别的，千万不能混淆。

5. 称量形式的获得

在沉淀完毕后，只有经过过滤、洗涤、烘干或灼烧，才能最后得到符合要求的称量形式。

（1）沉淀的过滤和洗涤　沉淀常用定量滤纸（也称无灰滤纸）或玻璃砂芯坩埚过滤。对于需要灼烧的沉淀，应根据其性状选用紧密程度不同的滤纸。一般无定形沉淀如 $Al(OH)_3$、$Fe(OH)_3$ 等，选用疏松的快速滤纸；粗粒的晶形沉淀如 $MgNH_4PO_4 \cdot 6H_2O$ 等，选用较紧密的中速滤纸；颗粒较小的晶形沉淀如 $BaSO_4$ 等，选用紧密的慢速滤纸。对于只需烘干即可作为称量形式的沉淀，应选用玻璃砂芯坩埚进行过滤。

洗涤沉淀是为了洗去沉淀表面吸附的杂质和混杂在沉淀中的母液。洗涤时要尽量减小沉淀的溶解损失和避免形成胶体，因此需选择合适的洗涤液。选择洗涤液的原则是：对于溶解度很小，又不易形成胶体的沉淀，可用蒸馏水洗涤；对于溶解度较大的晶形沉淀，可用沉淀剂的稀溶液洗涤，但沉淀剂必须在烘干或灼烧时易挥发或易分解，例如用（$(NH_4)_2C_2O_4$）稀溶液洗涤 CaC_2O_4 沉淀；对于溶解度较小而又能形成胶体的沉淀，应用易挥发的电解质稀溶液洗涤，例如用 NH_4NO_3 稀溶液洗涤 $Fe(OH)_3$ 沉淀。

若用热洗涤液洗涤沉淀，则过滤较快，且能防止形成胶体，但溶解度随着温度的升高而增大较快的沉淀不能用热洗涤液洗涤。

洗涤必须连续进行，一次完成，不能将沉淀放置太久，尤其是一些非晶形沉淀，放置凝聚后，不易洗净。

在洗涤沉淀时，既要将沉淀洗净，又不能增加沉淀的溶解损失。同体积的洗涤液，采用“少量多次”“尽量沥干”的洗涤原则，即用适当少的洗涤液，分多次洗涤，在每次加洗涤液前，应使前一次的洗涤液尽量流尽，这样可以提高洗涤效果。

在沉淀的过滤和洗涤操作中，为缩短分析时间和提高洗涤效率，应采用倾

泻法。

(2) 沉淀的烘干和灼烧 沉淀的烘干或灼烧是为了除去沉淀中的水分和挥发性物质，将其转化为组成固定的称量形式。烘干或灼烧的温度和时间由沉淀的性质决定。

灼烧温度一般在800℃以上，灼烧时常用瓷坩埚盛放沉淀。若需用氢氟酸处理沉淀，则应用铂坩埚。在灼烧沉淀前，应用滤纸包好沉淀，放入已灼烧至质量恒定的瓷坩埚中，在加热烘干、炭化后再进行灼烧。

若得到的沉淀有固定的组成，则在低温下烘去吸附的水分之后就可获得称量形式。例如，AgCl沉淀可以在110~120℃烘干，得到稳定的称量形式。

若沉淀虽有固定组成，但它内部包裹的水分或沉淀剂等不能烘干除去，则通常需要灼烧到800℃以上才能得到恒重的称量形式，如$BaSO_4$沉淀。

若沉淀为水合氧化物（如$Fe_2O_3 \cdot nH_2O$、$SiO_2 \cdot nH_2O$等），则只有在1100~1200℃灼烧才能除尽结晶水而得到恒重的称量形式。

在将沉淀经烘干或灼烧至恒重后，由其质量即可计算测定结果。

5. 重量分析法的计算

(1) 称量分析中的换算因数 在称量分析中，当最后称量形式与被测组分形式一致时，计算其分析结果比较简单。例如，测定要求计算SiO_2的含量，若称量分析的最后称量形式也是SiO_2，则其分析结果可按式(2-41)计算。

$$w(SiO_2) = \frac{m(SiO_2)}{m_S} \times 100\% \tag{2-41}$$

式中 $w(SiO_2)$——SiO_2的质量分数；

$m(SiO_2)$——SiO_2沉淀的质量（g）；

m_S——试样的质量（g）。

如果最后称量形式与被测组分形式不一致，就要进行适当的换算。例如，在测定钡时，得到$BaSO_4$沉淀0.5051g，可按下列方法换算成被测组分钡的质量。

$$BaSO_4 \longrightarrow Ba$$

$$233.4 \qquad\qquad 137.4$$

$$0.5051g \qquad\qquad m\ (Ba)$$

$$m(Ba) = \frac{0.5051g \times 137.4}{233.4} = 0.2973g$$

即

$$m(Ba) = m(BaSO_4)\frac{M(Ba)}{M(BaSO_4)}$$

其中，$\frac{M(Ba)}{M(BaSO_4)}$是将$BaSO_4$的质量换算成Ba的质量的分式。它是一个常数，与试样质量无关。这一比值通常称为换算因数或化学因数（即欲测组分的摩尔质量与称量形式的摩尔质量之比，常用 F 表示)。将称量形式的质量换算成所要测定组分的质量后，即可按前面计算 SiO_2 分析结果的方法进行计算。

在计算换算因数时，一定要注意使分子和分母所含被测组分的原子或分子数目相等，所以在待测组分的摩尔质量和称量形式摩尔质量之前有时需要乘以适当的系数。

(2) 结果计算示例

例 2-2 在用 $BaSO_4$ 重量法测定黄铁矿中硫的含量时，称取试样 0.1819g，最后得到 $BaSO_4$ 沉淀 0.4821g，计算试样中硫的质量分数。

解 沉淀形式为 $BaSO_4$，称量形式也是 $BaSO_4$，但被测组分是 S，所以只有把称量组分利用换算因数换算为被测组分，才能算出被测组分的含量。已知 $BaSO_4$ 相对分子质量为 233.4，S 相对原子质量为 32.06，则

$$w(S)=\frac{m(S)}{m_S}\times100\%=\frac{m(BaSO_4)\dfrac{M(S)}{M(BaSO_4)}}{m_S}\times100\%$$

$$=\frac{0.4821\times\dfrac{32.06}{233.4}}{0.1819}\times100\%=36.41\%$$

答 该试样中硫的质量分数为 36.41%

例 2-3 在测定磁铁矿（不纯的 Fe_3O_4）中铁的含量时，称取试样 0.1666g，经溶解、氧化，使 Fe^{3+} 离子沉淀为 $Fe(OH)_3$，灼烧后得 Fe_2O_3，其质量为 0.1370g。计算试样中 Fe 的质量分数和 Fe_3O_4 的质量分数。

解 已知 $M(Fe)=55.85g/mol$，$M(Fe_3O_4)=231.5\ g/mol$，$M(Fe_2O_3)=159.7g/mol$，则

$$w(Fe)=\frac{m(Fe)}{m_S}\times100\%=\frac{m(Fe_2O_3)\dfrac{2M(Fe)}{M(Fe_2O_3)}}{m_S}\times100\%$$

$$=\frac{0.1370\times2\times\dfrac{55.85}{159.7}}{0.1666}\times100\%=57.52\%$$

$$w(Fe_3O_4)=\frac{m(Fe_3O_4)}{m_S}\times100\%=\frac{m(Fe_2O_3)\dfrac{2M(Fe_3O_4)}{3M(Fe_2O_3)}}{m_S}\times100\%$$

$$=\frac{0.1370\times\dfrac{2\times231.5}{3\times159.7}}{0.1666}\times100\%=79.47\%$$

答　该磁铁矿试样中 Fe 的质量分数为 57.52%，Fe_3O_4 的质量分数为 79.47%。

第五节　初级工仪器分析基本理论知识

一、pH 计的工作原理

测定溶液 pH 值通常有两种方法：简便但较粗略的方法是使用 pH 试纸分为广泛 pH 试纸和精密 pH 试纸两种；若精确测定溶液的 pH 值，则需要使用 pH 计。

1. 电极的构造及原理

pH 计的精确度可达 0.005pH 单位，在使用时关键是要正确地选择和使用电极。测定溶液 pH 时通常需要使用两个电极，即 pH 玻璃电极和参比电极（甘汞电极或银-氯化银电极）。现在广泛使用的还有一种复合电极，它是将 pH 玻璃电极和参比电极复合在同一个电极上，因此使用时只需一个电极即可。复合电极使用十分方便，尤其是少量液体 pH 值的测定。

pH 玻璃电极的头部为一薄玻璃泡（敏感膜），电极管内装有 0.1mol/L 的 HCl 溶液，上部由 Ag-AgCl 电极与铂金丝连接。pH 玻璃电极对溶液中的氢离子具有选择性响应，当玻璃电极浸入样品溶液时，其电极电位随着样品溶液中氢离子浓度（活度）的变化而变化。

参比电极的功能是提供一个恒定的电位，作为测量 pH 玻璃电极电极电位的参照。常用的参比电极是甘汞电极（$Hg\text{-}Hg_2Cl_2$ 电极）和银-氯化银电极（Ag-AgCl 电极）。参比电极电位是氯离子浓度的函数，因而电极内充以一定浓度的 KCl（通常为饱和 KCl），以保持恒定的氯离子浓度和恒定的电极电位。

在测定 pH 值时，玻璃电极和参比电极同时浸入溶液中，构成一个"全电池"，如图 2-6 所示。

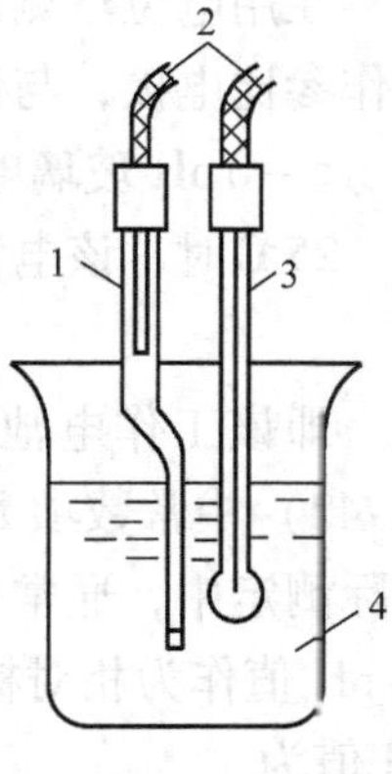

图 2-6　用作测量溶液 pH 值的电极系统

1—饱和甘汞电极

2—接至毫伏计（pH 计）

3—玻璃电极

4—试液

2. pH 标准缓冲溶液

在用电位法测定溶液 pH 值时，需用 pH 标准缓冲溶液定位校准仪器，所以 pH 标准缓冲溶液的配制非常重要。配制 pH 标准缓冲溶液需用高纯度的试剂和新蒸馏水或去离子水，即实验室三级用水。配好的 pH 标准缓冲溶液一般可保存两三个月，若发现浑浊、沉淀等现象，则不能继续使用。

我国颁发了6种基准缓冲溶液及其在0～95℃时的标准pH值（pH_S），见表2-20。

表2-20　pH基准缓冲溶液的pH_S值

温度/℃	0.05mol/L四草酸氢钾	25℃饱和酒石酸氢钾	0.05mol/L邻苯二甲酸氢钾	0.025mol/L磷酸二氢钾+0.025mol/L磷酸氢二钠	0.01mol/L硼砂	25℃饱和氢氧化钙
0	1.668	—	4.006	6.981	9.458	13.416
5	1.669	—	3.999	6.949	9.391	13.210
10	1.671	—	3.996	6.921	9.330	13.011
15	1.673	—	3.996	6.898	9.276	12.820
20	1.676	—	3.998	6.879	9.226	12.637
25	1.680	3.559	4.003	6.864	9.182	12.460
30	1.684	3.551	4.010	6.852	9.142	12.292
35	1.688	3.547	4.019	6.844	9.105	12.130
40	1.694	3.547	4.029	6.838	9.072	11.975
50	1.706	3.555	4.055	6.833	9.015	11.697
60	1.721	3.573	4.087	6.837	8.968	11.426

3. 溶液pH值的测定原理

在用电位法测定溶液的pH值时，以pH玻璃电极作指示电极，饱和甘汞电极作参比电极，与试液组成工作电池。

(－)pH玻璃电极|试液[$a(H^+)=x$mol/L]||饱和甘汞电极(＋)

25℃时，该电池的电动势为

$$E_{电池} = K' + 0.059pH_{试} \tag{2-42}$$

即该工作电池的电动势与试液中H^+浓度之间的关系符合能斯特公式。式(2-42)中常数项K'是一个非常复杂的项，其值很难准确测出。因此，在pH的实际测定中，通常采用相对比较法，即用一个pH值已准确知道的标准缓冲溶液的pH值作为相对标准（即pH_S），对仪器进行校正，从而抵消K'值。则试液的pH值为

$$pH_X = pH_S + \frac{E_X - E_S}{0.059} \tag{2-43}$$

式中　E_X、E_S——分别为待测溶液和标准溶液与电极所组成的工作电池的电动势。

可见，溶液的pH值是以标准缓冲溶液的pH_S为基准的，通过比较E_X和E_S

的值，即可求出 pH_X。测定 pH 值的仪器 pH 计（酸度计）就是根据这一原理设计制成的。

二、物理性能检验

有机化合物的物理常数可作为鉴定其纯度的依据，主要用于原料和成品的分析，以判断物质的纯度，进行产品质量的定级评估等。常用的物理常数有熔点、沸点、密度、折射率、旋光度、粘度、相对分子质量等。

1. 熔点的测定

（1）原理与仪器　一般认为使固体物质在标准大气压（1.01×10^5Pa）下从固态转变为液态的温度为该物质的熔点。纯粹的固体有机物一般都有固定的熔点。熔点也是检验该化合物纯度的重要标志。在一定压力下，固液两态之间的变化是非常敏锐的，从初熔到全熔（这个范围称为熔程）的温度差不超过1℃。如果该物质中含有杂质，则其熔点往往较纯物质低，而且熔程也较长。

测定熔点的仪器很多，化验室中最常用的有提勒管式和双浴式熔点测定仪，如图 2-7 所示。

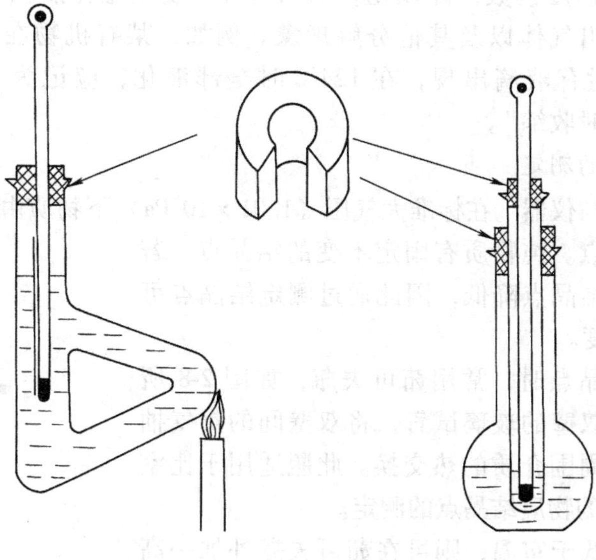

图 2-7　熔点测定仪
a）提勒管式　b）双浴式

熔点测定中所用的浴液应根据所测样品熔点温度范围的不同进行选择。

(2) 测定步骤

1) 熔点管的制备。熔点管可通过加工玻璃管制得。对于蜡状样品，可选用内径为2mm左右的毛细管作熔点管。

2) 样品的装入。取少许待测样品（约0.1g）置于干净的表面皿上，用玻璃棒将它研成粉末并集成一堆。将熔点管开口端向下插入粉末中，装取少量粉末，然后把熔点管封闭端向下，轻轻地在桌面上敲击，以使粉末落入和填紧管底。或者取一支长度为30~40cm的玻璃管，将其垂直立于一个干净的表面皿上，使熔点管从玻璃管上口中自由落下，可更好地达到上述目的。为了使管内装入高度为2~3mm的致密严实的样品，一般需如此重复数次。

3) 熔点的测定。将提勒管式或双浴式熔点测定仪垂直固定在铁架台上，按前述方法将样品装配完毕并加入合适的浴液后，小心地把黏附有或系有熔点管的温度计插入浴液（或试管）中，用小火慢慢地加热浴液，开始时升温速度可以稍快一些，到距熔点10~15℃时，调整火焰，使每分钟上升的温度为1~2℃。越接近熔点，升温速度应越慢。这不仅是为了保证有充分的时间让热量由管外传入管内，也是为了不断地观察温度计和样品的变化情况，以免造成读数上的误差。记录样品开始塌落并有液相产生时（初熔）和固体完全消失时（全熔）的温度读数，即该化合物的熔程。要注意样品在初熔前是否有收缩、软化、放出气体以及其他分解现象。例如，某有机物在122℃时开始收缩，在123℃时有液滴出现，在124℃时全部液化，应记为“熔点为123~124℃，122℃时收缩”。

2. 结晶点的测定

(1) 原理与仪器　在标准大气压（1.01×10^5Pa）下物质由液体变为固体的温度称为结晶点。纯物质有固定不变的结晶点，若含有杂质，则结晶点降低，因此通过测定结晶点可判断物质的纯度。

在测定结晶点时，常用茹可夫瓶，如图2-8所示。它是一个双壁的玻璃试管，将双壁间的空气抽出可以减少与周围介质的热交换。此瓶适用于比室温高10~15℃的物质结晶点的测定。

若结晶点低于室温，则可在茹可夫瓶外加一高度约为160mm，内径为120mm的冷剂槽。当测定温度在0℃以上时，可用水和冰作冷剂；当测定温度为-20~0℃时，可用食盐和冰作冷剂；当测定温度在-20℃以下时，可用乙醇和干冰（固体二氧化碳）作冷剂。

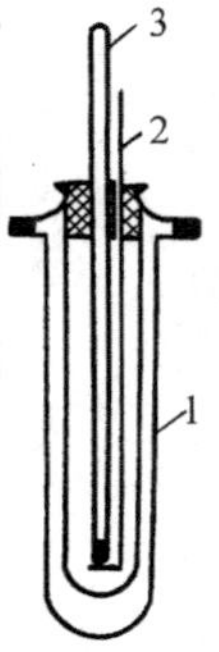

图2-8　结晶点测定装置

1—茹可夫瓶

2—搅拌器

3—温度计

(2) 测定步骤 在100mL干燥烧杯中放入约40g研细的样品，在烘箱中加热至超过熔点10~15℃，使之熔融，然后立即倒入预热至同一温度的茹可夫瓶中，至容积的2/3，用带有温度计和搅拌器的软木塞塞紧瓶口。在使用分度值为0.1℃的短温度计时，其下端应距管底15mm，并与四周管壁等距。在样品进行冷却时，以每分钟60次以上的速度上下移动搅拌器，当样品液体开始不透明时，停止搅动，注意观察温度计，可看到温度上升，在达一定数值后在短时间内维持不变，然后开始下降。读取此上升稳定的温度，即为结晶点。

3. 沸点的测定

(1) 原理与仪器 液体的分子由于运动，有从液体表面逸出的倾向，这种倾向随着温度的升高而增大。在密闭的真空系统中，当液体分子逸出的速度与分子由蒸气中回到液体中的速度相等时，液面上的蒸气保持一定的压力，称为饱和蒸气压。液体的饱和蒸气压随着温度的升高而增大。当液体的饱和蒸气压增大到与外界施于液面上的总压力相等时，就有大量气泡从液体内部逸出，称为沸腾。此时的温度就是该液体的沸点。纯物质有固定的沸点，沸点变化范围一般为1~3℃。若含有杂质则沸点上升，沸点变化范围就会超过3~5℃。因此沸点是检验物质纯度的标准之一。若样品量少，可用毛细管法测定沸点。

(2) 毛细管测定法 沸点测定所用仪器与熔点测定所用仪器相似。测定沸点通常在沸点管中进行。沸点管由一个直径为1mm，长度为90~110mm，一端封闭的毛细管和一个直径为4~5mm，长度为80~100mm，一端封闭的粗玻璃管组成。测定时，取样品0.25~0.50mL置于较粗的玻璃管中，将毛细管倒置其内，使封闭的一端向下，如图2-9所示。将沸点管附于温度计上，置于热浴（浴液因被测物沸点的不同而异）中缓缓加热，当有一串气泡迅速地由毛细管中连续逸出时即移去热源，则气泡逸出的速度逐渐减慢，当气泡停止逸出而液体刚要进入毛细管时的温度即为沸点。

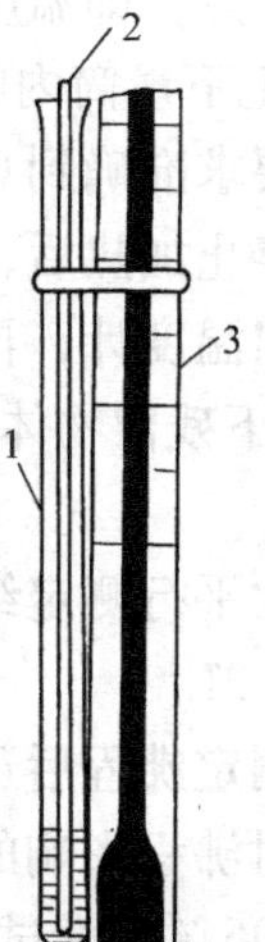

图2-9 毛细管法沸点测定器

1——端封闭的粗玻璃管

2——端封闭的细毛细管

3—温度计

沸点随着压力的改变而改变。如果不在标准大气压下进行沸点的测定，那么必须对所测得的样品沸点加以校正。常用的沸点校正方法是标准样品法，即同时测定标准样品和待测沸点的样品，测得的标准样品的沸点与该样品在标准压力下沸点的差值，便是样品沸点的校正值。

4. 沸程的测定

（1）测定原理　对有机溶剂和石油产品，沸程是检验其纯度的主要指标之一。在标准大气压（1.01×10^5Pa）下对样品进行蒸馏，记录第一滴样品馏出的温度（初馏点）和蒸出不同体积样品的温度以及残留量和损失量。

（2）测定仪器及测定步骤　洗净、干燥全套蒸馏仪器并将其安装好。用清洁干燥的100mL量筒准确量取100mL样品，小心地注入蒸馏瓶中，不要使样品流入烧瓶的支管内。安好温度计，使水银球的上边缘与支管接头处的下边缘在同一水平面上。在蒸馏前，向烧瓶中加入沸石，以防暴沸。

在装好仪器后，先记下大气压力，再开始均匀加热，按下述蒸馏时间来调节煤气灯火焰。

开始加热至初馏点	5~10min
初馏点至馏出90%	4~5min
90%至干点（即终沸点）	3~5min

将接收馏出液的量筒内壁与冷凝管下端接触，使馏出液沿量筒内壁流下。第一滴馏出液从冷凝管滴出时的温度即为初馏点。以后，每馏出10%的馏出物记一次温度。当量筒内液面到达90mL处时，调整煤气灯，使被蒸馏物在3~5min内达到干点，即温度计读数上升至最高点后又开始有下降趋势时立即停止加热。5min后记下量筒内收集到的馏出物的总体积，即回收量。在蒸馏时所有体积的读数都要求准确到0.5mL，温度读数准确到1℃。

在停止加热后，先取下烧瓶罩，使烧瓶冷却5min，然后从冷凝管上卸下烧瓶，取出温度计，再小心地将烧瓶中的热残液倒入10mL量筒内，冷却到20℃±3℃，记下残留物体积，即残留量，准确到0.1mL。则

$$蒸馏损失量=100mL-回收量-残留量$$

两次平行测定结果的允许误差为：初馏点≤4℃；中间各点及干点≤2℃；残留物≤0.2L。

在测定沸程后还需考虑进行室温和实验室所处纬度对气压计读数的校正、大气压力对沸程影响的校正以及对温度计读数的校正，具体方法见国家标准GB/T 615—2006《化学试剂　沸程测定通用方法》。

5. 密度的测定

物质的密度是指在20℃时单位体积物质的质量，以ρ表示，单位为g/mL或g/cm^3。相对密度是指20℃时样品的质量与同体积的纯水在4℃时的质量之比，以d_4^{20}表示。若测定温度不在20℃，而在t℃，则可将d_4^t换算成d_4^{20}的数值。

（1）密度瓶法　密度瓶的形状有多种，常用的规格50mL、25mL、10mL、5mL。比较好的一种密度瓶是带有特制温度计并带有磨口帽小支管的密度瓶，如

图2-10所示。

密度瓶法的测定步骤如下：

1）密度瓶质量的测定。将全套仪器洗净并烘干，冷却至室温（注意：带温度计的塞子不要烘烤），称量精确质量 m_1。

2）容水值的测定。将煮沸 30min 并冷却至 15 ~ 18℃ 的蒸馏水装满密度瓶，装上温度计（注意瓶内不要有气泡），立即浸入 20℃ ±0.1℃ 的恒温水浴中。在瓶内温度计达 20℃，并且保持 20min 不变后，取出密度瓶，用滤纸擦去溢出支管外的水，立即盖上小帽。擦干密度瓶外的水，称出质量为 m_2。

3）样品密度的测定。倒出蒸馏水，将密度瓶先用少量乙醇洗涤，再用乙醚洗涤数次，最后烘干冷却或用电吹风吹干。按上述方法操作，测定出被测液体加密度瓶的质量为 m_3。样品密度（ρ^{20}）可按式（2-44）计算。

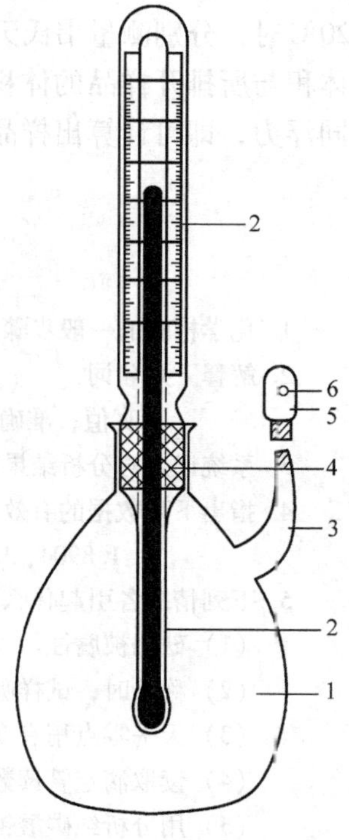

图 2-10 精密密度瓶

1—密度瓶主体 2—温度计

3—支管 4—磨口

5—支管磨口帽 6—出气孔

$$\rho^{20}=\frac{(m_3-m_1)\times 0.99820}{m_2-m_1} \qquad (2\text{-}44)$$

式中 m_1——密度瓶的质量（g）；

m_2——密度瓶及水的质量（g）；

m_3——密度瓶及样品的质量（g）；

0.99820——水在 20℃时的密度。

如果使用小型的普通密度瓶（不带温度计和支管，见图 2-11），则需在水浴中另插温度计，其他操作和计算与上述方法相同。

（2）密度计法　密度计常用玻璃制成，上端的细管上有直读式刻度，下端粗管内装有金属丸。

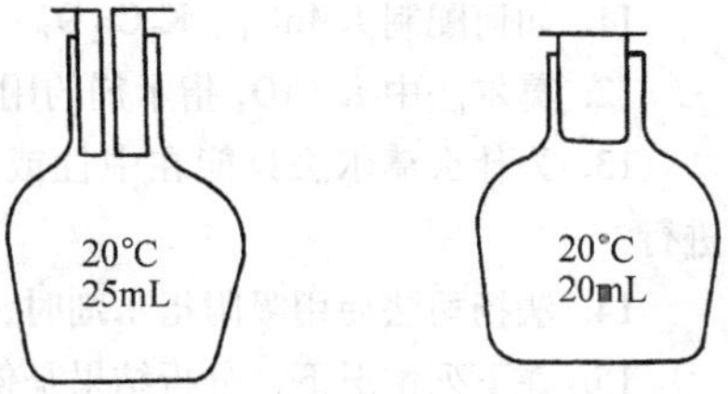

图 2-11 普通密度瓶

密度计按阿基米德原理工作。密度计在被放入被测液体中后，因下端较重，故能自行保持垂直。密度计粗管部分浸入液面下，细管的一部分留在液面上。密度计本身质量与液体浮力平衡，即密度计总质量等于它排开液体的质量。因密度计的质量为定值，所以被测液体的密度越大，密度计浸入液体中的体积就越小。因此按照密度计浮在液体中的位置高低，可求得液体密度的大小。

（3）韦氏天平法　该方法也是根据阿基米德原理工作的。当物体全部沉入液体中时所减轻的质量，即其所受的浮力，等于该物体所排开液体的质量。在20℃时，分别测量韦氏天平的浮锤在水中及样品中的浮力。由于浮锤所排开水的体积与所排开样品的体积相同，所以根据水的密度及浮锤在水中与在样品中的不同浮力，即可计算出样品的密度。

复习思考题

1. 化学检验的一般步骤是什么？
2. 解释下列名词：
   真值；准确度；精密度；误差；偏差；系统误差；随机误差
3. 系统误差对分析结果有什么样的影响？随机误差对分析结果有什么样的影响？
4. 指出下列数据的有效数字的位数：
   1.8904；3.500；0.004583；0.8700；4.98×10^4；pH = 4.56
5. 下列情况各引起什么误差？如果是系统误差，则应如何消除？
   （1）砝码被腐蚀。
   （2）称量时，试样吸收了空气中的水。
   （3）天平零点稍有变动。
   （4）读取滴定管读数时，最后一位数字估测不准。
   （5）用分析纯碳酸钠作为基准物标定盐酸溶液。
   （6）试剂中含有被测物质。
6. 导致溶液变质的原因有哪些？应如何避免溶液变质？
7. 在什么条件下能用强酸（碱）直接进行滴定？
8. 有人在用酸碱滴定法测定NaAc溶液的浓度时，先加入一定量过量的HCl标准滴定溶液，然后用NaOH的标准滴定溶液返滴定过量的HCl。问上述操作是否正确？为什么？
9. 高锰酸钾法应在什么介质中进行？
10. 为什么碘量法不适宜在高酸度或高碱度介质中进行？
11. 如何配制$KMnO_4$、$K_2Cr_2O_7$、$Na_2S_2O_3$、I_2标准滴定溶液？
12. 莫尔法中K_2CrO_4指示剂的用量对分析结果有何影响？
13. 为什么莫尔法只能在中性或弱碱性溶液中进行而佛尔哈德法却只能在酸性溶液中进行？
14. 法扬司法使用吸附指示剂时，应注意哪些问题？
15. 在下列情况下，分析结果是偏低还是偏高，还是没影响？为什么？
   （1）当pH = 4时，用莫尔法测定Cl^-。
   （2）在用莫尔法测定Cl^-时，指示剂K_2CrO_4溶液浓度过稀。
   （3）在用佛尔哈德法测定Cl^-时，未加硝基苯。
   （4）在用佛尔哈德法测定I^-时，先加入铁铵矾指示剂，再加入过量的$AgNO_3$标准滴定溶液。

第三章

样品交接

培训学习目标 通过本章学习，学员应学会样品交接时的基本礼仪常识；熟悉样品交接的有关规定，并能将其运用到实际工作中；能够正确填写样品登记表；了解样品的保存及管理方法。

第一节 样品交接的基本常识

一、样品交接时的常用礼仪

礼仪是指人们在相互交往中，为表示相互尊重、敬意、友好而约定俗成的、共同遵循的行为规范和交往程序。在接待和拜访中的礼仪表现，不仅关系到自己的形象，还关系到企业形象。所以，在样品交接过程中，交接双方都应当注重自身的表现，力求给对方留下良好印象。样品交接时的礼仪应着重注意以下几个方面：

1. 交接人员的仪容、仪表和仪态

在交接样品时，接待人员要主动、热情、耐心，要实行敬语服务、礼仪服务。面带微笑、真诚服务是对每一个接待人员最起码的要求。亲切的微笑，会让人感到和蔼可亲、平易近人。交接人员还应注意个人良好的仪容卫生，应给人以端庄、稳重、大方的印象，这样既能体现自尊自爱，又能表示对他人的尊重与礼貌。

整洁、美观、得体是交接人员着装的基本礼仪规范。交接双方在穿着方面应表现出稳重、大方、干练、富有涵养的工作人员形象。工作时穿着要整齐、稳重、大方，上班时不能穿短裤、运动服，女士在办公室不得穿超短裙。

样品交接人员还应注重个人仪态，要给人以挺拔向上、庄重大方、精力充沛的印象。在送样人员来访时，检验方应主动起身上前迎候与对方握手，以示欢迎；在样品交接结束后，应由送样方先伸手，与检验方握手告辞。

2. 交接样品时的礼貌用语

随时注意使用礼貌用语是人际交往的基本要求。交接双方见面后，应彼此问候“您好”“早上好”“下午好”“欢迎您的到来”等。若为初次见面，则可说“您好，见到您很高兴”。在交接样品时，送样人员可说“对不起，打扰了”“您辛苦了”“让您受累了”“不好意思，给你们添麻烦了”“真过意不去”，检验方可说“您不必客气”“没关系，这是我们应该做的”“照顾不周，请多指正”“欢迎下次再来”等礼貌用语。

3. 接待的礼仪

1）接待人员要品貌端正、举止大方、口齿清楚，具有一定的文化素养；服饰要整洁、端庄、得体、高雅；女性应避免佩戴过于夸张或有碍工作的饰物，化妆应尽量淡雅。

2）在送样人员到达后，接待人员应主动迎接，热情打招呼，对客人表示问候和欢迎，说一些如“一路辛苦了，欢迎您的到来”的话，然后立即向客人介绍自己，并告诉客人怎样称呼自己。如果客人手中提有重物，则应主动接过来。

3）在送样人员到来后，如果检验方负责人由于种种原因不能马上接待，则应向送样人员说明原因以及需要等待的时间。若送样人员愿意等待，则应该向其提供饮料、茶水等服务；或者请送样人员留下电话、地址，明确是由其再次来单位，还是由检验方负责人到对方单位去。

4）在办公室接待送样人员时，谈话过程中应认真倾听对方的叙述，注意少说多听，要尽量让送样者把话说完，最好不要隔着办公桌与来人说话。对送样者反映的问题，应做简短的记录；对于能够马上答复或立即可办理的事情，应当场答复，迅速办理；对于一时不能作答的，要约定一个时间后再联系。

5）对送样人员的无理要求或错误意见，应有礼貌地拒绝，而不要刺激对方，使其尴尬。

6）若正在接待送样者时有电话打来或有新的来访者，则应尽量让助理或他人接待，以避免中断正在进行的接待。如果要结束接待，则可以婉言提出借口，也可用起身的体态语言告诉对方本次接待就此结束。离开时，应与客人热情话别。

4. 其他应注意的礼仪

1）检验方在工作中应廉洁奉公、热情服务、礼貌待人、文明办事，并简化手续，切实提高办事效率。

2）送样人员应注意文明礼貌，保持环境卫生，在送样过程中不吸烟，不随地吐痰，不乱抛纸屑杂物，不高声喧哗，不随便串走。

二、样品交接的有关规定

1）检验方对于申报检验的样品应由专门的部门受理，并有专人负责。其他人员不得擅自接收样品。

2）送样人送样到检验方时，应填写样品检验申请单。检验方收验人应与送样人员当面对样品的名称、种类、批号、规格、数量、检验内容等进行确认、核实，并填写样品受理单，然后经送样人、收验人签字，统一编号登记。样品受理单一式两份，申请单位及检验机构各一份。

3）交接样品时应有交接记录，并应有交接双方认可后的签字。

4）若送样方寄样到检验方，则检验方应指定人员到指定的地点取回样品，并根据来样清单代为登记，若有不详之处，则应由专人负责与客户取得联系进行确认。

5）当送样样品有误或出现其他问题如缺样、破坏时，则检验方应由专人暂代为保管，同时向客户说明情况，待补齐样品后再登记。

第二节 正确填写登记表

在送样人员将样品送达后，检验机构收验人应当核对送检样品的名称、种类、批号、规格、数量等，并填写样品受理单，经送样人、收验人签字后，统一编号登记，然后将样品转交专门的检验部门，由其根据送检方要求或相关标准进行分析检验。

不同的检验单位，对于不同的样品及不同的检验要求，其样品登记表的格式也有所区别，但登记表中一般应包含样品的基本状况、送样单位（人）的信息、检验项目、检验方法、检验要求、样品的保存条件、样品的处理意见、检验报告领取时间及样品交接双方签名等信息。

常见的样品受理单见表3-1及表3-2。

表3-1 样品受理单1

样品名称		型号规格
样品数量	样品等级	商　标
委托单位（人）		电　话
地　址		邮政编码
生产单位		生产日期/批号　年　月　日
检验要求	□采用委托方指定的检验依据和方法 □同意采用检验机构指定的检验依据和方法 □仅需提供检测数据　□需提供单项评定　□按判定规则评价（可行时）	
检验项目		

（续）

检验类别 □一般委托 □质量鉴定 □诉讼委托 □监督检验　　样品来样方式 □送样 □抽样

提供资料内容　　抽样单编号

样品保存要求 □常温 □冷冻 □冷藏 □其他

样品处理意见 □退样 □不退样　　报告领取 □自取 □邮寄

我方保证所提供资料、实物及填写信息真实、完整和准确，按时支付检验费用、领取报告和退样。

我方同意检验机构对　　　　等项目进行分包。

我方若三个月不领取退样，样品可按无人领取处理。

我方需增加检验报告　　份，并按规定交纳相关费用。

委托方代表（送样人）签名　　　　年　月　日

样品状态　封样、包装 □正常 □不正常　描述（必要时）：

外观 □正常 □不正常

配件、资料 □齐全 □缺件

样品送到日期　年　月　日　　商定完成时间　年　月　日　　检验费

本站保证检验的公正性，对检验数据负责，并对委托方产品机密信息及技术资料保密。

本次检验提供检验报告两份，若需增加检验报告，请说明。

委托单位（人）自送样，其检验数据仅对来样负责。

业务受理人（签名）　年　月　日　　合同评审人（签名）　年　月　日

注：1. 本检验委托书一式三份。

2. 本检验委托书加盖本站公章有效。

表 3-2 样品受理单 2

样品名称						样品编号	
送样人		送样日期	年 月 日	是否出检测报告		时间要求	□普通 □加急
单位/地址						邮编	
电话/手机						传真	
所属课题名称、类型						课题主持人	
样品数量		样品原号		批号：		保质期	
检测项目要求						检测方法	□国标 □客户自备（另附） □其他（另附）
样品性状	□结晶 □粉末 □块状 □液态 颜色：	主要理化性质	熔点： ℃ 沸点： ℃ 分解温度： ℃ 溶剂： 是否有毒： 其他：				
保存条件	□常温 □低温（ ℃）□避光					样品处理	□不留样 □留副样 □退样
其他必要说明						拟取结果日期	
						检验费	
						收样人	
（以上由客户填写、确认）							
地址：××市×××路××号××单位（邮编：××××）电话：××××（可传真）							

样品名称				样品编号			
样品移交记录				检测结果移交记录			
日期	移交人	接收人	样品情况	日期	移交人	接收人	数量
							共 页
备 注							
说明	本检测样品、结果移交记录与样品和检测结果同时交接；样品需流转的按备注栏流转顺序及时流转 各室在样品交接过程中，必须对送检样品核对无误后，再签名移交 样品情况栏供简单记录样品是否出现异常等						

1. 样品的基本状况

样品的基本状况应包括送检样品的名称、种类、批号、规格、数量、等级、商标、生产单位以及样品的封存情况等信息，必要的话，可详细说明样品的外观性状及理化指标。所填写内容必须与样品实际状况完全一致。

2. 送样单位（人）的信息

送样单位（人）的信息应包括送样单位的名称、地址，送样人的姓名、单位、邮编、电话（手机）、传真等基本信息。

3. 检验项目

检验项目应详细说明送检样品所要求检验的项目内容。

4. 检验方法

同一样品、同一检验项目可能有多种检验方法，但不同的检验方法所得到的结果可能有所差别。所以送样方在送检样品时应与检验方共同商定所采用的检验方法，可以采用国家标准或行业标准进行检验，也可以由送检方指定检验方法或者由检验方自行确定检验方法。

5. 检验要求

检验要求主要由送检方针对样品的检验情况对检验方提出，包括检验方法、检验仪器、检测数据、检验报告、检验结果评价、检验价格等方面的要求。检验要求可由送检方与检验方共同商定。

6. 样品的保存条件

不同的样品对保存的条件和环境要求是不一样的。因此，为了避免样品因放置或保存不当而造成性质变化，送检方应向检验方说明样品的保存条件，以保证检验结果的准确。

7. 样品的处理意见

样品的处理意见主要是针对检验后的样品提出的处理意见。根据送检方要求，样品的处理意见可以由检验方自行处理，也可以退回送检方处理或由送检方来人取回。

8. 检验报告领取时间

不同的检验项目所需要的检验时间不同，在样品送检后，应根据样品的实际情况、检验方的技术能力及业务情况，由双方商定最终领取检验报告的时间。

9. 样品交接双方签名

送检方及检验方在对上述表格中的内容填写、审核无误后，双方均应在表格中签字，然后再移交样品。表格至少应一式两份，双方各保留一份。

第三节　样品的保存与管理

不同的样品，其性质千差万别。因此，在将样品送交检验单位以及由收样部门转交给相应的检验人员，直到样品检验结束的整个过程中，必须要注意样品的保管和转移，避免因样品丢失、受到污染、腐蚀和其他机械伤害，而导致检验结果的准确度和可靠性产生较大误差，甚至使检验工作无法正常完成。

在样品的保存与管理过程中，应根据样品的不同性质和不同要求，采用不同的保管方法，为此，应注意以下几方面问题：

1）为确保被分析样品的稳定性和完整性，欲送检的样品应由专人妥善保存，并在规定的时间内送达检验单位。

2）通常送检样品应储存于清洁、干燥、密封的容器或包装材料中，以防止样品中的水分及易挥发成分损失。应确保封样的包装材料不会对样品造成污染和伤害；包装容器应完整、结实，有一定的抗压性，确保样品安全交接和不受污染。

3）送检样品的包装材料上应附有标签，注明产品的名称、型号、批号、重量、生产单位及生产日期等信息。

4）对于水样，为避免在运输途中的振荡，以及空气中的氧气、二氧化碳对容器中样品组分和待测项目（如 pH 值、BOD 等）的干扰，应使水样充满容器至溢流并密封保存。但准备冷冻保存的样品不能充满容器，否则水冷冻之后，会因体积膨胀致使容器破裂。

5）为了延长某些样品的保存时间，有时需加入保护剂，但应注意所加入的保护剂不能干扰待测组分的测定，其加入量因需要而异。某些保护剂是有毒害的，在保管和使用过程中一定要注意安全防护。

6）如果样品需在规定的环境条件下储存，则应维持、监控并记录这些条件。对于需要低温保存的样品，可将其放入冷藏箱或低温冰箱中保存，但冷藏箱或低温冰箱应清洁，无化学药品等污染物。

7）检验单位应有专门的部门或人员负责样品的留存和统一保管。

8）样品在检测过程中应由样品管理人员或检验人员传递，不得交给送检单位人员传送。检验人员应保管好样品，不得转交他人保管。

9）样品保管的条件应符合样品保存的要求，以确保样品在保质期内的质量。检验单位应根据样品种类及检验项目确定留样保存期，对超过保存期的样品应当进行登记，报检验机构负责人批准后自行处理。

复习思考题

1. 在接收样品时，接待人员应注意哪些礼仪？
2. 在交接样品时，送样人员应注意哪些礼仪？
3. 在交接样品时，为什么要填写样品登记表？
4. 样品登记表通常应包含哪些内容？
5. 如何保存水样？

第四章 检验准备

培训学习目标 通过本章学习，学员应了解化工产品的概念、特点及分类；了解产品的检验操作程序及检验结果的计算；能正确识别、使用玻璃仪器和玻璃量器，掌握实验室中一些简单的操作技能；了解实验室用水的基本知识；掌握化学试剂的分类、包装及溶液的制备方法；能使用实验室中常用的辅助设备和专用仪器设备。

第一节 了解检验方案

一、化工产品

1. 化工产品的概念

化工原料经单元反应或单元过程操作而制得的可作为生产资料和生活资料的成品，称为化工产品。化工产品应符合产品要求的各项指标，如外观、颜色、精度、粘度、杂质含量等。其产品质量通常以纯度或浓度表示。

2. 化工产品的分类

依据 GB/T 7635.1—2002《全国主要产品分类与代码 第1部分：可运输产品》，化工产品可划分为九大类：

1）无机酸类：硫酸、硝酸、盐酸、磷酸、硼酸等。

2）氯碱类：烧碱、氯气、漂白粉、纯碱等。

3）化肥类：氮肥、磷肥、钾肥、复合肥料、微量元素肥料等。

4）无机精细化工产品类：无机盐、试剂、助剂、添加剂等。

5）石油炼制品类：汽油、煤油、柴油、润滑油等。

6）石油化工产品类：有机原料（有机酸、酯、醚、醛、酮等）、合成塑料及树脂、合成纤维、合成橡胶等。

7）有机精细化工产品类：染料、农药、医药、涂料、颜料、表面活性剂、化学助剂、感光材料、催化剂等。

8）食品类：饮料、生物化学制品等。

9）油脂类：油脂、肥皂、硬化油等。

3. 化工产品的特点

化工产品主要具有以下几方面特点：

1）化工产品种类多、性能差异大、更新换代快。

2）化工产品往往具有不稳定性，易分解、挥发、发生副反应。

3）化工产品多数有毒，易燃、易爆。

二、检验操作程序

产品的分析检验一般包括定性分析、定量分析以及物理常数的测定等内容。完成一项分析任务，通常包括样品的采集、制备、分解、干扰的消除以及分析测定等基本程序。

1. 样品的采集

所谓样品，是指在分析工作中被用来作为分析的物质体系。它可以是固体，也可以是液体或气体。采样的目的就是要从被检的总体物料中取得具有代表性的样品，即所采集的样品在组成和含量上具有一定的代表性，能够代表原始物料的平均组成。

2. 样品的制备

将采样所得到的原始试样处理成待测性质能代表总体物料特性，数量能满足检测需要的最佳量的最终样品的过程称为样品的制备。

3. 样品的分解

在样品检验工作中，通常需要先将样品分解，制成溶液后再进行分析测定。样品的分解是分析工作的重要步骤之一。

样品的性质不同，分解方法也有所区别。无机试样通常采用溶解法、熔融法及半熔法进行分解。有机试样的分解通常采用灰化法（又称干法）和消化法（又称湿法）两种方法。在样品分解过程中，需要根据样品的性质以及测定对象的不同，选择不同的分解方法。

4. 干扰的消除

复杂物质中常常含有多种组分，当测定其中某一种组分时，共存的其他组分可能对测定产生干扰，因此应设法消除干扰。常用的干扰消除方法包括：

1）使用掩蔽剂或氧化还原剂消除干扰。

2）采用沉淀法、萃取法、离子交换法、层析法等化学分离方法将干扰组分分离出去。

5. 样品中待测组分含量的测定

同一组分往往可通过多种方法进行测定，但究竟哪种方法更合适，则必须结合实际情况加以选择、确定。一般而言，可从测定的具体要求、待测组分的性质、待测组分的浓度范围、共存干扰组分的影响以及现有的试验条件等几方面进行选择，然后利用选定的测定方法进行样品的分析检验。

三、检验结果的计算

在样品经过采集、制备、分解和测定以后，还需要根据样品的质量、测量所得的数据和分析过程中有关反应的计量关系，计算出待测组分的含量。

1. 检验结果的表示方法

（1）以待测组分的化学形式表示　检验结果常以待测组分实际存在形式的含量表示。例如，测得样品中铁的含量以后，最终的检验结果可根据实际情况，以 FeO、Fe_2O_3、Fe_3O_4 等形式的含量表示。

若待测组分的实际存在形式不明，则分析结果可以氧化物或元素形式的含量表示。例如，氮肥有效成分的含量以氮元素的质量分数 w(N) 表示；磷肥有效成分的含量以有效五氧化二磷的质量分数 w (P_2O_5) 表示。溶液的分析结果常以所存在离子的含量表示，如以 Ca^{2+}、Mg^{2+}、Cl^- 等的含量表示。

（2）以待测组分的含量表示　固体样品的检验结果常以样品中待测组分的质量分数 w（B）表示；液体样品中待测组分的含量常以质量分数 w（B）、体积分数 φ（B）以及质量浓度 ρ（B）等形式表示；气体样品中待测组分的含量则均以体积分数 φ（B）表示。

2. 检验结果计算的注意事项

在检验结果的计算中，不同的样品，检验原理不同，分析测定方法也不同。因此，检验结果的计算过程也有所区别，具体的计算方法详见各章节中的相关内容。在检验结果的计算中，需注意以下事项：

1）一定要弄清测量原理和测量方法，准确找出各反应物之间的关系。

2）注意所称取样品的量与测定用量之间的关系，即稀释倍数。

3）注意计算过程中单位的换算。

4）根据检验结果准确度的要求，计算时需对相关数据进行修约，并注意检验结果有效数字的保留。

四、化肥、农药、涂料、煤炭、水泥简介

1. 化肥

（1）化肥的定义及特点　化肥即化学肥料，也有人称之为商品肥料或人造

肥料。化肥是指以矿物（如煤、石油、天然气、磷矿石、钾矿石、石灰石等）、空气、水等为原料经过化学和机械加工制成的肥料。

化肥的特点主要表现在：大部分是无机盐类化合物；所含营养元素比农家肥料高得多，且便于储藏、运输和施用；大部分能溶于水或质量分数为2%的枸橼酸溶液，易被作物吸收，肥效产生快，特别适宜作追肥，也可作基肥。

（2）化肥的分类　化肥的种类较多，按所含营养元素的不同一般可分为氮肥、磷肥、钾肥、硫肥、钙肥、镁肥，含有硼、锌、锰、铜、钼、铁等元素的微量元素肥料，以及含有两种或两种以上营养元素的复合肥料和混合肥料。也有人把腐殖酸类肥料列入化学肥料之中。按照化学性质的不同，化肥可分为酸性肥料、碱性肥料和中性肥料。

2. 农药

（1）农药的定义及分类　农药是指农业上用于防治病虫害以及调节植物生长、除草等的药剂。根据防治对象的不同，农药可分为杀虫剂、杀菌剂、杀螨剂、杀线虫剂、杀鼠剂、除草剂、脱叶剂、植物生长调节剂等。根据原料来源的不同，农药可分为有机农药、无机农药、植物性农药、微生物农药等，此外，还有昆虫激素。根据加工剂型的不同，农药可分为粉剂、可湿性粉剂、可溶性粉剂、乳剂、乳油、浓乳剂、乳膏、糊剂、胶体剂、熏烟剂、熏蒸剂、烟雾剂、油剂、颗粒剂、微粒剂等。

（2）农药的储存与保管　农药的储存与保管准则如下：

1）存放场地应隔离，避免其他产品污染，且应有醒目的警告标志。

2）农药应保存于贴有标签的原包装容器中，堆放位置应使标签显而易见。包装破损或无标志的农药应及时处理。

3）存放场地对农药的理化性质及储存有效期不应产生任何不良影响。

4）不同种类的农药应分开存放。高毒农药应存放在彼此隔离的有出入口、能锁封的单间（或专箱）内，应保持通风；闪点低于61℃的易燃农药应与其他农药分开，并用难燃材料分隔；挥发性农药应存放在通风且与别的农药分开的地方，防止发生交互污染。

5）如果农药存放的时间较长，超过使用季节，则应注意翻库，以免药剂过期失效，但应避免翻库太频繁。

6）不同包装的农药应分类存放，垛码不宜过高，应有防渗防潮垫。

7）应定期检查储存场所，特别要注意检查包装的破损、溢漏、变质等情况，一旦发现问题，则应参照农药制造厂商提供的安全措施立即清除污染。

3. 涂料

（1）涂料的定义及分类　涂料是指应用于物体表面，能形成具有保护、装饰或特殊功能（如绝缘、防腐、标志等）的固态连续薄膜的一类液体或固体化工材料的总称。早期的涂料大多用植物油制成，故曾被称为油漆。涂料品种繁多，性能各异，使用方便，用途广泛，是金属、木材、混凝土、塑料等制品，以及纸张、皮革、织物等最常用的表面装饰和保护用材料。

涂料绝大多数是液体，以溶剂型涂料为主，固体的称为粉末涂料。主要的涂料是有机涂料，只有少量属于无机涂料。我国国家标准根据涂料所用成膜物质的种类不同将其分为17大类，即油脂、天然树脂、酚醛树脂、沥青、醇酸树脂、氨基树脂、硝基纤维素、其他纤维素、过氯乙烯树脂、烯烃树脂、丙烯酸树脂、聚酯树脂、环氧树脂、聚氨基甲酸酯、元素有机物、橡胶及其他等。

（2）涂料的组成

1）主要成膜物质。主要成膜物质也称为基料或粘结剂，一般由天然油脂、天然树脂、合成树脂及无机物质构成。它是决定涂膜性质的主要因素。

2）颜料。颜料属于次要成膜物质，能赋予涂料以颜色和遮盖力，提高涂膜的力学性能和耐久性；有的能使涂膜具有防锈、防污、磁性、导电等功能。颜料按成分可分为无机颜料和有机颜料，按性能可分为着色颜料、体质颜料和功能性颜料。

3）助剂。助剂是涂料中的辅助成膜物质。它不能单独成膜，但能对涂料或涂膜的某一特定方面的性能起改进作用。现代涂料的助剂有四类：对涂料生产过程发生作用的助剂，如乳化剂、分散剂、润湿剂和消泡剂等；在涂料储存过程中起作用的助剂，如防沉淀剂、防结皮剂等；在涂料施工成膜过程中发生作用的助剂，如催干剂、流平剂和防流挂剂等；对涂料性能发生作用的助剂，如增塑剂、消光剂、阻燃剂、防静电剂、紫外光吸收剂、自由基捕获剂和防霉剂等。

4）溶剂。除了无溶剂涂料外，溶剂是各种液态涂料中的重要组分。溶剂具有将成膜物质溶解或分散为液态，降低涂料粘度，使之易于施工涂布的作用。溶剂对于涂膜的形成与质量来说是很重要的。

（3）涂料的命名和型号

1）涂料的命名。为了简化起见，在涂料命名时，除了粉末涂料外仍采用“漆”一词外，各涂料品种也称为漆，在统称时仍用“涂料”一词。涂料命名原则规定如下：全名=颜料或颜色名称+成膜物质名称+基本名称。例如，红醇酸磁漆、锌黄酚醛防锈漆。若颜料对涂膜性能起显著作用，则用颜料名称代替颜色名称。对于某些有专业用途及特性的产品，必要时将其在成膜物质后面加以阐明。

涂料的基本名称仍采用我国习惯名称，其基本名称编号采用00~99二位数字来表示，见表4-1。其中，00~09代表基本品种，10~19代表美工漆，20~29代表轻工用漆，30~39代表绝缘漆，40~49代表船舶漆，50~59代表防腐蚀漆等。

表 4-1 涂料的代号与名称

代号	代表名称	代号	代表名称	代号	代表名称
00	清油	31	（覆盖）绝缘漆	60	防火漆
01	清漆	32	绝缘（磁烘）漆	61	耐热漆
02	厚漆	33	粘合绝缘漆	62	变色漆
03	调和漆	34	漆包线漆	63	涂布漆
04	磁漆	35	硅钢片漆	64	可剥漆
05	烘漆	36	电容器漆	65	粉末涂料
06	底漆	37	电阻漆、电容器漆	66	感光涂料
07	腻子	38	半导体漆	80	地板漆
08	水溶漆、乳胶漆	40	防污漆、防蛆漆	81	渔网漆
09	大漆	41	水线漆	82	锅炉漆
10	锤纹漆	42	甲板漆、甲板防滑漆	83	烟囱漆
11	皱纹漆	43	船壳漆	84	黑板漆
12	裂纹漆	44	船底漆	85	调色漆
13	晶纹漆	50	耐酸漆	86	标志漆、线路漆
14	透明漆	51	耐碱漆	98	胶液
20	铅笔漆	52	防腐漆	99	其他
22	木器漆	53	防锈漆		
23	罐头漆	54	耐油漆		
30	（浸渍）绝缘漆	55	耐水漆		

2）涂料的型号。涂料型号由三部分组成：第一部分是成膜物质，用汉语拼音字母表示；第二部分是基本名称，用两位数字表示；第三部分是序号，表示同类品种间的组成、配比或用途的不同。这样组成的一个型号就只表示一个涂料品种而不会重复。例如，Q01—07代表硝基清漆，Y53—31 代表红丹油性防锈漆，H36—51 代表绿环氧电容器烘漆，C04—2 代表白醇酸磁漆。

辅助材料的型号由两部分组成：第一部分表示辅助材料的类别，用一个汉语拼音字母表示；第二部分是序号，由 1 位或 2 位阿拉伯数字组成。例如，X—5 代表丙烯酸漆稀释剂，H—1 代表环氧漆固化剂。

4. 煤炭

（1）煤炭的定义及分类 煤炭是古代植物遗体在沼泽或湖泊中积聚后，经过漫长地质时期的生物化学、地球化学、物理化学等的复杂作用转变而成的冶金和化工原料。植物死亡后，受生物化学作用变成泥炭或腐泥，由于地壳缓慢下沉而被覆盖，逐渐变成煤层。

现行的煤炭分类指标主要有两个：一是煤的可基燃挥发分，大体上反映煤的煤化程度；二是胶质层最大厚度，反映煤的粘合性。根据这两个指标，可将煤划分为褐煤、长焰煤、气煤、肥煤、焦煤、瘦煤、贫煤、无烟煤、不粘煤、弱粘煤等。除褐煤和无烟煤外，其余都是烟煤。煤炭根据成因可分为腐殖煤和腐泥煤两类，根据煤化程度可分为泥煤、褐煤、烟煤和无烟煤四类。

(2) 煤炭的分级　煤炭的质量和煤的性质均需要通过不同的煤质指标来评价，因此对煤质指标的分级具有十分重要的意义。

1) 煤炭灰分分级。灰分是最基本也是最重要的煤质指标。GB/T 15224.1—2010《煤炭质量分级　第1部分：灰分》按煤炭的灰分对其进行了详细划分，见表4-2。

表4-2　煤炭灰分分级

序号	级别名称	代号	灰分（A_d）范围（质量分数,%）		
			煤炭资源评价	动力煤	炼焦精煤
1	特低灰煤	SLA	≤10.00	≤10.00	≤6.00
2	低灰煤	LA	10.01~20.00	10.01~18.00	6.01~8.00
3	中灰煤	MA	20.01~30.00	18.01~25.00	8.01~10.00
4	中高灰煤	MHA	30.01~40.00	25.01~35.00	10.01~12.50
5	高灰煤	HA	40.01~50.00	>35.00	>12.50

2) 煤炭硫分分级。硫是煤中有害元素，其含量对煤的加工、使用以及环境有着重要影响。GB/T 15224.2—2010《煤炭质量分级　第2部分：硫分》中，按煤炭的硫分对其进行了详细划分，见表4-3。

表4-3　煤炭硫分分级

序号	级别名称	代号	干燥基全硫分（$S_{t,d}$）范围（质量分数,%）		
			煤炭资源评价	动力煤	炼焦精煤
1	特低硫煤	SLS	≤0.50	≤0.50	≤0.30
2	低硫煤	LS	0.51~1.00	0.51~0.90	0.31~0.75
3	中硫煤	MS	1.01~2.00	0.91~1.50	0.76~1.25
4	中高硫煤	MHS	2.01~3.00	1.51~3.00	1.26~1.75
5	高硫煤	HS	>3.00	>3.00	1.76~2.50

3) 煤炭发热量分级。发热量是评价煤炭质量特别是动力煤质量的一个很重要的煤质指标。GB/T 15224.3—2010《煤炭质量分级　第3部分：发热量》中，按煤炭的发热量对其进行了分级，见表4-4。

表4-4　煤炭发热量分级

序号	级别名称	代号	发热量（$Q_{gr,d}$）范围/（MJ/kg）
1	特高发热量煤	SHQ	>30.90
2	高发热量煤	HQ	27.21~30.90
3	中高发热量煤	MHQ	24.31~27.20
4	中发热量煤	MQ	21.31~24.30
5	中低发热量煤	MLQ	16.71~21.30
6	低发热量煤	LQ	≤16.70

5. 水泥

(1) 水泥的定义 加水拌和成塑性浆体，能够胶结砂石等适当材料并能在空气和水中硬化的粉状水硬性胶凝材料称为水泥。

(2) 水泥的分类 随着基本建设发展的需要，水泥品种越来越多。按化学成分分类，水泥可分为硅酸盐水泥、铝酸盐水泥、硫铝酸盐水泥等系列，其中硅酸盐系列水泥的应用最广。水泥的分类见表4-5。

表4-5 水泥的分类

系 列	类 别	品 种
硅酸盐水泥 ($3CaO \cdot SiO_2$) (第一系列水泥)	通用水泥	1. 硅酸盐水泥：Ⅰ型、Ⅱ型 2. 普通硅酸盐水泥 3. 矿渣硅酸盐水泥 4. 火山灰质硅酸盐水泥 5. 粉煤灰硅酸盐水泥 6. 复合硅酸盐水泥
	特种硅酸盐水泥	1. 大坝水泥 (1) 中热硅酸盐水泥 (2) 低热矿渣硅酸盐水泥 2. 油井水泥（分为A、B、C、D、E、F、G、H、J级） 3. 白色硅酸盐水泥 4. 快硬硅酸盐水泥 5. 膨胀硅酸盐水泥 (1) 矾土膨胀硅酸盐水泥 (2) 明矾石膨胀硅酸盐水泥 (3) 石灰膨胀硅酸盐水泥 6. 自应力硅酸盐水泥 7. 抗硫酸盐硅酸盐水泥 8. 道路硅酸盐水泥 9. 快凝快硬硅酸盐水泥
铝酸盐水泥 ($CaO \cdot Al_2O_3$) (第二系列水泥)	耐火铝酸盐水泥	1. 铝酸盐水泥 2. 耐火铝酸盐水泥 3. 低钙耐火铝酸盐水泥 4. 纯铝酸钙耐火铝酸盐水泥
	建筑用铝酸盐水泥	1. 快硬高强铝酸盐水泥 2. 膨胀铝酸盐水泥 3. 自应力铝酸盐水泥
硫铝酸盐水泥 ($3CaO$、$3Al_2O_3$、$3CaSO_4$) (第三系列水泥)	普通硫铝酸盐水泥	1. 快硬硫铝酸盐水泥 2. 膨胀硫铝酸盐水泥 3. 自应力硫铝酸盐水泥 4. 高强硫铝酸盐水泥 5. 低碱度硫铝酸盐水泥
	高铁硫铝酸盐水泥（铁铝酸盐水泥）	1. 快硬铁铝酸盐水泥 2. 膨胀铁铝酸盐水泥 3. 自应力铁铝酸盐水泥 4. 高强铁铝酸盐水泥

第二节　玻璃仪器等试验用品的准备

一、常用玻璃仪器和其他用品的名称和用途

玻璃仪器由于具有透明、耐热、耐蚀、易清洗以及化学稳定性好等特点，因此是化验室中最常用的仪器。

1. 常用玻璃仪器

化验室中常用的玻璃仪器见表4-6。

表4-6　化验室中常用的玻璃仪器

名　　称	规　格	主要用途	注意事项
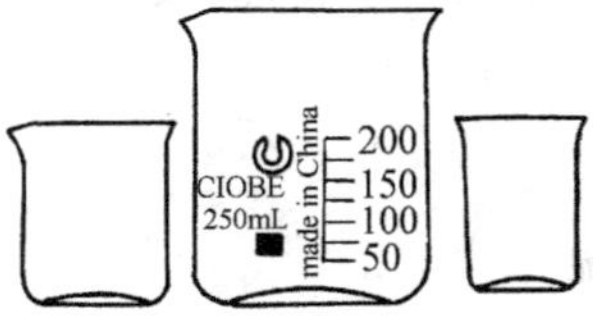a)　b)　c) 烧杯 a）低型　b）印标　c）微量	容积/mL a) 50、100、150、200、250、300、500、1000、2000 b) 50、100、150、200、250、300、500、1000、2000 c) 5、10、15、20	1. 溶解样品，配制溶液 2. 用作不挥发性物质的反应容器	1. 加热时要垫石棉网，不能干烧 2. 杯内的待加热液体体积不要超过总容积的2/3 3. 加热腐蚀性液体时，杯口要盖表面皿
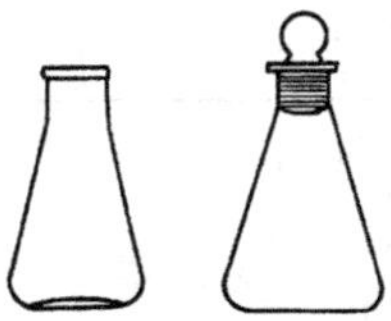a)　b) 锥形瓶（三角烧瓶） a）无塞　b）具塞	容积/mL a) 25、50、100、150、250、500、1000 b) 50、100、150、250、500、1000	1. 加热处理样品 2. 在滴定分析中用作反应容器	1. 加热时要垫石棉网，不能干烧 2. 磨口具塞锥形瓶加热时要打开塞子 3. 非标准磨口的塞子要保持原配

（续）

名　　称	规　格	主要用途	注意事项
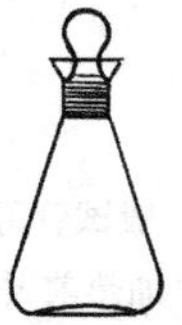 碘（量）瓶	容量/mL 50、100、 250、500	碘量法或其他挥发性物质的滴定分析	1. 为防止内容物挥发，瓶塞处用水或KI水溶液密封 2. 可垫石棉网加热
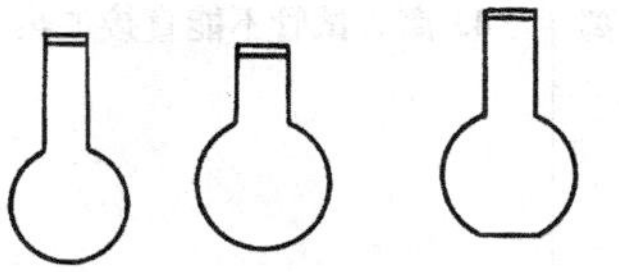 a) 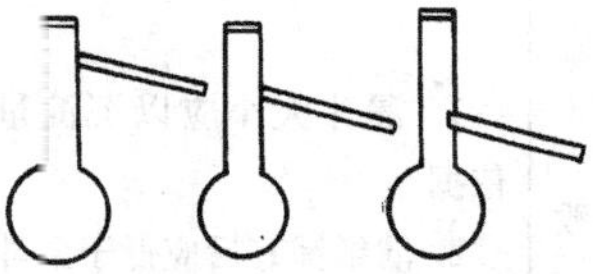 b) 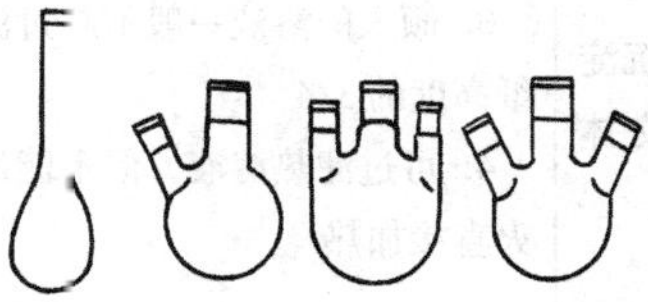 c　　d) 烧瓶 a）圆（平）底烧瓶（又分为长颈、短颈、细口、广口等） b）普通蒸馏烧瓶（支管在颈的位置有上、中、下几种） c）凯氏烧瓶（减压蒸馏烧瓶） d）多口烧瓶（又分为两口、三口、直口、斜口等）	容积/mL a） 50、100、 150、200、 250、300、 500、1000、 2000、3000、 5000、10000 b） 50、100、 250、500、 1000 c） 50、100、 250、500、 1000 d） 50、100、 250、500、 1000、2000、 3000	加热条件下用作反应器或蒸馏器 蒸馏；可用作少量气体发生反应器 消化有机物 有机物的制备和合成	1. 不能直接加热，要垫石棉网或用油浴 2. 内容物不得超过容积的2/3 3. 若需安装冷凝器等，则应选短颈厚口烧瓶。根据待蒸馏样品的沸点选用 a、低沸点——支管在上部 b、一般沸点——支管在中部 c、高沸点——支管在下部 切勿直接加热，加热时瓶口不要对着人

（续）

名　称	规　格	主要用途	注意事项
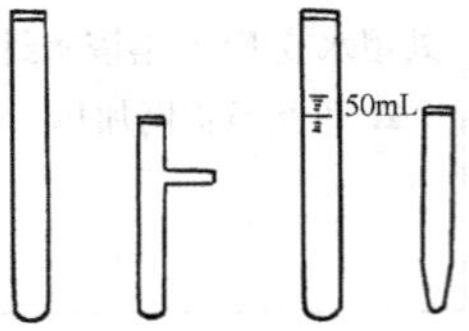 a)　b)　c)　d) 试管 a）一般试管　b）具支管试管 c）刻度试管　d）离心试管	管长/mm a) 70、100、120、150 管长/mm b) 100、160、200 容积/mL c) 10、15、20、25 容积/mL d) 5、10、15	用作少量试剂化学反应容器；定性分析中用于检验离子 少量试剂蒸馏 可代替量筒 离心分离沉淀	1. 一般试管可干烧，但不能骤冷，加热前要擦干外壁 2. 加热液体时，内容物不得超过容积的 2/3；加热要均匀，试管要倾斜约 45° 3. 加热固体时，应先小火预热；加热时管口稍向下 4. 离心试管不能直接加热
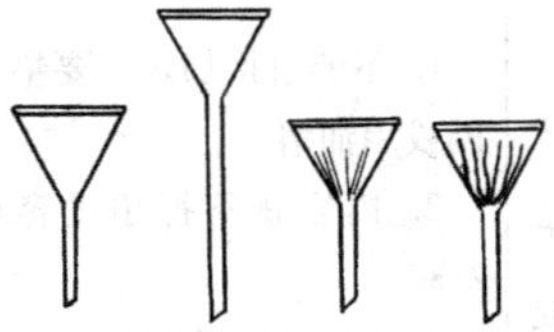 a)　b)　c) 漏斗 a）短颈，管长为 90、120mm b）长颈，管长为 150mm c）波纹，锥体均为 60°	上口直径/mm a) 45、55、60、80、100、120 b) 45、55、60、80、100、120 c) 45、55、60、80、100、120	加液、一般过滤 重量分析中用于过滤沉淀 过滤胶体沉淀	1. 漏斗大小应以沉淀量为依据 2. 滤纸铺好后应低于漏斗上边缘 5mm 3. 倾入的溶液一般不超过滤纸高度的 3/4 4. 可过滤热溶液，但不能用火直接加热
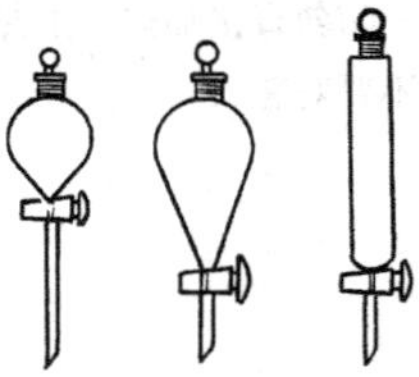 a)　b)　c) 分液漏斗 a）球型—长颈 b）梨型—短颈 c）筒型—长、短颈	容积/mL a) 60、125、250、500、1000 b) 60、125、250、 c) 60、125、250、500、1000	用于分离两种互不相溶的液体 用于萃取分离和富集 制备反应中用于向密闭的反应器中加液（一般用球型或滴液漏斗）	1. 活塞上要涂凡士林，使之转动灵活，密合不漏 2. 旋塞、活塞必须保持原配 3. 长期不用时，在磨口处需垫一纸条

（续）

名　　称	规　格	主要用途	注意事项
 抽滤瓶	容积/mL 100、250、500、1000、2500、5000	在抽滤时用于承接滤液	1. 能耐负压，但不能加热 2. 安装时，漏斗颈口离抽气嘴尽量远一些
 表面皿 微表面皿	直径/mm 45、65、75、90、100、125、150 20	液体加热时，可作为容器的盖子，也可直接作为容器使用	不能直接加热
 细口试剂瓶（无色、棕色）	容积/mL 30、60、125、250、500、1000、2500、5000、10000	用于存放液体试剂或溶液	1. 见光易分解的液体用棕色瓶 2. 存放碱性溶液时，要另配胶塞 3. 不能在瓶内直接配制溶液 4. 不能直接加热
 广口试剂瓶（分磨口、具塞、无塞、无色、棕色等）	容积/mL 30、60、125、250、500、1000	用于存放固体试剂或糊状试剂溶液	1. 见光易分解的液体用棕色瓶 2. 存放碱性溶液时，需另配胶塞
 滴瓶（无色、棕色）	容积/mL 30、60、125	用于存放逐滴加入的试剂溶液	1. 滴管要保持原配 2. 滴管不要放在其他地方 3. 不要将溶液吸入胶头 4. 滴管不能倒置

（续）

名　　称	规　格	主要用途	注意事项
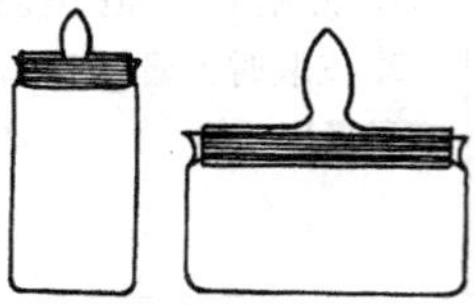 a)　　b) 称量瓶 a）高型　b）扁型（矮型）	$\frac{外径}{mm}\times\frac{瓶高}{mm}$ a) 25×25、25×40、30×50、30×60、35×70、40×70 b) 40×25、50×30、60×30、70×30	用于称量或烘干样品、基准物质 测定固体样品中的水分	1. 平时要洗净、烘干（但不能盖紧瓶烘烤），存放在干燥器中，以备随时使用 2. 磨口塞要保持原配 3. 称量时不要用手直接拿取，应用洁净纸带或用棉纱手套拿取
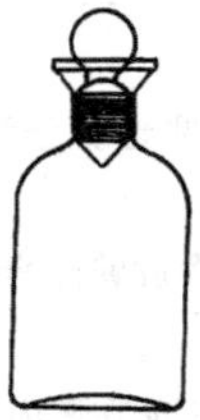 水样瓶	容积/mL 250	采集水样或其他液体样品	不要盛取热溶液

2. 其他玻璃仪器

化验室中其他玻璃仪器见表4-7。

表4-7　其他玻璃仪器

名　　称	规格	主要用途	注意事项
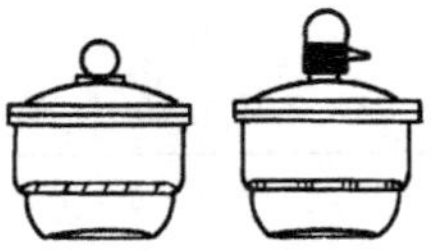 a)　　b) 干燥器（保干器） （分为无色、棕色） a）常压　b）真空	上口直径/mm a) 100、150、180、210、240、300 b) 100、150、180、210、240、300	内盛干燥剂（如硅胶、氯化钙等），用于保持物料、器皿的干燥，也可用于干燥少量制备的产品	1. 盖子与器体的磨砂口上要涂凡士林，以保证密封 2. 揭开或盖上盖子时，要沿水平方向推动，取下的盖子要仰放 3. 搬动时要用双手端，且要按住盖子 4. 不可将红热的物体放入 5. 盛放热的物体后要经常开盖，以免盖子跳起

（续）

名　　称	规格	主要用途	注意事项
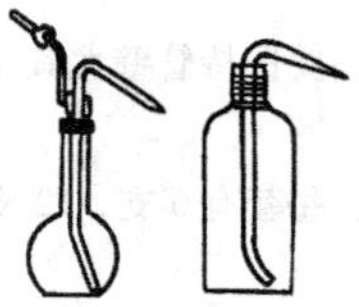 a)　　b) 洗瓶 a）玻璃　b）塑料	容积/mL a) 250、500 b) 250、500	喷注细股水，用于洗涤仪器和沉淀	1. 塑料洗瓶使用更方便、卫生 2. 也可用锥形瓶、平底烧瓶自制
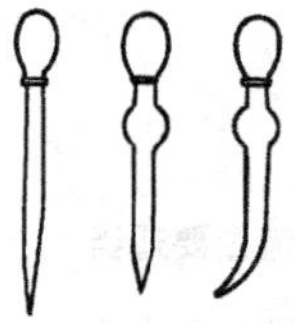 胶帽滴管	外径为8mm，长度为100mm	吸取、滴加少量液体	不能将液体吸入胶帽中
 a)　b)　c)　d) 冷凝管 a）空气冷凝　b）直形 c）球形　d）蛇形	外套管有效冷凝长度/mm a) 150、200、300、400、500 b) 150、200、300、400、500、600 c) 200、300、400、500、600 d) 300、400、500、600	在蒸馏操作中用于冷凝，其中空气冷凝管用于回流，直形冷凝管的冷凝效率差，球形冷凝管的冷凝效率高，蛇形冷凝管的冷凝效率最高	1. 装配仪器时，先装冷却水橡胶管，再装仪器 2. 套管的下面支管进水，上面支管出水 3. 需缓慢打开冷却水，水流不能太大

（续）

名　　称	规格	主要用途	注意事项
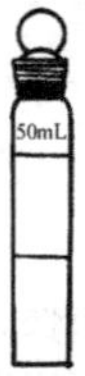 比色管	容积/mL 50、100	用于目视比色分析	1. 不能加热，要保持管壁尤其是管底的透明度 2. 成套使用，每套有6支、12支两种
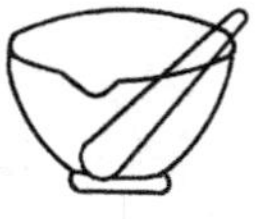 研钵	直径/mm 60、75、90、120、150、180	用于研磨固体试剂及试样等	1. 不能撞击 2. 不能烘烤 3. 不能研磨与玻璃作用的物质
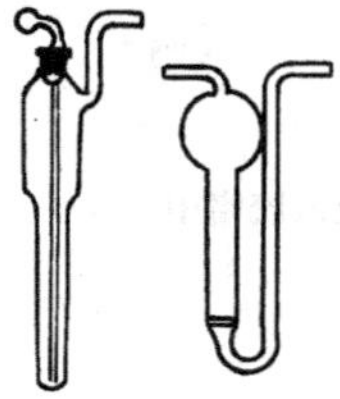 a)　　b) 吸收管 a）波氏　b）多孔滤板	全长/mm 173、233，烧结（多孔）吸收管的全长为185mm（滤片1#）	用于吸收富集气体样品中的待测物质	1. 通过气体的流量要适当 2. 磨口塞要原配 3. 不能直接加热
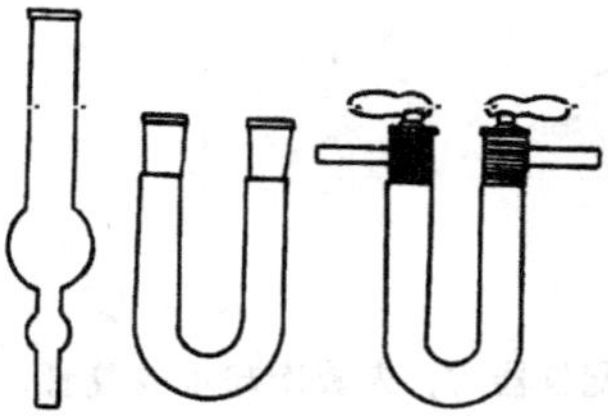 a)　b)　c) 干燥管 a）球形　b）U形 c）U形，具阀及支管	$\frac{管长}{mm}\times\frac{管径}{mm}$ a) 100×16 b) 150×21 100×15 c) 150×16 200×18	用于干燥气体	—
 干燥塔	容积/mL 250、500	用于干燥动态气体，也可作为吸收塔使用	—

3. 常用瓷器皿

化验室中除用到各种玻璃仪器外，有时还需要用到瓷器皿。化验室中常用的瓷器皿见表4-8。

表4-8 常用的瓷器皿

名　　称	常用规格	主要用途
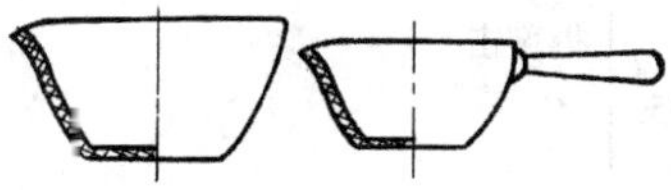 a)　　b) 蒸发皿 a）无柄　b）有柄	容积/mL a） 35、60、100、150、200、300、500、1000 b） 30、50、80、100、150、200、300、500、1000	蒸发浓缩液体，700℃以下灼烧物料
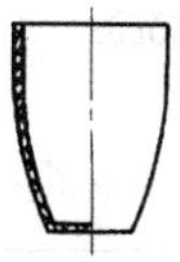 坩埚（有盖） a）高型　b）中型　c）低型	容积/mL a） 15、20、30、50 b） 2、5、10、15、20、50、100 c） 15、25、30、45、50	灼烧沉淀，处理样品（高型可用于隔绝空气条件下处理样品）
燃烧管 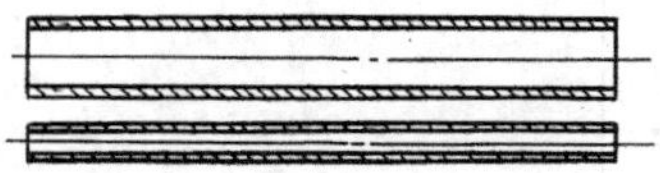	内径为5～90mm，长度为400～1000mm	燃烧法测定C、H、S等元素
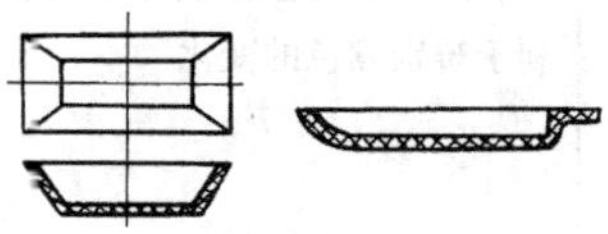 a)　　b) 燃烧舟 a）长方形　b）船形	$\frac{长}{mm}\times\frac{宽}{mm}\times\frac{高}{mm}$ a） 60×30×15 90×60×17 120×60×18 b） 长度/mm　72、77、85、95	盛装试样后放入燃烧管口进行高温反应

(续)

名　　称	常用规格	主要用途
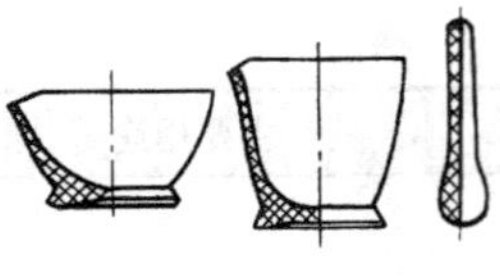 a)　b) 研钵 a) 普通型　b) 深型	直径/mm a) 60、80、100、150、190 b) 100、120、150、180、205	研磨固体物料(但绝不许研磨 K_2CrO_4 等强氧化剂),研磨时不得敲击
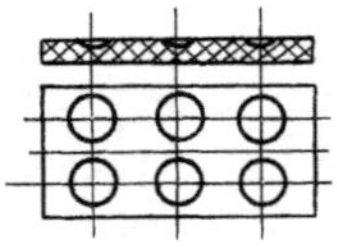 点滴板(分黑、白色)	孔数　6、12	定性点滴试验:白色点滴板用于有色沉淀;黑色点滴板用于白色、浅色沉淀
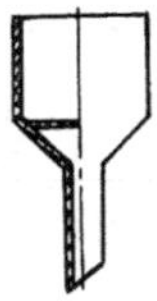 布氏漏斗	外径/mm 51、67、85、106、127、142、171、213、269	漏斗中铺滤纸,以抽滤物料
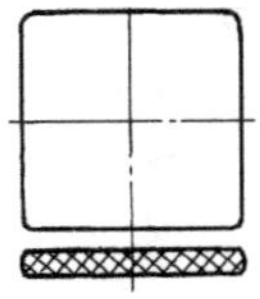 白瓷板	$\frac{长}{mm}\times\frac{宽}{mm}\times\frac{厚}{mm}$ 152×152×5	滴定分析时垫于滴定台上,有利于辨别颜色的变化

4. 常用器具、器材

为了配合玻璃仪器的使用以及进行日常维修,化验室还必须配置一些器具、器材、工具,见表4-9~表4-13。

表 4-9 常用器具

名称	用途
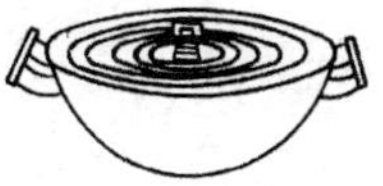 水浴锅	水浴（或油浴）加热反应器皿，有时可用烧杯代替；电热恒温水浴更为方便
  铁架台 铁三脚架	固定放置反应容器，若要加热，则在铁环或铁三脚架上要垫石棉网或泥三角
 石棉网	加热容器时，垫在容器与热源之间，使加热均匀
 泥三角	灼烧坩埚时，用于放置坩埚
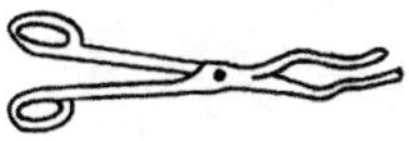 坩埚钳	夹取灼热的坩埚。在试验台上放置时，钳口尖端向上
 双顶丝	用以把万能夹、烧瓶夹等固定在铁架台上

（续）

名　称	用　途
 万能夹 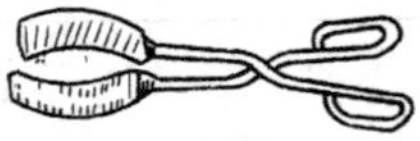 烧瓶夹	夹持冷凝管、烧瓶等，头部要套耐热胶管或缠绕细石棉绳
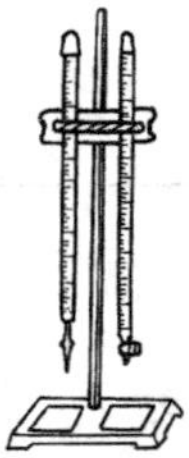 滴定台及滴定夹	夹持滴定管，进行滴定分析。滴定夹的夹持部分应套一段胶管
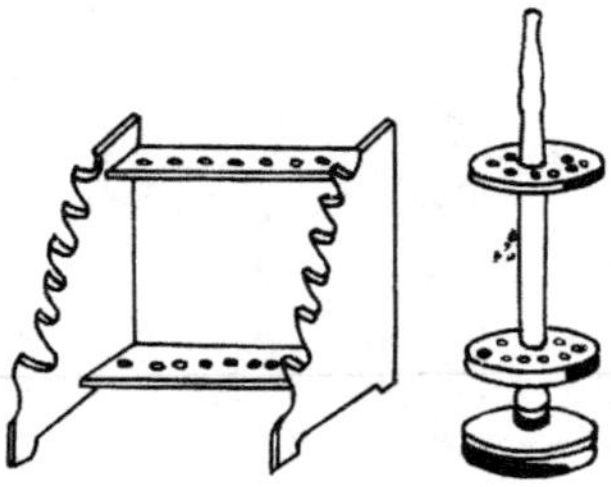 移液管（吸量管）架	放置各种规格的移液管（吸量管）
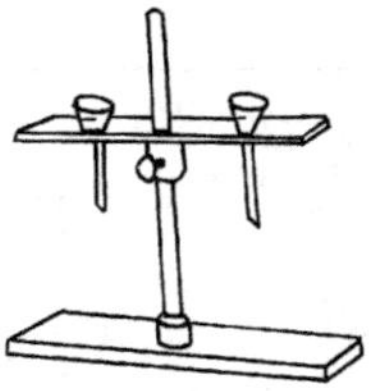 漏斗架	放置漏斗进行过滤

（续）

名　称	用　途
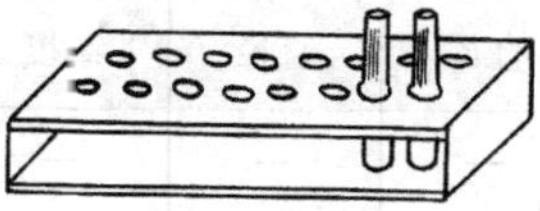 试管架	放置试管，有木制和铝制两种
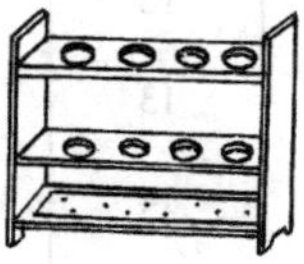 比色管架	放置比色管，用于目视比色
 螺旋夹  弹簧夹	夹紧胶管。螺旋夹可调松紧程度，以便控制管内物的流量
 打孔器	在橡胶塞、软木塞上打孔
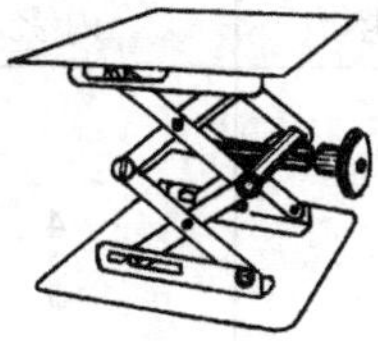 升降台	组装仪器时，用于架高某些在操作中需调节高度的部件

表4-10　通用白胶塞、软木塞的规格　　（单位：mm）

编号	白胶塞				软木塞		
	大端直径	小端直径	轴向高度	估算质量	大端直径	小端直径	轴向高度
000	12.5	8	17	588个/kg	—	—	—
00	15	11	20	277个/kg	—	—	—
0	17	13	24	151个/kg	—	—	—
1	19	14	26	115个/kg	15	12	15
2	20	16	26	100个/kg	16	13	15
3	24	18	26	74个/kg	18	14	15
4	26	20	28	55个/kg	19	15	15
5	27	23	28	47个/kg	21	17	17
6	32	26	28	35个/kg	23	19	19
7	37	30	30	26个/kg	24	20	19
8	41	33	30	49.5g/个	26	22	25
9	45	37	30	59.4g/个	28	24	26
10	50	42	32	80g/个	30	24	30
11	56	46	34	110g/个	32	26	30
12	62	51	36	142g/个	34	27	30
13	69	55	38	176g/个	36	28	30
14	75	62	39	230g/个	38	30	30
15	81	68	40	275g/个	38	30	36

表4-11　橡胶管的规格　　（单位：mm）

普通橡胶管				医用乳胶管	
外径	壁厚	外径	壁厚	外径	内径
8	1.5	25	3		
12	2	29	3.5	6	4
14	2.25	32	3.5	7	5
17.5	2.25	40	4	9	6
21	2.5	48	5		

表 4-12 常用毛刷的名称和规格 （单位：mm）

名称	全长	毛长	直径	名称	全长	毛长	直径
试管刷	160	60	10	滴管刷	600	120	10
	230	75	13		600	120	12
	250	80	14		850	120	15
	250	80	18		850	120	22
	230	75	19	离心管刷	150	40	15
	250	80	22		200	50	20
	240	75	25	吸管刷	420	115	6
	250	100	32		420	120	4
锥形瓶刷	180	60	60	烧杯刷	170	—	27
	220	80	80		210	—	30
	240	100	100	拉管刷	850	150	15
	260	120	120		800	150	15
瓶刷	300	90	90		850	160	20
	500	130	90		820	150	15
	700	150	100		870	150	15

表 4-13 标准筛对照表

国际标准ISO	美国筛制		中国药典筛标准	国际标准ISO	美国筛制		中国药典筛标准
标准筛名	替代筛名	筛孔大小/mm		标准筛名	替代筛名	筛孔大小/mm	
11.2mm	7/16in①	11.2		300μm	No. 50	0.297	
8.00 mm	5/16in	8.00		250μm	No. 60	0.250	四号筛
5.60 mm	No. 3.5	5.60		210μm	No. 70	0.210	
4.75 mm	No. 4	4.76		180μm	No. 80	0.177	五号筛
4.00 mm	No. 5	4.00		(154μm)			六号筛
3.35 mm	No. 6	3.36		150μm	No. 100②	0.149	七号筛
2.80 mm	No. 7	2.83		125μm	No. 120	0.125	
2.38 mm	No. 8	2.38		106μm	No. 140	0.105	
2.00 mm	No. 10	2.00	一号筛	(100μm)			八号筛
1.40 mm	No. 14	1.41		90μm	No. 170	0.088	
1.00 mm	No. 18	1.00		75μm	No. 200	0.074	
841μm	No. 20	0.841	二号筛	(71μm)			九号筛
700μm	No. 25	0.707		63μm	No. 230	0.063	
595μm	No. 30	0.595		53μm	No. 270	0.053	
500μm	No. 35	0.500		44μm	No. 325	0.044	
425μm	No. 40	0.420		37μm	No. 400	0.037	
355μm	No. 45	0.354	三号筛				

①1in = 0.0254m。

②No. 100 即 100 目。目为非法定单位，100 目相当于 0.154mm。

二、玻璃仪器的洗涤方法

洗涤仪器是一项很重要的操作。仪器洗得是否合格，将直接影响分析测定结果的可靠性。不同的分析任务对仪器洁净程度的要求有所不同，但洗涤后的玻璃仪器至少应达到倾去水后器壁上不挂水珠的程度。

1. 玻璃仪器的一般洗涤方法

玻璃仪器并无严格的洗涤程序，主要根据原有污垢的性质及程度进行洗涤。其洗涤方法通常遵循以下步骤：

(1) 倾尽仪器内原有的东西　该步骤不仅有利于后续的洗涤，更可以防止意外事故的发生。例如，若仪器内残存的金属钠未完全倾尽，则向仪器内注水时可能爆炸，产生安全事故。所以，该步骤切不可忽略。

(2) 用水洗　根据所用仪器的种类和规格，选择合适的毛刷，蘸水刷洗，洗去灰尘和可溶性物质。

(3) 用洗涤剂洗　用毛刷蘸取洗涤剂溶液，先反复刷洗，然后边刷边用水冲洗，在倾去水后，若器壁上不挂水珠，则已洗净。

(2)、(3) 两步骤若在超声波清洗器中进行，则既省时、省事，效率又高。用超声波清洗器时，可依照洗涤容器的大小，装满待洗仪器，起动超声波清洗器后，即可自动清洗。

经 (2)、(3) 两步洗涤后，再用少量纯水（蒸馏水）分数次涮洗，洗去所沾的自来水，最少需涮洗3次。

2. 用洗液的洗涤方法

对于用上述方法仍难洗净的仪器，或不能使用毛刷刷洗的仪器（如容量瓶），可根据污物的性质，选用适宜的洗液浸洗。

常用的洗液包括铬酸洗液、纯酸洗液（工业盐酸）、碱性洗液、碱性乙醇洗液、碱性高锰酸钾洗液等。各种洗液的配制方法及其用途、用法可参见第七章测后工作。

当采用洗液洗涤玻璃仪器时，需要注意以下问题：

1）应先用水、洗涤剂清洗，并将水倾尽后，再用洗液洗涤玻璃仪器。

2）换用洗液时，必须要除尽前一种洗液，以免洗液相互作用，降低洗涤效果，甚至生成更难洗涤的物质。

3）用洗液洗涤后，还需先用自来水冲洗，再用蒸馏水涮洗。

4）当使用洗液浸泡、清洗玻璃仪器时，也可在超声波清洗器中进行。

三、玻璃工操作知识

在日常分析工作中，试验所需的一些非标准玻璃仪器或零件，如滴管、搅拌棒等，有时需要操作人员自己加工，所以掌握一些简单的玻璃仪器加工技术是非常必要的。

1. 截断玻璃管（棒）的方法

截断玻璃管（棒）的方法主要有两种，即冷加工法和热加工法。但在加工前应注意将待加工的玻璃管（棒）的内、外表面洗净并干燥。

（1）冷加工法 该方法是将选好的玻璃管平放在桌面上，在待截断部位用可以在玻璃表面产生划痕的工具（如扁锉、玻璃刀或小砂轮片等）单方向、稍用力划一条狭窄的凹痕，然后用手指沾水或用湿布擦一下，两手分握划痕两边，拇指压住划痕的背面，均匀用力向外推，其余手指轻轻向里拉，即可将玻璃管（棒）折断。该方法主要用于截断直径在10mm以下的玻璃管（棒）。

（2）热加工法 该方法是利用玻璃在局部温度骤变时所产生的应力使玻璃管（棒）折断的。对于稍细的玻璃管（棒），在需要折断的部位按冷加工方法划痕，然后取一段直径为3~4mm的细玻璃棒，一端在火焰中烧成熔珠状后，迅速放在划痕上，并稍用力压，待熔珠硬化后，立即用嘴吹气使之骤冷，玻璃管（棒）即可断裂；对于较粗的玻璃管（棒），可将其待截断部位放在火焰上方，转动使之均匀受热，然后用镊子的一边或用三角锉沾水，利用带水的刃部接触待截断部位，使之骤冷产生裂纹，轻轻敲击即可使之折断。

2. 熔光玻璃管

无论是用冷加工法截断的玻璃管还是用热加工法截断的玻璃管，其断缘都很锋利。为了防止断缘部位划伤人体，同时也便于使用，需要对其进行熔光、平整断面操作。

熔光玻璃管的方法是：将断面插入酒精喷灯的氧化焰中熔烧，同时缓慢地转动玻璃管，使其受热均匀，熔烧时间不宜过长，当断面熔烧平滑后，即可离开火焰，然后放在石棉网或石棉板上使其完全冷却。绝对不能将灼热的玻璃管直接放在桌上，更不能直接用手去摸，以免烫伤。

3. 拉制滴管和毛细管

1）拉制滴管的方法。截取直径为8mm左右的一段玻璃管，两手分别轻拿玻璃管的两端，其中一只手手心向下握住玻璃管一端，另一只手手心向上托住玻璃管另一端。先用小火预热，然后加大火焰，分别用拇指和食指拧动玻璃管，使之均匀受热。当玻璃管发黄变软时，将其移离火焰，两手平稳地沿着水平方向向两边缓慢地边拉边旋转，拉至所需细度时，两手仍不能松开，继续转动，直至玻璃管完全变硬后方可停止。拉出的细管和原粗管应保持在同一轴线上，然后截断，并将断口熔光。将玻璃管另一端烧熔使其略微收缩，旁边略堆料做成收口，以便于安装胶帽。

2）毛细管拉制方法。取一根直径为10mm、壁厚约为1mm的玻璃管，放在火焰上加热。当玻璃管烧至发黄变软时，使其离开火焰，两手同时握住玻璃管两端沿同方向不停转动，水平方向向两边拉开，开始拉慢一些，然后加快拉长，拉成直径为1mm左右的毛细管备用。

4. 弯曲玻璃管

玻璃弯管有钝角弯管、锐角弯管、直角弯管和U形弯管之分。弯出的管子要求内侧不瘪，两侧不鼓，角度正确，不偏歪。弯曲玻璃管的步骤是：先将玻璃管用小火预热一下，然后双手持玻璃管将待弯曲的部位放在氧化焰中。为了增大玻璃管的受热面积，应缓慢而均匀地转动玻璃管，加热到玻璃管发黄变软时，将其自火焰中移出，稍停片刻，两手掌心向上平握住玻璃管的两端，随着玻璃管中间软化段的下坠力，轻轻向上一次将玻璃管弯成所需角度。如果玻璃管弯曲部分有折瘪（大部分情况下会出现），则需对折瘪部分局部加热，将一端堵住，另一端用嘴轻微吹气进行矫正，使其内外侧变圆滑。弯好后，待玻璃管冷却变硬，再放在石棉网上继续冷却。

四、打孔器的使用方法

在回流、蒸馏等试验操作中，常常需要借助塞子（常用胶塞），通过在胶塞上打孔，插入玻璃管，从而将不同的仪器连接起来，装配成所需的试验装置。在胶塞上钻孔，通常是利用打孔器来完成的。

在胶塞上钻孔时，打孔器的口径应较玻璃管的直径略大一些（玻璃管恰好套入打孔器）。在钻孔前，打孔器的前部应涂一层凡士林（或甘油），起润滑作用。在钻孔时，把塞子放在桌面上，并在塞子下面垫一块木板，以防止钻孔器将桌面钻破。左手扶紧塞子，右手握住打孔器，从塞子直径较小的一面开始，一边略微用力向下压，一边向同一方向均匀地旋转钻孔器，直到钻通为止。钻孔时，打孔器应始终与桌面保持垂直。在将塞孔钻通后，拔出打孔器，用铁条捅掉钻孔器里的塞芯。若孔径略小（或孔道不光滑），则应用圆锉修整到合适为止。

五、检查装置气密性的方法

在化工产品的分析检验中，一些简单的试验装置（如蒸馏装置）往往需要操作人员自行组装，对组装好的试验装置应进行气密性检查。

气密性检查的具体方法为：在试验装置上连接一根导管，并使导管的一端浸在水中，然后用两手紧贴容器的外壁。如果装置不漏气，则装置内的气体受热膨胀，在导管口将有气泡冒出；如果装置漏气，则需找出原因，进行调整、修理或更换，然后才能进行试验。

六、常用玻璃量器的名称、规格和用途

玻璃量器即用于测量液体体积的玻璃仪器，主要包括量筒、量杯、容量瓶、滴定管、移液管和吸量管等，见表4-14。

表4-14 常用玻璃量器

名 称	规 格	主要用途	注意事项
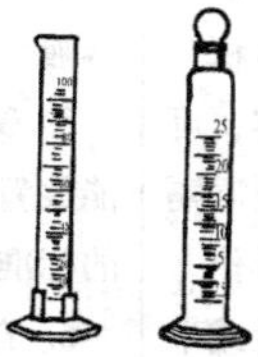 a) b) 量筒 a）无塞 b）具塞	容量（量出式、量入式）/mL a） 5、10、25、50、100、250、500、1000 b） 5、10、25、50、100、250、500、1000	粗略量取一定体积的液体	1. 不能加热、烘烤，不能盛热溶液，不能在其中配制溶液 2. 要认清分度值和起始分度 3. 操作时要沿壁加入或倒出液体
 量杯	容量（量出式）/mL 50、100、250、500、1000、2000	粗略量取一定体积的液体，精度比量筒差	1. 不能加热、烘烤，不能盛热溶液，不能在其中配制溶液 2. 要认清分度值和起始分度 3. 操作时要沿壁加入或倒出液体
 容量瓶 （有无色和棕色两类）	容量（量入式）/mL 10、25、50、100、250、500、1000、2000	滴定分析中的精密量器，用于配制准确体积的标准滴定溶液或待测试液	1. 非标准的磨口塞要保持原配 2. 漏水的不能使用 3. 不能直接加热，可用水浴加热 4. 不能在烘箱中烘烤

（续）

名　　称	规　格	主要用途	注意事项
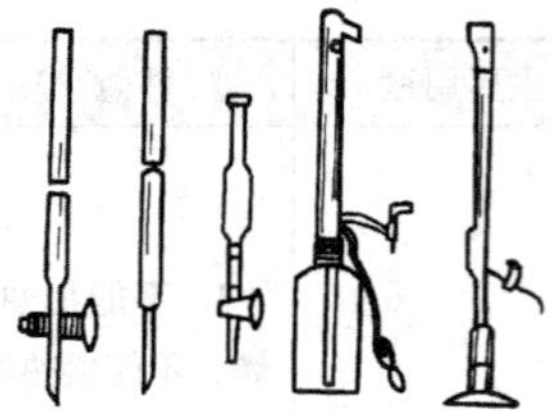 a)　b)　c)　d)　e) 滴定管 a）碱式滴定管　b）酸式滴定管 c）大肚型滴定管　d）自动滴定管 e）微量滴定管	容量（量出式）/mL a) 25、50、100 b) 25、50、100 50 c) d) 10、25、50 e) 1、2、5、10	滴定分析中的精密量器，用于准确测量滴加到试液中的标准滴定溶液的体积 自动调零，可用于滴定液需隔绝空气的操作 用于微量或半微量分析操作	1. 活塞要保持原配 2. 漏水的不能使用 3. 不能加热 4. 不能长期存放溶液 5. 碱式滴定管不能放置与胶管作用的标准滴定溶液 6. 自动滴定管要成套保管，要配打气用的二连球 7. 微量滴定管只有酸式
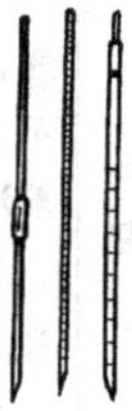 a) b) c) 移液管和吸量管 a）无分度移液管 b）直管式吸量管 c）上小直管式吸量管	容量/mL a) 量出式 5、10、25、50、100 b) 量出式和量入式 0.5、1、2、5、10 c) 量出式 1、2、5、10	滴定分析中的精密量器，用于准确地移取一定量体积的液体	1. 不能加热 2. 上端和尖端不能磕破

七、检查量器密合性的方法

1. 容量瓶密合性的检查

容量瓶是一种颈细长有精确体积刻度线的具塞玻璃容器，在滴定分析中用于准确确定溶液的体积，如直接法配制一定体积准确浓度的标准滴定溶液或准确稀释某一浓度的溶液。容量瓶在使用之前应进行密合性的检查，其方法为：向容量瓶中注入水至标线附近，盖好瓶塞，用滤纸擦干瓶口和瓶塞，用左手食指按住瓶塞，其余手指拿住瓶颈标线以上部分，用右手指尖托住瓶底边缘，将瓶倒置不少于10s，倒置次数应不少于10次，观察有无水渗漏（用滤纸一角在瓶塞和瓶口的缝隙处擦拭，查看滤纸是否潮湿），若不漏水，则表明容量瓶密合良好，可以使用。

2. 滴定管密合性的检查

滴定管是在滴定时准确测量标准滴定溶液体积的量器，是具有精确刻度、内径均匀的细长玻璃管。滴定管分为酸式滴定管和碱式滴定管两种。滴定管在使用之前也需进行密合性检查。

（1）酸式滴定管　检查酸式滴定管活塞处是否漏水的方法是：将活塞关闭，充满水至一定刻度，擦干滴管外壁，把滴定管直立夹在滴定管架上静置10min，观察液面是否下降，滴定管下管口是否有液珠，活塞两端缝隙中是否渗水（用干的滤纸在活塞槽两端贴紧活塞擦拭，察看滤纸是否潮湿，若潮湿，则说明渗水），若不渗水，则将活塞转动180°，静置2min，按前述方法察看是否漏水，若不漏水且活塞转动灵活，则滴定管可以使用，否则，必须在滴定管活塞处涂抹凡士林，然后按上述方法重新操作，直至不漏水为止。

涂抹凡士林的方法为：将滴定管放在平台上，取下活（旋）塞，用滤纸片擦干活塞、活塞孔和活塞槽。用手指在活塞两端沿圆周各涂上一层薄薄的凡士林，然后将活塞直插入旋塞槽中，向同一方向转动活塞，直至旋塞和旋塞槽内的凡士林全部透明为止。此时，在活塞孔内应无凡士林（若有，则说明凡士林涂得太多；若转动不灵活，则说明凡士林涂得太少），并剪一小乳胶圈套在活塞尾部的凹槽内，防止活塞掉落而损坏。

（2）碱式滴定管　检查碱式滴定管密合性的方法为：装蒸馏水至一定刻度线，擦干滴定管外壁，处理掉管尖处的液滴，然后把滴定管直立夹在滴定管架上静置5min，观察液面是否下降，滴定管下管口是否有液珠，若漏水，则应调换胶管中的玻璃珠，选择一个大小合适且比较圆滑的配上再试。玻璃珠太小或不圆滑都可能漏水，太大则操作不方便。

3. 赶出滴定管中气泡的方法

滴定管中装入溶液后，在调整刻度之前应排除管尖的气泡，否则将导致滴定管读数不准确。对于酸式滴定管，可将活塞迅速打开，利用溶液的急流将气泡逐出。对于碱式滴定管，可将管身倾斜30°，用左手的两手指将胶管稍向上弯曲，轻轻挤捏稍高于玻璃球处的胶管，使溶液从管口喷出，气泡即被带走。

第三节　实验室用水和溶液的准备

一、实验室用水知识

实验室用水是分析质量控制的一个重要因素，会影响空白值的大小以及分析方法的检出限。在微量分析中对水质的要求更高。实验室中用于溶解、稀释和配制溶液的水，都必须先经过纯化。分析要求不同，对水质纯度的要求也不同，所以应该了解有关实验室用水的知识。

1. 实验室用水级别及主要指标

国家标准 GB/T 6682—2008《分析实验室用水规格和试验方法》中规定了实验室用水规格、等级、制备方法、技术指标及检验方法。分析实验室用水共分三个级别：一级水、二级水和三级水。

（1）一级水　用于有严格要求的分析试验，包括对颗粒有要求的试验，如高效液相色谱分析用水。

（2）二级水　用于无机痕量分析等试验，如原子吸收光谱分析用水。

（3）三级水　用于一般化学分析试验。

分析实验室用水应符合表 4-15 所列的指标要求。

表 4-15　实验室用水级别指标

指标名称	一级	二级	三级
pH 值范围（25℃）	—	—	5.0～7.5
电导率（25℃）/（mS/m）	≤0.01	≤0.10	≤0.50
可氧化物质［以（O）计］含量/（mg/L）	—	≤0.08	≤0.4
吸光度（254nm，1cm 光程）	≤0.001	≤0.01	—
蒸发残渣（105℃ ±2℃）/（mg/L）	—	≤1.0	≤2.0
可溶性硅（以 SiO_2 计）含量/（mg/L）	≤0.01	≤0.02	—

2. 实验室用水的制备方法

（1）三级水　可用蒸馏或离子交换等方法制取，所用源水应为饮用水或比较纯净的水。三级水用于一般化学分析试验。

（2）二级水　可用多次蒸馏或离子交换等方法制取。二级水中含有微量的无机、有机或胶态杂质，主要用于无机痕量分析等试验，如原子吸收光谱分析用水。

(3) 一级水 可用二级水经过石英蒸馏设备蒸馏或离子交换混合床处理后，再经0.2μm微孔滤膜过滤来制取。一级水中基本不含有溶解或胶态离子杂质及有机物，主要用于有严格要求的分析试验，包括对颗粒有要求的试验，如高效液相色谱分析用水。

3. 分析实验室用水的质量检验

分析实验室用水的质量检验有标准方法和一般常用方法两种。

(1) 标准检验方法 GB/T 6682—2008中详尽规定了分析实验室用水的质量检验方法。按照该标准进行检验，至少应取3L有代表性的水样，且在取样前要用待测水样反复清洗容器，取样时要避免污染。试验环境要保持洁净，试验中均使用分析纯试剂和相应级别的水。

检验时，主要对水质的pH值、电导率、可氧化物质限量、蒸发残渣等指标进行检验。

(2) 一般检验方法 标准检验方法虽然严格，但是很费时，对于一般化验用的纯水，只要物理方法检验或化学方法检验合格，就可满足使用需要。

1) 物理方法检验。利用电导仪或绝缘电阻表测定水的电导率是最实用而又简便的方法。水的电导率越低，即水的导电能力越弱，表示水中的离子越少，水的纯度就越高。各类水的电导率（25℃）见表4-16。

表4-16 各类水的电导率（25℃）

水的类型	电导率/(μS/cm)	水的类型	电导率/(μS/cm)
自来水	530	复床离子交换水	4.0
一次蒸馏水（玻璃）	2.86	混床离子交换水	0.08
三次蒸馏水（石英）	0.67	碳吸附剂，混床交换树脂和滤膜器制水	0.056~0.067
28次蒸馏水（石英）	0.06	绝对纯水（理论上为最大电导率）	0.05

2) 化学方法检验。通过化学方法检验待测水是否符合实验室三级用水标准。检验项目主要包括pH值、阳离子（如Ca^{2+}、Mg^{2+}等）检查、氯离子检查、二氧化碳检查等。

此外，根据用水的目的，有时还要做一些专项检验，或用标准方法专做某些项目的检验。

二、化学试剂的分类和包装

化学试剂的种类很多，规格不一，用途各异。化学试剂的质量，直接影响分析结果的准确度。分析工作者应对化学试剂的种类、规格及常用试剂的性质有所了解。

1. 化学试剂的分类

我国的化学试剂规格按纯度和使用要求分为高纯（有的叫超纯、特纯）、光谱纯、分光纯、基准、优级纯、分析纯、化学纯七种。其中，优级纯、分析纯、化学纯试剂统称为通用化学试剂。

（1）高纯、光谱纯试剂　其主成分的含量高，杂质含量比优级纯低，且规定的检验项目多，主要用于微量及痕量分析中试样的分解及试液的制备。

（2）分光纯试剂　要求在一定的波长范围内干扰物质的吸收小于规定值。

（3）基准试剂　用于标定滴定分析中标准滴定溶液的标准物质，可作为滴定分析中的基准物用，也可在精确称量后用直接法配制标准滴定溶液。基准试剂主成分的质量分数一般为 99.95% ~100.05%，杂质略低于优级纯或与优级纯相当。

（4）优级纯试剂（G. R.）　主成分含量高，杂质含量低，主要用于精密的科学研究和测定工作。

（5）分析纯试剂（A. R.）　主成分含量略低于优级纯，杂质含量略高，用于一般的科学研究和重要的测定工作。

（6）化学纯试剂（C. P.）　品质较分析纯差，用于工厂、教学试验的一般分析工作。

国际纯粹与应用化学联合会（IUPAC）将作为标准物质的化学试剂按纯度分为5级，见表4-17。

表 4-17　IUPAC 对化学标准物质的分级

A 级	相对原子质量标准
B 级	和 A 级最接近的基准物质
C 级	$w=(100\pm0.02)\%$ 的标准试剂
D 级	$w=(100\pm0.05)\%$ 的标准试剂
E 级	以 C 级或 D 级试剂为标准进行对比测定所得的纯度或相当于这种纯度的试剂，比 D 级的纯度低

2. 化学试剂的包装

（1）试剂的包装单位　化学试剂的包装单位是指每个包装容器内盛装化学试剂的净重（固体）或体积（液体）。包装单位的大小由化学试剂的性质、用途和经济价值决定。通常，化学试剂纯度越高，包装单位就越小；单位价格越高，使用量通常也越小。

根据化学试剂的性质和使用要求，GB 15346—1994《化学试剂包装及标志》将化学试剂包装单位规定为五类，见表4-18。

表 4-18 化学试剂包装单位

类别	固体产品包装单位 m/g	液体产品包装单位 V/mL
1	0.1、0.25、0.5、1、5	0.5、1.0
2	5、10、25	5、10、20、25
3	50、100	50、100
4	250、500	250、500
5	1000、2500、5000	1000、2500、3000、5000

（2）化学试剂的标志　我国国家标准 GB 15346—1994《化学试剂包装及标志》规定用不同颜色的标签来标记化学试剂的等级及门类，见表 4-19。

表 4-19 化学试剂的标签颜色

中文标志		标签颜色（沿用）
通用试剂	优级纯	深绿色
	分析纯	金光红色
	化学纯	中蓝色
基准试剂		深绿色
生物染色剂		玫红色

三、常用溶液浓度的计算及表示方法

在分析检验工作中，随时都要用到各种浓度的溶液，溶液的浓度通常是指在一定量的溶液中所含溶质的量。分析工作中常用的浓度表示方法有以下几种：

1. 物质的量浓度

物质的量浓度 c（B）是指物质 B 的物质的量 n（B）与相应溶液的体积 V 之比，其 SI 单位为 mol/m^3，常用单位为 mol/L。

$$c(\mathrm{B}) = \frac{n(\mathrm{B})}{V} \tag{4-1}$$

这种浓度表示方法是实验室中最常用的。

例 4-1　欲配制 100mL 物质的量浓度为 0.2mol/L 的碳酸钠溶液，需要称取 $Na_2CO_3 \cdot 10H_2O$ 多少克？[已知 $M(Na_2CO_3 \cdot 10H_2O) = 286g/mol$]

解　欲配制 100mL 0.2mol/L 的 Na_2CO_3 溶液，需要 Na_2CO_3 的物质的量为

$$n(Na_2CO_3) = 0.2mol/L \times 100mL/1000 = 0.02mol$$

需要 $Na_2CO_3 \cdot 10H_2O$ 的质量为

$$m(Na_2CO_3 \cdot 10H_2O) = n(Na_2CO_3)M(Na_2CO_3 \cdot 10H_2O)$$
$$= 0.02mol \times 286g/mol = 5.72g$$

答 配制100mL 0.2mol/L的碳酸钠溶液需称取$Na_2CO_3 \cdot 10H_2O$ 5.72g。

2. 质量浓度

质量浓度ρ(B)是指溶液中溶质B的质量与溶液的体积之比，即

$$\rho(\mathrm{B}) = \frac{m(\mathrm{B})}{V} \tag{4-2}$$

ρ(B)的SI单位为kg/m^3，实用中多采用g/L，也可采用mg/L或μg/L。质量浓度多用于溶质为固体的溶液。

3. 质量分数

质量分数w(B)是指物质B的质量与溶液的质量之比，即

$$w(\mathrm{B}) = \frac{\text{物质 B 的质量}[m(\mathrm{B})]}{\text{溶液的质量}(m)} \tag{4-3}$$

质量分数是无量纲的，常以"%"表示。例如，$w(\mathrm{NaCl}) = 0.1$，也可以用百分数表示为$w(\mathrm{NaCl}) = 10\%$。质量分数还常用来表示待测组分在试样中的含量，如铁矿中铁含量$w(\mathrm{Fe}) = 0.28$，即28%。

例4-2 如何配制200g质量分数为5%的氯化钠溶液？

解 因为$w(\mathrm{NaCl}) = 5\%$，$m_{溶液} = 200\mathrm{g}$，所以

$$m(\mathrm{NaCl}) = m_{溶液} w(\mathrm{NaCl}) = 200\mathrm{g} \times 5\% = 10\mathrm{g}$$

$$m(\mathrm{H_2O}) = 200\mathrm{g} - 10\mathrm{g} = 190\mathrm{g}$$

答 欲配制200g质量分数为5%的氯化钠溶液，只需称取10g干燥的氯化钠，溶于190g水中即可。

4. 体积分数

体积分数通常用于表示溶质为液体的溶液浓度。体积分数φ(B)是指溶液中组分B单独占有的体积［V(B)］与溶液的体积（V）之比，即

$$\varphi(\mathrm{B}) = \frac{V(\mathrm{B})}{V} \tag{4-4}$$

体积分数是无量纲的，常以"%"表示。例如，将75mL酒精加水稀释到100mL，则酒精在此溶液中的体积分数（不考虑混合后溶液体积的变化）为

$$\varphi(\text{酒精}) = \frac{V(\text{酒精})}{V(\text{总})} = \frac{75\mathrm{mL}}{100\mathrm{mL}} = 0.75\ (\text{或}\ 75\%)$$

用质量分数和体积分数表示溶液的浓度，配制方法简单，使用方便，是常用的方法。

5. 体积比浓度

体积比浓度是指A体积液体溶质和B体积溶剂（多数情况下为水）相混合的体积比，常以（$V_A + V_B$）或（$V_A : V_B$）表示。例如，（1+4）HCl溶液，表示1体积市售浓HCl与4体积水相混合而成的溶液。在某些分析规程中用（1:4）

HCl 溶液表示，意义完全相同。

5. 滴定度

在化工分析中有时也采用滴定度表示标准滴定溶液的浓度。滴定度是指每毫升 B 标准滴定溶液相当于待测组分 A 的质量，用 $T_{A/B}$ （或 $T_{待测组分/滴定剂}$） 表示，单位为 g/mL。在工矿企业中对大批试样中某组分进行例行分析时常会用到这种浓度。

例 4-3 计算 c（HCl）=0.1135 mol/L 的盐酸溶液对 NH_3 的滴定度。

解 滴定反应为

$$HCl + NH_3 = NH_4Cl$$

$$T(NH_3/HCl) = \frac{c(HCl)M(NH_3)}{1000}$$

$$= \frac{0.1135\text{mol/L} \times 17.03\text{g/mol}}{1000}$$

$$= 0.001933\text{g/mL}$$

答 c（HCl）=0.1135mol/L 的盐酸溶液对 NH_3 的滴定度为 0.001933g/mL。

四、标准滴定溶液的制备与稀释

在滴定分析中，制备标准滴定溶液的方法一般有两种，即直接法和间接法。

1. 直接法

准确称取一定量的基准物质，溶解后定量转移至容量瓶中，加蒸馏水准确稀释至刻度，充分摇匀。根据所称取基准物质的质量以及容量瓶的容积即可直接计算出该标准滴定溶液的准确浓度。

例 4-4 如何配制 250mL 物质的量浓度为 0.02000mol/L 的 $K_2Cr_2O_7$ 标准滴定溶液?

解 欲配制 250mL 物质的量浓度为 0.02000mol/L 的 $K_2Cr_2O_7$ 标准滴定溶液，应称取 $K_2Cr_2O_7$ 的质量为

$$m(K_2Cr_2O_7) = cVM(K_2Cr_2O_7)$$

$$= 0.02000\text{mol/L} \times \frac{250/\text{mL}}{1000} \times 294.19\text{g/mol}$$

$$= 1.471\text{g}$$

答 准确称取 1.471g 基准 $K_2Cr_2O_7$，用水溶解后，置于 250mL 容量瓶中，用水稀释至 250mL，即可得到 c（$K_2Cr_2O_7$）=0.02000mol/L 的 $K_2Cr_2O_7$ 标准滴定溶液。

能用于直接配制或标定标准滴定溶液的物质称为基准物质。基准物质必须符合下列要求：

1）物质必须具有足够纯度，其纯度要求达 99.9% 以上，而杂质含量应低于

滴定分析所允许的误差限度。

2）物质的组成（包括其结晶水含量）应恒定并与化学式相符。

3）试剂性质稳定，不易吸收空气中的水分、二氧化碳或发生其他化学变化。

4）具有较大的摩尔质量。

能够满足上述要求的物质称为基准物质，如无水碳酸钠、邻苯二甲酸氢钾、重铬酸钾、氧化锌、碳酸钙等。对于如盐酸、氢氧化钠、高锰酸钾、硫代硫酸钠等不符合基准物质条件的试剂，不能用直接法配制标准滴定溶液，需采用间接法。要记住：只有用基准物质才可以直接配制成标准滴定溶液。

2. 间接法（又称为标定法）

间接法是指先配制近似于所需浓度的溶液，然后用基准物质或另一种已知浓度的标准滴定溶液精确地测定它的准确浓度。这种利用基准物质（或已知准确浓度的溶液）来确定标准滴定溶液准确浓度的操作过程称为标定。

用间接法配制标准滴定溶液的标定方法有两种，即用基准物质标定和用另一种已知准确浓度的标准滴定溶液标定。一般对于准确度要求较高的分析，标准滴定溶液应采用基准试剂标定，且最好采用称量法。

3. 制备标准滴定溶液时的注意事项

在配制和标定标准滴定溶液时，必须注意尽可能地降低操作中的误差，其中最重要的是：

1）试样质量不能太小，以保证分析结果的准确度。由于一般分析天平的称量误差为 ±0.0002g，因此称样量必须大于 0.2000g。因为滴定管读数常有 ±0.02mL 的误差，所以消耗滴定剂的体积必须在 20mL 以上。

2）应使用校准过的仪器。通常应对所使用的设备、量器（如砝码、滴定管、容量瓶、移液管等）进行相对校准。

3）标定标准滴定溶液与测定试样组分时的试验条件应力求一致，以抵消试验过程中的系统误差。

4. 溶液的稀释

对于溶液的稀释，由于在稀释时只加入了溶剂，未加入溶质，因此稀释前后溶质的质量 m 及其物质的量 n 并未发生变化，所以若以 $c_{浓}$、$V_{浓}$ 分别表示稀释前溶液的物质的量浓度和体积，$c_{稀}$、$V_{稀}$ 分别表示稀释后溶液的物质的量浓度和体积，则有

$$c_{浓}V_{浓} = c_{稀}V_{稀} \tag{4-5}$$

由此可知，若对一定浓度的标准滴定溶液进行稀释，则只需利用移液管（或吸量管）准确移取一定体积的标准滴定溶液，定量转移到容量瓶中，以蒸馏水（或去离子水）稀释后定容，即可得到浓度较低的标准滴定溶液。

例 4-5 实验室中只有 0.5000mol/L 的盐酸标准滴定溶液，现试验中需用 100.00mL 0.1000 mol/L 的盐酸标准滴定溶液，问如何配制？

解 由于稀释前后盐酸的物质的量不变，所以有

$$c_{浓}V_{浓}=c_{稀}V_{稀}$$

$$V_{浓}=\frac{c_{稀}V_{稀}}{c_{浓}}=\frac{0.1000\text{mol/L}\times 100.00\text{mL}\times 10^{-3}}{0.5000\text{mol/L}}=0.02000\text{L}=20.00\text{mL}$$

答 欲得到 100.00mL 0.1000 mol/L 的盐酸标准滴定溶液，只需利用移液管准确移取 20.00mL 0.5000mol/L 的盐酸标准滴定溶液，定量转移到 100mL 容量瓶中，以蒸馏水准确稀释到刻度，摇匀后即可得到 100.00mL 0.1000 mol/L 的盐酸标准滴定溶液。

第四节 仪器设备的准备

一、分析天平的使用方法和规则

在分析测定工作中，除了要对溶液的体积进行测量外，还要对物质的质量进行精确的测量。物质质量的精确称量，通常使用精密仪器——分析天平来完成。

分析天平可分为电光天平和电子天平。电光天平又分为半自动电光天平、全自动电光天平和单盘电光天平。一般分析测试中所用电光天平的最大载荷为 200g，最小分度值为 0.1mg 或 0.05mg。

1. 电光分析天平的使用方法

下面以常用的 TG—328B 型半自动电光天平为例，介绍电光天平的使用方法。

（1）准备工作

1）先用架盘天平将被称物粗称一下。

2）取下分析天平的罩子，折叠整齐放在天平框上或天平的后方。

3）称量时操作者面对天平端坐，将记录本放在胸前的台面上，存放和接受称量物的器皿放在天平左侧，砝码盒放在右侧。

4）开始称量前的检查和调整

①了解待称物品的温度与天平框里的温度是否相同。加热或冷却过的物品必须放于干燥器中，待温度与天平框里温度平衡后再进行称量。

②察看天平称盘和底板是否清洁，称盘可用软毛刷轻轻扫净。若有斑点污物，则可用浸有无水酒精的鹿皮轻轻擦拭。若底板不干净，则可用刷子清扫或用细布擦拭。

③检查天平是否处于水平位置，若水准器的气泡不在圆圈的中心，则应从正上方向下目视水准器，用手旋转天平板下面的两个垫脚螺钉，调节天平两侧的高度直至气泡在圆圈中心为止。使用时不得随意挪动天平的位置。

④检查天平的各个部件是否都处于正常位置。

(2) 称量操作

1) 天平零点的调整。天平零点是指空载的天平处于平衡状态时指针的位置。在天平经检查妥当后，缓慢放开旋钮，让天平自由摆动，屏幕上随即映出光标刻度。若天平恰好平衡，则指示线和屏幕上的零线重合，表明天平的零点在“0”上。若指示线不在屏幕上的零线上，但偏“0”不远，则可用调零拨杆调节屏幕左右位置使两线重合。若用调零拨杆仍调不到零点，则要用天平梁上的平衡螺钉来调节。对于电光天平，其零点一般开始于“0”。

2) 称量

①放置砝码进行试重。根据粗称的结果，把略重于粗称结果的砝码（包括挂码）放在右盘（大的放中央，小的放在大砝码的周围）。若没有进行粗称，则应估计样品的质量，尽量选择一个大致相当的砝码，然后缓慢开启旋钮，观察屏幕上标尺的移动方向，判断样品和砝码的轻重（若标尺快速移动，则表示两边质量相差较大；若标尺移动较慢，则表示两边质量相差已不大）。若标尺向负方向移动，则表示砝码比物品重，应适当减去砝码或挂码；若标尺向正方向快速移动并且出了标盘端线，则表明砝码比物品轻，应重新加上或减去适当的砝码或挂码，再进行试重。试重时，天平的起动旋钮只能至半开状态。

取放砝码的原则是：先大后小，中间截取。先大后小的含义是：在试重时，首先使用g组砝码，再使用百mg组的挂码，最后是十mg组的挂码。g组砝码应先用大的砝码，使砝码的个数尽量少。中间截取的含义是：当已能确定样品在某重量范围之内时，下次要放置的砝码重量是这个重量范围的中间值，直至到达平衡点（读数标尺在屏幕上慢慢停止，读数刻线在标尺读数范围内）。

②读数。当标尺向正方向缓慢移动，并在标尺刻度端线以内某位置达到平衡时，即可读数。10mg以下的数值，可从光屏幕上的标尺上直接读出，标尺上一大格为1mg，一小格为0.1mg；1000mg以下的数值，可从机械加码部分读出；1g以上的数值，可以从砝码盒中取出的砝码读出（也就是称盘上砝码的数值），一般是先根据砝码盒内空位置，记下砝码质量，然后将砝码放回盒内，逐一较对砝码的数值。若直接读称盘中的砝码，则小砝码有可能被大砝码挡住而没有被读出，导致读数错误。

③记录。将读取的数值记录在记录本上或专用记录纸上，以防止丢失数据。

④结束工作。称量完毕后，记下物品的质量。取出物品，关好天平门，将挂码指数盘（环砝）恢复到“000”位置，切断电源，罩好天平外罩，并将称量物

品放回原干燥器中。

2. 电子天平的使用方法及注意事项

随着生产和科学技术的发展，人们对称量的速度和称量的精度有了更高的要求。电子天平就是天平中新发展的一种。电子天平称量简便、快速，将物体放到称盘上，几乎立即就能用数字显示出质量。此外，它还具有超载报警、数据处理、联机等功能。下面以 DF 系列电子天平为例，说明电子天平的使用方法。

（1）天平的开机操作　首先接通电源，然后再调节好天平的水平，按【ON/OFF】键，待显示器显示出 ±88888888%，扫描依次显示 CH1、CH2、CH3、CH4、CH5、CH6、CH7、CH8、CH9，稳定显示为 0.0000g 后，天平的开机操作结束。

（2）天平的校准操作　天平校准应该在开机状态下进行，首先清除天平称盘上的被称物体，再接通电源，待显示器显示稳定的“0.0000g”后，按【CAL】（校准）键，天平显示器显示“C”后（若天平显示“CE”，重按【T】键，待天平显示器显示“0.0000g”后，再重新开始校准），再把内装标准砝码推拉杆朝天平的背部方向推足，若天平显示器显示“C”并发出控制信号“嘟”声，则表示天平校准完毕。将内装砝码推拉杆恢复到校准前的位置，按去皮键【T】，天平显示“0.0000g”，即可进行正常称量，并隔一定时间（1~2h）进行校准，保证称量的正确性。

（3）故障寻迹　天平具有自动故障寻迹功能。在开启天平后，天平的显示器依次显示 CH1~CH9，这就是天平自动故障的寻迹过程。若天平的某一部分出现故障，则以相应的故障码形式出现在天平的显示器上。一旦在天平的显示器上出现故障码，就应通知工厂或维修站进行检修。

（4）去皮操作　当要把天平称盘上的被称物体的质量显示清零时，只要按【T】键即可，天平显示器即显示“0.0000g”。

（5）天平读数　在稳定性符号“g”出现后，表示天平显示值已稳定，可以读数。

（6）底部加载操作　除顶部加载（从顶部往秤盘里放置被称物体）操作外，还有一种底部加载操作，即将天平底部盖帽旋转 180°后，可见天平底部称量吊钩，能进行天平底部称量操作。

3. 分析天平和砝码的使用规则

（1）分析天平的使用规则　分析天平是化验室中的精密仪器。为了确保天平的精确度和延长其使用寿命，使用人员必须严格遵守天平的使用规则，并应懂得天平的维护常识。

1）称量前，要检查天平是否正常，是否处于水平位置。称量时，被称物的质量不得超过天平的最大负载（一般为200g）。

2）被称量的物品（特别是药品）要放在适当的容器（如称量瓶、烧杯等）或称量纸上进行称量，不得直接放在天平称盘上进行称量；不可称量热的物品；称量潮湿或有腐蚀性的试剂时，应将其放在密闭的容器内进行。

3）开启旋钮时，动作要轻，开启后继续用手控制，使横梁缓慢放下，以免损伤玛瑙刀口。在每次加减砝码、挂码或放取称量物品时，一定要先关旋钮，待天平稳定后再进行。禁止在天平摆动过程中取放物品或加减砝码（包括挂码）。称量时，要把天平各门关严。

4）待天平读数稳定后，必须立即将称量结果记在记录本上，不得记在零星纸条上，以防遗失。

5）称量完毕，应检查天平各部位是否复原，然后关好天平门，罩上天平罩，切断电源。

（2）砝码的使用规则　为了确保砝码的精度和称量的准确性，在使用砝码时一定要严格做到：

1）每台分析天平必须使用固定配套的砝码，不能随便借用其他天平的砝码。

2）砝码只可放在砝码盒和天平称盘上，不可放在其他地方。每个砝码在盒内都有固定位置，用完后必须放回盒内原位置上。

3）必须用镊子夹取砝码，严禁用手拿取。

4）转动挂码指数盘时，动作要轻而缓慢，以免挂码跳落。

5）称量完毕，应检查盒内砝码是否齐全和清洁，挂码有无脱落，是否复原。

二、pH计的使用方法和规则

pH计又称为酸度计，是精确测量溶液pH值的专用仪器。pH计有实验室用和工业用之分。目前在实验室中广泛应用的是数显式的pHS—3系列精密pH计及pHS—4型智能pH计。

1. pH计的使用方法

pH计的使用方法主要有一点定位法和两点定位法两种，下面以pHS—3E型pH计为例，说明其使用方法。

（1）一点定位法　在溶液pH值的测定过程中，如果测定精度要求不高，可采用一点定位法进行测定。其测定方法为：

1）将仪器、电极、标准溶液和待测溶液等准备就绪。

2）接通电源，此时应有数字显示。

3）将功能选择开关拨至“mV”挡，此时仪器工作在mV待测状态下，“定位”“斜率”及“温度补偿”旋钮无作用。

4）调整调零电位器（在拔出电极插头的情况下进行），使仪器显示“0.00”。

5）将功能选择开关拨至“pH”挡，此时仪器有一个任意显示值，将温度补偿器拨至待测溶液的温度值，将“斜率”调节旋钮逆时针旋到头（此时电极斜率转换系数为100%）。

5）定位调节。将参比电极（常用饱和甘汞电极）接入“参比”接线柱（若使用复合电极，则无须接入参比电极），把活化后的pH电极（或复合电极）插头插入“指示电极”插座并使其自动锁紧，将两种电极迅速移入pH值为pHS的标准缓冲溶液中（pHS应接近于待测溶液的pH值，设pHS = 4.00），待仪器响应稳定后，调节“定位”旋钮，使该标准溶液的pH值显示出来（即显示“4.00”）。

7）将两种电极清洗、吸干，移入待测溶液中，电极响应稳定后的显示值即为所测溶液的pH值。

（2）两点定位法　在溶液pH值的测定过程中，如果需要精确地测定溶液的pH值，一般应采用两点定位法进行测定。其测定方法如下：

1）~4)操作方法同一点定位法。

5）将功能选择开关拨至“pH”挡，此时仪器有一个任意显示值，将温度补偿器拨至待测溶液的温度值。

6）将参比电极接入“参比”接线柱（若使用复合电极，则无须接入参比电极），把活化后的pH电极插头插入“指示电极”插座并使其自动锁紧，将两种电极迅速移入第一种pH标准缓冲溶液pH_1（设$pH_1 = 4.00$）中，待仪器响应稳定后，此时仪器有一个示值。调节“定位”旋钮，使仪器显示为“0.00”，若达不到“0.00”，则应反方向继续调节“定位”旋钮，零点将会出现。

7）先用去离子水冲洗电极并用滤纸吸干电极表面的水分，再移入第二种pH标准缓冲溶液pH_2（设$pH_2 = 9.18$）中，待仪器响应稳定后，再调节“斜率”调节旋钮，使仪器显示ΔpH值($\Delta pH = |pH_2 - pH_1| = 5.18$)。此后，“斜率”调节旋钮应固定于此位置。

8）电极仍处于pH_2标准液中，再重新调整“定位”旋钮，使仪器显示第二种标准缓冲溶液的pH值（即显示“9.18”）。此时仪器已标定结束，不可再乱动“定位”“斜率”旋钮，以免影响精度。

9）将两种电极清洗、吸干，移入待测溶液中，电极响应稳定后的显示值即为待测溶液的pH值。

2. pH计的使用规则

为了保证pH计的正常工作，保证测定结果的准确度和稳定性，在使用pH

计时，应遵循以下规则：

1）在使用仪器前必须熟悉仪器使用说明书，了解仪器的技术性能及操作方法，严格按照说明书的要求进行操作。

2）“定位”操作应选择与待测溶液 pH 值接近的标准缓冲溶液进行，且两者温度应尽量一致。精密测量则应采用“两点定位法”。

3）若需要同时测量一批试液，则一般先测 pH 值低的溶液，后测 pH 值高的溶液；先测水溶液，后测非水溶液。

4）读数时电极引入导线和溶液应保持静止，否则会引起仪器读数不稳定。

5）标准缓冲溶液配制要准确无误，否则将导致测量结果不准确，同时还应考虑标准缓冲溶液温度对其 pH 值的影响。

6）由于待测试样的 pH 值常随着空气中 CO_2 等因素的改变而改变，因此采集试样后应立即测定，不宜久存。

三、熟悉化验室常用辅助设备

在样品的分析检验工作中常常需要进行加热、冷却、烘干或灼烧等操作，这就要求在化验室中配备相关的设备，如温度计、电炉、干燥箱、马弗炉、离心机、真空泵、电动振荡器等。作为化验室工作人员，必须熟悉这些检验辅助设备的性能及使用方法。

1. 温度计

（1）温度计简介　温度计是用来测量温度的常用设备。在实验室中，常常需要测量液体的温度。使用温度计可以简单快捷地完成这一工作。在化验工作中，最常用的温度计是液体玻璃温度计，包括水银温度计和酒精温度计。

（2）温度计的使用及注意事项

1）在使用温度计之前，应首先估计一下待测介质温度的高低，若待测介质温度在所用温度计的测量范围内，则该温度计就可以使用，否则就不能使用。

2）大多数精密温度计都是全浸式的，在使用时，其末端感温泡应完全浸没在待测介质中。

3）温度计不应不经适当的方法预热就立即插入热介质中。

4）读数时必须在正面读取，并保持视线、刻度和液面基准线（水银温度计以凸月面最高点的切线为液面基准线，酒精温度计以凹月面最低点的切线为液面基准线）在同一水平线上。

5）刚测量过高温物体温度的温度计不能立即用冷水冲洗，以免水银球炸裂。

6）温度计不得代替玻璃棒用于搅拌。

7）温度计应该轻拿轻放，一旦打碎洒出水银，应立即予以处理（如用硫黄粉覆盖），以免中毒。

8）在使用电接点式水银温度计时，其尾部应完全浸入待测介质中，但标尺部分不能浸入介质受热。

9）当遇到水银柱中断的现象发生时，可将水银温度计插入冷冻剂中，使毛细管中的水银全部缩回到感温泡中，然后再撤去冷冻剂使其升温膨胀。这样反复进行几次，此现象即可消除。

2. 电炉

（1）电炉及其规格、性能 电炉是实验室中最常用的电热设备。电炉的结构简单，由电阻丝（也称为炉丝）、炉盘、金属盘座等组成。电炉是通过在电阻丝两端加上电压，利用流过电阻丝的电流来产生热量的。实验室用电炉的生产厂家、型号、性能及主要技术指标见表4-20。

表4-20 电炉的生产厂家、型号、性能及主要技术指标

生产厂家	型 号	性能及主要技术指标
大连温度控制仪表厂	BDC—1120	加热功率：1kW、2 kW 电源电压：220V/50Hz
江苏省太仓市光明实验分析仪器厂	DF—1	加热功率：2kW 电源电压：220V/50Hz
	HQ—DR	加热功率：3kW 电源电压：220V/50Hz
上海精密仪器仪表有限公司	KT—ZDL	加热功率：1kW（KT—ZDL—1 型） 加热功率：2kW（KT—ZDL—2 型）
山东省鄄城永兴仪器厂	YD 系列	单联：1kW、2kW 双联：1kW、2kW 四联：1kW、2kW 六联：1kW、2kW

（2）电炉的使用及注意事项

1）电炉电源最好用电闸控制，不要只靠插销，功率较大的电炉尤应注意。

2）电炉不要放在木质、塑料等可燃的试验台上，以免因长时间加热而烤坏台面，甚至引起火灾；应放在水泥台上，或垫上足够的隔热层。

3）若加热的是玻璃容器，则一定要垫一层石棉网；若为金属容器，切记不要触及炉丝。最好是在断电的情况下取放待加热容器。

4）炉盘内的凹槽要保持清洁，及时清除污物，以使炉丝散热良好，延长其使用寿命。

5）更换炉丝时要注意先断电源，新炉丝的功率要与原来的相同。安装时炉

盘下的连接导线一定要套上绝缘瓷管，以免发生事故。

3. 干燥箱

(1) 干燥箱及其规格、性能　干燥箱即电热干燥箱，又称为烘箱。它是利用电热丝隔层加热，通过空气对流使物体干燥的设备。实验室用的干燥箱可在高于室温5℃至300℃范围内恒温烘烤，用于干燥试样、试剂、器皿、沉淀等物料及测定水分等。

市场上常见的干燥箱有电热恒温干燥箱、电热鼓风干燥箱、电热恒温鼓风干燥箱、电热真空干燥箱等。但它们的结构基本相似，主要由箱体、电热系统和自动恒温控制系统三部分组成。干燥箱的生产厂家、型号、性能及主要技术指标见表4-21。

表4-21　干燥箱的生产厂家、型号、性能及主要技术指标

生产厂家	型　号	性能及主要技术指标
上海精宏实验设备有限公司	DHG—9070（A） 电热恒温鼓风干燥箱	控温范围：50～200℃ 温度波动：±1℃ 消耗功率：1kW 定时器（选购件）：1～9999min 电源电压：220V/50Hz 工作室尺寸：400mm×400mm×450mm
上海精宏实验设备有限公司	DZF—6050 电热恒温真空干燥箱	控温范围：50～250℃ 温度波动：±1% 消耗功率：<1400W 真空度：<133Pa 电源电压：220V/50Hz 工作室尺寸：415mm×345mm×370mm
上海智城分析仪器制造有限公司	ZFD—5140 全自动新型鼓风干燥箱	控温范围：50～200℃ 控温精度：±1℃ 温度均匀度：±2℃ 定时范围：0～500h 内腔容积：140L 电源电压：220V/50Hz 最大功耗：2kW
上海智城分析仪器制造有限公司	ZKD—4025A 全自动新型真空干燥箱	控温范围：50～180℃ 控温精度：±0.5℃ 温度均匀度：±1.5℃ 定时范围：0～500h 内腔容积：25L 电源电压：220V/50Hz 最大功耗：<300W
上海捷惠科学仪器有限公司	DGX—9003B—1系列 鼓风干燥箱	电源电压：220V/50Hz；380V/50Hz（9423B－1型） 控温范围：室温＋10℃～250℃ 温度波动：±1℃ 加热功率：800W、1080W、1480W、2400W、4800W

（2）干燥箱的使用及注意事项

1）易挥发的化学药品、低浓度爆炸的气体、低着火点的气体等易燃易爆和具有腐蚀性的物质不能在干燥箱中使用。

2）使用快速辅助加热时，工作人员应在现场不断观察升温情况，待升至所需温度时，将开关拨到恒温挡。

3）试剂和玻璃仪器要分开烘干，以免相互污染。干燥箱内物品之间应留有空间，不可过密。

4）在使用无鼓风装置的干燥箱时，应将温度计插在距被烘物较近的位置，以便准确指示和控制温度。另外，不允许将被烘物放在箱底板上，因为底板直接受电热丝加热，温度大大超过干燥箱所控制的温度。

5）有鼓风装置的干燥箱，在加热和恒温过程中必须将鼓风机开启，否则影响工作室温度的均匀性和损坏加热元件。

6）在使用干燥箱时，顶部的排气阀应旋开一定间隙，以便于让水蒸气逸出，停止使用时应及时将排气阀关闭，以防潮气和灰尘进入。

7）当需要观察箱内物品情况时，可打开外门通过玻璃门观察，但箱门应尽量少开，以免影响恒温。特别是当工作温度超过200℃时，打开箱门有可能使玻璃门骤冷而破裂。

4. 马弗炉

（1）马弗炉及其规格、性能　马弗炉又称为箱式电阻炉或高温电炉，在实验室里通常用于灼烧沉淀、坩埚、试样或碱熔分解样品等工作。

马弗炉是由作为热源的电热体如电阻丝、硅碳棒（又叫碳矽棒）和由耐火材料制造的炉膛构成的。现代高温电炉还配有温度控制装置。一般用电阻丝作加热元件的高温电炉最高使用温度为950℃左右，短时间可以用到1000℃。而以硅碳棒作加热元件的高温电炉，最高使用温度为1300℃，短时间可以用到1350℃。马弗炉的生产厂家、型号、性能及主要技术指标见表4-22。

表4-22　马弗炉的生产厂家、型号、性能及主要技术指标

生产厂家	型　号	性能及主要技术指标
法国 ETUVES公司	XK系列	最高使用温度：1100℃ 温度波动范围：±1℃ 电源：230V/50Hz 工作体积：6.2L（XK06型）、15.5L（XK15型）、 29.4L（XK29型） 最大功率：3000W（XK06型）、4000W（XK15型）、 6000W（XK29型）

（续）

生产厂家	型　　号	性能及主要技术指标
德国纳博热工业炉有限公司	L 系列	最高使用温度：1000℃ 有效容积：2～4L 电压：单相 230V/1/N 功率：1.0～1.2kW 重量：10～12kg
	LHT 系列	最高温度：1600℃、1750℃、1800℃ 有效容积：2L、4L、8L 电压：220V、380V 两种 功率：3～9kW 重量：75～100kg 升到最高炉温的时间：25～75min
洛阳市永泰试验电炉厂	KSS 系列	最高温度：1400℃、1600℃、1700℃ 全自动升温，控温精度为±1℃ 炉膛尺寸：150mm×150mm×150mm（KSS—Ⅰ型） 300mm×200mm×200mm（KSS—Ⅱ型） 功率：4kW（KSS—Ⅰ型）、12 kW（KSS—Ⅱ型）
	KSS—V 型	最高温度：1400℃、1600℃、1700℃ 全自动升温，控温精度为±1℃ 炉膛尺寸：500mm×500mm×500mm 功率：24kW
武汉市汉口电炉有限责任公司	SX2 系列	工作室尺寸：200mm×120mm×80mm（SX2—2.5—10 型） 400mm×250mm×160mm（SX2—8—10 型） 500mm×300mm×200mm（SX2—12—12 型） 额定功率：2.5kW（SX2—2.5—10 型） 4kW（SX2—8—10 型） 12kW（SX2—12—12 型） 电压：220V（SX 2—2.5—10 型） 380V（SX2—8—10 型、SX2—12—12 型） 最高温度：1000℃（SX2—2.5—10 型、SX2—8—10 型） 1200℃（SX2—12—12 型）

（2）马弗炉的使用及注意事项

1）马弗炉必须放置在稳固的水泥台上，炉底座最好垫上石棉板，防止台面受热而使温度过高。

2）马弗炉外壳必须采取保护接地措施。

3）马弗炉初次使用或长期停用再次使用时，必须先进行烘炉干燥。方法是先于200℃下工作4h，再于600℃下工作4h，将炉门稍微打开，以排走炉内潮气。经过上述处理后，即可使用。

4）为保护电热元件和炉膛的使用寿命，严禁在超过高温电炉额定温度的情况下工作，长期工作的温度应至少比额定温度低 50℃。

5）炉门应轻开轻关，取放被加热物品时，应先切断电源，再轻拿轻放，以免损坏炉口和炉膛。

5）禁止向炉膛内直接灌注液体，并经常清洁炉膛内的铁屑、氧化皮，以保持炉膛内清洁。含碳气氛、含卤族元素气氛、含氢和氮气氛、含水蒸气气氛和盐类等均会对加热元件表面的氧化膜产生影响，长期在上述气氛下工作将会降低加热元件的使用寿命。

7）马弗炉所用的硅碳棒在使用过程中会自然老化，可逐级调挡至最高，若功率达不到额定值，则应更换新的硅碳棒。

8）当加热元件中有一个损坏时，必须同时更换所有的加热元件。

5. 电热恒温水浴锅

（1）电热恒温水浴锅及其规格、性能　电热恒温水浴锅在实验室内一般用于蒸发及恒温加热，特别适用于加热易挥发、易燃的有机溶剂，以及用于恒温条件下的浸渍实验等。

电热恒温水浴锅按照孔的排列方式可分为单列式和双列式两种。单列式按孔数分为 1、2、4、6、8 等规格，双列式分为 4、6、8 等规格。其功率按孔列数目分为 300W（1 孔）、500W（2 孔）、1000W（4 孔）、1500W（6 孔）、2000W（8 孔）等规格。电热恒温水浴锅的生产厂家、型号、性能及主要技术指标见表 4-23。

（2）电热恒温水浴锅的使用及注意事项

1）水浴锅应放在固定的平台上使用，电源应安装安全开关，务必将地线接好。

2）使用中箱内决不能缺水，以免烧坏加热元件；也不能加水过多，防止水温在 100℃沸腾溢到水箱外。

表 4-23　电热恒温水浴锅的生产厂家、型号、性能及主要技术指标

生产厂家	型　号	性能及主要技术指标
北京中西集团公司	BY5 系列	电压：220V 温度范围：37～100℃ 温度波动：±0.5℃ 温度均匀性：±0.5℃ 额定功率：1500W±150W（BY5—GSY6—2 型） 1000W±100W（BY5—GSY4—2 型） 500W±50W（BY5—GSY2—1 型） 1000W±100W（BY5—GSY4—1 型） 1500W±150W（BY5—GSY6—1 型）
上海精密仪器仪表有限公司	HWS—4	电压：220V 温度范围：室温 5～100℃ 温度波动：±0.5℃

(续)

生产厂家	型　号	性能及主要技术指标
北京梵明科贸有限公司	DK—98—1A系列	电压：220V 温度范围：37～100℃ 温度波动：≤±0.5℃ 温度均匀性：≤±0.5℃ 额定功率：300W±30W（单孔） 500W±50W（单列两孔） 1000W±100W（单列四孔） 1500W±150W（单列六孔）
江苏金坛市亿通电子有限公司	HH—2	功率：800W 控温范围：室温～100℃ 温度波动：±1℃ 升温速度：由室温至100℃不超过1h

3）使用时切勿触碰感温管，以免损坏管内的恒温调节器而使控温失灵。同时应避免将水溅到电器盒里而引起漏电，甚至损坏电器元件。

4）使用完毕，必须及时放尽水箱内的水，并擦拭干净，置于通风干燥处存放。

6. 离心机

（1）离心机及其规格、性能　在定性分析中，常常需要将生成的沉淀从溶液中分离出来。这时可以将溶液放入离心管中，用离心机来完成这项任务。离心机是利用离心力对溶液中的悬浮微粒进行快速沉淀和分离的。

离心机按转速的不同可分为低速离心机、高速离心机和超速离心机，代号分别为D、G、C。低速离心机转速≤10000r/min，高速离心机转速为10000～30000r/min，超高速离心机转速可达80000r/min。化验室中的离心机多为低速离心机。从结构上看，离心机又可分为台式（代号T）和落地式（代号L）两种；从调速方式来分，离心机又有逐挡调速和无级调速两种结构。离心机的生产厂家、型号、性能及主要技术指标见表4-24。

表4-24　离心机的生产厂家、型号、性能及主要技术指标

生产厂家	型　号	性能及主要技术指标
湘仪离心机有限公司	TDZ5—WS	最高转速：5000r/min 最大相对离心力：4390×g 定时范围：0～99min，电子定时 电源：AC 220V/50Hz，6A

（续）

生产厂家	型 号	性能及主要技术指标
长沙科威电子电控设备实业有限公司	TGL20M	最高转速：20000r/min 最大相对离心力：33600×g 转速控制精度：±50r/min 温度控制精度：±1.5℃ 温度范围：-10～+30℃ 定时范围：0～99min 电源：AC 220V/50Hz，10A
上海之信仪器有限公司	TGL—16B	转速：16000r/min 最大离心力：12000×g 配转头：1.5mL×12 选配转头：0.5mL×18、5mL×8 外形尺寸：300mm×260mm×270mm
北京医用离心机厂	LG10—2.4A	最高转速：10000r/min 最大相对离心力：11000×g 容量：40mL×6；10mL×24（另购） 定时范围：0～999min 电源：AC 220V/50Hz，10A 外形尺寸：670mm×530mm×550mm

（2）离心机的使用及注意事项

1）离心机的转速和旋转时间视沉淀的性质而定：晶形沉淀转速为1000r/min，旋转1～2min即可；非晶形沉淀转速为2000r/min，旋转3～4min。

2）离心管内溶液不可装得过满，离心机负载必须平衡。

3）调速时缓缓转动旋钮，使转速逐步增大，切不可一下调至最大，以免沉淀附在管壁上或损坏离心管。

4）离心机的套管要保持清洁。为了防止玻璃离心管破碎，可在套管中放上棉花或橡胶等。

5）使用中若发现声音不正常，则应立即停机检查，排除故障后再工作。

6）在离心机用完后，应缓慢降低其转速至自动停止，决不能用手或其他物件强制停机，以免造成事故或损伤机器。

7. 真空泵

（1）真空泵及其规格、性能　在实验室中常常需要利用各种泵进行操作，如利用真空泵进行真空干燥、真空过滤等。

真空泵种类很多，实验室中常用的真空泵为旋片式真空泵，有单级和双级之分。双级真空泵是由两个单级串联而成的，可以获得比单级真空泵更高的极限真空。旋片式真空泵的规格型号一般以抽气速率（L/min）来表示。真空泵的生产厂家、型号、性能及主要技术指标见表4-25。

表4-25 真空泵的生产厂家、型号、性能及主要技术指标

生产厂家	型　号	性能及主要技术指标
天津市恒奥科技发展有限公司	HP—01无油真空泵	压力：0.085MPa 流量：10L/min 功率：20W 外形尺寸：245mm×135mm×245mm
	HPD—25无油真空泵	压力：0.08MPa 流量：25L/min 功率：40W 外形尺寸：280mm×140mm×220mm
	HPD—50无油真空泵	压力：0.08MPa 流量：48L/min 功率：50W 外形尺寸：280mm×140mm×220mm
上海金凯德分析仪器有限公司	HP—01型无油真空泵	真空压力：380mbar① 流量：1800mL/min 电源电压：AC 220V±22V/50Hz 外形尺寸：160mm×90mm×230mm
上海锦华层析设备厂	SHZ—Ⅲ循环水真空泵	真空度：≤0.1 MPa 抽气率：≥10L/min 排水量：50L/min、80 L/min 抽气管数量：2个 功率：370W、550W 电源：220V/50Hz
	SHZ—ⅣC循环水真空泵	真空度：≤0.1MPa 抽气率：≥10L/min 排水量：200L/min 抽气管数量：5个 功率：750W 电源：220V/50Hz

①1bar = 10^5Pa。

（2）真空泵的使用及注意事项

1）应将真空泵安装在干燥、通风、清洁而且平稳的地方。

2）电动机的旋转方向应按真空泵所示的箭头方向转动，不允许倒转，以免造成损伤真空泵和泵油污染系统。

3）严防腐蚀性气体、液体、水、灰尘及其他杂物进入真空泵内，并应在进气口前安装干燥、缓冲等保护装置。

4）应按仪器说明书的规定选择合格的泵油，并保持油位至油标中心。若发现油变质及混有污物，则应立即更换。

5）真空泵不宜用于抽除对金属有腐蚀性或可与泵油起化学反应、有爆炸性及有毒的气体。

6）应经常保持真空泵的清洁。

7）停机后，必须立即放气入泵，或者待真空状态消失后方可拆卸进气端系统，以防泵油倒吸。

3. 电动振荡器

（1）电动振荡器及其规格、性能 电动振荡器又称为“摇床”，一般简称为振荡器。在化验室里，电动振荡器常用于试样的溶解、待测成分的浸取、化学反应或吸附作用的加速等。电动振荡器在物相分析、泡沫塑料吸附和萃取分离等操作中应用也较多。

电动振荡器有加热和不加热两类，按振荡方式还可分为往复振荡器和回旋振荡器。化验室用的小型振荡器的振荡频率通常为20～360次/min，连续可调，振荡幅度有20mm、40mm等数种。有的电动振荡器内还装有微型计算机来控制温度、振荡频率、振荡时间，并具有安全报警等功能。电动振荡器的生产厂家、型号、性能及主要技术指标见表4-26。

表4-26 电动振荡器的生产厂家、型号、性能及主要技术指标

生产厂家	型　号	性能及主要技术指标
湘仪离心机有限公司	SHY—100A	转速：50～300r/min 振荡幅度：30mm 最大容量：250mL×20 摇台尺寸：480mm×390mm 温控范围：室温～80℃ 温控精度：0.1℃（稳态） 定时范围：0～99.9h 电源：AC 220V/50Hz，15A
	KHY－100	转速：50～300r/min 振荡幅度：30mm 最大容量：250mL×40 摇台尺寸：560mm×600mm 温控范围：室温～50℃ 温控精度：±0.5℃ 定时范围：0～99.9h 电源：AC 220V/50Hz，8A
江苏金坛宏凯仪器厂	SHZ—B数显水浴恒温振荡器	振荡频率：起动≈300r/min 振荡幅度：20mm 恒温范围：室温～100℃ 定时范围：0～120min 工作负载：20kg 整机功率：580W 使用电源：AC 220V/50Hz 外形尺寸：700mm×460mm×520mm

(2) 电动振荡器的使用及注意事项

1) 待振荡的容器必须在电动振荡器上固定牢，以防在振荡过程中滑脱。

2) 振荡容器内盛装液体不可太满，一般装入容器的1/2~2/3，应留有液体的运动空间。

3) 尽可能将振荡容器加盖密封或用塞子塞紧，以防液体溅出。

4) 振荡频率和振荡幅度应在开动机器前调至最小，待通电后再调至合适的振荡频率和幅度。

5) 停止工作后应切断电源。

四、熟悉专用分析仪器设备

1. 韦氏天平

(1) 韦氏天平及其规格、性能　韦氏天平是测定液体密度的专用仪器。它通常采用玛瑙刀座，主要部件采用不锈钢材料制成，从而保证了韦氏天平具有较高的灵敏度和准确性。韦氏天平的生产厂家、型号、性能及主要技术指标见表4-27。

表4-27　韦氏天平的生产厂家、型号、性能及主要技术指标

生产厂家	型　号	性能及主要技术指标
上海天平仪器厂	PZ—B—5	测定液体密度范围：0~2.0000 g/cm^3 密度标准：以20℃纯水的密度为1.000 g/cm^3 测锤排水量：5cm^3 外形尺寸：240mm×90mm×280mm
日本京都电子公司	KEM	测定密度范围：0~3g/cm^3 测量精度：±2×10^{-5}g/cm^3 重现性：5×10^{-6}g/cm^3 温度范围：4~70℃ 温度精度：±0.02℃
北京凯维丰科技发展有限责任公司	PZ—D—5	测定液体密度范围：0~2.0000 g/cm^3 密度标准：以20℃纯水的密度为1.000 g/cm^3

(2) 韦氏天平的使用及注意事项

1) 通过调节韦氏天平座上的螺钉使天平达到平衡后，在整个测定过程中不可再移动。

2) 在将试样注入圆筒前，需先用乙醇，后用乙醚将浮标、圆筒和温度计上的水除净，并用脱脂棉擦干。

3）在将玻璃锤放入圆筒内时，切勿使其碰及圆筒四周及底部。

2. 超净工作台

（1）超净工作台及其规格、性能 超净工作台是一种提供无尘、无菌、高洁净工作环境的空气净化设备。它广泛应用于医疗卫生、生物制药、生物化学、电子、环境监测、精密仪表及化学检验等部门，用以营造局部高洁净度工作环境。超净工作台的生产厂家、型号、性能及主要技术指标见表4-28。

表4-28 超净工作台的生产厂家、型号、性能及主要技术指标

生产厂家	型号	性能及主要技术指标
上海智城分析仪器制造有限公司	ZHJH—2112	洁净等级：100级，@≥0.5μm（美国联邦标准209E） 平均风速：0.3~0.6m/s（七级可调） 噪声：≤62dB 振动半峰值：≤5μm 光照度：≥300lx 电源：AC 220V±22 V/50Hz±2Hz 最大功率：≤0.8kW
哈尔滨市东联电子技术开发有限公司	HD—1360	洁净等级：100级，@≥0.5μm（美国联邦标准209E） 菌落数：≤0.5个/（皿·时）（ϕ90mm培养平皿） 平均风速：0.3~0.6m/s（可调） 振动半峰值：≤0.3μm 噪声：≤59dB 光照度：≥300lx 电源：单相交流220V/50Hz
北京利康达圣科技发展有限公司	SP—S.S	洁净等级：100级（粒径≥0.5μm的尘埃小于或等于3.5颗/L） 菌落数：≤0.5个/（皿·时）（ϕ90mm培养平皿） 平均风速：0.32~0.48m/s（可调） 振动半峰值：≤3μm 噪声：≤62dB 光照度：≥300lx 额定电压：AC 220V±11V
苏州市百神科技有限公司	BSW	洁净等级：100级，@≥0.5μm（美国联邦标准209E） 菌落数：≤0.5个/（皿·时）（ϕ90mm培养平皿） 平均风速：0.27~0.42m/s 振动半峰值：≤4μm 噪声：≤55dB 最大功率：0.9kW 电源：单相交流220V/50Hz

（2）超净工作台的使用及注意事项

1）严禁在易燃、易爆的地方使用。

2）务必将电源线接在带接地线的插座上，并将设备接地端子可靠接地，使用带漏电保护装置的电源。确认仪器的额定电压、频率与输入电源的参数相符，以免损伤电器元件，引发火灾。

3）严禁冲击玻璃，以免造成人为伤害。

4）更换熔断器时，要确保其容量与原来的相同，以免引起火灾。

5）在工作时严禁将门的开启高度超过安全高度，否则会造成人为伤害。

6）在进行过滤器的更换、保养检修等作业时，应先对安全柜做杀菌工作，然后再进行。

7）在使用装置过程中，应注意不要将软质（如软纸巾）、细微的物品放在台面上，以免其被吸入口吸进负压风道和风机中，影响设备运行。

8）在工作台开启前，应用体积分数为70%的酒精或其他消毒剂全面擦拭工作台面，并打开吹风机和紫外线灯至少运行30min，以保证工作区空气中的污染物被完全清除，然后再将工作中所需的所有材料放入柜中。

9）工作台不应过载，整个工作过程中所需要的每一件物品都应在工作开始前放置在工作台上，以便在工作完成前再没有任何物品需要经过空气流隔层而拿出或放入。

10）在完成工作后，将所有的物品取出，并用体积分数为70%的酒精擦拭台面四面，关闭前至少要再运行10min，以便将工作区污染物质排出。检查工作台上的器皿，若有必要，则应消毒擦拭。

3. 均质器

（1）均质器及其规格、性能　均质器是微生物检验中，样品前处理不可缺少的常规仪器，主要用于食品（生食）、药扦、生化等领域作固体、液体、油体、油剂的均质、粉碎、分散、溶解和乳化。均质器的生产厂家、型号、性能及主要技术指标见表4-29。

表4-29　均质器的生产厂家、型号、性能及主要技术指标

生产厂家	型　号	性能及主要技术指标
南京永北科技开发有限公司	TM—3	转速：10000r/min 处理量：0.2～5L
上海智理科学仪器有限公司	BagMixer 400	有效容积：50～400mL 时间范围：30～210s或连续运转 可变速度：8次挤压/s（400P、400W型） 6～9次挤压/s（400VW型） 外观尺寸：350mm×200mm×175mm 电源要求：220V/50Hz

（续）

生产厂家	型　号	性能及主要技术指标
上海飞域实验室设备有限公司	PT2100	转速范围：11000～30000r/min 工作容量：0.1～2000mL 功率：500W 电压：230V
北京梵明科贸有限公司	FS—1	转速范围：0～20000r/min 功率：200W 外观尺寸：500mm×370mm×350mm 电源要求：220V±22V；50Hz±5Hz

（2）均质器的使用及注意事项

1）开机前的注意事项

①输入电源参数必须与技术数据相符合。

②用橡胶管将机轴与刀轴垂直连接。

③为避免刀轴产生过量力距而损坏机件，打碎瓶杯，调速器旋钮在零位上方可开机，调速器由慢至快调节。

④刀片要修磨锋利，对角角度要对称，不能变形，以保证开机稳定，高效率。

2）电动机、调速器不能受潮，经常要保持清洁，并妥善保管。

3）轴承要定期检查，半年加耐高温润滑脂一次。

4）若发现均质器不转，调速器不能调节，指示灯仍亮着，则要停机检查。

5）炭刷要经常检查，磨损了要更新，当发现炭刷火花过大时应停止使用，检查故障原因，修理好后方可开机，以免换向器和线圈烧坏。

4. 培养箱

（1）培养箱及其规格、性能　化验室中常用的培养箱有生化培养箱、霉菌培养箱、电热恒温培养箱及振荡培养箱等不同类型。生化培养箱和霉菌培养箱是水体分析和 BOD 测定，细菌、霉菌、微生物的培养、保存，植物栽培、育种试验的专用恒温设备。电热恒温培养箱是医疗卫生、医药、农业、科研等部门储藏菌种、进行生物培养的专用恒温。振荡培养箱则可用于生物、微生物、细菌等的恒温振荡培养试验。培养箱的生产厂家、型号、性能及主要技术指标见表 4-30。

表4-30 培养箱的生产厂家、型号、性能及主要技术指标

生产厂家	型号	性能及主要技术指标
湘仪离心机有限公司	SPX系列生化培养箱	温控范围：5～50℃ 温度波动：±0.5℃ 温度均匀性：±1℃ 公称容积：100L（SPX—100型）、250L（SPX—250型） 电源：AC 220V/50Hz，3A（SPX—100型） AC 220V/50Hz，5A（SPX—250型）
北京凯维丰科技发展有限责任公司	SPX型生化培养箱	温控范围：5～50℃ 温度波动：±1℃（SPX—150型）、±1.5℃（SPX—250型） 温度均匀性：±1.5℃（SPX—150型）、±2℃（SPX—250型） 公称容积：150L（SPX—150型）、250L（SPX—250型） 加热器功率：200W（SPX—150型）、300W（SPX—250型） 电源：AC 220V/50Hz
湘仪离心机有限公司	MJX系列霉菌培养箱	控温范围：5～50℃ 控温精度：±0.5℃ 湿度控制范围：50～90RH 公称容积：150L（MJX—150型）、200L（MJX—200型） 电源：AC 220V/50Hz，4A（MJX—150型） AC 220V/50Hz，5A（MJX—200型）
北京凯维丰科技发展有限责任公司	MJX系列霉菌培养箱	控温范围：4～60℃ 温度波动：±2℃ 温度均匀性：±1℃ 湿度控制范围：55%～95%RH（MJX—150型） 60%～85%RH（MJX—250型） 湿度波动：5%RH 公称容积：150L（MJX—150型）、200L（MJX—200型） 电源：AC 220V/60Hz
湘仪离心机有限公司	DPX—100电热恒温培养箱	控温范围：室温+5℃～60℃ 控温精度：±0.5℃ 温度均匀度：±1℃ 公称容积：100L 电源：AC 220V/50Hz，3A
江苏金坛市亿通电子有限公司	BS—1E数显振荡培养箱	温控范围：5～50℃ 温控精度：±1℃ 振荡频率：起动～300r/min 振幅：20mm（回旋） 容积：140L 加热功率：300W 电源：AC 220V/50Hz

（2）培养箱的使用及注意事项

1）仪器应放置在平整的地面上，环境应清洁、整齐、干燥、通风。

2）为延长仪器的使用寿命，应尽可能在调速范围的中速使用。

3）制冷系统停止工作后，应用软布擦净工作腔和玻璃观察窗。

4）仪器在连续工作期间，每三个月应做一次定期检查。

5）培养箱不适用于含有易挥发性化学溶剂、低浓度爆炸气体和低着火点气体的物品以及有毒物品的培养。

6）在仪器使用前，各控制开关均应处于非工作状态，调速旋钮应置于最小位置。

7）在每次停机前，各控制开关均应处于非工作状态，切断电源。

5. 高压灭菌器

（1）高压灭菌器及其规格、性能　高压灭菌器在医学、生物、制药和食品等领域是一种非常重要的常备仪器。它是通过所产生的高温饱和蒸汽对玻璃器皿、器械等进行消毒灭菌的。高压灭菌器的生产厂家、型号、性能及主要技术指标见表4-31。

表4-31　高压灭菌器的生产厂家、型号、性能及主要技术指标

生产厂家	型　号	性能及主要技术指标
造鑫（鑫科）企业有限公司	TH—3560/A3560C	容积：58L 消毒温度：115～135℃ 消毒时间：0～99min 烘干时间：0～60min 电压：220V/50Hz，15A 功率：3kW
浩翰仪器有限公司	CR—3560/3560CG－M	机械模拟电路控制 容积：58L 消毒温度：110～125℃ 使用功率：3kW
北京利康达圣科技发展有限公司	LDZX	超压自泄：0.145～0.165MPa 最高工作温度：126～128℃
美国VWR公司	AS12	灭菌室大小：457mm×305mm 加热器功率：1500W 最大压力：310kPa 储水容量：7000mL 电源要求：120V，50/60Hz，12.5A
长春百奥生物仪器有限公司	4030—AVL	容积：43L 额定压力：0.11MPa 额定温度：121℃ 功率：2500W

(2) 高压灭菌器的使用及注意事项

1) 每次使用前应在灭菌器内加入适量的水，确保水位超过电热管。

2) 电源引出端应保持干燥，注意保证高压灭菌器的可靠接地。

3) 不可将不同类型和不同消毒要求的物品放在一起消毒。

4) 每周应将安全阀开放数次，以保证其经常处于良好的工作状态。

5) 当压力表回复至零位，盖不能开启时，可将放气阀摘子置于“放气”位置，使外界空气进入灭菌器内，在真空消除后，盖即可开启。

6) 压力表在长时间使用以后，会出现压力指示不准或不能回复零位的现象，此时应及时予以检修或更换。

7) 在长期使用后，若电热管或密封胶圈损坏，则应及时更换。

6. 显微镜

(1) 显微镜及其规格、性能 显微镜是用于将微小物体放大成为人肉眼所能看到的仪器。显微镜在化学分析中主要用于在结晶分析中观察结晶的形状，包括生物显微镜、金相显微镜、测量显微镜等类型。显微镜还可分为光学显微镜和电子显微镜。此外，显微镜还有单、双筒之分。在一般的分析测试中，通常采用单筒生物显微镜。显微镜的生产厂家、型号、性能及主要技术指标见表4-32。

表4-32 显微镜的生产厂家、型号、性能及主要技术指标

生产厂家	型号	性能及主要技术指标
北京梵明科贸有限公司	E—100	放大倍数：400倍（选配2000倍） 目镜：WF10/18mm广角目镜 消色差物镜：4倍、10倍、40倍（弹簧） 机械筒长：160mm 调整范围：6.5mm 视场光源：电照明系统230V，或115V，20W钨灯 聚光镜：NA0.65单片聚光镜，带可变光栏
江南光电（集团）股份有限公司	YS100	放大率范围：40～1500倍 目镜：CFWF10/18mm、CFWE15/12mm 消色差物镜：4倍、10倍、40倍、60倍（选购）、100倍 机械筒长：160mm 照明系统：6V，20W卤素灯泡 功率：50W
	E200	放大率范围：40～1500倍（观察），8～500倍（35mm显微摄影） 目镜：CFIE10/20mm，CFIE15/12mm 物镜：CFIE平场消色差4倍、10倍、40倍、100倍 照明系统：6V，20W钨灯

（续）

生产厂家	型　　号	性能及主要技术指标
上海长方光学仪器有限公司	XSP8C	目镜：10倍、16倍 物镜：4倍、10倍、40倍 放大倍率：40～1000倍 机械筒长：160mm
杭州福尔成机电实业有限公司	XSP—02	总放大倍数：40～640倍 惠更斯目镜：H10、H16 消色差物镜：4倍、10倍、40倍 粗调范围：50mm 微调范围：1.8～2.2mm 照明系统：110V，20W，或者220V，20W（任选）

（2）显微镜的使用及注意事项

1）先把目镜和物镜选取好。目镜和物镜单独放大倍数的乘积为显微镜的放大倍数，通常使用的放大倍数为70～120倍。转动物镜，使其正对通光孔，用左眼向目镜里观察，同时用右手调整反射镜，让光线通过光圈和通光孔射到聚光镜上，直到获得明亮均匀的视野为止。

2）升高镜筒，将做好结晶载玻片放在载物台上，用活动夹卡牢，注意载玻片下面必须保持干燥。用纵向和横向移动手轮调整载片的位置，使载玻片有结晶的部分移至载物台通光孔的中央，然后开始调焦。

3）为了避免物镜压在载玻片上，调焦时可从侧面一边注视着物镜一边用手旋动粗调手轮使镜筒下降，直至使物镜与载玻片之间的距离稍小于0.5cm，然后一边从目镜中观察视野，一边用手极慢地反向旋动粗调手轮，使镜筒徐徐上升。待初见物像后，再用手轻微地来回转动细调手轮，做精细调焦，直到物像最清晰为止。如果物镜离载玻片较高，看不见晶形，则可重复上述操作。

4）在整个调焦过程中，无论使用粗调还是微调，动作都要很缓慢，如果太快，物象将一闪而过，以致未被发现。这是初学者经常遇到的情况。应当注意，在任何情况下均不得在观察时使用粗调手轮使镜筒下降。若因不慎误使物镜接触到溶液，则必须立即用清洁的湿布擦净，再用拭镜纸擦干。

5）在操作结束后，先升高镜筒，再将载玻片取下，然后降下镜筒，将显微镜放回原处或显微镜箱内。

7. 电冰箱

（1）电冰箱及其规格、性能　电冰箱是一种以冷藏为主、冷冻为辅的小型制冷设备。在化验室，常用电冰箱在低温下保存样品、试剂和特殊菌种等，同时也可用来制备少量冰块作制冷剂用。电冰箱主要由箱体、制冷系统和电气系统组成。电冰箱的生产厂家、型号、性能及主要技术指标见表4-33。

表4-33　电冰箱的生产厂家、型号、性能及主要技术指标

生产厂家	型　　号	性能及主要技术指标
青岛海尔集团	BCD—130H	耗电量：0.88kWh/24h 总容积：130L（冷冻室为42L，冷藏室为88L） 冷冻能力：3kg/24h
	BCD—153T	耗电量：0.78kWh/24h 总容积：153L（冷冻室为60L，冷藏室为93L）
	BCD—179KT	耗电量：0.82kWh/24h 总容积：179L（冷冻室为70L，冷藏室为109L）
青岛海信电器股份有限公司	BCD—200E	耗电量：0.65 kWh/24h 总容积：200L（冷冻室为70L，冷藏室为130L）
	BCD—185A	耗电量：0.79kWh/24h 总容积：185L（冷冻室为80L，冷藏室为105L）
河南新飞电器有限公司	BCD—176D	耗电量：0.93kWh/24h 总容积：176L（冷冻室为66L，冷藏室为110L）
	BCD—178CH	耗电量：0.39kWh/24h 总容积：178L（冷冻室为68L，冷藏室为110L）

（2）电冰箱的使用及注意事项

1）搬动电冰箱时，倾斜度不可超过45°，放置要水平、稳定，离墙不少于10cm，同时要远离热源，避免阳光直射。

2）电冰箱要有独立电源插座，电源线容量必须大于5A，熔断器容量不超过2～3A。

3）箱内物品不可存放过满，以使冷空气在箱内保持流通和温度均匀。

4）在调节箱内温度时，一次调节幅度不可过大，应分次调节，直至达到所需温度。

5）使用中尽量减少开门次数。

6）强酸、强碱、腐蚀性物品、有强烈气味的物品及易挥发的有机溶剂等，必须在密封后放入，热的物品需冷却后再放入。

7）冰箱要保持清洁，若长期不用，则应拔下电源插头，将内外擦净。

8）实验室内的冰箱决不可放入食品。

3. 刮板细度计

（1）刮板细度计及其规格、性能　刮板细度计是测定涂料、漆浆、油墨和其他液体及浆状物中颜料及杂质颗粒大小和分散程度的专用仪器。刮板细度计的生产厂家、型号、性能及主要技术指标见表4-34。

表4-34　刮板细度计的生产厂家、型号、性能及主要技术指标

生产厂家	型　号	性能及主要技术指标
广州标格达实验室仪器用品有限公司	QXD系列	刮板尺寸：155mm×50mm×12mm 斜槽尺寸：13mm×120mm 刮刀：68 mm×40mm×6.5mm 测量范围：0～25 μm（QXD—25型） 0～50 μm（QXD—50型） 0～100μm（QXD—100型） 0～150 μm（QXD—150型） 最小分度值：2.5μm（QXD—25型） 5μm（QXD—50、100、150型）
	QXP系列	刮板尺寸：175mm×65mm×13mm 斜槽尺寸：12.5mm×140mm 刮刀：90mm×40mm×6mm 测量范围：0～25 μm（QXP—25型） 0～50 μm（QXP—50、50S型） 0～100 μm（QXP—100、100S型） 最小分度值：2.5μm（QXP—25型） 5μm（QXP—50、50S型） 10μm（QXP—100、100S型）
天津永利达材料试验机有限公司	QXP	刮板尺寸：175mm×50mm×12mm 斜槽尺寸：120 mm×12.5mm 刮刀：长60mm±0.5mm，宽42mm±0.5mm 细度范围：100μm、50μm
上海珂斯达涂料机械有限公司	XDJ	刮板尺寸：76mm×65mm×13mm 细度范围：0～25μm 最小分度值：2.5μm

（2）刮板细度计的使用及注意事项

1）在使用前必须用溶剂（汽油）将刮板和刮刀仔细洗净擦干，在擦洗时应用细软布。

2）刮板表面及刮刀刀口均不得磕碰。

3）在使用后，应洗净并涂以防蚀油。

4）最适宜的环境条件为：室温（22℃±1℃），相对湿度为70%。

5）应定期（1年）检查刮板平面度及刀口直线度，不符合要求时应及时进行修整。

9. 涂—1粘度计

（1）涂—1粘度计及其规格、性能　涂—1粘度计测定的粘度是条件粘度，即一定量的试样在一定温度条件下从规定直径的孔所流出的时间，以秒（s）表示。其粘度测量范围在20s内。涂—1粘度计主要适用于测量涂料、漆浆及其他相关产品的粘度。涂—1粘度计的生产厂家、型号、性能及主要技术指标见表4-35。

表4-35　涂—1粘度计的生产厂家、型号、性能及主要技术指标

生产厂家	型　号	性能及主要技术指标
天津市伟达试验机厂	QND—1	漏嘴尺寸：ϕ（5.6±0.02）mm 测定在20s内的涂料 外形尺寸：160mm×110mm×335mm
杭州蓝天化验仪器厂	QND—1	漏嘴尺寸：ϕ（5.6±0.02）mm 温度计范围：0~50℃ 温度计分度：0.1℃、0.5℃ 秒表分度：0.2s 承受杯：50mL量杯
巨丰试验机制造有限公司	QND—1	流出口高度：14mm±0.02mm 流出口直径：5.6mm±0.02mm 测量范围：50mL试样的流出时间不低于20s

（2）涂—1粘度计的使用及注意事项

1）在试验前，应将试杯容器内部，特别是流出口，用试样本身所使用的溶剂或汽油，仔细轻擦洗干净，然后在空气中干燥或用冷风吹干。在擦洗时需用细软布或脱脂棉。

2）将试样搅拌均匀，调整温度至25℃±1℃（或产品标准规定的温度），并静置2min以上，让试样中的空气溢出。

3）在涂—1粘度计水浴套内加水，使其温度达到25℃，并在整个过程中保持此温度或技术条件规定的温度。

4）先将塞棒插入漏嘴孔内，然后将试样倒入容器中，至液面与指示水平环相平为止，调节水平螺钉，使试样液面成为水平，即水平环都刚好露出液面等

距离。

5）盖好容器的盖子，调节试样的温度，使之达到25℃ ±1℃（或产品标准规定的温度）。

6）在涂—1粘度计漏嘴下放好承受瓶，在试样温度符合要求后，迅速将棒提起，在试样从漏嘴流出的瞬间开动秒表，当瓶内试样达到50mL刻度线时，立即停止秒表，记录流出时间（准确至0.2s）。

试样通过涂—1粘度计漏嘴流入瓶内50mL所需时间（s），即为此试样的条件粘度。

10. 涂—4粘度计

（1）涂—4粘度计及其规格、性能　涂—4粘度计主要用于测量涂料、漆液及其他相关产品的粘度。其测定的粘度也是条件粘度。其粘度测量范围在10～150s内。涂—4粘度计的生产厂家、型号、性能及主要技术指标见表4-36。

表4-36　涂—4粘度计的生产厂家、型号、性能及主要技术指标

生产厂家	型　号	性能及主要技术指标
天津市伟达试验机厂	QND—4	漏嘴尺寸：ϕ（4±0.02）mm 测定10～150s内的涂料 外形尺寸：160mm×110mm×340mm 质量：7kg
杭州蓝天化验仪器厂	QND—4	粘度杯容量：100mL±1mL 内径：49.5mm±0.2mm 内锥体角度：81°±15′ 漏嘴直径：4mm±0.02mm 温度计范围：0～50℃ 温度计分度：0.1℃、0.5℃ 秒表分度：0.2s
上海精密科学仪器有限公司	NDJ—5	测定30～100s内涂料、漆液的粘度

（2）涂—4粘度计的使用及注意事项

1）测定前先用纱布蘸溶剂将涂—4粘度计及漏嘴擦拭干净，并干燥或用冷风吹干。

2）将试样搅拌均匀，调整温度至23℃ ±1℃或25℃ ±1℃。

3）使用水平仪，调节水平螺钉，使涂—4粘度计处于水平位置。

4）在涂—4粘度计漏嘴下放置150mL搪瓷杯。

5）用手指堵住漏嘴，将温度为23℃ ±1℃或25℃ ±1℃的试样倒满涂—4粘度计，用玻璃棒或玻璃板将气泡和多余试样刮入凹槽。

6）迅速移开手指，同时起动秒表，待试样流束刚中断时立即停止秒表。秒表读数即为试样的流出时间（s），即试样的条件粘度。

11. 黑白格玻璃板

（1）黑白格玻璃板及其规格、性能　黑白格玻璃板主要用于油墨、涂料的涂层对底材遮盖能力的测定。用漆刷将涂料涂刷在黑白玻璃板上，然后将其放在暗箱内，以刚看不见黑白格为终点，将盛有剩余涂料的杯子和漆刷一起称重，得出黑白板上单位面积内涂料的质量，即为遮盖力以 g/m^2 表示。黑白格玻璃板的生产厂家、型号、性能及主要技术指标见表4-37。

表4-37　黑白格玻璃板的生产厂家、型号、性能及主要技术指标

生产厂家	型　号	性能及主要技术指标
天津永利达材料试验机有限公司	QZP	玻璃板规格：100 mm×250mm×（1.2～2）mm 黑白格：在100mm×200mm面积上分隔5mm×25mm，间隔黑白正方形各16块 漆刷：25～35mm 底漆：黑白硝基漆
天津市精科材料试验机厂		
南京麦纳崛仪器有限责任公司		

（2）黑白格玻璃板的使用及注意事项

1）在天平上称出盛有试样的软笔毛刷的总重量。

2）将试样刷在符合GB/T 1726—1979规定的黑白格玻璃板上，涂刷时应快速均匀，防止将试样刷在玻璃板的边缘上。

3）把涂刷后的黑白格玻璃板在温度为50℃ ±2℃的电热鼓风箱内放置0.5h，干燥。

4）干燥后再把黑白格玻璃板放置于木桶暗箱内，使其离磨砂下玻璃片10～20mm，并使黑白格玻璃板的水平面倾斜30°～45°，然后在2支15W的日光灯灯光下观察，以涂层完全遮盖黑白格为准，根据公式即可计算出样品的遮盖力。

12. 干燥试验器

（1）干燥试验器及其规格、性能　干燥试验器主要用于测定漆膜、腻子膜的实际干燥时间。干燥试验器的生产厂家、型号、性能及主要技术指标见表4-38。

表 4-38 干燥试验器的生产厂家、型号、性能及主要技术指标

生产厂家	型号	性能及主要技术指标
广州标格达实验室仪器用品有限公司	QGS 型（压棉球法）	砝码总重量：200g ±0.2g 砝码底面积：$1cm^2$
天津市精科材料试验机厂	QGS 型（压棉球法）	砝码重量：200g ±0.2g 砝码底面积：$1cm^2$ 试样尺寸：50mm ×120mm ×（0.2 ~0.3）mm
	QGZ—A（直线轨迹法）	直线轨迹周期：6 h、12 h、24h 划针行程：305mm 试样尺寸：316mm ×24mm ×3mm
	QGZ—24（圆轨迹法）	划针半径：0.25mm、0. 5mm、1.0mm、1.5mm 轨迹周期：24h/r 试样尺寸：200mm ×200mm ×（0.2 ~0.3）mm
天津市建筑仪器试验机公司	QGS 型（压棉球法）	砝码总重量：200 g ±0.2g 砝码底面积：$1cm^2$ 试样尺寸：50mm ×120mm ×（0.2 ~0.3）mm
	QGZ—24（圆轨迹法）	划针半径：0.25mm、0.5mm、1.0mm、1.5mm 轨迹周期：24h/r 试样尺寸：200mm ×200mm ×（0.2 ~0.3）mm
	QGZ—A（直线轨迹法）	直线轨迹周期：6 h、12 h、24h 划针行程：305mm 试样尺寸：316mm ×24mm ×3mm

（2）干燥试验器的使用方法（漆膜、腻子膜干燥时间的测定——压棉球法） 在漆膜表面上放一个脱脂棉球，在棉球上再轻轻放置干燥试验器，同时开启秒表，经 30s，将干燥试验器和秒表拿掉，放置 5min，观察漆膜无棉球的痕迹及失光现象。漆膜上若留有 1 ~2 根棉丝，用棉球能轻轻掸掉，则认为漆膜实际干燥。

13. 快速灰分测定仪

（1）快速灰分测定仪及其规格、性能 快速灰分测定仪是测定煤、焦炭及其他物料灰分最理想的仪器。它通常由马蹄形管式电炉、传送带和控制仪三部分组成。快速灰分测定仪的生产厂家、型号、性能及主要技术指标见表 4-39。

表4-39 快速灰分测定仪的生产厂家、型号、性能及主要技术指标

生产厂家	型 号	性能及主要技术指标
鹤壁市科奥仪器仪表制造有限公司	GX2—HF—2A	炉膛长度：730mm 恒温带长度：815℃时不小于150mm，温差不大于10℃ 最高炉温：900℃ 升温时间（由室温升至815℃）：45min 电源：AC 220V ±22V /50Hz 最大功率：4kW 传送链运行速度：15～70mm/min （对应灰化时间：15～50min） 试样质量：0.5g±0.01g，精确到0.0002g
	GX2—HF—3	炉膛最高温度：815℃ ±10℃ 恒温区长度：不小于200mm 运行速度：可调 电源电压：220V ±22V
潍坊开发区华为电气有限公司	5E—HCY—Ⅲ	最低检测限①：灰分含量>5% 准确度②：灰分≤20%时，绝对值≤1%；灰分>20%时，相对值≤5% 测试时间：30s 仪器质量：4.5kg 数据存储：40个 尺寸：总长900mm（仪器长度为300mm、直径为90mm，探头长度为600mm、直径为72mm）
河南省鹤壁市实验设备有限公司	HF系列	炉膛最高温度：815℃ ±10℃ 运行速度：20～60mm/min 炉膛长度：800mm 恒温区长度：≥200mm 试样质量：0.2～0.5g 额定功率：3 kW 温度显示形式：动圈指针式（HF—Ⅰ型） 数字显示（HF—Ⅱ型） 精度等级：1.0（HF—Ⅰ型）、0.5（HF—Ⅱ型）

①、②处百分数均为质量分数。

（2）快速灰分测定仪的使用及注意事项

1）测定时，加热温度应控制在815℃ ±10℃，并具有足够长的恒温带。

2）测定仪炉内应有足够的空气供煤样燃烧。

3）测定时，应使煤样在炉内停留足够长的时间，以保证其灰化完全。

4）在使用过程中，应最大限度地减少煤中硫氧化生成的硫氧化物和碳酸盐分解生成的氧化钙接触。

14. 水泥稠度及凝结时间测定仪

(1) 水泥稠度及凝结时间测定仪及其规格、性能　水泥稠度及凝结时间测定仪主要用于测定水泥净浆的标准稠度用水量和凝结时间。水泥稠度及凝结时间测定仪的生产厂家、型号、性能及主要技术指标见表4-40。

表4-40　水泥稠度及凝结时间测定仪的生产厂家、型号、性能及主要技术指标

生产厂家	设备型号	性能及主要技术指标
无锡市锡华试验仪器有限公司 无锡建筑材料仪器机械厂 北京欧亚星宇科技有限公司 广州市易新建设仪器有限公司	新标准	滑动部分总重量：300 g ±2g 滑动部分最大行程：70mm 净重：≈3.8kg 外形尺寸：170mm×110mm×300mm

(2) 水泥稠度及凝结时间测定仪的使用及注意事项

1) 在测定标准稠度用水量前应先检查仪器滑动部分在支架中能否自由滑动，同时试锥降至杯顶时指针应对准标尺零点，否则应予调整。

2) 在测定凝结时间前，应取下锥形杯并换上圆模，并托以玻璃板，再一起放到垫板上，然后卸去试锥，换以指针，同时检查指针与圆模顶接触时指针是否对零，否则应予调整。

3) 在每次测定前，首先应将仪器垂直放稳，不宜在有明显振动的环境中操作。

4) 每次测定完毕后均应将仪器工作表面擦拭干净并涂油防锈。

5) 滑动杆表面不应碰伤或存在锈斑。

15. 雷氏夹测定仪

(1) 雷氏夹测定仪及其规格、性能　雷氏夹测定仪用于检测雷氏夹质量是否符合要求，也可用于测量沸煮前后水泥试件在雷氏夹两指针间距离的增值，从而判定水泥的安全性。雷氏夹测定仪的生产厂家、型号、性能及主要技术指标见表4-41。

表4-41　雷氏夹测定仪的生产厂家、型号、性能及主要技术指标

生产厂家	型　号	性能及主要技术指标
北京市京申精密仪器厂 无锡华南实验仪器公司 无锡建仪仪器机械有限公司 杭州蓝天仪器有限公司 无锡市锡华试验仪器有限公司	LD—50	专用砝码质量：300g 量值刻度板最小刻距：1mm 净重：≈1.65kg

(2) 雷氏夹的使用及注意事项

1) 雷氏夹每次使用之前需进行弹性要求检验，检验合格后方可使用。

2) 雷氏夹试件的制备方法：将预先准备好的雷氏夹放在已稍擦油的玻璃板上，并立刻将已制好的标准稠度的水泥净浆装满环模，装模时一只手轻轻扶持环模，另一只手用宽度为10mm的小刀插捣15次左右，然后抹平，盖上稍涂油的玻璃板，压上配重块，立即将雷氏夹连同试件和玻璃板移至湿气养护箱（控制温度为20℃ ±3℃，湿度大于90%）内养护24 h ±2h。

3) 雷氏夹试件的煮沸。先测量带有试件并经养护的雷氏夹两指针尖端的间距，精确到0.5mm，并按编号做记录，接着将雷氏夹连同试件放入煮沸箱中的箅板上，使指针朝上，试件之间互不交叉，然后在30min ±5min内加热至沸腾，并恒沸3h ±5min，最后根据煮沸前后两指针尖端间的距离的差值来判断试件是否合格。

4) 雷氏夹用后应去掉试样及污物，然后放妥，严禁堆放或与其他物体相互挤压。

16. 沸煮箱

(1) 沸煮箱及其规格、性能　沸煮箱是对水泥安定性能进行雷氏法及试饼法两种测定的必备装置。它对升温与保温仪器均可进行自动控制。沸煮箱的生产厂家、型号、性能及主要技术指标见表4-42。

表4-42　沸煮箱的生产厂家、型号、性能及主要技术指标

生产厂家	型　号	性能及主要技术指标
北京新世纪诚达试验仪器制造有限公司 无锡华南试验仪器公司 上海宁锡试验仪器有限公司 广州市易新建设仪器有限公司	FZ—31A	有效容积：≈31L 保温沸煮时间：3h 加热功率：2组共4kW
北京长星试验仪器有限公司	FZ—31	箱体容积：420mm×240mm×310mm 试件容量：36个雷氏夹试件 功率：4kW 升温时间：30min ±5min
沧州路达建筑仪器厂	FZ—31	有效容积：≈31L 保温沸煮时间：3h 加热功率：2组共4kW

(2) 沸煮箱的使用及注意事项

1) 在测定水泥安定性前应调整好沸煮箱内的水位，应能保证在整个沸煮过程中都超过试件，不需中途添补试验用水。

2）沸煮箱应能保证在30min ±5min内将箱内试验用水由室温升至沸腾状态并保持3h以上。

3）箅板的结构应不影响试验结果，箅板与加热器之间的距离应不低于50mm。

4）使用时应保证沸煮箱的排水孔功能和通电系统正常，绝缘性能良好。

5）沸煮箱一般每年需校验一次。

17. 水泥净浆搅拌机

（1）水泥净浆搅拌机及其规格、性能　水泥净浆搅拌机是按标准规定将水泥和水混合搅拌成均匀的试验用净浆，供测定水泥标准稠度、凝结时间及制作定性试块用的专用仪器。水泥净浆搅拌机是水泥生产厂、建筑施工单位及有关科研单位实验室不可缺少的设备。其生产厂家、型号、性能及主要技术指标见表4-43。

表4-43　水泥净浆搅拌机的生产厂家、型号、性能及主要技术指标

生产厂家	型　号	性能及主要技术指标
北京鑫宇建工试验仪器有限公司	NJ—160	搅拌叶公转慢速：（62 ±5） r/min 搅拌叶公转快速：（125 ±10） r/min 搅拌叶自转慢速：（140 ±5） r/min 搅拌叶自转快速：（285 ±10） r/min 搅拌叶片宽度：111mm 功率：快速370W，慢速170W
沧州路达建筑仪器厂		
上海宁锡试验仪器有限公司		
深圳市路达仪器总汇		
无锡华南实验仪器公司		
天津市北辰建工试验仪器厂		

（2）水泥净浆搅拌机的使用及注意事项

1）应保持工作场地清洁，每次使用后应彻底清除搅拌叶片与搅拌锅内外残余的净浆，并清扫散落和飞溅在机器上的灰浆及脏物，擦干后套上护罩，防止落入灰尘。

2）减速箱内的蜗杆副、齿轮副及轴承等运动部件每季度应加二硫化钼润滑脂一次；滑板与立柱、导轨与各相对运动零件的表面之间应经常滴入机油润滑；每年应将机器全部清洗一次，并加注润滑剂。

3）若机器运转时有金属撞击噪声，则应先检查搅拌叶片与搅拌锅之间的间隙是否正确。

4）当更换新的搅拌锅或叶片时，均应及时重新调整间隙。

5）使用搅拌锅时要轻拿轻放，不可随意摔碰，以防其变形。

6）应经常检查电气绝缘情况。

第五节 检验准备技能训练

• 训练1 溶液的配制、一般玻璃仪器的正确使用

(一) 训练目的

1) 掌握指定质量分数及物质的量浓度溶液的配制方法。

2) 练习溶液的搅拌及药品的称量操作。

3) 巩固质量浓度、物质的量浓度的计算方法。

(二) 仪器与试剂

1. 仪器

托盘天平；10mL、25mL、100mL、250mL 量筒；250mL 试剂瓶；250mL 棕色试剂瓶；药匙；玻璃棒；滴管；标签；250mL 烧杯。

2. 试剂

NaCl（固体、化学纯）；浓硫酸（化学纯）；$CuSO_4 \cdot 5H_2O$（固体、化学纯）。

(三) 训练步骤

1. 配制指定质量分数的溶液

1) 配制 200g 质量分数为 10% 的 NaCl 溶液。

① 计算配制 200g 质量分数为 10% 的 NaCl 溶液所需 NaCl 和水的质量。

称取 NaCl：$200g \times 10\% = 20g$

量取水：$200mL - 20mL = 180mL$

② 用托盘天平称出 NaCl 20g，倒入 250mL 烧杯中，用 250mL 量筒量取 180mL 蒸馏水，倒入盛有 NaCl 的烧杯内，用玻璃棒搅动，使 NaCl 全部溶解。

③ 将配好的 200g 质量分数为 10% 的 NaCl 溶液沿玻璃棒注入 250mL 试剂瓶中，盖严瓶塞，贴好标签备用。

2) 用密度为 $1.84g/cm^3$，质量分数为 98% 的浓硫酸配制 250mL 密度为 $1.083g/cm^3$，质量分数为 12% 的稀 H_2SO_4 溶液。

① 计算出配制 250mL 质量分数为 12% 的稀 H_2SO_4 溶液所需要的浓硫酸和水的体积。

$$V(\text{浓 } H_2SO_4) = \frac{1.083g/cm^3 \times 250mL \times 12\%}{1.84g/cm^3 \times 98\%} = 18mL$$

$$V(H_2O) = 250mL - 18mL = 232mL$$

② 用 250mL 量筒量取 232mL 蒸馏水，倒入 250mL 烧杯中，再用 25mL 量筒

量取 18mL 浓硫酸，沿玻璃棒缓缓倒入上述烧杯中，边倒边搅拌，使其混合均匀并冷却。

③ 将配好并冷却至室温的硫酸溶液沿玻璃棒注入 250mL 试剂瓶中，盖严瓶塞，贴好标签备用。

2. 配制指定物质的量浓度（简称浓度）的溶液

1）配制 500mL 0.1mol/L 的 NaOH 溶液。

① 计算配制 500mL 0.1mol/L 的 NaOH 溶液所需固体 NaOH 的质量

$$m(\mathrm{NaOH}) = cVM = 0.1\mathrm{mol/L} \times \frac{500\mathrm{mL}}{1000} \times 40\mathrm{g/mol} = 2\mathrm{g}$$

② 用托盘天平称取 2g 氢氧化钠，放入洁净的 250mL 烧杯中，加适量蒸馏水溶解，将溶液沿玻璃棒注入 500mL 试剂瓶中，并用少量蒸馏水洗涤烧杯两三次，将洗涤液也注入试剂瓶中，然后用蒸馏水将溶液稀释至 500mL，盖紧瓶塞，摇匀后贴好标签备用。

2）用密度为 1.84g/cm^3，质量分数为 98% 的浓 H_2SO_4 配制 250mL 0.5mol/L 的稀 H_2SO_4 溶液。

① 计算配制 250mL 0.5mol/L 的稀 H_2SO_4 溶液所需浓硫酸的体积。

$$V(\text{浓 } \mathrm{H_2SO_4}) = \frac{98\mathrm{g/mol} \times 0.5\mathrm{mol/L} \times \dfrac{250\mathrm{mL}}{1000}}{1.84\mathrm{g/cm^3} \times 98\%} = 6.8\mathrm{mL}$$

② 往 250mL 干净的烧杯中注入大约 100mL 蒸馏水，用 10mL 量筒量取 6.8mL 浓 H_2SO_4，将其沿玻璃棒缓缓注入烧杯内，并不断搅拌，量筒用少量蒸馏水洗涤 2 次，将洗涤液也注入烧杯中，用玻璃棒慢慢搅动，使溶液混合均匀并冷却。

③ 把冷却至室温的硫酸溶液沿玻璃棒注入 250mL 试剂瓶中，用少量蒸馏水洗涤烧杯、玻璃棒各两三次，将洗涤液也注入试剂瓶中，然后用蒸馏水将溶液稀释至 250mL，摇匀后贴好标签备用。

训练 2　分析天平的称量

（一）训练目的

1）熟悉天平和砝码的使用方法。

2）初步掌握称样的方法和操作。

（二）仪器与试剂

1. 仪器

分析天平、托盘天平、表面皿、称量瓶、锥形瓶或小烧杯、药匙。

2. 试剂

固体试样（NaCl 或 Na_2CO_3）。

（三）训练步骤

按称量的操作顺序检查天平并调好天平的零点。

1. 直接称样法

1）在分析天平上准确称出称量瓶的质量。

2）在分析天平上准确称出表面皿的质量。

2. 指定质量称量法

1）先称出表面皿的质量。

2）在天平右盘上加500mg环码。

3）用药匙将NaCl慢慢加到表面皿上，直至天平的平衡点恰好与称量表面皿时的平衡点一致。此时称取NaCl的质量为0.5000g。以同样的方法，称取两三个试样。

3. 差减称样法

1）取一洁净干燥的称量瓶，装入NaCl至称量瓶容积的1/3左右，在托盘天平上粗称其质量。

2）在分析天平上准确称其质量（准确至0.1mg），记下质量读数，设为m_1(g)。

3）取出称量瓶，转移NaCl试样0.2~0.3g置于小烧杯中，并准确称出称量瓶和剩余试样的质量，设为m_2(g)。

以同样的方法转移试样0.2~0.3g置于另一个小烧杯中，再准确称出称量瓶和剩余试样的质量，设为m_3(g)。

（四）数据记录与计算

1. 直接称量法记录（见表4-44）。

表4-44　直接称量法记录表

称量物	所加砝码/g	所加环码/mg	天平零点/mg	微分标尺读数/mg	称量物质量/g
表面皿					
称量瓶					

2. 指定质量称样法记录（见表4-45）

表4-45　指定质量称样法记录表

记录项目	序　号		
	1	2	3
试样与表面皿质量/g			
空表面皿质量/g			
试样质量/g			

3. 差减称样法记录（见表4-46）。

表4-46 差减称样法记录表

称量物	所加砝码/g	所加环码/mg	微分标尺读数/mg	称量物质量/g	试样质量	
					序号	g
称量瓶加试样质量 m_1/g						
倾出第一份试样后的质量 m_2/g						
倾出第二份试样后的质量 m_3/g						

训练3 容量器皿的基本操作

（一）训练目的

掌握容量瓶的洗涤和操作方法。

（二）仪器与试剂

1. 仪器

25mL移液管1支；250mL烧杯1个；250mL容量瓶1个；玻璃棒1根；滴管1支；吸耳球1个；滤纸若干。

2. 试剂

铬酸洗涤液。

（三）训练步骤

1. 用固体物质配制标准滴定溶液

（1）试漏　使用前先检查容量瓶是否漏水，容量瓶标线距离瓶口是否太近。

（2）洗涤　按洗涤容量瓶的操作方法，分别用铬酸洗液、自来水、蒸馏水将容量瓶洗涤至内壁不挂水珠为止。

（3）转移　将准确称取的固体物质置于250mL烧杯中，以少量蒸馏水溶解，待液体冷却至室温后，再将其定量转移到250mL容量瓶中。

（4）定容　在将溶液转入容量瓶后，当用蒸馏水稀释至容量瓶容积的3/4时，平摇几次，继续加蒸馏水至标线以下1cm处，再用滴管逐滴加入蒸馏水，直至溶液的弯月面与标线相切为止，盖紧瓶塞。

（5）摇匀　将瓶塞盖紧后，用左手食指按住塞子，用左手其他手指握住瓶颈，右手指尖顶住平底边缘，将瓶倒转，使气泡上升到顶部，同时将瓶振荡数次，如此反复操作15～20次，使瓶塞周围的溶液流下后，塞紧，再按上述操作振荡一两次。

2. 稀释溶液

1）将25mL移液管用铬酸洗液、自来水、蒸馏水依次洗涤干净，用滤纸吸去管尖内外的水分，再用烧杯内的待吸溶液将移液管润洗3次，然后用吸耳球吸取浓溶液25mL，移入洁净的250mL容量瓶中。

2）按稀释、定容的操作方法，将容量瓶内的浓溶液用蒸馏水稀释至溶液的弯月面与标线相切，盖紧瓶盖，再按摇匀操作方法，将容量瓶倒转过来，反复振荡数次，使溶液混合均匀。

• 训练4　玻璃工的基本训练

（一）训练目的

1）熟悉煤气喷灯的构造，学会并掌握煤气喷灯的使用方法。

2）熟悉正常火焰的结构，学会调节火焰的方法。

3）学会“截”“弯”“拉”玻璃管和玻璃棒的基本操作。

4）按规格要求制作直角弯管、钝角弯管、锐角弯管、滴管、毛细管、熔点管和搅棒。

（二）仪器与材料

煤气喷灯；火柴；直径为7mm，长度为1.4m的玻璃管10根；直径为10mm，长度为40~50cm的薄壁玻璃管10根；直径为5mm，长度为18cm的玻璃棒5根。

（三）训练步骤

1. 煤气喷灯

1）安装煤气喷灯，熟悉灯管、通气孔、风门、灯座、煤气入口管、螺旋形进气阀等组成部件的外形结构。

2）调节、观察黄色火焰的形成。旋转套管，关闭通气孔，擦燃火柴，稍微打开煤气阀门，用燃着的火柴在灯管口点燃煤气，然后调节煤气阀门或灯座下面的螺旋形针阀，使火焰保持适当的高度，此时火焰应呈黄色。

3）调节正常火焰，观察正常火焰的构成。旋转套管，开启通风孔，逐渐增大空气的进入量，黄色火焰逐渐变蓝，最后形成炽热的无色（或淡紫色）火焰（即正常火焰），并出现轮廓分明的三个锥形区域。仔细观察这三个锥形区域火焰的颜色，用一根火柴深入焰心，观察何处首先燃烧。

4）关闭煤气灯时，应先旋转套管，关闭通气孔，然后再关闭煤气阀门，熄灭火焰。

2. 制作玻璃棒

1）制作圆头玻璃棒时，可截取直径为5mm，长度分别为12cm、14cm、16cm的玻璃棒各一根，将截断面在火焰中烧圆，可作搅棒。

2）制作离心试管的搅棒时，可截取直径为5mm、长度为15cm的玻璃棒1根，将中部置于火焰上加热并拉细到直径为1.5mm为止，冷却后用三角锉在细处截断，并将截断面熔烧成一个球，小搅棒即可制成，如图4-1所示。

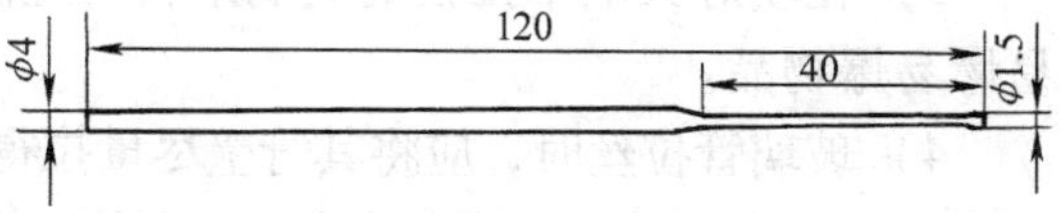

图4-1 离心试管的搅棒

3. 制作滴管

取直径为7mm的玻璃管，在煤气喷灯的火焰上反复练习拉细玻璃管的基本操作，直到熟练为止。

截取直径为7mm、长度为15cm的玻璃管1根，将中部置于火焰上加热并拉制成总长度为13cm的滴管2根。要求滴管粗端内径为7mm、长6cm，细端内径为1.5mm、长7cm。细端断口需在火焰中熔光，粗端断口在火焰中烧软后再在石棉网上垂直向下按一下，使管口外卷。冷却后，套上一个橡胶头即成滴管，如图4-2所示。

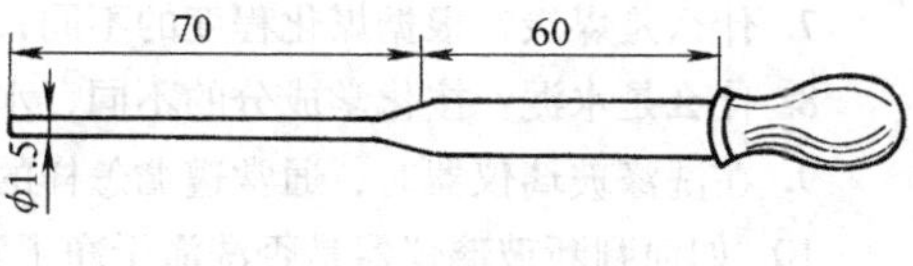

图4-2 滴管

熔烧滴管细端断口时要特别小心，不能始终放在火焰中熔烧，否则管口直径将收缩甚至封死。熔烧滴管粗端断口时要完全烧软，然后在石棉网上垂直加压翻口，以便于套上橡胶帽。从制成的滴管中滴出20滴水的体积应等于1mL。

4. 拉制毛细管和熔点管

先用直径为10mm的薄壁玻璃管拉制成长度为6~7cm，直径为1mm的毛细管10根，再用直径为10mm的薄壁玻璃管拉制成长度约为15cm、直径为1mm、两端封口的毛细管10根（在测熔点时只要从中间截断，就可得到两根熔点管），装入大试管中备用。

5. 弯曲玻璃管

1）用直径为7mm的玻璃管在煤气喷灯上反复练习弯曲玻璃管的基本操作，直到熟练为止。

2）用直径为7mm的玻璃管弯成120°、90°、60°的玻璃弯管各2根。

（四）注意事项

1）练习玻璃工基本操作时必须穿工作服。夏季操作时，不准赤膊或穿短裤。

2）若不知放在工作台上的半成品或成品的冷热，则不得直接用手去拿，应先用手接近制件，无热的感觉方可直接取拿。

3）在喷灯火焰中拉去的玻璃余料，应随时丢入指定的废物箱中，以免碰到易燃易爆物品。

4）玻璃管拉丝时，应将其管壁尽量拉得厚一些，太薄易断裂划破手指。在利用拉丝尾管吹气时，口端应熔光，否则管口容易划破嘴唇。

复习思考题

1. 化工产品有什么特征？在国家标准中，化工产品可划分为哪几种类型？
2. 完成一项分析任务通常包括哪些基本程序？
3. 如何表示检验结果？在计算检验结果时需注意哪些问题？
4. 什么是化肥？根据化学性质的不同，化肥可分为哪些类型？
5. 什么是农药？在储存和保管农药时需注意哪些问题？
6. 什么是涂料？涂料的组成是怎样的？
7. 什么是煤炭？根据煤化程度的不同，煤炭可分为哪几种类型？
8. 什么是水泥？按化学成分的不同，水泥可分为哪几大系列？
9. 在洗涤玻璃仪器时，通常遵循怎样的洗涤步骤？
10. 如何判断玻璃仪器是否洗涤干净了？
11. 如何弯曲玻璃管？
12. 如何检查容量瓶、滴定管的密合性？
13. 实验室用水中三个级别的水在应用上有何区别？
14. 我国的化学试剂按纯度和使用要求不同，可分为哪几种规格？
15. 什么是物质的量浓度？什么是质量浓度？两者之间有何关系？
16. 如何配制0.1000mol/L的邻苯二甲酸氢钾标准滴定溶液？
17. 使用电光分析天平称量时，取放砝码的基本原则是什么？
18. 如何利用“两点定位法”测量溶液的pH值？

第五章

采　样

培训学习目标　通过本章学习，学员要明确采样的目的和意义；掌握采样方案的制订原则，并能正确选择和使用常用的采样工具；能够选择正确的采样方法，采取并制备固体样品；能够从贮存器、输送管道中采取液体样品；能够采取常压、正压、负压下的气体样品。

第一节　采样方法的确定

从待测的原始物料中取得分析试样的过程称为采样。用科学的方法采取供分析测试用的分析试样（即样品）是分析工作者的一项十分重要的工作。对样品的采取与制备一定要十分重视，不仅要使采取的样品能充分代表原物料，而且要在操作和处理过程中防止样品变化和污染。

一、采样的目的

采样的具体目的可分为下列几个方面：

1. 技术方面

1）确定原材料、半成品及成品的质量。

2）控制生产工艺过程。

3）鉴定未知物。

4）确定污染的性质、程度和来源。

5）验证物料的特性或特性值。

6）测定物料随着时间、环境的变化而变化的规律。

7）鉴定物料的来源等。

2. 商业方面

1）确定销售价格。

2）验证是否符合合同的规定。

3）保证产品销售质量，满足用户的要求等。

3. 法律方面

1）检查物料是否符合法令要求。

2）检查生产过程中泄漏的有害物质是否超过允许极限。

3）法庭调查，确定法律责任，进行仲裁等。

4. 安全方面

1）确定物料是否安全及其危险程度。

2）分析发生事故的原因。

3）按危险性进行物料的分类等。

二、采集各种样品的基本原则

采样的基本原则是使采得的样品具有充分的代表性。为此，往往需要按照一定的采样方案，从总体物料中采得能代表总体物料的样品，以便通过对样品的检测，来了解总体物料的情况。

对于均匀物料，原则上可以在物料的任意部位进行采样，但要注意在采样过程中不应带进杂质，且尽量避免引起物料的变化（如吸水、氧化等）；对于不均匀物料一般采用随机采样的方法。在对所得样品分别进行测定后，再汇总所有样品的检测结果，得到总体物料的特性平均值和变异性的估计量。

随机不均匀物料可以随机采样，也可非随机采样。

定向非随机不均匀物料要用分层采样的方法，并尽可能在不同特性值的各层中采出能代表该层物料的样品。

对于周期非随机不均匀物料，最好在物料流动线上采样，采样的频率应高于物料特性值的变化频率，切忌两者同步。

混合非随机不均匀物料的采样，首先应尽可能使各组成部分分开，然后按照上述各种物料类型的采样方法进行采样。

三、明确采样方案

采样前必须制订采样方案。制订采样方案的目的是争取以最经济、最合理的手段，在允许的采样误差范围内，从总体物料中取得有充分代表性的样品。

采样方案应根据采样目的和要求以及已掌握的待采物料的所有信息来确定。采样方案至少应包含以下内容：

1）界定总体物料的范围。

2）确定采样单元。

3）确定样品部位，样品数和样品量 在满足需要的前提下，样品数、样品量越少越好。能给出所需信息的最少样品数和最少样品量，就是最佳样品数和最佳样品量。总体物料越均匀，所需的样品数和样品量就可以越少。不必要地增加样品数和加大样品量，可能导致增大采样费用和增大物料的损失。

4）规定采样方法，确定采样工具。待检物料种类繁多，性质多样，采样条件千变万化，采样技术就不可能是单一不变的。但一些基本原则是必须遵循的。

①选择采样技术的原则

Ⅰ待检物料的形态、粒径、数量、均匀性、状态（静止或运动）是选择采样技术的重要依据。

Ⅱ选用的采样技术应能保证在允许的采样误差范围内，从总体物料中采得有代表性的样品。

Ⅲ选用的采样技术应方便、成本低，对物料的待测性质无任何影响。

Ⅳ要求特殊处理和有危险的物料，要按有关规定选择特殊的采样技术。

②对采样工具的基本要求

Ⅰ采样器所用材质不能和待采物料有任何反应，不得使待采物料污染、分层、损失。

Ⅱ采样器（如采样勺、铲、采样探子、采样管等）应清洁、干燥，便于使用、清洗。

Ⅲ专用的采样装置，特别是自动采样器，在正式使用前必须做可行性试验。

5）规定盛装样品的容器及保存方法。

6）规定样品的加工方法。

7）规定采样的安全措施。

第二节 准备采样

一、采样工具的准备

1. 固体样品的采样工具

采取固体试样常用的采样工具有采样铲（见图5-1）、采样探子（见图5-2）、采样钻（见图5-3）、气动采样探子（见图5-4）、真空探针等。

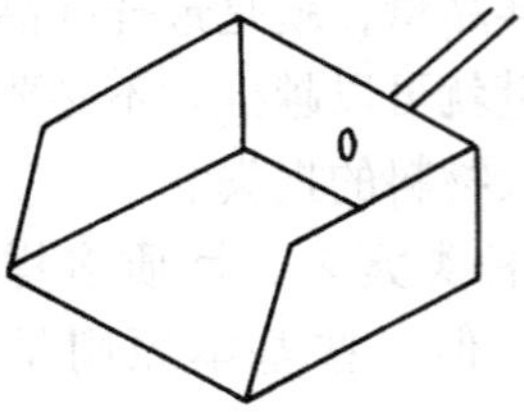

图5-1　采样铲

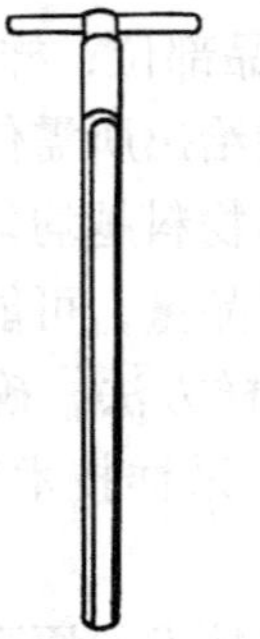

图5-2　末端开口的采样探子

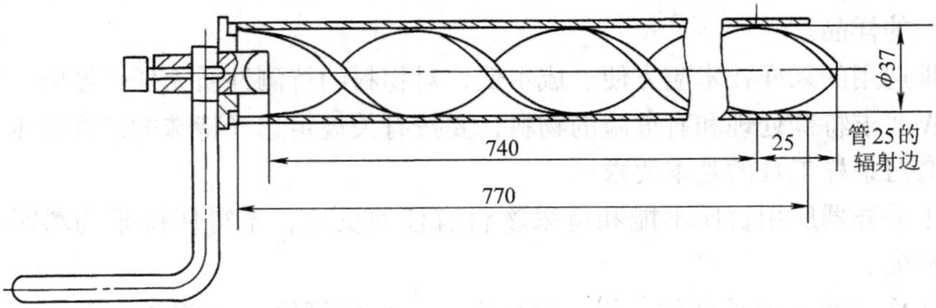

图5-3　窗板关闭式采样钻

采样探子适用于粉末、小颗粒、小晶体等固体化工产品的采样。在采样时，应按一定角度将采样探子插入物料。插入时，应使槽口向下，先把探子转动两三次，再小心地把探子抽回，并注意抽回时应保持槽口向上，然后将探子内的物料倒入样品容器中。

采样钻适用于较坚硬的固体采样。关闭式采样钻是由一个金属圆桶和一个装在内部的旋转钻头组成的。采样时，应牢牢地握住外管，旋转中心棒，使管子稳固地进入物料，必要时可稍加压力，以保持均等的穿透速度。在采样钻到达指定部位后，停止转动，提起钻头，反转中心棒，将所取样品移进样品容器中。

气动采样探子是由一个真空吸尘器和一个由两个同心圆组成的探子构成的。开启空气提升泵，使空气沿着两管之间的环形通路流至探头，并在探头产生气动而带起样品时，使探针不断地插入物料。

2. *液体样品的采样工具*

液体样品的采样工具常用的有采样勺（见图5-5）、采样瓶、采样罐、采样管（见图5-6）、自动管线采样器等。

3. 气体样品的采样工具

气体的采样设备主要包括采样器（见图5-7和图5-8）、导管、样品容器（见图5-9）、预处理装置、调节压力和流量装置、吸气器和抽气泵等。

（1）采样器 目前广泛使用的采样器有价廉、使用温度不超过450℃的硅硼玻璃采样器，有可在900℃以下长期使用的石英采样器，不锈钢和铬铁采样器可在950℃使用，而镍合金采样器可在1150℃使用。选择何种材料的采样器取决于气样的种类。

用水冷却金属采样器，可降低采样时发生化学反应的可能性。在采取可燃性气体（如含有可燃成分的烟道气）时，就特别需要这一措施。

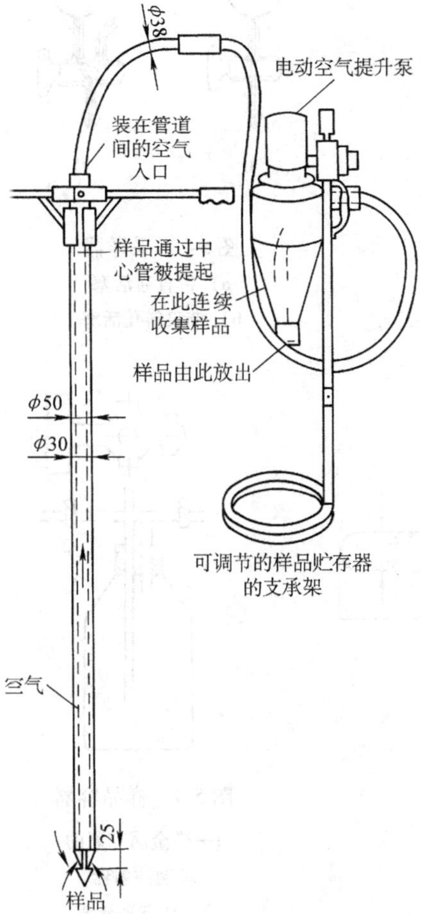

图5-4 典型的气动采样探子

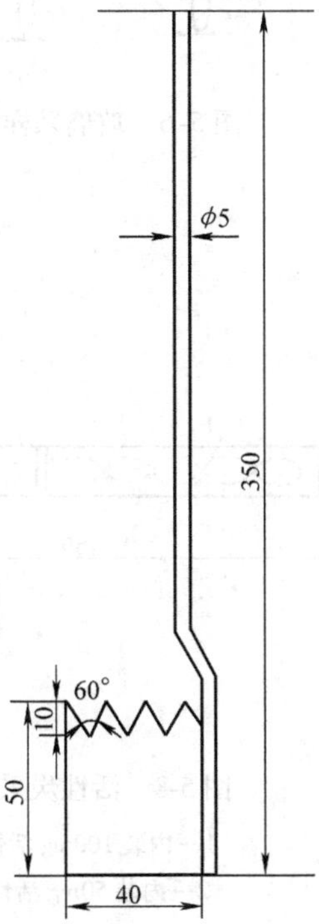

图5-5 表面采样勺

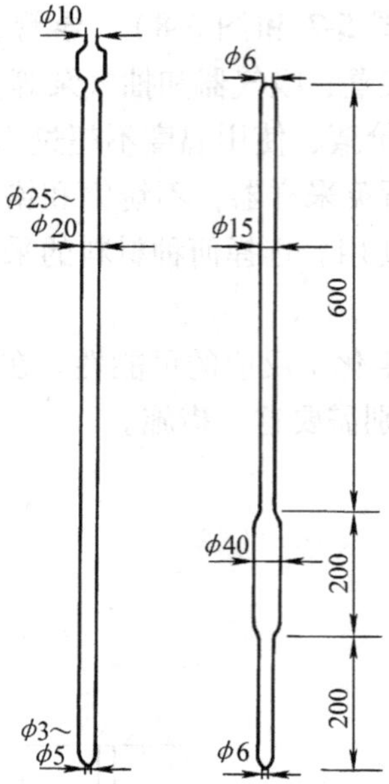

图 5-6　玻璃采样管

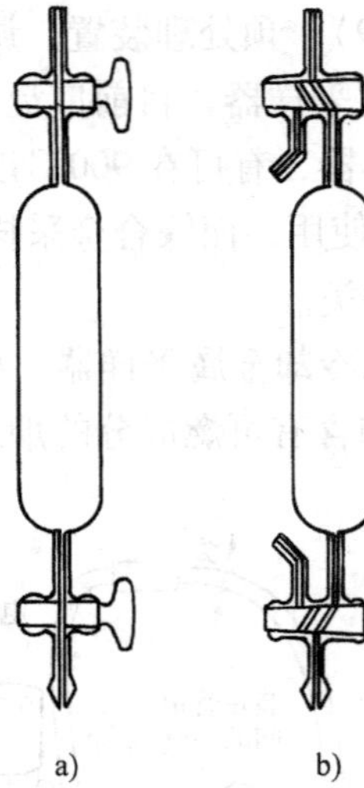

图 5-7　采样器
a）带直通活塞
b）带双斜孔活塞

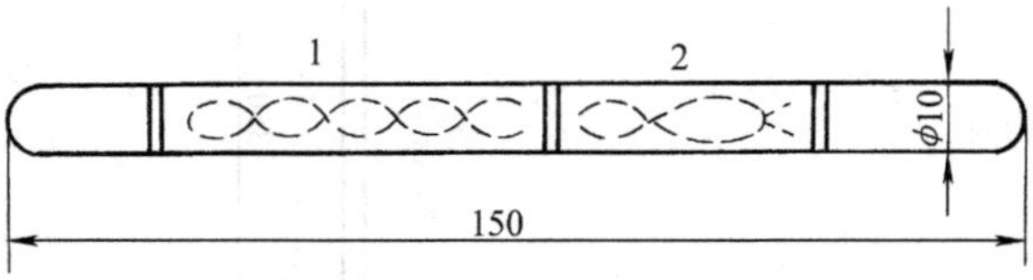

图 5-8　活性炭采样管
1—内装 100mg 活性炭
2—内装 50mg 活性炭

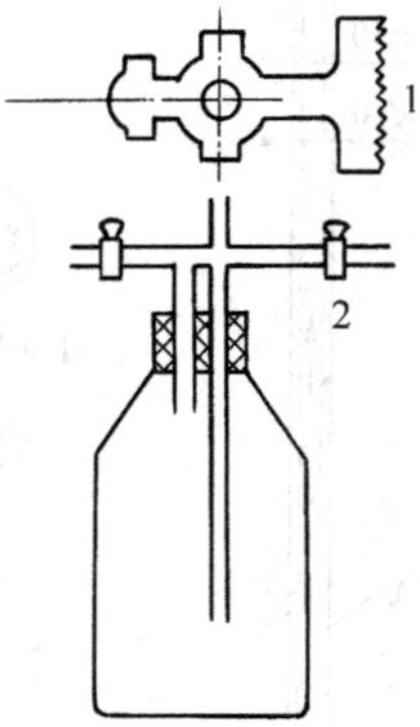

图 5-9　样品容器
1—带金属三通的玻璃注射器
2—真空采样瓶

（2）导管　若采取高纯气体，则应选用钢管或铜管作导管，管间用硬焊或活动连接，必须确保不漏气；当要求不高时，可采用塑料管、乳胶管、橡胶管或聚乙烯管等。

（3）样品容器

1）采样管：包括带有三通注射器的真空采样瓶和两端带活塞的采样管等，如图5-7和图5-9所示。

2）金属钢瓶：包括不锈钢瓶、碳钢钢瓶和铝合金钢瓶等。钢瓶必须定期做强度试验和气密性试验，且要专瓶专用。

3）吸附剂采样管：包括活性炭采样管和硅胶采样管。活性炭采样管通常用来吸收浓缩的有机气体和蒸汽，如图5-8所示。

4）球胆。球胆采样的缺点是在吸附烃类气体和小分子气体（如氢气等）时易渗透，故放置后样品成分会发生变化，但价廉，使用方便，故在要求不高时使用。球胆在使用前必须先用样品气吹洗干净，置换三次以上，采样后立即分析。要固定球胆专取某种气体。

此外，用于盛装气体样品的容器还有塑料袋和复合膜气袋等。

（4）预处理装置　如过滤器等。

（5）调节压力和流量的装置　高压采样时，一般安装减压器；中压采样时，可在导管和采样器之间安装一个三通，并将三通的一端连接放空装置或安全装置。采用补偿式流量计或液封式稳压管可提供稳压的气流。

（6）吸气器和抽气泵　常压采样器常用橡胶制的双联球或玻璃吸气瓶，如图5-10所示。水流泵可方便地产生中度真空，机械真空泵可产生较高的真空。

二、采样记录和采样的安全措施

1. 采样记录和采样报告

采样时应记录被采物料的状况和采样操作，如物料的名称、来源、编号、数量、包装情况、存放环境、采样部位、所采样品数和样品量、采样日期、采样人等，必要时可填写详细的采样报告。

2. 采样安全措施

在有些情况下采样时，采样者有受到人身伤害的危险，也可能造成危及他人安全的危险条件。为确保采样操作的安全进行，采样时应按以下规定进行：

1）采样地点要有出入安全的通道以及照明和通风条件。

2）在储罐或槽车顶部采样时要防止坠落，还要防止堆垛容器的倒塌。

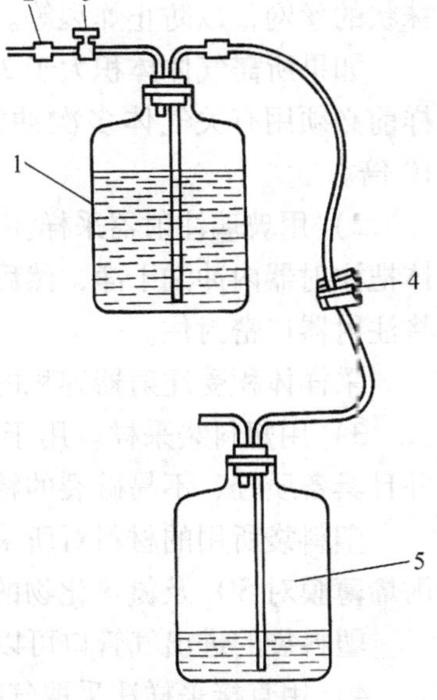

图5-10　吸气瓶

1—气样瓶　2—橡胶管

3—旋塞　4— 弹簧夹　5—封闭溶液

3）如果所采物料本身有危险，则在采样前必须了解有关危险物质的基本规定和处理办法，采样时，必须有防止阀门失灵、物料溢出的应急措施和心理准备。

4）采样时必须有陪伴者，并且必须对陪伴者进行事先培训。

第三节　样品的采集和制备

一、样品的采集

1. 气体样品的采集

气体样品的采集方法包括直接采样法、富集采样法和无动力采样法。

（1）直接采样法　当气体中的被测组分浓度较高，或所用分析方法灵敏度高且直接进样就能满足化验分析的要求时，可用直接采样法。其特点是不用吸收介质，直接将气体采入容器内。常用的采样容器有注射器、塑料袋、球胆等。根据气体试样的性质和用量可选用下列方法进行直接采样：

1）用玻璃容器采样。在采样点把气体试样装在玻璃瓶或气体采集管（具有两个出口旋塞）内。对于2L以下的气体采集管，可以预先将其抽成高度真空，在采样地点打开密封活塞，所采气体即自动充满管内。采集管外面最好罩一层长袜状的丝网，以防止炸裂等。

如果所需气体体积大于2L，则可使用大玻璃容器（如烧瓶、细口瓶等）。采样前必须用有关气体多次冲洗容器，用于冲洗的气体体积至少是容器体积的10倍。

2）用玻璃注射器采样。采样前，在采样地点把注射器抽动几次，用欲采气体把注射器内冲洗干净，然后抽取气体试样，采样完成后用类似眼药瓶上的皮塞将注射器口密封住。

采样体积受注射器容积的限制，一般不超过100～200mL。

3）用塑料袋采样。用于采集气体试样的塑料袋带有一个进出气体的软管，并且具备质轻、不易破裂的特点，其容积从1L至100L不等。

塑料袋所用的材料对所采集的试样来说必须是惰性的。例如，聚氯乙烯及聚丙烯薄膜对SO_2及氮氧化物的耐蚀性较差，不宜在采集这些气体时使用。

塑料袋的进出气管口可以热封，还可以用夹子或阀门密封。

4）用直接采样法采取气态化工产品

① 从工业设备中采样

Ⅰ. 常压下采样。常压下采样常用橡胶制的双联球或玻璃吸气瓶。

Ⅱ. 正压下采样。在采取略高于大气压的气体时，可将干燥的采样器连到采样管路上，打开采样阀，用相当于采样管路和容器体积至少10倍的气体（高纯气体应该用15倍以上的气体）清洗装置，然后关上出口阀，再关上进口阀，移去采样器。

Ⅲ. 负压下采样。将采样管的一端连到采样导管，另一端连到一个吸气器或抽气泵，抽入足量气体，彻底清洗采样导管和采样器。采样完毕，先关采样器出口阀，再关采样器进口阀，移出采样器。

若采样器装着双斜孔旋塞，则可在连到采样器前用一个泵将采样器抽空，在清洗采样器后，通过旋塞的开口端转到抽空管，在移去采样器之前再转回到连接开口端。

② 从贮气瓶中采样。贮气瓶一般盛装有高压气体或液化气体。液化气体可按照从槽车中采取液体试样的方法进行；高压气体可按照高压气体的采样方法进行。如果贮气瓶上带有减压阀，则直接利用导管将减压阀和采样管连接起来即可，否则，需在安装减压阀后再进行采样。

（2）富集采样法　当气体中被测物质的质量浓度很低［1～0.001mg/m^3］，而所用的分析方法又不能直接测出其含量时，需用富集采样法进行气体样品的采集。富集采样的时间一般都比较长，所得的分析结果是在富集采样时间内的平均浓度。

富集采样法有液体吸收法、固体吸附法、低温冷凝法、滤料采样法、个体剂量器法等。

1）冷冻富集法。一些高沸点的组分或CO_2可在低温下因冻结而富集。冷冻剂可以是－196℃的液化空气或液氮，也可以是－78℃的干冰加甲醇的混合物。冷冻富集法的优点是无需解吸，缺点是携带冷冻剂不方便。

2）吸附富集法。利用抽气动力抽取气体，使气体通过吸附介质，将待测组分富集在吸收介质上。根据吸收介质的不同，吸附富集法可分为液体吸收法和固体吸附法两类。

①液体吸收法：主要用来采集气态样品和蒸气态样品。液体吸收法常用的吸收液及富集气体的特点见表5-1。常用的吸收装置有多孔玻璃板吸收管（吸收瓶）、气泡吸收管、冲击式吸收管（吸收瓶）等。

表5-1　液体吸收法常用的吸收液及富集气体的特点

吸收液	富集气体的特点	实　例
水	气体在水中的溶解度较大	采集氟化氢、氯化氢
某种物质的水溶液	气体与吸收液发生不可逆反应且反应迅速，反应生成物稳定，便于随后的分析操作	用碱液吸收酸性气体，用四氯汞钾溶液吸收二氧化硫
有机溶剂	气体为有机物	用乙二胺采集二硫化碳

② 固体吸附法：主要用来采集雾态样品或气体中的固体颗粒物。富集后需将待测组分解吸或溶解，转入溶液中进行分析。固体吸附法常用的吸附剂及其特点见表5-2。

表5-2 固体吸附法常用的附剂及其特点

吸附剂	特点	实例
颗粒状吸附剂（如硅胶、活性炭、素陶瓷等）	采集雾态样品	用金膜颗粒管采集汞
纤维状吸附剂（如滤膜、滤筒、脱脂棉等）	采集烟、尘状态样品	用玻璃纤维滤膜采集大气颗粒物

3）个体剂量器法。该方法适用于采集气态和蒸气态样品。它利用被测物质分子自身的运动（扩散或渗透），到达吸收液或吸附剂表面而被吸收或被吸附，不需抽气动力。

（3）无动力采样法　无动力采样法往往用于单一的某个检测项目，如过氧化铅法、碱片法用以采集大气中的含硫化合物，石灰滤纸法用以采集大气中微量氟化物，集尘缸采样用以测定大气中灰尘的自然沉降量等。

无动力采样法不采用外加动力，只依靠气体分子的扩散、渗透或化学反应而采集待测气体，又称为被动采样法。在一定时间内，介质所吸收到的气体总量的计算式为

$$Q = JAt = Kc\frac{A}{L}t \tag{5-1}$$

式中　Q——被吸收的气体总量（mol）；

A——管道横截面积（cm^2）；

J——气体扩散流量［$mol/(cm^2 \cdot s)$］；

t——采样时间（s）；

c——采样点待测气体浓度（mol/cm^3）；

L——采样管长度（cm）；

K——通常用标准气来测定（cm^2/s）。将采样装置置于待测气体的已知浓度的标准气中，一段时间后，根据捕集到的标准气的量、标准气浓度、采样时间等，依据上式推导 K 值。

2. 液体样品的采集

（1）水样的采集　水样的组成一般是比较均匀的，但是常因工业废水、生活污水对水质的污染而使组分有所变化，因此应该依据水质的基本情况和分析要求来确定分析方法。

1）取样点的选择

① 河床窄、水量小、无沙洲的河段，可在河流中心一点取样，或在一断面上选取数点，然后混合为一个试样。

② 河床宽、水流深急的地段，可在与水流垂直的断面上按河床宽度的1/4、1/2、3/4处设点取样，也可在上、中、下游三个断面取样。

③ 在污染源下游大的河心沙洲取样时，可在沙洲前取一点，在沙洲两侧各取一点。

④ 面积较大的湖泊、水库等，除在入口与出口处设点外，可按水域面积划块，每块（如$2km^2$）内设一个取样点；小面积水库、水塘在中心一点取样，或在一个断面取几点采样。

⑤ 水深10m以内，可在距水面0.3～0.5m处取一个表层水样；当水深大于10m时，可同时取表层及底层（距水底2m）两个水样。

⑥ 对于工业废水，应在工厂或车间的排污口取样，取样前应先放水，将留存于管内的陈旧水及杂质冲洗掉。为取得一个生产周期或24h内的混合试样，要按规定的时间间隔采集。

2）采样方法

① 表层水样。在可以直接汲水的场合，用手把采样瓶沉于水面下，打开瓶塞或容器盖汲取。

当从桥上等地方采样时，可用绳子系着带有坠子的水样瓶，投于水中汲取，注意不能混入漂浮在水面的物质。

采集水样时，采样点与岸边的距离一般为1～2m。

② 一定深度的水样。把水样采集装置沉降到一定深度后缓缓汲取水样。

在采集较深处的水样时，通常使用各种采水器，如海劳特采水器、班顿采水器、绝缘采水器及其他采水器等。

采水时应在采水者上游一侧采集水样。

③ 泉水、井水和自来水的水样。对于自喷的泉水，可在涌水口处直接取样；不是自喷的泉水，需将停滞抽水管内的水汲出，直至全被新水更替后再进行取样。

采取井水、泉水时也可用专用采样器。

（2）液体化工产品试样的采集　液体化工产品（如硫酸等）的取样方法与水样的采取方法相同，但在采集试样时，采样用的容器必须能够耐受所采取试样的腐蚀。

1）一般液体样品的采取。液体样品在常温下通常为流动态的单相均匀液体。为了保证所采得的样品具有代表性，必须采取一些具体措施，而这些措施取决于被采物料的种类、包装、贮运工具及运用的采样工具。

① 从小储存器中采样

Ⅰ. 小瓶装产品。按采样方案随机采得若干瓶样品，在将各瓶样品摇匀后分别倒出等量液体，混合均匀后作为样品。

Ⅱ. 大瓶装产品（25~500mL）或小桶装产品（≈19L）。被采样的瓶或桶经人工搅拌或摇匀后，用适当的采样管采得混合样品。

Ⅲ. 大桶装产品（200L以上）。在静止情况下用开口采样管采全液位样品或采部位样品后混合成混合样品，在滚动或搅拌均匀后，用适当的采样管采得混合样品。

② 从大储存器中采样

Ⅰ. 立式圆形储罐采样。立式圆形储罐主要用于暂时储存原料、成品等液体物料，可按照以下两种方法采样。

从固定采样口采样时，在立式储罐的侧壁安装上、中、下三个采样口并配上阀门。当储罐装满物料时，从各采样口分别采得部位样品。由于截面一样，所以按等体积混合三个部位样品。

当罐内液面高度达不到上部或中部采样口时，建议按下列方法采得样品：如果上部采样口比中部采样口更接近液面，则从中部采样口采三分之二的样品，从下部采样口采三分之一的样品；如果中部采样口比上部采样口更接近液面，则从中部采样口采二分之一的样品，从下部采样口采二分之一的样品；如果液面低于中部采样口，则从下部采样口采全部样品。立式圆形储罐采样部位与比例见表5-3。

表5-3　立式圆形储罐采样部位与比例

采样时液面的情况	混合样品时相应的比例		
	上	中	下
满　罐　时	1/3	1/3	1/3
液面未达到上采样口，但更接近上采样口	0	2/3	1/3
液面未达到上采样口，但更接近中采样口	0	1/2	1/2
液面低于中部采样口	0	0	1

若储罐无采样口而只有一个排料口，则先把物料混匀，再从排料口采样。

从顶部进口采样时，把采样瓶从顶部进口放入，降到所需位置，分别采上、中、下部位的样品，再将各部位的样品等体积混合成平均样品或采全液位样品。

Ⅱ. 卧式圆柱形储罐采样。从固定采样口采样的方法为：在卧式储罐一端安装上、中、下三个采样管，外口配阀门，将采样管伸进罐内一定深度，管壁上钻直径为2~3mm的均匀小孔。当储罐内装满物料时，从各采样口采上、中、下部位的样品并按一定比例混合成平均样品。当罐内液面低于满罐时的液面时，建议根据表5-4中的液体深度将采样瓶等从顶部进口放入，降到表5-4中规定的采样液面位置采上、中、下部位的样品，再按表5-4中给出的比例混合成平均样品。

表5-4 卧式圆柱形储罐的采样部位和比例

液体深度（直径百分比,%）	采样液位（离底直径百分比,%）			混合样品时相应的比例		
	上	中	下	上	中	下
100	80	50	20	3	4	3
90	75	50	20	3	4	3
80	70	50	20	2	5	3
70		50	20		6	4
60		50	20		5	5
50		40	20		4	6
40			20			10
30			15			10
20			10			10
10			5			10

注：离底直径百分比是指采样液面到储罐底部的距离与储罐直径的百分比。

从顶部进口采样：当储罐没有安装上、中、下采样管时，也可以从顶部进口采得全液位样品。

Ⅲ. 槽车采样（火车或汽车槽车）。槽车是汽车、火车经常使用的用于进行液体物料运输的容器，在船只运输中也常见。因此，应掌握它们的采样方法。

从排料口采样：当顶部无法采样而物料又较为均匀时，可用采样瓶在槽车的排料口采样。

从顶部进口采样：将采样瓶或金属采样管从顶部进口放入槽车内所需位置，采上、中、下部位的样品并按一定比例混合成平均样品。由于槽车罐的形状为卧式圆柱形或椭圆形，所以采样位置和混合比例按表5-4进行。也可采全液位样品。

将上述方法中从同一槽车上所采得的样品混合成平均样品即可作为整辆车的代表性样品。

Ⅳ. 船舱采样。把采样瓶放入船舱内降到所需位置，采上、中、下部位的样品，并以等体积混合成平均样品。在对装载相同产品的整船货物采样时，可把每个舱采得的样品混匀成平均样品。当舱内物料比较均匀时，可采一个混合样或全液位样品作为该舱的代表性样品。

③ 从输送管道采样

Ⅰ. 从管道出口端采样。周期性地在管道出口放置一个样品容器，容器上放只漏斗以防外溢。采样时间间隔和流速成反比，混合体积和流速成正比。

Ⅱ. 探头采样。若管道直径较大，则可在管内装一个合适的采样探头。探头应尽量减少分层效应防止被采液体中的较重组分下沉。

Ⅲ. 自动管线采样器采样。当管线内流速变化大，难以用人工将探头流速调整到接近管内线速度时，可采用自动管线采样器采样。

2）特殊性质液体样品的采取。有些液体产品由于自身性质的不同，应该采用不同的采样方法，如粘稠液体、液化气体等。

① 粘稠液体的采样。粘稠液体是有流动性但又不易流动的液体。由于这类产品在容器中难以混匀，因此最好在生产厂的交货容器灌装过程中采样，也可在交货容器中采样。

在制造厂的最终容器中采样：如果产品外观上均匀，则用采样管、勺或其他适宜的采样器从容器的各个部位采样，具体采样方法按储罐采样方法进行。

在制造厂的产品装桶时采样：在产品分装到交货容器的过程中，以有规律的时间间隔从放料口采得相同数量的样品混合成平均样品。

在交货容器中采样：这类产品通常以大口径容器交货。采样前先检查所有容器的状况，然后根据提供的货物数量确定并随机选取适当数量的容器供采样用。打开每个选定的容器，除去保护性包装后检查产品的均一性及相分离的情况。如果产品呈均匀状态或通过搅拌能达到均匀状态，则用金属采样管或其他合适的采样管从容器内不同部位采样，并混合成平均样品。

② 液化气体。液化气体是指气体产品通过加压或降温加压转化为液体后，再经精馏分离而制得的可作为液体储运和处理的各种液化气体产品。加压状态的液化气体样品根据储运条件的不同，可分别从成品储罐、装车管线和卸车管线上采取。在成品储罐、装车管线和卸车管线上选定采样点部位的首要因素是必须能在此采样点采得代表性的液体样品。由于各种液化气体成品储罐的结构不同，当遇到某些成品储罐难以使内装的液化气体产品达到完全均匀时，可按供需双方达成协议的采样方法和采样点采取样品。

③ 稍加热即成为流动态的化工产品。这是一种在常温下为固体，当受热时就易变成流动的液体而不改变其化学性质的产品。对于这类产品，从交货容器中采样是很困难的，最好在生产厂的交货容器灌装后立即采取液体样品。当必须从交货容器中采样时，可把容器放入热熔室中，使产品全部熔化后采液体样品或劈开包装采固体样品。

在生产厂采样：在生产厂的交货容器灌装后立即用采样勺采样，倒入不锈钢盘或不与物料起反应的器皿中，冷却后敲碎装入样品瓶中；也可把采得的液体趁热装入样品瓶中。

在件装交货容器中采样：把件装交货容器放入热熔室内，待容器内物料全部熔化后，用开口采样管插入搅拌，然后采混合样或用采样管采全液位样品。

（3）不均匀液体试样的采集　对于油类（如正己烷萃取物）或供悬浮物测

定用的样品（从本质上来说也属于不均匀物质），在采集试样时需要特别注意以下方面：

1）油类（如正己烷萃取物）

① 排放口采样。采集试样时直接用事先清洗干净并用正己烷洗涤的玻璃容器从排放口采集。注意不要用排放的水事先冲洗容器内部，也不要把液体试样采集得过满，在容器上部应留有一定空间。

② 漂浮油分的采集。采集时利用一个在已知面积的不锈钢格子上铺不锈钢网的吸油装置，在网上固定容易吸收油类的滤纸、纸屑、硅藻土、合成纤维等薄板，然后将不锈钢格子放在水面上吸附漂浮油分，用正己烷溶解油分后，按照正己烷萃取物测定法进行操作，即可求出油分含量。

2）悬浮物。采集悬浮物样品时，除了直接用样品容器采样外，由于悬浮物易沉在容器底部，应在一边摇动容器的情况下一边转移水样。

3. 固体试样的采集

（1）金属及其制品试样的采集　金属及其制品的组成一般是比较均匀的。取样时可以根据具体条件采用刨取法、车取法、铰取法、钻取法、剪取法等不同的方法。在取样时主要应注意以下几方面问题：

1）切削或钻取时，转速不宜太快，以免由于高温氧化而影响碳、硫等元素的分析结果。

2）取样时应注意取样部位，避开材料上的缩孔、气孔、夹渣等缺陷，若无法避开，则显然为不合格产品，无需进行化验分析。

3）取样时应使试样粒度细小、均匀，以便于称量和分解试样。

（2）固体堆垛试样的采集　化工产品、食盐、粮食等的堆垛中组成比较均匀，可以按照产品的批量、包装和存放方式采取不同的取样方法。例如，可在堆垛的上层、中层、下层和四边、四角各取一定数量的样品，将各次取得的样品混匀后即为所采试样。也可以将堆积量100～200t作为一个取样单位，以分点采样的方法采样，每点不少于1.5kg，最终合并成为原始平均试样。

（3）粉状或松散物料样品的采集　精矿、石英砂、化工产品等组分较均匀，因此不论其存放方式（堆、车、桶、袋等）如何，均可用图5-11所示的粉状试样采样钻插入物料中采集试样。

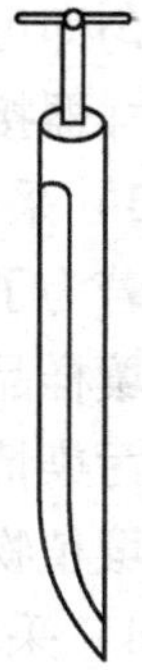

图5-11　粉状试样采样钻

（4）大块物料样品的采集　矿石、焦炭、块煤等物料，不仅组分不均匀，而且外形大小悬殊，所以采样时应以适当的间距，从各个不同部位采集试样。原始样品一般按全部物料的千分之一至万分之三采集小样，对极不均匀的物料有时取五百分之一。取样深度在0.3～0.5m处。矿块越大越不均匀，则小块试样采集分数应越多。如果采样点正好遇到大块物料，则应将其打碎后取其一部分。块煤、焦炭的取样点必须根据其灰分含量的高低而定，灰分越高，试样量越大，取样点越多，每份试样质量也越大。

(5) 土壤试样的采集

1) 采样点的选择。由于土壤本身在空间上分布极不均匀，需要在同一采样地点进行多点采样，再将各试样混合均匀。当采样地点的面积不大（1000~2000m^2）时，可在不同方位上选择5~10个有代表性的采样点。采样点的分布不能太集中。土壤样品采样点的选择方法见表5-5。土壤的采样方法如图5-12所示。

表5-5　土壤样品采样点的选择方法

方法名称	适用田块	具体方法
对角线采样法	受污染的水灌溉的田块	自该田块的进水口向对角作直线并将此对角线三等分，以每等分的中央点作采样点，可视不同情况做适当调整
梅花形采样法	适宜于面积较小、地势平坦、土壤较均匀的田块	一般取5~10个采样点
棋盘式采样法	中等面积、地势平坦、地形完整但土壤较不均匀的田块	采样点一般在10个以上，测定固体废物污染时需在20个以上
蛇形采样法	面积较大、地势不太平坦、土壤不够均匀的田块	采样点较多

2) 采样深度。如果只需一般性地了解土壤受污染情况，采取深度约15cm的耕层土壤和耕层以下15~30cm的土样即可。如果要了解土壤污染深度，则应按土壤剖面层次分层取样。在每个采样点上，按层垂直向下切取土壤。每个点取厚约1cm的土壤，且在每个点上所取的土量要基本相等，采样完毕后将各点的土样混合均匀即可。若要测定重金属，则应将和金属采样器接触部分剥去。

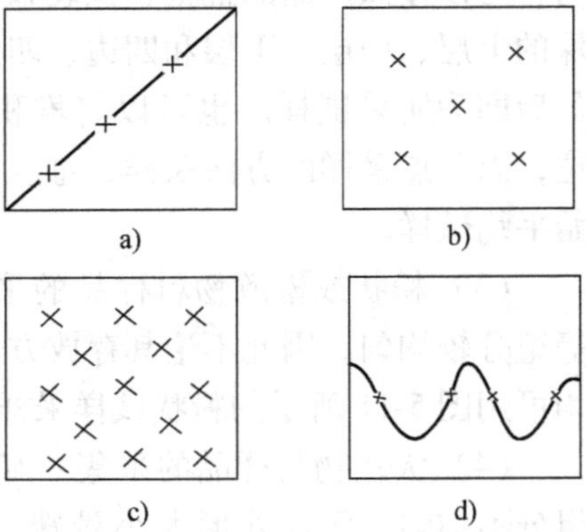

图5-12　土壤的采样方法

a) 对角线采样法　b) 梅花形采样法

c) 棋盘式采样法　d) 蛇形采样法

3) 采样时间。采样时间视测定目的而定。若为了了解土壤污染情况，则可随时采取土壤样品；若为了了解在该土块上生长的植物污染情况，则可在植物收获季节同时采集土壤植物样品。

4) 采样数量。一般要求采样1kg左右。由于土壤样品不均匀需多点采样而取土量较大时，应反复以四分法缩分至所需量。

5）采样方法。一般用管形土钻，也可用铁锹、铲子采样。当用管形土钻采样时，在每个采集点上用土钻垂直采取土样，最后把各个点所采取土样中的砾石、根、叶、虫等杂质除去，充分混合均匀。当用铁锹或铲子采样时，在每个采样点上按层垂直向下用工具切取片状土样，然后集中起来混合均匀。每层内所取的土片要在厚度、宽度方面大体相同。凡是接触采样工具的外部土壤，都应当用手剥去，尤其对分析测定重金属项目的土样必须如此。

5）注意事项。采样点不能选在田边、路边和肥堆边；经最后缩分所得的土样应装入塑料袋中，同时备好记有采样地点、时间、样品情况、采样人等项目的标签。

（6）固体化工产品的采集

1）从物料流中采样。当从输送状态的物料流中采样时，应首先确定子样数目和子样质量，然后根据物料流量的大小及有效输送时间均匀地分布采样时间，即每隔一定的时间采取一个子样。采样时，若使用自动采样器，则应调整工作条件，使之每横截物料流的断面一次采取一个子样。若用采样铲在传送带运输机上采样，则采样铲必须紧贴传送带，不得悬空铲取样品。一个子样也可以分两次或三次采取，但必须按左、中、右的顺序进行，采样部位不得交错重复。

2）从运输工具中采样。当从运输工具中采样时，应根据运输工具的不同，选择不同的布点方法，常用的布点方法有斜线三点法（见图5-13）、斜线五点法（见图 5-14）。在布点时应将子样分布在车皮的一条对角线上，首、末子样点至少距车角 1m，其余子样点等距离分布在首、末两子样点之间。此外还有 18 点法（见图 5-15）。

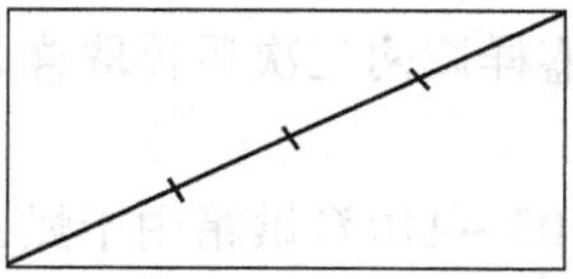

图 5-13 斜线三点法

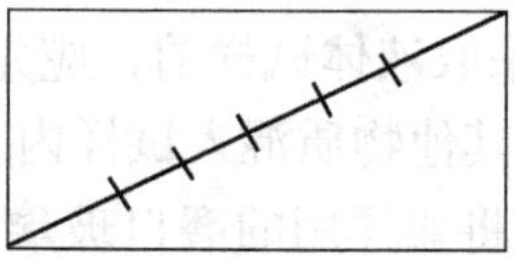

图 5-14 斜线五点法

3）从物料堆中采样。根据物料堆的形状和子样数目，将子样分布在堆的顶、腰和底部（距地面 0.5m），采样时应先除去 0.2m 的表面层，再用采样铲挖取即可。

1	4	7	10	13	16
2	5	8	11	14	17
3	6	9	12	15	18

图 5-15 18 点法

二、固体样品的制备

1. 实验室制样一般规则

1）在收到试样和送检单时，应认真检查分析项目，按规定的取样数量取用，有问题时应立即向送检人员提出，明确后才能收样登记。及时收样并妥善保管，防止试样混料。

2）制样前应检查加工现场和工具设备（如钻、刨、车床、钢钵、捣杆、筛子、扫帚等），盛样器具应清洁无油污或其他杂质，以确保试样的纯净。

3）金属试样表面若有油污，则在取样前应用汽油、乙醚等溶剂洗净、风干；若有锈垢及其他附着物，则应将表面除去一层后再制样。

4）若钢铁试样有缩孔及气孔（这种样品成分往往会有严重偏析），则应及时与送检单位联系重新送样。

5）捣碎试样用的钢钵和钢杆一定要用硬质高锰钢制成。在制取金属、铁矿石试样后，应用磁铁将钢钵和钢杆上附着的残余试样吸除干净。钢钵、钢杆用完后，用扫帚彻底打扫干净。在用玛瑙、玻璃和陶瓷乳钵研磨试样后，若发现有痕迹，则应采用少许浓盐酸进行洗涤。

6）钻取试样（特别是非铁金属）时，速度不要太快，以防止金属材料的氧化。若制取的金属试样是蓝黑色的，则应重新制取。制取的试样应为细屑或粉末，不得制作大块薄片或长卷切屑。

7）在研磨、掺和及试样装袋时，应防止试样粉末飞失。研磨、掺和跳出的颗粒，必须收回。在研磨、掺和一种试样的现场，不得同时进行另一种试样的研磨、掺和工作。

8）在过筛时，凡不过筛的颗粒，决不能丢弃，必须反复研磨，使所有颗粒均能通过筛孔，混入原样，以保证所得样品能真实地反映被测物料的平均组成。

9）在采取液体试样前，应先用液体试样冲洗盛样瓶两三次后再取样，以防止盛样瓶中其他物质混入试样内。

10）在将盛样用的磨口玻璃瓶洗净后，应在105～110℃烘箱中干燥，以除尽水分。若用纸袋装样，则纸袋用纸必须细密、光滑，不许带绒毛纤维。

11）供分析用的试样的采取量一般应为要求全分析元素或项目用量的6～8倍，以保证复查时的需用量。

12）试样瓶或袋的标记应在制样前填写清楚，在试样装瓶或袋前要仔细核对。

13）试样必须按规定的保管期予以妥善保管。

2. 破碎、过筛、混匀和缩分

（1）破碎和过筛　颗粒状的固体试样在加工处理时需加以破碎和过筛。破碎可以采用人工方法或机械方法，如采用密闭卧式锥形研磨机，如图5-16所示。过筛时应采用标准筛。注意：必须将大于筛号的试样颗粒破碎至全部通过筛孔，决不可将未通过筛孔的粗粒丢弃。因为硬度大、难破碎的颗粒的成分往往和易破碎的颗粒有差别。潮湿的样品应先风干或烘干，以免堵塞筛孔。

（2）混匀

1）手工方法。根据试样量选用适当的手工工具（如手铲等），采用堆锥法混合样品。其基本做法为：利用手铲将破碎、筛分后的试样从锥底铲起后堆成圆锥体，再交互地从试样堆两边对角贴底逐铲铲起堆成另一个圆锥，每铲铲起的试样不宜过多，并分两三次撒落在新堆锥顶，使之均匀地落在锥体四周。如此反复进行三次，即可认为该试样已被混匀。

2）机械方法。即用合适的机械混合装置混合样品，如采用格槽式分样器，如图 5-17 所示。

图 5-16 密闭卧式锥形研磨机

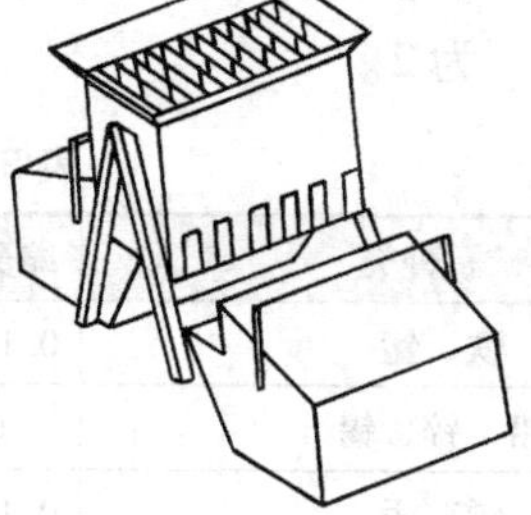

图 5-17 格槽式分样器

（3）缩分 试样每经过一次破碎，就留下一部分，将其余部分丢弃，再进行下一步处理，即在减小粒度的同时缩减样品量，这个过程称为“缩分”。常用的缩分方法有手工方法和机械方法。

1）手工方法。常用的手工缩分方法为堆锥四分法。其基本做法为：将利用三次堆锥法混匀后的试样锥用薄板压成厚度均匀的饼状，然后用十字形分样板将饼状试样等分成四份，取其对面的两份，将其他两份丢弃，再将所取试样堆成锥形并压成饼状，取其对面的两份，将其他两份丢弃。如此反复多次，直至得到所需的试样量。堆锥四分法缩分操作如图 5-18 所示。

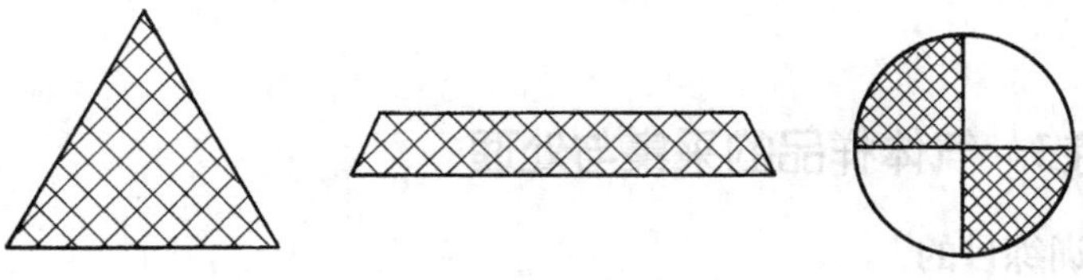

图 5-18 堆锥四分法缩分操作

2）机械方法。用合适的机械分样器缩分样品，如格槽式分样器，如图5-17所示。

在制样过程中，上述步骤可能是交叉进行的，而且有些步骤可能需重复多次方可完成。缩分的次数也不是任意的，试样经缩分后最终保留的试样量与试样粒度之间的关系应符合的公式为：

$$m = Kd^a \tag{5-2}$$

式中 m——具有足够代表性的最小样品量（kg）；

K——缩分系数，即根据物料特性确定的经验常数，一般在0.05～1.0之间，其参考值见表5-6；

d——样品中最大颗粒的直径（mm）；

a——经验常数，一般在1.8～2.5之间，例如，地质部门将a值规定为2。

表5-6 物料的缩分系数

矿石种类	缩分系数	矿石种类	缩分系数
铁、锰	0.1～0.2	铬	0.25～0.3
铅、锌、锡	0.2	铜、钼、钨	0.1～0.5
锑、汞	0.1～0.2	菱镁矿、石灰石、白云岩	0.05～0.1
镍（硅酸盐）、铝土矿（均一的）	0.1～0.3	磷灰石、氟石、黄铁矿、高岭土、粘土、石英岩	0.1～0.2
镍（硫化物）、钴	0.2～0.5	明矾、石膏、硼砂	0.2

3. 试样的送交和标签

送交化验室试样的量通常为200～500g。试样除少部分用于分析检验外，还应该按照不同的要求，保存规定数量的样品备查。样品应该附有比较详细的标签说明，标明样品名称、产品生产日期、批号、采样时间、采样地点、同批所采份数、采样编号、采样者、分析项目、温度、湿度等。

第四节 采样技能训练

• 训练1 气体样品的采集与处理

（一）训练目的

1）通过采集气体样品，掌握选择和使用采样器、导管、样品容器的方法。

2）熟悉不同压力下气体样品的采集方法和操作过程。

（二）常压气体采样

1. 仪器、试剂和样品

仪器：采样器、采样管、吸气瓶。

试剂：HCl、NaCl（将 NaCl 加到质量分数为 1% 的 HCl 溶液中至饱和，以该溶液作为封闭液）。

样品：大气。

2. 训练步骤

1）根据气体的性质选择采样器。

2）在用吸气管取样时，应组装吸气管装置并装入适量封闭液。如图 5-19 所示，向封闭液瓶 4 中注满封闭液，开启旋塞 3 及 1，使气样管 2 与大气相通，提高封闭液瓶 4，使封闭液进入并充满气样管 2，将气样管 2 内的空气排到大气中。

3）将气样管 2 经旋塞 3 及橡胶管与采样管相连，降低封闭液瓶 4，气样进入气样管 2，当封闭液面降到旋塞 1 以下时，关闭旋塞 1 及 3，从采样管上取下吸气管即可。

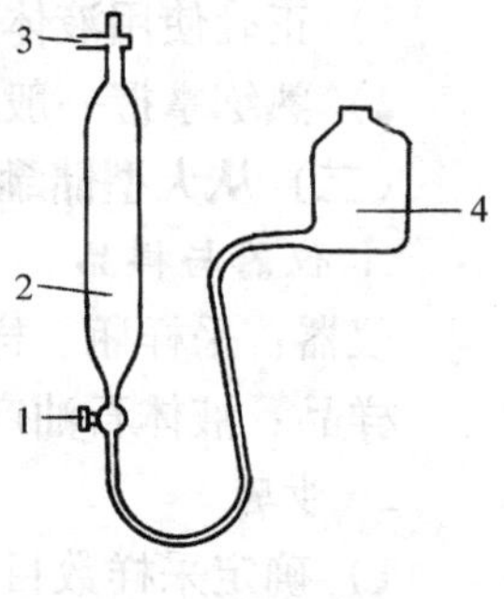

图 5-19 吸气管
1、3—旋塞 2—气样管
4—封闭液瓶

（三）正压气体采样

1. 仪器与样品

仪器：球胆、橡胶管。

样品：大气、硫酸生产气体、合成氨生产气体。

2. 步骤

1）在球胆入口处配一根附有弹簧夹的橡胶管。

2）通过橡胶管将球胆与采样阀连接起来。

3）打开弹簧夹，开启采样阀，使气体进入球胆。

4）关闭采样阀和弹簧夹后，取下球胆，排出气体。

5）重复 3）、4）步骤三次。

6）采取需要量的气样。

（四）负压气体采样

1. 仪器与样品

仪器：抽空容器、真空泵、橡胶管。

样品：负压气体。

2. 步骤

1）用真空泵抽出抽空容器中的空气，直至其内压降至 8～13kPa，然后关闭旋塞。

2）用橡胶管将采样阀和抽空容器连接起来。

3）开启采样阀和抽空容器上的旋塞，进行取样。

4）先关闭采样阀，再关闭抽空容器上的旋塞，结束采样。

（五）注意事项

1）在采样前，应先观察样品容器是否有破损、污染、泄漏等现象。

2）采样管过长会引起采样系统的时间滞后，使样品失去代表性，因此应使用短且孔径小的导管。封闭液要用样气饱和后再使用。

• 训练2　液体样品的采集与处理

（一）训练目的

1）正确使用液体采样工具。

2）熟练掌握一般液体的采集方法，并在2h内完成样品的采集工作。

（二）从大型储罐中采样

1. 仪器与样品

仪器：采样瓶、样品瓶。

样品：液体石油产品、液碱、硝酸；食用油。

2. 步骤

1）确定采样数目。

2）盖紧瓶塞，将采样瓶沉入液面以下20cm处。

3）拔出瓶塞，使液体物料进入瓶内，待瓶内空气被驱尽，即停止冒出气泡时，放下瓶塞，将采样瓶提出液面，这样就采取了一个子样。

在完成以上工作后，应及时检查，以便纠正错误。

4）用同样的方法在储罐中部采取3个子样。

5）用同样的方法在储罐下部以上10cm处采取一个子样。

6）将采取的子样按表5-3或表5-4所示比例倒入同一样品瓶中，盖紧塞子，混合成一个平均样品。

对于均匀的样品，可全液层采样。对于石油产品，用液态石油产品采样器按上述步骤进行采样。

（三）在小型储存器中采样

1. 仪器与样品

仪器：长玻璃管（内径为20mm）、样品瓶。

样品：涂料。

2. 步骤

1）确定采样部位和采样数目。

2）将玻璃管下端缓缓地斜插入容器内直至底部。

3）用拇指或塞子封闭上端管口。

4）抽出玻璃管，将液体物料注入样品瓶中，即采得一个子样。

在完成以上工作后，应及时检查，以便纠正错误。

5）用同样的方法在确定的各个部位采集样品。

6）将采取的子样倒入同一样品瓶中，盖紧塞子，混合成一个平均样品。

（四）自输送管道中采样

1. 仪器与样品

仪器：样品瓶。

样品：碱液、磷酸。

2. 步骤

1）确定采样间隔时间和采样量。

2）开启管道上的采样阀，排去阀内原有的液体，用样品瓶接受样品。

在完成以上工作后，应及时检查，以便纠正错误。

3）将子样合并成一个总样。

训练3 固体样品的采集与处理

（一）均匀固体样品的采集

1. 训练目的

1）正确使用固体采样工具。

2）熟练掌握均匀固体样品的采集方法，并在1h内完成样品的采集工作。

2. 仪器与样品

仪器：舌形铁铲、取样钻、双套取样管、样品瓶。

样品：袋装化肥、磷灰石、水泥原料。

3. 步骤

（1）静止物料的采样

1）根据所采集物料的性质确定采样工具。

2）按表5-7确定批量袋装化肥应采取的采样单元数。

表5-7 采样单元数的选取

总体物料的单元数	选取的最少单元数	总体物料的单元数	选取的最少单元数
1 ~ 10	全部单元	182 ~ 216	18
11 ~ 49	11	217 ~ 254	19
50 ~ 64	12	255 ~ 296	20
65 ~ 81	13	297 ~ 343	21
82 ~ 101	14	344 ~ 394	22
102 ~ 125	15	395 ~ 450	23
126 ~ 151	16	451 ~ 512	24
152 ~ 181	17		

3）在批量化肥中确定每个采样单元。

4）将取样钻由袋口一角沿对角线方向插入袋内1/3处。

在完成以上工作后，应及时检查，以便纠正错误。

5）将取样钻旋转180°后抽出。

6）刮出钻槽中的物料放到样品瓶中。

7）在瓶外贴好标签，注明样品名称、来源、采样日期。

（2）流动物料的采样

1）根据物料流动的情况确定间隔时间和采样部位。

2）用舌形铁铲一次横切物料流的断面，采取一个子样。采样铲必须紧贴传送带，不得悬空铲取样品。

在完成以上工作后，应及时检查，以便纠正错误。

3）将所采取的子样混合均匀后放入样品瓶中。

4）在瓶外贴好标签，注明样品名称、来源和采样日期。

（二）非均匀固体样品的采集和处理

1. 训练目的

1）正确使用标准筛和分样器。

2）熟练掌握不均匀固体样品的采集方法，并在2h内完成样品的采集工作。

2. 仪器与样品

仪器：舌形铁铲、破碎机、标准筛、掺和器、分样器、盛样桶、样品瓶（500mL磨口玻璃塞的广口瓶）。

样品：煤、矿石。

3. 训练步骤

1）根据物料堆的大小按规定方法确定采取子样数。

2）根据所采集的不均匀固体物料的形状，将子样数目均匀地分布在物料堆的上、中、下三个部位。

3）按规定确定每个子样的最小质量。

4）在每个取样点除去0.2m的表层，沿着物料堆垂直的方向采取一个子样，置于盛样桶中。最下层采样部位应距地面0.5m。

在完成以上工作后，应及时检查，以便纠正错误。

5）将所有的子样合并成一个总样。

6）用破碎机将样品破碎。

7）用适当的标准筛对样品进行分选。

8）用掺和器或堆锥法掺和样品。

在完成以上工作后，应及时检查，以便纠正错误。

9）将分样器的簸箕向一侧倾斜，将样品加入分样器中。

10）将分样器沿着二分器的整个长度往复摆动，使样品均匀地通过二分器。

11）取任意一边的样品再进行缩分，直至达到规定的取样量，也可用四分法缩分样品。

12）将处理好的样品装入样品瓶中。样品的装入量一般不得超过样品容积的3/4。

13）在瓶外贴好标签，注明样品名称、来源及采样日期。

训练4 液体样品采样实例——工业过氧化氢样品的采集

1. 确定批量

工业过氧化氢每批产品的重量不超过60t，用槽车装时，以一槽车为一批。

2. 样品数

工业过氧化氢用桶装时，若总的包装桶数小于500，则取样桶数按表5-7规定的方法选取；当总的包装桶数大于500时，按 $3 \times \sqrt[3]{N}$（N为总的包装桶数）的规定选取。当用槽车装时，从每辆槽车中选取。

3. 样品量

样品量不得少于500mL。

4. 采样方法

当工业过氧化氢用桶装时，用取样器从上、中、下三层按1:3:1的比例取样。当用槽车装时，用取样器从槽车的顶部进口按上、中、下部位1:3:1的比例取样。在顶部无法取样而物料又较为均匀时，可在槽车的排料口取样。取样器应由玻璃或聚乙烯塑料制成。

5. 试样的保存

在将所取试样混合均匀后，将其装在经处理的清洁、干燥的硬质玻璃瓶或聚乙烯瓶中，瓶上粘贴标签，并注明生产厂名称、产品名称、规格、等级、批号和取样日期。

训练5 固体样品采样实例——商品煤样的采集

本方法适用于从煤流中、火车上、汽车上、船舶上和煤堆上采集商品煤样。

1. 采样工具

（1）采样铲 用以从煤流和静止煤中采样。采样铲的长和宽均应不小于被采样煤最大粒度的2.5倍，对最大粒度大于150mm的煤，可用长×宽约为300mm×250 mm的铲。

（2）接斗 用以在落流处截取子样。斗的开口尺寸至少应为被采样煤最大粒度的2.5倍。接斗的容量应能容纳输送机最大运量时煤流全断断面的全部煤量。

2. 子样数和子样质量

1）1000t 原煤、筛选煤、精煤及其他洗煤（包括中煤）和粒度大于100mm的块煤，应采取的最小子样数目见表5-8。

表5-8　煤量为1000t时的最小子样数目

品　种	干基灰分（质量分数,%）	煤流	火车	汽车	船舶	煤堆
原煤、筛选煤	>20	60	60	60	60	60
	≤20	30	60	60	60	60
精　煤		15	20	20	20	20
其他洗煤（包括中煤）和粒度大于100mm的块煤		20	20	20	20	20

2）煤量超过1000t的子样数目的计算公式为

$$N = n\sqrt{\frac{m}{1000}} \tag{5-3}$$

式中　N——实际应采子样数目（个）；

n——表5-8中规定的子样数目（个）；

m——实际被采样煤量（t）。

3）当煤量少于1000t时，子样数目根据表5-9所规定数目按比例递减，但最少不能少于该表规定的数目。

表5-9　煤量少于1000t的最少子样数目

<table>
<tr><th>品　种</th><th>干基灰分（质量分数,%）</th><th>煤流</th><th>火车</th><th>汽车</th><th>船舶</th><th>煤堆</th></tr>
<tr><td rowspan="2">原煤、筛选煤</td><td>>20</td><td rowspan="4">表5-8规定数目的1/3</td><td>18</td><td>18</td><td rowspan="4">表5-8规定数目的1/2</td><td rowspan="4">表5-8规定数目的1/2</td></tr>
<tr><td>≤20</td><td>18</td><td>18</td></tr>
<tr><td colspan="2">精　煤</td><td>6</td><td>6</td></tr>
<tr><td colspan="2">其他洗煤（包括中煤）和粒度大于100mm的块煤</td><td>6</td><td>6</td></tr>
</table>

4）按表5-10确定子样质量。

表5-10　子样质量

最大粒度/mm	<25	≥25，<50	≥50，<100	≥100
采样质量/kg	1	2	4	5

3. *采样方法*

(1) 物料流中煤样的采取　所谓物料流是指传送带上传送的物料。移动煤流中的采样按时间或质量进行，时间间隔的计算公式为

$$T \leqslant \frac{60Q}{Gn} \tag{5-4}$$

式中 T——子样时间间隔（min）；

Q——采样单元（t）；

G——煤流量（t/h）；

n——子样数目。

在移动煤流下落点采样时，可根据煤的流量和传送带宽度，以一次或分多次用接斗横截煤流的全断面采取一个子样。

(2) 运输工具中煤样的采取

1）在火车车皮中采样。子样数目和子样质量按表5-8、表5-9和表5-10中的规定确定，但原煤和筛选煤每车不论车皮容量大小至少应采取3个子样；精煤、其他洗煤和粒度大于100mm的块煤每车至少取1个子样。

子样点应分布在车皮对角线上，但首、末子样点应距车角1m，其余子样点应等距离分布在首、末两子样点之间，按等距离分布。采样点按对角线三点法或对角线五点法的规律循环设置。

① 原煤和筛选煤按图5-13所示，每车采取3个子样点；精煤、其他洗煤和粒度大于100mm的块煤按图5-14所示，按5点循环方式每车采取1个子样。

② 当以不足6节的车皮为一采样单元时，依据“均匀分布，使每一部分煤都有机会被采出”的原则分布子样点。例如，一节车皮的子样数超过3个（对原煤或筛选煤）或5个（对精煤、其他洗煤），多出的子样可分布在交叉的对角线上。

③ 当原煤和筛选煤以一节车皮为一个采样单元时，18个子样点既可分布在两条交叉的对角线上，又可分布在图5-15所示的18个点上。

④ 原煤中粒度大于150mm的煤块含量若超过5%，则粒度大于150mm的煤块不再取入。

矿山试样应在装车后立即采取；在采样点位置挖开表面0.4m的表层后，采取一定数量的样品，采样前应将滚落在坑底的煤块清除干净。

2）汽车中采样。原煤、筛选煤、精煤、其他洗煤或粒度大于150mm的煤块，均沿车厢对角线方向，按3点（首尾两点各距车角0.5m）循环方式采取子样。当1辆车上需要采取1个以上的子样时，与火车顶部采样方法相同，将子样分布在对角线或整个车厢表面。

其余要求，如采样时间、挖坑深度等与火车顶部采样相同。

3）船舶采样。直接在船上采样，一般以一仓煤为一个采样单元，也可将一仓煤分成多个采样单元。将船舱分成两层或三层，（每3～4m为一层），将子样均匀分布在各层表面上，在装货或卸货时采取。

（3）煤堆中煤样的采取　根据煤堆的形状和子样数目，将子样按地点分布在煤堆的顶、腰、底部（距地面0.5m），对于不规则形状的煤堆，可按不同区域实际存放量的多少按比例布设采样点。采样时应先除去0.2m表面层后再挖取。

4. 试样的保存

煤样采取后，应装入密封容器或袋中，立即送至制样室，同时应注明煤样质量、煤种、采样地点和采样时间，还应登记车号和煤的发运吨数。

复习思考题

1. 采样的目的有哪些？
2. 采样时应注意哪些安全方面的问题？
3. 固体试样的采样程序包括哪三个方面？
4. 如何确定固体试样的采样数和采样量？
5. 如何制备固体试样？
6. 以商品煤样的采集为例，具体说明固体试样的采集和制备方法。
7. 对于液体样品，如何在储罐和槽车中采样？
8. 如何采集液化气体？
9. 如何采集粘稠液体的试样？
10. 常用的气体采样设备有哪些？
11. 如何从工业设备中采集正压、负压、常压气体试样？
12. 如何从储气瓶中采样？

第六章

检测和测定

培训学习目标 通过本章学习，学员应熟悉分析实验室中常用的器皿；熟练掌握分析天平及滴定分析基本操作；能够利用化学分析及仪器分析方法，根据国家标准中各检验项目的相关要求，对样品的含量、性能及物理常数等进行检测。

第一节 化学分析技能训练

• 训练1 0.1mol/L 氢氧化钠标准滴定溶液的配制与标定

（一）训练目的

1）学会制备氢氧化钠标准滴定溶液的方法。

2）掌握以酚酞为指示剂判断滴定终点的方法。

（二）原理

NaOH 标准滴定溶液常用基准邻苯二甲酸氢钾标定。以酚酞为指示剂，用待标定 NaOH 溶液滴定邻苯二甲酸氢钾至酚酞变色，根据基准邻苯二甲酸氢钾的质量及所用 NaOH 溶液的体积，即可计算出 NaOH 标准滴定溶液的准确浓度。

（三）仪器与试剂

1. 仪器

分析天平；烘箱；称量瓶（扁形）；1000mL 烧杯 1 个；1000mL 试剂瓶一个（配橡胶塞）；2500mL 塑料桶 1 个；50mL 碱式滴定管 1 支；250mL 锥形瓶 3 个；5mL 量筒 1 个。

2. 试剂

固体 NaOH；酚酞指示剂（10g/L 乙醇溶液）；甲基橙指示剂（1g/L 水溶

液)；基准物质邻苯二甲酸氢钾；盐酸标准滴定溶液[$c(HCl)=0.1mol/L$]。

(四) 训练内容

1. 训练步骤

(1) 0.1mol/L NaOH 标准滴定溶液的配制　在托盘天平上用表面皿迅速称取2.2~2.5g NaOH 置于小烧杯中，以少量蒸馏水洗去表面可能含有的碳酸钠，用蒸馏水溶解后，倾入500mL 试剂瓶中，加水稀释至500mL，用胶塞盖紧，摇匀 [或加入0.1g BaCl 或 $Ba(OH)_2$，以除去溶液中可能含有的碳酸钠]，贴上标签，待标定。

(2) 0.1mol/L NaOH 标准滴定溶液的标定　准确称取基准物质邻苯二甲酸氢钾0.4~0.6g 置于250mL 锥形瓶中，以25mL 蒸馏水溶解（不溶解时可加热，使其溶解后再冷却至室温），加酚酞指示剂2滴，用配制的氢氧化钠溶液滴定至溶液由无色变为微红色且0.5min 不褪色为终点，记下氢氧化钠的体积。平行测定三次，同时做空白试验。

(3) 浓度的调整　根据标定结果，计算氢氧化钠标准滴定溶液的浓度，若大于0.1000mol/L，则应加水稀释，若小于0.1000mol/L，则应加固体氢氧化钠（或加浓氢氧化钠溶液）进行浓度调整，调整后再进行标定。经调整后的氢氧化钠标准滴定溶液的浓度应为0.1000mol/L ±0.0001mol/L。

2. 结果计算

$$c(\mathrm{NaOH})=\frac{m\times 1000}{(V_1-V_0)M} \tag{6-1}$$

式中　c（NaOH）——氢氧化钠标准滴定溶液的浓度（mol/L）；

m——称取基准物邻苯二甲酸氢钾的质量（g）；

V_1——滴定时消耗氢氧化钠溶液的体积（mL）；

V_0——空白试验消耗氢氧化钠溶液的体积（mL）；

M——邻苯二甲酸氢钾的摩尔质量（g/mol）[$M(KHC_8H_4O_4)$ =204.22g/mol]。

• 训练2　0.1mol/L 盐酸标准滴定溶液的配制与标定

(一) 训练目的

1) 熟练掌握称量和滴定操作。

2) 掌握用甲基橙、溴甲酚蓝-甲基红作为指示剂判断滴定终点的方法。

3) 掌握用基准无水碳酸钠标定盐酸标准滴定溶液的方法。

(二) 原理

以甲基橙、溴甲酚蓝 - 甲基红作指示剂，用盐酸标准滴定溶液滴定基准无水碳酸钠，其反应为

$$Na_2CO_3 + 2HCl = 2NaCl + H_2O + CO_2 \uparrow$$

根据基准无水碳酸钠的质量及所消耗盐酸标准滴定溶液的体积，即可计算出盐酸溶液的准确浓度。

（三）仪器与试剂

1. 仪器

分析天平；高温炉；干燥器；坩埚钳；称量瓶；1000mL 烧杯 1 个；1000mL 试剂瓶 1 个；250mL 锥形瓶 2 个；50mL 酸式滴定管 1 支。

2. 试剂

浓盐酸；无水碳酸钠（固体，基准试剂）；质量分数为 0.1% 的甲基橙指示剂；溴甲酚绿-甲基红混合指示剂（质量分数为 0.1% 的溴甲酚绿酒精溶液与质量分数为 0.2% 的甲基红酒精溶液以体积比 3:1 混合）。

（四）训练内容

1. 0.1mol/L 盐酸标准滴定溶液的配制

量取密度为 1.19g/cm^3 的浓盐酸 9mL，注入 1000mL 盛有蒸馏水的烧杯中，摇匀后转入试剂瓶中。

2. 0.1mol/L 盐酸标准滴定溶液的标定

（1）标定步骤　用称量瓶按差减称量法称取在 270～300℃灼烧至恒重的基准无水碳酸钠 0.15～0.2g（称准至 0.0002g），放入 250mL 锥形瓶中，以 50mL 蒸馏水溶解，加溴甲酚蓝-甲基红混合指示剂 10 滴，用配制的 0.1mol/L 盐酸标准滴定溶液滴定至溶液由绿色变为暗红色，加热煮沸 2min，冷却后继续滴定至溶液呈暗红色为终点。平行测定三次，同时做空白试验。将测定结果记录于表 6-1 中。

表 6-1　称量法标定盐酸

名　称	第一份	第二份	第三份	空白试验
（倾样前称量瓶的质量 + 碳酸钠的质量）/g				
（倾样后称量瓶的质量 + 碳酸钠的质量）/g				
碳酸钠的质量/g				
盐酸溶液用量/mL				

（2）结果计算

$$c(\mathrm{HCl}) = \frac{m \times 1000}{(V_1 - V_0)M(1/2\mathrm{Na_2CO_3})} \tag{6-2}$$

式中　c（HCl）——盐酸标准滴定溶液的浓度（mol/L）；

m——称取无水碳酸钠的质量（g）；

V_1——滴定时消耗盐酸溶液的体积（mL）；

V_0——空白试验消耗盐酸溶液的体积（mL）；

$M(1/2Na_2CO_3)$ ——无水碳酸钠摩尔质量的1/2 (g/mol) [$M(1/2Na_2CO_3)=52.994$ (g/mol)]。

取以上平行测定三次结果的算术平均值作为测定结果，并按标准滴定溶液浓度的调整法，将测得的盐酸溶液浓度调整到 (0.1000±0.0001) mol/L。

• 训练3 工业乙酸含量的测定

(一) 训练目的

1) 了解用强碱测定乙酸含量的原理与方法。

2) 进一步熟练滴定分析操作技术和容量瓶、移液管的使用方法。

(二) 原理

测定乙酸的含量，可用 NaOH 标准滴定溶液直接滴定样品溶液，用酚酞作指示剂，溶液由无色变为浅粉红色即为终点。

(三) 仪器与试剂

1. 仪器

50mL 碱式滴定管1支；25mL 移液管1支；5mL 吸量管1支；100mL 容量瓶1个；250mL 锥形瓶3个；50mL 烧杯1个。

2. 试剂

NaOH 标准滴定溶液 $c(NaOH)=0.1mol/L$；酚酞指示剂；1g/L 的乙醇溶液。

(四) 测定步骤

准确吸取1mL 乙酸样品，放入100mL 容量瓶中，用蒸馏水稀释至刻度，摇匀。

吸取25mL 上述溶液，注入250mL 锥形瓶中，再加入两滴酚酞指示剂，然后用0.1mol/L NaOH 标准滴定溶液滴定至溶液由无色变为浅粉红色，且30s 不褪色即为终点，记下所消耗 NaOH 标准滴定溶液的体积。

平行测定三次。

(五) 测定结果的记录与计算

1. 分析结果的记录

将测定结果记录在表6-2中。

表6-2 分析结果的记录表

记录项目	编号		
	1	2	3
NaOH 溶液终读数/mL			
NaOH 溶液初读数/mL			
$V(NaOH)$/mL			
所消耗 NaOH 溶液的平均体积/mL			

2. 结果计算

计算乙酸的含量，以质量浓度$\rho(HAc)/(g/L)$来表示。

$$\rho(HAc)=\frac{c(NaOH)V(NaOH)\times 60.05}{1\times\frac{25.00}{100.00}} \tag{6-3}$$

式中 ρ（HAc）——乙酸的含量（g/L）；

c(NaOH)——NaOH 标准滴定溶液的浓度（mol/L）；

V(NaOH)——滴定消耗 NaOH 标准滴定溶液的体积（mL）；

60.05——乙酸的摩尔质量（g/mol）。

训练 4　工业烧碱中氢氧化钠和碳酸钠含量的测定

（一）训练目的

1）掌握双指示剂滴定法的原理、操作方法及计算方法。

2）熟练掌握用甲基橙、酚酞指示剂判断滴定终点的方法。

（二）原理

双指示剂法是利用盐酸标准滴定溶液在滴定混合碱时，有两个差别较大的化学计量点，利用两种指示剂在不同化学计量点时的颜色变化，分别指示两个滴定终点的测定方法。

用双指示剂法测定烧碱中 NaOH 和 Na_2CO_3 的含量时，先以酚酞作为指示剂，用 HCl 标准滴定溶液滴定至溶液由红色变为无色，这时溶液中的 NaOH 完全被中和，碳酸钠被中和到 $NaHCO_3$。其反应为

$$NaOH + HCl = NaCl + H_2O$$

$$Na_2CO_3 + HCl = NaCl + NaHCO_3$$

再加入甲基橙指示剂，继续用 HCl 标准滴定溶液滴定至溶液由黄色变为橙色，表示溶液中的 $NaHCO_3$ 完全被中和。其反应为

$$NaHCO_3 + HCl = NaCl + H_2O + CO_2\uparrow$$

根据到达各滴定终点时盐酸标准滴定溶液的用量，计算氢氧化钠和碳酸钠的含量。

（三）仪器与试剂

1. 仪器

分析天平；150mL 烧杯 1 个；250mL 容量瓶 1 个；25mL 移液管 1 支；250mL 锥形瓶 2 个；50mL 酸式滴定管 1 支；洗耳球 1 个；称量瓶 1 个。

2. 试剂

0.1mol/L HCl 标准滴定溶液；质量分数为 0.1% 的甲基橙指示剂；质量分数为 1% 的酚酞指示剂。

（四）测定步骤

用分析天平精确称取2g（称准至0.0002g）混合碱试样，放入小烧杯中，用少量蒸馏水溶解，必要时可微微加热（若有不溶性残渣，则应过滤将其除去），然后将溶液移入250mL容量瓶中（若用过滤纸过滤，则应以少量蒸馏水将过滤纸洗涤两三次，将洗涤液并入容量瓶中），最后用蒸馏水稀释至刻度，摇匀。

用移液管吸取上述试液25mL置于250mL锥形瓶中，加入酚酞指示液2～3滴，用0.1mol/L HCl标准滴定溶液滴定至粉红色恰好消失为止，记下HCl标准滴定溶液的用量V_1，再加入甲基橙指示液1～2滴，继续用HCl标准滴定溶液滴定至溶液由黄色变为橙色为止，记下HCl标准滴定溶液的用量V_2。平行测定三次。

（五）结果计算

$$w(\mathrm{NaOH})=\frac{c(\mathrm{HCl})(V_1-V_2)\times 0.04000}{m_{样}\times\frac{25}{250}}\times 100\% \tag{6-4}$$

$$w(\mathrm{Na_2CO_3})=\frac{c(\mathrm{HCl})\times 2V_2\times 0.05299}{m_{样}\times\frac{25}{250}}\times 100\% \tag{6-5}$$

式中 $w(\mathrm{NaOH})$——氢氧化钠的质量分数；

$w(\mathrm{Na_2CO_3})$——碳酸钠的质量分数；

$c(\mathrm{HCl})$——盐酸标准滴定溶液的浓度（mol/L）；

V_1——以酚酞为指示剂，滴定至终点时盐酸标准滴定溶液的用量（mL）；

V_2——以甲基橙为指示剂，滴定至终点时盐酸标准滴定溶液的用量（mL）；

0.04000——氢氧化钠的毫摩尔质量（g/mmol）；

0.05299——碳酸钠的毫摩尔质量（g/mmol）；

$m_{样}$——混合碱试样的质量（g）。

（六）注意事项

1）试样和试液不宜在空气中放置太久，以免吸收空气中的二氧化碳而影响分析结果。

2）在以酚酞为指示剂进行滴定时，滴定速度不要过快，应不断地摇动，以防止局部酸的浓度过大，使碳酸钠转化生成二氧化碳而逸出，造成碳酸钠的分析结果偏低。

3）用盐酸标准滴定溶液滴定碳酸钠时，第一个化学计量点附近没有明显的pH值突跃，易产生滴定误差，若选用甲酚红-百里酚蓝混合指示剂，则终点颜色变化明显，由紫色变为黄色。第二个化学计量点附近的 pH 值突跃也较小，若采用甲基红-亚甲基蓝混合指示剂，则终点由绿色变为红紫色，可以减小误差。

训练 5　合成洗涤剂中总活性物含量的测定

（一）方法概述

用乙醇萃取试样，过滤分离，定量乙醇溶解物及乙醇溶解物中的氯化钠，产品中总活性物的含量可由乙醇溶解物量减去乙醇溶解物中的氯化钠量算得。

（二）仪器和试剂

（1）吸滤瓶　500mL 或 1000mL。

（2）古氏坩埚　30mL，铺滤纸圆片。铺滤纸圆片时，先在坩埚底与多孔瓷板之间铺双层慢速定性滤纸圆片，然后再在多孔瓷板上面铺单层快速定性滤纸圆片，注意滤纸圆片的直径要尽量与坩埚底部直径吻合。

（3）水浴　沸水浴。

（4）烘箱　能控温于（105 ±2）℃。

（5）烧杯　150mL、300mL。

（6）干燥器　内盛变色硅胶或其他干燥剂。

（7）量筒　25mL。

（8）锥形瓶　250mL。

（9）体积分数为 95% 的乙醇（GB/T 679—2002）　新煮沸后冷却，用碱中和至对酚酞呈中性。

（10）无水乙醇（GB/T 678—2002）　新煮沸后冷却。

（11）硝酸银（GB/T 670—2007）　$c(AgNO_3)$ = 0.1mol/L 的标准滴定溶液。

（12）铬酸钾（HG/T 3440—1999）　50g/L 溶液。

（13）酚酞（GB/T 10729—1989）　10g/L 溶液。

（14）硝酸（GB/T 626—2006）　0.5mol/L 溶液。

（15）氢氧化钠（GB/T 629—1997）　0.5mol/L 溶液。

（三）测定步骤

1. 乙醇溶解物含量的测定

精确称取适量试样（粉、粒状样品约 2g，液、膏体样品约 5g，准确至 0.0002g），置于 150mL 烧杯中，加入 5mL 蒸馏水，用玻璃棒不断搅拌，以分散固体颗粒和破碎团块，直到没有明显的颗粒状物。加入 5mL 无水乙醇，继续用玻璃棒搅拌，使样品溶解呈糊状，然后边搅拌边缓缓加入 90mL 无水乙醇，继续搅拌一会儿以促进溶解。静置片刻至溶液澄清，用倾泻法通过古氏坩埚进行过滤（用吸滤瓶吸滤）。将清液尽量排干，使不溶物尽可能留在烧杯中，再以同样方法，每次用25mL体积分数为95%的热乙醇重复萃取、过滤，操作4次。

将吸滤瓶中的乙醇萃取液小心地转移至已称量的300mL烧杯中，用体积分数为95%的热乙醇冲洗吸滤瓶3次，将滤液和洗涤液合并于300mL烧杯中(此为乙醇萃取液)，然后将盛有乙醇萃取液的烧杯置于沸水浴中，使乙醇蒸发至尽，再将烧杯外壁擦干，置于（105±2)℃烘箱内干燥1h，移入干燥器中，冷却30min并称量。

2. 乙醇溶解物中氯化钠含量的测定

将已称量的烧杯中的乙醇萃取物分别用蒸馏水、20mL体积分数为95%的乙醇溶解洗涤至250mL锥形瓶中，加入酚酞指示剂（10g/L）3滴，若呈红色，则以0.5mol/L硝酸溶液中和至红色刚好褪去；若不呈红色，则以0.5mol/L氢氧化钠溶液中和至微红色，再以0.5mol/L硝酸溶液回滴至微红色刚好褪去。然后加入1mL 50g/L铬酸钾指示液，用硝酸银标准滴定溶液[$c(AgNO_3)=0.1mol/L$]滴定至溶液由黄色变为橙色为止。

（四）结果计算

1）乙醇溶解物中氯化钠的质量m_2(g)

$$m_2=\frac{cV\times 58.5}{1000} \tag{6-6}$$

式中 m_2——试样乙醇溶解物中氯化钠的质量（g）；

c——硝酸银标准滴定溶液的实际浓度（mol/L)；

V——硝酸银标准滴定溶液的体积（mL)；

58.5——氯化钠的摩尔质量（g/mol)。

2）样品中总活性物的质量分数w

$$w=\frac{m_1-m_2}{m}\times 100\% \tag{6-7}$$

式中 w——样品中总活性物的质量分数；

m_1——乙醇溶解物的质量（g)；

m_2——乙醇溶解物中氯化钠的质量（g)；

m——试样质量（g)。

总活性物的两次平行测定结果之差应不超过0.3%，以两次平行测定的算术平均值（表示至个位）作为结果。

• 训练6 农药中酸度的测定

（一）试剂和溶液

1）水 新煮沸并冷至室温的蒸馏水，pH=5.5~7.0。

2）0.05mol/L 的苯二甲酸氢钾 pH 值标准溶液 称取在 105～110℃ 烘至恒重的苯二甲酸氢钾 10.21g 置于 1000mL 容量瓶中，用水溶解并稀释至刻度，摇匀。此溶液放置时间应不超过一个月。

3）0.05mol/L 的四硼酸钠 pH 值标准溶液 称取 19.07g 四硼酸钠（$Na_2B_4O_7 \cdot 10H_2O$）置于 1000mL 容量瓶中，用水溶解并稀释至刻度，摇匀。此溶液放置时间应不超过一个月。

4）溶液 pH 值的温度校正 常用缓冲溶液的 pH 值随着温度的变化情况见表 6-3。

表 6-3 缓冲溶液 pH 值随着温度的变化情况

温度/℃	标准缓冲溶液的 pH 值		
	苯二甲酸氢钾	磷酸氢二钠、磷酸二氢钾	四硼酸钠
0	4.01	6.98	9.46
5	4.01	6.95	9.39
10	4.00	6.92	9.33
15	4.00	6.90	9.27
20	4.00	6.88	9.22
25	4.01	6.86	9.18
30	4.01	6.85	9.14
35	4.02	6.84	9.10
40	4.02	6.84	9.07
45	4.03	6.83	9.04
50	4.06	6.83	9.01

（二）仪器

（1）pH 计 需要有温度补偿或温度校正图表。

（2）玻璃电极 使用前需要在蒸馏水中浸泡 24h 以上。

（3）饱和甘汞电极 电极的室腔中需注满饱和氯化钾溶液，并保证饱和溶液中总有氯化钾晶体存在。

（三）测定步骤

（1）pH 计的校正 将 pH 计的指针调整到零点，调节温度补偿旋钮至溶液温度值，用上述一种 pH 值标准溶液校正 pH 计，重复校正，直到两次读数不变为止。再测量另一pH值标准溶液的pH值，测定值与标准值之差应不大于0.02。

(2) 试样溶液的配制　称取1g试样置于100mL烧杯中，加入100mL水，剧烈搅拌1min。

(3) 测定　将冲洗干净的玻璃电极和甘汞电极插入试样溶液中，测其pH值。至少平行测定三次，测定结果的绝对差值应小于0.1，取其算术平均值，即为该试样的pH值。

训练7　蒸馏法测定农药中的水分

(一) 原理

共沸蒸馏法是使试样中的水与甲苯形成共沸二元混合物，一起被蒸馏出来，根据蒸出水的体积，计算水的含量。

(二) 仪器和试剂

1. 仪器

水分测定器(见图6-1)；2mL接收器，分度值为0.05mL；500mL圆底烧瓶。

2. 试剂

甲苯。

(三) 测定步骤

称取含水0.3~1.0g的试样(精确至0.01g)，置于500mL圆底烧瓶中，加入100mL甲苯和数支长1cm左右的毛细管，按图6-1所示安装仪器，在冷凝器顶部塞一个疏松的棉花团，以防大气中水分的冷凝，加热回流速度为2~5滴/s，继续蒸馏直到在仪器的任何部位(除刻度管底部以外)不再见到冷凝水，而且接收器内水的体积不再增加时再保持5min，然后停止加热，用甲苯冲洗冷凝器，直至没有水珠落下为止，冷却至室温，读取接收器内水的体积。

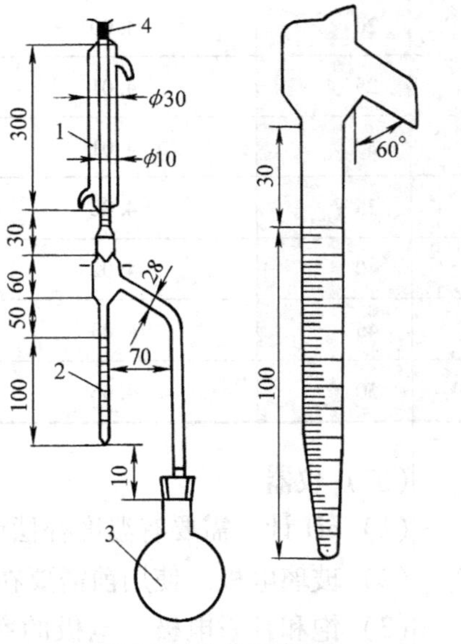

图6-1　水分测定器
1—直形冷凝器
2—接收器(有效体积为2mL，每刻度为0.05mL)
3—圆底烧瓶　4—棉花团

(四) 结果计算

试样中水的质量分数为

$$w(水)=\frac{\rho V}{m}\times 100\% \qquad (6\text{-}8)$$

式中　V——接收器中水的体积(mL)；

m——试样质量（g）；

ρ——水的密度（g/cm^3）。

训练 8 氮肥中氨态氮含量的测定

（一）原理

在中性溶液中，铵盐与甲醛作用生成六次甲基四胺和相当于铵盐含量的酸，在指示剂存在的情况下，用氢氧化钠标准滴定溶液滴定。

（二）仪器和试剂

1. 仪器

实验室常用仪器；pH 计。

2. 试剂

硼酸；氯化钾；硫酸标准滴定溶液［$c(1/2H_2SO_4)=0.1mol/L$］；氢氧化钠标准滴定溶液［$c(NaOH)=0.1mol/L$］；氢氧化钠标准滴定溶液［$c(NaOH)=0.5mol/L$］；甲醛溶液（250g/L）；乙醇［95%（体积分数）］；甲基红指示剂（1g/L）；酚酞指示剂（10g/L）；pH = 8.5 的颜色参比溶液，［在 250mL 锥形瓶中，加入 15.15mL 0.1mol/L 的氢氧化钠标准滴定溶液，37.50mL 0.2mol/L 的硼酸-氯化钾溶液（称取 6.138g 硼酸和 7.455g 氯化钾，溶于水，移入 500mL 容量瓶中，稀释至刻度），再加入 1 滴甲基红指示剂溶液和 3 滴酚酞指示剂溶液，稀释至 150mL］。

（三）测定步骤

1. 试样溶液的制备

称取 1g 试样，精确至 0.001g，置于 250mL 锥形瓶中，加 100 ~ 120mL 水溶解，再加入 1 滴甲基红指示剂，用氢氧化钠标准滴定溶液或硫酸标准滴定溶液调节至溶液呈橙色。

2. 测定

加入 15mL 甲醛溶液至试样溶液中，再加入 3 滴酚酞指示剂，混匀，放置 5min，用氢氧化钠标准滴定溶液滴定至 pH = 8.5 的颜色参比溶液所呈现的颜色，经 1min 不消失（或滴定至 pH 计指示 pH = 8.5）为终点。

3. 空白试验

在测定的同时，除不加试样外，按测定完全相同的分析步骤、试剂和用量进行平行操作。

（四）结果计算

氨态氮含量以氮（N）的质量分数 $w(N)$ 表示，计算公式为

$$w(N)=\frac{(V_1-V_2)c\times 0.01401}{m}\times 100\% \qquad (6\text{-}9)$$

式中 V_1——测定试样所消耗氢氧化钠标准滴定溶液的体积（mL）；

V_2——空白试验所消耗氢氧化钠标准滴定溶液的体积（mL）；

c——氢氧化钠标准滴定溶液的浓度（mol/L）；

0.01401——与1.00mL氢氧化钠标准滴定溶液[c(NaOH)=1.000mol/L]相当的氮的质量（g/mmol）；

m——试样质量（g）。

取平行测定结果的算术平均值作为测定结果。

• 训练9 磷肥中五氧化二磷含量的测定（复混肥料中有效磷含量的测定）

（一）训练目的

掌握复混肥料中水溶性磷和有效磷的提取和含量测定方法。

（二）原理

用水和乙二胺四乙酸二钠（EDTA二钠）溶液提取复混肥料中水溶性磷和有效磷，提取液中正磷酸根离子在酸性介质中与喹钼柠酮试剂生成黄色磷钼酸喹啉沉淀，用磷钼酸喹啉重量法测定磷的含量。

（三）试剂和材料

（1）37.5g/L EDTA二钠溶液　称取37.5g EDTA二钠置于1000mL烧杯中，加入少量水溶解，用水稀释至1000mL，混匀。

（2）喹钼柠酮试剂

溶液①：将70g钼酸钠二水物溶解于150mL水中。

溶液②：将60g柠檬酸一水物溶解于85mL硝酸和150mL水的混合液中，冷却。

溶液③：在不断搅拌下，慢慢地将溶液①加到溶液②中。

溶液④：将5mL喹啉溶解于35mL硝酸和100mL水的混合液中。

溶液⑤：缓慢地将溶液④加到溶液③中，混合后放置24h再过滤，向滤液中加入280mL丙酮，用水稀释至1L，混匀，储存于聚乙烯瓶中，放于避光、避热处。

（3）（1+1）硝酸溶液。

（四）仪器、设备

实验室常用仪器；恒温干燥箱，能维持180℃±2℃；4号玻璃坩埚式滤器，容积为30mL；恒温水浴振荡器，能控制温度为60℃±1℃的往复式振荡器和回旋式振荡器。

（五）测定步骤

1. 实验室样品的制备

按实验室样品制备的方法制备样品。

2. 试样的称量

称取含有 100 ~ 200mg 五氧化二磷的试样，精确至 0.0001g。

3. 水溶性磷的提取

按要求称取试样，置于 75mL 的瓷蒸发器中，加 25mL 水研磨，将清液倾注过滤于预先加入 5mL 硝酸溶液的 250mL 容量瓶中。继续用水研磨三次，每次用 25mL 水，然后将水不溶物转移到滤纸上，并用水洗涤水不溶物，待容量瓶中溶液达 200mL 左右为止。最后用水稀释至刻度，混匀，即为溶液 A，供测定水溶性磷用。

4. 有效磷的提取

按要求另外称取试样，置于滤纸上，用滤纸包裹试样，塞入 250mL 容量瓶中，加入 150mL 预先加热至 60℃ 的 EDTA 二钠溶液，塞紧瓶塞，摇动容量瓶使试样分散于溶液中，置于 60℃ ±1℃ 的恒温水浴振荡器中，保温振荡 1h（振荡频率以容量瓶内试样能自由翻动即可），然后取出容量瓶，冷却至室温，用水稀释至刻度，混匀。干过滤，弃去最初部分滤液，即得溶液 B，供测定有效磷用。

5. 水溶性磷的测定

用单标线吸管吸取 25mL 溶液 A，移入 500mL 烧杯中，加入 10mL 硝酸溶液，用水稀释至 100mL。在电炉上加热至沸，取下，加入 35mL 喹钼柠酮试剂，盖上表面皿，在电热板上微沸 1min 或置于近沸水浴中保温至沉淀分层，取出烧杯，冷却至室温。

用预先在 180℃ ±2℃ 干燥箱内干燥至恒重的玻璃坩埚式滤器过滤，先将上层清液滤完，然后用倾泻法洗涤沉淀一两次，每次用 25mL 水，将沉淀移入滤器中，再用水洗涤，所用水共 125 ~150mL。将沉淀连同滤器置于干燥箱内，待温度达到 180℃后，干燥 45min，取出移入干燥器内，冷却至室温，称量。

6. 空白试验

除不加试样外，必须与试样测定采用完全相同的试剂、用量和分析步骤，进行平行操作。

7. 有效磷的测定

用单标线吸管吸取 25mL 溶液 B，移入 500mL 烧杯中，加入 10mL 硝酸溶液，用水稀释至 100mL，然后按上面的分析步骤进行。

（六）结果计算

1. 水溶性磷含量（w_1）及有效磷含量（w_2）

以五氧化二磷的质量分数表示为

$$w_1 = \frac{(m_1 - m_2) \times 0.03207}{m_A \times \dfrac{25}{250}} = \frac{(m_1 - m_2) \times 0.3207}{m_A} \times 100\%$$

$$w_2 = \frac{(m_3 - m_4) \times 0.03207}{m_B \times \dfrac{25}{250}} = \frac{(m_3 - m_4) \times 0.3207}{m_B} \times 100\% \tag{6-10}$$

式中 m_1——测定水溶性磷所得磷钼酸喹啉沉淀的质量(g);

m_2——测定水溶性磷时，空白试验所得磷钼酸喹啉沉淀的质量(g);

m_3——测定有效磷所得磷钼酸喹啉沉淀的质量(g);

m_4——测定有效磷时，空白试验所得磷钼酸喹啉沉淀的质量(g);

m_A——测定水溶性磷时试样的质量(g);

m_B——测定有效磷时试样的质量(g);

0.03207——磷钼酸喹啉质量换算为五氧化二磷质量的系数;

取平行测定结果的算术平均值为测定结果。

2. 复混肥料中水溶性磷占有效磷的百分率(X)

$$X = \frac{w_1}{w_2} \times 100 \tag{6-11}$$

式中 w_1——水溶性磷的质量分数;

w_2——有效磷的质量分数。

• 训练10 干燥法测定化肥中的水分

本方法适用于性能稳定不含结晶水的化学肥料，如钾肥(硫酸钾、氯化钾、硝酸钾)、氮肥(硫酸铵和硝酸钠、氯化铵)和一部分磷肥(三料过磷酸钙)等。将试样用烘箱干燥后，以失去的质量计算水分的含量。

(一) 仪器

(1) 烘箱 温度可控制在105℃ ±2℃。

(2) 铝盒 直径为40~50mm，高度为25mm，或尺寸相当的玻璃称量瓶。

(二) 测定步骤

称取试样约2g，精确至0.0001g，置于预先在105℃ ±2℃干燥至恒重的铝盒中，轻轻振动，使试样均匀地铺在铝盒中，于105℃ ±2℃干燥2h，取出，放入干燥器内，冷却至室温，称量。重复干燥，每次1h，直至连续两次称量之差不超过0.001g为止。

(三) 结果计算

以质量分数表示的水分含量为

$$w = \frac{m_1 - m_2}{m} \times 100\% \qquad (6\text{-}12)$$

式中　m_1——干燥前试样和铝盒的质量（g）；

m_2——干燥后试样和铝盒的质量（g）；

m——试样质量（g）。

所得结果应保留至2位小数。

训练11　水性涂料中重金属（铅）含量的火焰原子吸收光谱法测定

（一）原理

将试验溶液吸入乙炔-空气火焰中，测量由铅空心阴极灯发射的谱线波长在283.3nm处的吸收情况。

（二）试剂与材料

（1）盐酸　$c(HCl)=0.07mol/L$。

（2）乙炔　装在钢瓶中。

（3）压缩空气　由空气压缩机供给。

（4）质量浓度为1g/L的铅标准储备溶液　有两种配制方法：

1）将准确含有1g铅的一安瓿标准滴定溶液移入1000mL容量瓶中，用盐酸溶液稀释至刻度，并充分摇匀。

2）称量1.598g（准确至1mg）硝酸铅（先在105℃干燥2h）加入1000mL容量瓶中，用盐酸溶液溶解，并稀释至刻度，充分摇匀。

（5）100mg/L铅标准溶液　用移液管将100mL标准储备溶液移入1000mL容量瓶中，用盐酸溶液稀释至刻度，并充分摇匀。此溶液应在使用的当天配制。

（三）仪器

1）火焰原子吸收光谱仪：适于在波长为283.3nm处测量，并装有一个可通入乙炔和空气的燃烧器。

2）铅空心阴极灯。

3）滴定管：容量为50mL。

4）容量瓶：容量为100mL。

（四）测定步骤

1. 标准曲线的绘制

（1）标准参比溶液的制备　这些溶液应在使用的当天配制。用滴定管按表6-4所示的体积将铅标准溶液分别加到6个100mL容量瓶中，再分别用盐酸稀释至刻度，并充分摇匀。

表6-4 标准系列溶液的制备

标准参比溶液序号	标准铅溶液的体积/mL	标准参比溶液中铅的相应质量浓度/（μg/mL）
0①	0.00	0.00
1	2.50	2.50
2	5.00	5.00
3	10.00	10.00
4	20.00	20.00
5	30.00	30.00

① 0为空白试验溶液。

（2）光谱测量 安装铅光源，将仪器调节至最佳工作状态，在283.3nm波长处，按照从稀到浓的顺序依次测定各标准系列溶液。在每次测量之间都要吸入水使之通过燃烧器，并且每次必须保持相同的吸入率。

（3）标准曲线 以标准系列溶液的质量浓度(以μg/mL计)为横坐标，以相应的吸光度值减去空白试验溶液的吸光度值为纵坐标，绘制曲线。

2. 试验溶液

（1）液体色漆中的颜料部分和粉末状色漆 将制备好的颜料或粉末状色漆以两份试样平行进行萃取。在萃取和分析前，试样应避免阳光直接照射。

称取5.0g±0.01g制备好的颜料试样倒入一只洁净干燥的150mL烧杯中，用2mL或比润湿试样的最低量稍多一点的乙醇润湿试样，粉末状色漆可用其他合适的润湿剂。装上搅拌器并加入75mL预先在水浴上调节到23℃±2℃的稀盐酸。将烧杯放在23℃±2℃的水浴上并立即开始搅拌混合物。将pH计的电极插入混合物，如果需要，则可滴加浓盐酸，使混合物的pH值调节为稀盐酸的pH值。继续搅拌15min±1min后，使其于23℃±2℃下静置15min±1min，随后将混合物倾入过滤装置上的薄膜过滤器中进行过滤，收集起始10min里所得的清澈的滤液置于合适的玻璃容器中，立即盖上容器盖子。保留过滤的萃取液。

（2）色漆的液体部分 将储存在有盖玻璃容器里的制备好的颜料试样溶液置于一个合适的容量瓶中，用溶剂或混合溶剂稀释到规定的体积。转移等分试样到合适容积的瓷或二氧化硅制的器皿里，放在水浴上蒸发，以除去大部分溶剂。

将器皿放在电热板上，缓慢升温以除去全部残留溶剂，逐渐升高电热板温度，直至物质开始炭化。随后，将器皿放在马弗炉里，在温度475℃±25℃下灰化。在灰化完全后，从马弗炉中取出器皿并使之冷却至室温，用玻璃棒将灰化物敲碎成极细的颗粒，并将该棒留在器皿内，供下面过滤步骤使用。

为防止灰化物反应剧烈，应缓慢加入10mL硝酸，以避免物质损失。在电热板上小心加热，直至溶液剩余2～3mL，再加10mL硝酸，继续在电热板上加热直至残留溶液少于5mL为止。加20～25mL水，用中速滤纸过滤，滤液用100mL

容量瓶收集。若滤液不清澈，则应以慢速滤纸重滤。

用水洗涤器皿和滤纸数次，将全部洗涤液转移到容量瓶里，用盐酸稀释至刻度并摇匀。保留滤液，分成几份，供以下测定步骤使用。

3. 测定

按光谱测量方法调整光谱仪后，首先测量盐酸的吸光度，然后对每个试验溶液的吸光度测量三次，随后再测量盐酸的吸光度，最后为证实仪器的灵敏度没有变化，需再测定标准参比溶液中4号溶液的吸光度。若试验溶液的吸光度高于浓度最高的铅标准参比溶液的吸光度，则可用已知体积的盐酸适当地稀释该试验溶液（稀释因子为 F）。

（五）结果计算

1. 液体色漆的颜料部分

1）盐酸萃取液中可溶性铅的含量（g）为

$$m_0 = \frac{(\rho_1 - \rho_0) V_1 F_1}{10^9} \tag{6-13}$$

式中 ρ_0——空白试验溶液中铅的质量浓度（μg/mL）；

ρ_1——从标准曲线上查得的试验溶液中铅的质量浓度（μg/mL）；

F_1——稀释因子；

V_1——用于萃取的盐酸与乙醇的体积（mL）之和（分别采用77mL或502mL）。

2）液体色漆的颜料部分中可溶性铅的质量分数按下式计算：

$$w(Pb_1) = m_0 \frac{10^2}{m_1} \frac{w}{10^2} = \frac{m_0 w}{m_1} \times 100\% \tag{6-14}$$

式中 $w(Pb_1)$——色漆的颜料部分中可溶性铅的质量分数；

m_1——制备溶液所用试样的质量（g）；

w——液体色漆中颜料的质量分数。

2. 色漆的液体部分

1）溶液（萃取液）中铅的含量为

$$m_2 = \frac{(\rho_1 - \rho_0) V_2 F_2}{10^9} \tag{6-15}$$

式中 m_2——色漆的液体部分中铅的质量（g）；

ρ_0——制备的空白试验溶液中铅的质量浓度（μg/mL）；

ρ_1——从标准曲线上查得的试验溶液中铅的质量浓度（μg/mL）；

F_2——稀释因子；

V_2——按以上方法制得的色漆的液体部分溶液的体积（mL）。

2）色漆的液体部分中铅的含量按下式计算：

$$w(Pb_2) = \frac{m_2}{m_3} \times 100\% \tag{6-16}$$

式中 $w(Pb_2)$——色漆的液体部分中铅的质量分数；

m_2——色漆的液体部分中铅的质量（g）；

m_3——色漆总质量（g）。

3. 液体色漆

液体色漆中“可溶性”铅的总含量为

$$w(Pb_3) = w(Pb_1) + w(Pb_2) \tag{6-17}$$

式中 $w(Pb_3)$——液体色漆中“可溶性”铅的总质量分数。

• 训练12 颜料中的水溶物和颜料的耐水性、耐酸性、耐溶剂性的测定

A. 颜料中水溶物的测定（冷萃取法）

（一）试剂

蒸馏水：刚煮沸并冷却的 pH =6 ~7 的二次蒸馏水。

（二）仪器

（1）单刻度容量瓶 容量为250mL。

（2）慢速滤纸或玻璃滤器。

（3）蒸发皿 玻璃或上釉瓷制作的平底蒸发皿。

（4）烘箱 温度能维持在105℃ ±2℃。

（5）天平 精确到1mg或有更高的精确度。

（6）干燥器 内装有效干燥剂。

（7）吸液管 100mL。

（三）测定步骤

进行两份样品的平行测定。

1. 试样

称2 ~20g样品，准确至0.01g，置于烧杯中。

注意：试样的量根据颜料的类型和水溶物的含量决定。

2. 测定

将烧杯中的试样用几毫升水湿润（若颜料在水中难以分散，则可滴加少许水调浆润湿；如果颜料不溶于乙醇，则可加几毫升乙醇进行润湿），加200mL水，并在室温下连续搅拌1h，然后移入容量瓶中，用水稀释至刻度，充分摇匀，经滤纸或玻璃滤器反复过滤，直至滤液清澈，从中量取100mL，在水浴上用蒸发

皿蒸发至干，移入105℃±2℃烘箱中烘干。在干燥器中冷却后称量，准确到1mg，再次加热和冷却，在每次操作中至少加热30min，直到最后两次称量结果之差不大于最终值的10%，此最终值即为水溶物量。

3. 结果计算

水溶物的质量分数（w）为

$$w = \frac{m_1}{m_0} \times 2.5 \tag{6-18}$$

式中 m_0——试样的质量（g）；

m_1——水溶物的质量（g）；

2.5——常数。

取两次测定的平均值，将试验结果精确到一位小数。

（四）试验报告

试验报告至少应包括下列内容：试验颜料的类型及名称；按上述公式计算出的试验结果；所用试样的量；与本试验规定操作的差异，特别是过滤和所用水的细节；试验日期。

B. 颜料的耐水性测定

颜料和水接触后，微溶于水，会造成水的沾色。颜料的耐水性即是指颜料对抗水的溶解而造成水沾色的性能。

（一）材料和仪器设备

（1）蒸馏水 应在使用前煮沸并冷却至常温。

（2）天平 感量为0.001g。

（3）试管 容量为25mL，带磨口塞。

（4）电动振荡器 振荡频率为(280±5)次/min，振荡幅度为(40±2)mm。

（5）细孔坩埚 容量为25mL。

（6）抽滤瓶 容量为125mL。

（7）滤纸 慢速。

（8）比色皿 厚度为0.5cm，高度为6.4cm。

（9）比色架 比色架应有两个孔，恰好插入两支比色皿，背景为白色。

（10）沾色用灰色分级卡 使用GB/T 251—2008《纺织品 色牢度试验 评定沾色用灰色样卡》规定的沾色用灰色分级卡。

（二）测定步骤

需做两份平行试验。

1. 试液的制备

（1）使用冷水 称取颜料样品0.5g，准确至0.001g，放入试管中，加入20mL蒸馏水，盖紧磨口塞，水平固定在振荡器上，振荡5min，取下，静置30min，倒入铺设3层滤纸的细孔坩埚中，真空抽滤，直至得到清澈的滤液。

(2) 使用热水　称取颜料样品0.5g，称准至0.001g，放入试管中，加入20mL沸腾的蒸馏水，充分润湿颜料后，在沸腾的水浴中加热10min，取出，冷却至室温，倒入铺设9层滤纸的细孔坩埚中，真空抽滤，直至得到清澈的滤液。

2. 沾色级别的评定

将蒸馏水和制得的清澈滤液分别注满两支比色皿，然后将两支比色皿分别置入比色架孔中，在自然光照下，入射光与被观察物成45°角，观察方向垂直于被观察物表面，对照沾色灰色分级卡，以目测评定沾色级别。

3. 平行试验结果

平行试验所得级别应相同。

(三) 结果表示

评定的沾色级别直接用来表示颜料的耐水性，最好为5级，最差为1级。滤液的沾色程度介于两级之间，以4~5、3~4、2~3、1~2表示。

(四) 试验报告

试验报告应包括以下内容：

1) 试验样品的类型及名称。

2) 试验用冷水还是热水。

3) 所得颜料耐水性的级别。

4) 试验中发生的异常现象。

5) 试验日期、试验人员。

C. 颜料的耐酸性测定

颜料和酸溶液接触后，与酸作用，会造成酸溶液的沾色和颜料本身的变色。颜料的耐酸性是指颜料对抗酸的作用而造成酸溶液的沾色和颜料变色的性能。

(一) 材料和仪器设备

(1) 盐酸　质量分数为2%的溶液。

(2) 天平　感量为0.001g。

(3) 试管　容量为25mL，带磨口塞。

(4) 电动振荡器　振荡频率为(280±5)次/min，振荡幅度为(40±2)mm。

(5) 滤纸　慢速。

(6) 细孔坩埚　容量为25mL。

(7) 抽滤瓶　容量为125mL。

（8）比色皿　厚度为0.5cm，高度为6.4cm。

（9）比色架　比色架应有两个孔，恰好插入两支比色皿，背景为白色。

（10）灰色分级卡　使用GB/T 251—2008《纺织品　色牢度试验　评定沾色用灰色样卡》规定的沾色用灰色分级卡和GB/T 250—2008《纺织品　色牢度试验　评定变色用灰色样卡》规定的褪色灰色分级卡。

（二）测定步骤

需做两份平行试验。

1. 试液和滤饼的制备

称取两份颜料样品，每份0.5g，准确至0.001g，分别放入两支试管中，其中一支加入20mL蒸馏水，另一支加入20mL盐酸溶液，放置5min后，盖紧磨口塞，水平固定在电动振荡器上，振荡5min，取下，分别倒入铺设3层滤纸的细孔坩埚中，真空抽滤，直至得到清澈的滤液。

2. 沾色和变色级别的评定

1）将质量分数为2%的盐酸溶液和制得的清澈滤液分别注满比色皿，将两支比色皿分别置入比色架孔中，在自然光照下，入射光与被观察物成45°角，观察方向垂直于被观察物表面，对照沾色灰色分级卡，以目视评定滤液的沾色级别。

2）分别取出过滤后两坩埚中的滤饼，放在白瓷板上，压上无色玻璃，用与上一步骤相同的方法对照褪色灰色分级卡，以目视评定颜料的变色级别。

3. 平行试验结果

平行试验所得级别应相同。

4. 结果表示

颜料的耐酸性用滤液的沾色级别、滤饼的变色级别或同时用滤液的沾色级别和滤饼的变色级别表示。滤液沾色和滤饼变色最好为5级，最差为1级。滤液的沾色程度介于二级之间用4~5、3~4、2~3、1~2表示，滤饼的变色程度介于二级之间用4/5、3/4、2/3、1/2表示。若同时表示滤液的沾色程度和滤饼变色程度的级别，则表示为A[B]，其中A表示滤液的沾色级别，[B]表示滤饼的变色级别。例如，某颜料滤液沾色为5级，变色为4/5，则表示为5［4/5］。

（三）试验报告

试验报告应包括以下内容：

1）试验样品的类型及名称。

2）所得颜料耐酸性的级别。

3）试验中发生的异常现象。

4）试验日期、试验人员。

D. 颜料耐溶剂性的测定

(一) 材料和仪器设备

(1) 试剂 使用的溶剂均应为化学纯。

(2) 天平 感量为0.001g。

(3) 试管 容量为25mL，带磨口塞。

(4) 电动振荡器 振荡频率为(280±5)次/min，振荡幅度为(40±2)mm。

(5) 坩埚式玻璃滤器 5号，容量为30mL。

(6) 抽滤瓶 容量为125mL。

(7) 比色皿 厚度为0.5cm，高度为6.4cm。

(8) 比色架 比色架应有两个孔，恰好插入两支比色皿，背景为白色。

(9) 灰色分级卡 使用GB/T 251—2008《纺织品 色牢度试验 评定沾色用灰色样卡》规定的沾色用灰色分级卡。

(二) 测定步骤

需做两份平行试验。

1. 试液的制备

称取颜料样品0.5g，准确至0.001g，置于试管中，加入20mL溶剂，塞紧管塞，水平固定在电动振荡器上振荡1min，取下，倒入玻璃滤器中，真空抽滤，直至得到清澈的滤液，收集滤液，以溶剂稀释至20mL，摇匀备用。

2. 沾色级别的评定

将溶剂和制得的清澈滤液分别注满比色皿，将两支比色皿分别置于比色架孔中，在自然光照下，入射光与被观察物成45°角，观察方向垂直于被观察物表面，对照沾色灰色分级卡，目视评定滤液的沾色级别。

(三) 平行试验结果

平行试验所得级别应相同。

(四) 结果表示

评定的沾色级别直接用以表示颜料的耐溶剂性，最好为5级，最差为1级。沾色级别介于二级之间，以4~5、3~4、2~3、1~2表示。

(五) 试验报告

试验报告应包括以下内容：

1) 试验样品的类型及名称。

2) 试验所用溶剂的名称。

3) 所得颜料耐溶剂性的级别。

4) 试验中发生的异常现象。

5) 试验日期、试验人员。

训练13 煤炭挥发分的测定

（一）训练目的

通过训练，正确使用马弗炉、分析天平等仪器设备，熟悉、准确地用热失重法测定煤的挥发分，并在4h内完成测定任务，平行测定的允许绝对误差不应超过下列数值：

挥发分 V^f(%)	平行测定的允许绝对误差（%）
<20	0.30
20～40	0.50
>40	0.80

（二）仪器与试样

1. 仪器

挥发分专用坩埚（见图6-2）；马弗炉；秒表；干燥器；压饼机；坩埚架用镍铬丝制成，其大小应使放入马弗炉中的坩埚不超出恒温区，其高度应使架上的坩埚底部距炉底20～30mm，如图6-3所示。

2. 试样

煤样。

（三）测定步骤

1）准备测定所需仪器。

2）称取粒度为0.2mm以下的分析煤试样1g±0.1g（精确至0.0002g）。

3）将试样置于920℃灼烧至恒重的专用坩埚内，并轻击坩埚使试样摊平。

在完成以上工作后，应及时检查，以便纠正错误。

4）盖上坩埚盖，将坩埚放在坩埚架上，迅速推至预先加热至920℃的马弗炉恒温区内，并开启秒表，关闭炉门。

注意：此时炉温会有所下降，必须在3min内使炉温恢复

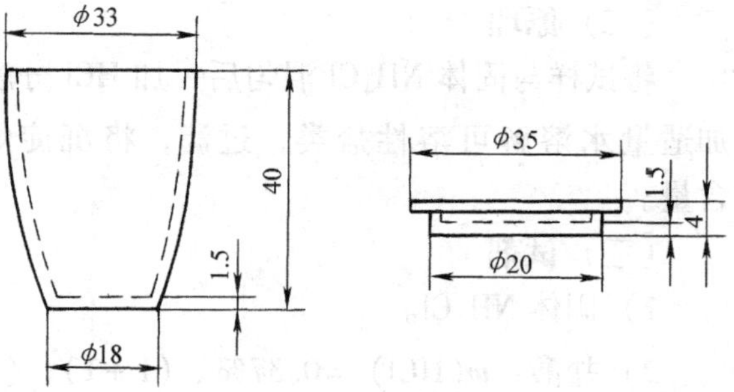

图6-2 坩埚

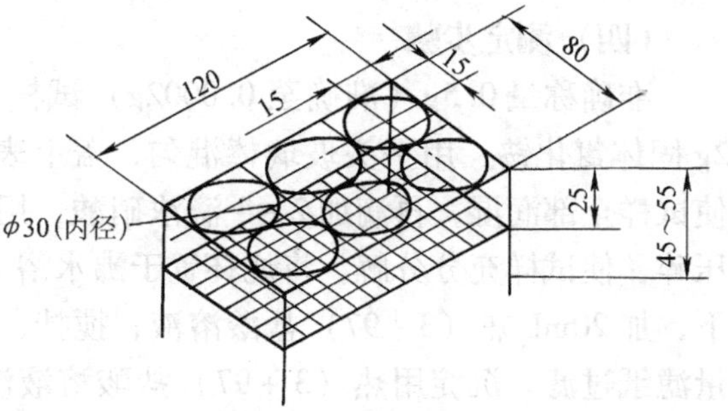

图6-3 坩埚架

至900℃ ±10℃，否则，试验作废。

5）灼烧 7min（包括恢复炉温的时间），迅速取出坩埚，在空气中冷却5min。

6）再次将坩埚从架上取下，置于干燥器中冷却至室温（约20min），精确称量。

（四）结果计算

煤样的挥发分为

$$V^f = \frac{m_1}{m_2} \times 100\% - W_f \quad (6\text{-}19)$$

式中 V^f——煤样的挥发分；

m_1——分析煤样加热后减少的质量（g）；

m_2——分析煤样的质量（g）；

W_f——煤样的分析水分含量。

• 训练14 水泥中纯二氧化硅含量的测定

（一）训练目的

了解重量法测定二氧化硅的原理与方法。

（二）原理

将试样与固体 NH_4Cl 混匀后，加 HCl 分解，析出无定形硅酸盐沉淀，然后加适量水溶解可溶性盐类，过滤，将沉淀灼烧称重，即可测得二氧化硅的含量。

（三）试剂

1）固体 NH_4Cl。

2）盐酸：$w(HCl)=0.37\%$、(1+1)、(3+97)。

3）硝酸：$w(HNO_3)=69\%$。

4）NH_4SCN 溶液：100g/L。

（四）测定步骤

准确称量0.5g（准确至0.0002g）试样，置于干燥的100mL烧杯中，加入2g固体氯化铵，用平头玻璃棒混匀，盖上表面皿，沿烧杯嘴滴加3mL浓盐酸，使试样全部润湿，再滴加2~3滴浓硝酸，用玻璃棒仔细搅匀，并将块状物小心压碎，使试样充分分解。将烧杯置于沸水浴上加热10~15min，蒸发至近干，取下，加20mL热（3+97）盐酸溶液，搅拌，使可溶性盐类溶解，立即用中速定量滤纸过滤。沉淀用热（3+97）盐酸溶液洗涤10~12次，至洗涤液中不含有 Fe^{3+} 为止（可用 NH_4SCN 检验）。将滤液及洗涤液保存在250mL容量瓶中，并用蒸馏水稀释至刻度，摇匀，得溶液 A，供测定 Fe^{3+}、Al^{3+}、Ca^{2+}、Mg^{2+} 等离子之用。

将沉淀和滤纸移入已恒重的瓷坩埚中，先在电炉上低温烘干、炭化后，于 950℃ 高温炉内灼烧 30min，取出稍冷后，移至干燥器中冷却至室温（需 15 ~ 40min），称量，再灼烧、冷却至室温后称量，直至恒重。

（五）结果的计算

二氧化硅的质量分数为

$$w(SiO_2) = \frac{m_1}{m} \times 100\% \tag{6-20}$$

式中 m_1——二氧化硅的质量（g）；

m——试样的质量（g）。

（六）注意事项

1）为了使水溶性胶状硅酸成为水凝胶析出，脱水温度应控制在 100 ~ 110℃ 并蒸发至近干，当超过 110℃ 时，溶液中的铁、铝等离子易水解生成难溶性碱式盐而混在硅酸凝胶中，使二氧化硅的含量偏高，而铁、铝的氧化物含量偏低。因此，在加热蒸干时，要用水浴，以控制温度。

2）分解试样时，加入固体氯化铵的目的是：氯化铵易水解生成 $NH_3 \cdot H_2O$ 和 HCl，在加热时它们易挥发逸出，从而消耗了水，故能促进硅酸水溶胶的脱水作用。

3）含水硅酸的组成不固定，沉淀必须经高温灼烧才能得到成分固定的雪白而又疏松的粉末状二氧化硅。

4）当用瓷坩埚测定时，分析结果较标准法约偏高 0.002，若改用铂坩埚在 1000℃ 灼烧至恒重，在经氢氟酸处理后，由失去的质量得到测定结果更好，或者采用氟硅酸钾滴定法测定（详见 GB/T 176—2008《水泥化学分析方法》）。

第二节 仪器分析技能训练

• 训练 1 样品 pH 值测定液的制备

（一）仪器及试剂

1. 常用实验室仪器

2. 试剂

1）蒸馏水（无二氧化碳）。

2）颜料；农药；化学试剂；工业三聚磷酸钠；胶粘剂；炭黑；工业用丙烯

腈；表面活性剂试样。

（二）**制备方法**

1. *颜料*

在玻璃容器（容积为50mL，由耐化学腐蚀玻璃制成，带磨口玻璃塞或橡胶塞。容器在第一次使用前，必须用沸稀盐酸浸泡，然后用蒸馏水充分淋洗）中，用蒸馏水（经处理pH值调节至7）制备质量分数为10%的颜料悬浮液，用塞子塞住容器，激烈地振荡1min，然后静置5min，移去塞子，即可测定悬浮液的pH值。

如果颜料在水中不易分散，则可使用润湿剂。当颜料不溶于乙醇时，可使用无水乙醇作润湿剂，其用量应尽可能少，最多为5mL。当颜料溶于乙醇时，可使用中性非离子型润湿剂，如10mL质量分数为0.01%的氧化乙烯缩合物，用空白试验测定润湿剂是否呈中性，如果使用润湿剂，应当减少水的体积，以保持得到10%的悬浮液。对于密度较低的颜料，质量分数应低于10%，且在试验报告中说明。

2. *农药试样溶液的配制*

称取1g试样置于100mL烧杯中，加入100mL无二氧化碳蒸馏水，剧烈搅拌1min，静置1min即可。

3. *化学试剂*

将样品用无二氧化碳的水配成质量分数为5%的溶液。

4. *工业三聚磷酸钠试液的制备*

放50mL水至250mL烧瓶中，在用玻璃棒搅拌下，小量地加入1.00g试样，至完全溶解。将此溶液定量转移到100mL单刻度容量瓶中，稀释至刻度并混匀。

5. *胶粘剂*

一般情况下用量筒量取50mL试样倾入烧杯中，作为测定pH值的试料。当试样的粘度大于20Pa·s时，则用量筒量取25mL试样与25mL蒸馏水倾入同一烧杯，用玻璃棒将其搅拌均匀后作为试料。对于干性的胶粘剂，称取5g粉碎胶粘剂试样置于烧瓶中，用量筒量取100mL水倾入烧瓶，回流约5min后作为试料。

6. *炭黑pH值试液的制备*

用高速研磨机、混样机或研钵和研杵将粒状或块状炭黑研成粉末状，从中称取5g炭黑移入100mL烧杯中，按每克炭黑加10mL经煮沸并冷却的蒸馏水，共加入50mL蒸馏水，再加入2~3滴丙酮或体积分数为95%的乙醇，以利于润湿样品。将表面皿盖在玻璃烧杯上，在电炉或电热板上煮沸15min，注意不允许煮沸至干。取下烧杯，盖上表面皿，置于不受化学气体污染的环境中冷却至室温。倾去上层清液，将电极置于浆状物中测定即可。

7. 工业用丙烯腈

量取试样 50mL，置于 1000mL 烧杯中，加不含二氧化碳的蒸馏水 760mL 混匀。

8. 表面活性剂

称取 1.0g 试样（精确至 0.001g），用蒸馏水溶解，置于 100mL 容量瓶中，稀释至刻度，摇匀。

训练 2 化工产品（化妆品）水溶液 pH 值的测定

（一）试验原理

以玻璃电极为指示电极，饱和甘汞电极为参比电极，同时插入被测溶液中组成一个电化学电池。此电池产生的电位差与被测溶液的 pH 值有关，它们之间的关系符合能斯特方程式，即

$$E = E_0 + 0.059\lg[H^+]$$
$$E = E_0 - 0.059\text{pH} \tag{6-21}$$

式中 E_0——在一定条件下为常数。

在 25℃时，每单位 pH 值相当于 59.1mV 电位差，即电位差每改变 59.1mV，溶液中的 pH 值相应改变一个单位。可在仪器上直接读出 pH 值。

（二）试剂

1）不含二氧化碳蒸馏水或同等纯度的去离子水。

2）pH＝4.00 的标准缓冲溶液（20℃）：称取 10.120g 在 105℃烘干 2h 的苯二甲酸氢钾，溶于 1000mL 水中，储存于塑料瓶中。

3）pH＝6.88 的标准缓冲溶液（20℃）：称取 3.390g 在 105℃烘干 2h 的磷酸二氢钾和 3.530g 无水磷酸氢二钠，溶于 1000mL 水中，储存于塑料瓶中。

4）pH＝9.22 的标准缓冲溶液（20℃）：称取 3.810g 硼酸钠，溶于 1000mL 水中，储存于塑料瓶中。

上述缓冲溶液通常能稳定两个月，其 pH 值因温度的不同而稍有差异。

（三）仪器

1）精密 pH 计或离子活度计（精度≥±0.02pH 单位）。

2）温度计（精度为±0.2℃）。

3）231 型玻璃电极。

4）232 型甘汞电极。

5）磁力搅拌器（附有加温控制功能）。

6）50mL 烧杯。

（四）测定步骤

1）按说明书调节好仪器。

2）玻璃电极在使用前应放入纯水中浸泡24h以上。

3）将pH计的电极浸入温度与样品溶液相接近的pH值标准缓冲溶液中，校正pH计刻度，然后取下电极，用水冲洗干净，浸泡在水中备用。

4）溶液状样品可直接取样测定，膏、霜、粉等固体及半固体样品按1g样品加9mL纯水的比例准确称取，放入50mL烧杯中，搅拌5min（必要时可加热到40℃±1℃），使样品混溶均匀。调整液温至25℃，将校正过的pH计电极用纯水冲洗干净，放入样品溶液中，搅拌1min，测定两次，误差范围为±0.02，取其平均读数值。

在测定完毕后，将电极冲洗干净，并将其中的玻璃电极浸在水中备用。

第三节　物理性能参数检测技能训练

训练1　化学试剂的密度、沸点、熔点、结晶点的测定

（一）密度的测定——密度瓶法

1. 原理

在20℃时，分别测定充满同一密度瓶（比重瓶）的水及样品的质量，由水的质量可确定密度瓶的容积，即样品的体积，根据样品的质量及体积即可计算其密度。

2. 仪器

分析天平（感量为0.1mg）；密度瓶，容积为15～25mL；温度计，分度值为0.2℃，如图6-4所示；恒温水浴（温度可控制在20.0℃±0.1℃）。

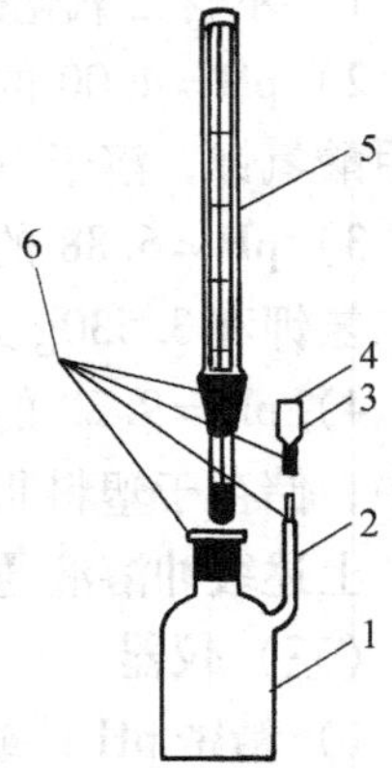

图6-4　密度瓶
1—密度瓶主体　2—侧管
3—侧孔　4—侧孔罩
5—温度计　6—玻璃磨口

3. 测定步骤

将密度瓶洗净并干燥，带温度计及侧孔罩称量，然后取下温度计及侧孔罩，用新煮沸并冷却至15℃左右的蒸馏水充满密度瓶，不得带入气泡，插入温度计，将密度瓶置于20.0℃±0.1℃的恒温水浴中，至密度瓶温度计达到20℃，并使侧管中的液面与侧管管口齐平，立即盖上侧孔罩，取出密度瓶，用滤纸擦干其外壁上的水，立即称量。

将密度瓶中的水倒出，洗净并使之干燥，带温度计及侧孔罩称量，然后用样品代替水重复以上的操作。

4. 结果计算

样品在20℃时的密度为

$$\rho = \frac{m_1 + A}{m_2 + A} \times \rho_0 \tag{6-22}$$

$$A = \rho_m \times \frac{m_2}{0.9970}$$

式中　ρ——样品在20℃时的密度（g/mL）；

m_1——20℃时充满密度瓶所需样品的表观质量（g）；

m_2——20℃时充满密度瓶所需蒸馏水的表观质量（g）；

ρ_0——20℃时蒸馏水的密度（=0.99820g/mL）；

A——空气浮力校正值；

ρ_m——干燥空气在20℃，1013.25kPa时的密度值（≈0.0012g/cm³）。

（二）**沸点的测定**

1. 原理

当液体温度升高时，其蒸气压随之增加。当液体的蒸气压与大气压相等时，液体开始沸腾。液体在一个大气压时的沸腾温度即为该液体的沸点。

2. 仪器

三口圆底烧瓶，有效容积为500mL；试管，长度为190～200mm，距试管口约15mm处有一直径为2mm的侧孔；橡胶塞，外侧具有出气槽；测量温度计，内标式单球温度计，分度值为0.1℃，量程适合于所测样品的沸点温度；辅助温度计，分度值为1℃。

3. 测定方法

（1）仪器的安装　如图6-5所示，将三口圆底烧瓶、试管及测量温度计用胶塞连接，使测量温度计下端与试管内的液面相距20mm，将辅助温度计附在测量温度计上，使其水银球在测量温度计露出胶塞上的水银柱中部，然后向烧瓶中注入约为其体积1/2的硫酸。

（2）测定步骤　量取适量样品，注入试管中，其液面应略低于烧瓶中硫酸的液面。加热，当温度上升到某一定数值并在相当时间内保持不变时，此温度即为待测样品的沸点。记录下室温及气压。

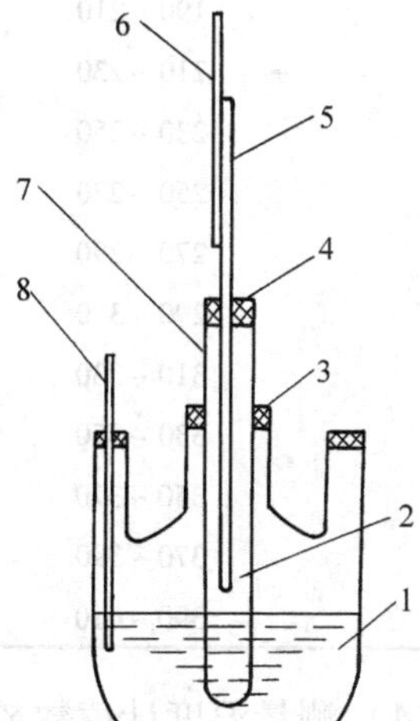

图6-5　沸点测定装置

1—三口圆底烧瓶　2—试管

3、4—橡胶塞　5—测量温度计

6—辅助温度计　7—侧孔

8—温度计

（3）气压对沸点影响的校正　根据测定时

的室温及气压，按式（6-23）换算出0℃时的气压。

$$p_0 = p_t - \Delta p \tag{6-23}$$

式中 p_0——0℃时的气压（kPa）；

p_t——室温时的气压（kPa）；

Δp——由室温时的气压换算至0℃时气压的校正值（kPa）。

根据0℃时的气压与标准气压的差值及标准中规定的沸点温度，按表6-5求出相应的温度校正值。当0℃时的气压高于1013kPa时，从测得的温度减去此校正值，反之则加上。

表6-5 沸程温度随着气压变化的校正值 （单位:℃）

标准中规定的沸程温度	气压相差1kPa的校正值
10~30	0.026
30~50	0.029
50~70	0.030
70~90	0.032
90~110	0.034
110~130	0.035
130~150	0.038
150~170	0.039
170~190	0.041
190~210	0.043
210~230	0.044
230~250	0.047
250~270	0.048
270~290	0.050
290~310	0.052
310~330	0.053
330~350	0.056
350~370	0.057
370~390	0.059
390~410	0.061

（4）测量温度计读数校正值的计算 若使用全浸式温度计进行测量，则应对温度计水银柱露出塞外的部分进行校正。

温度计水银柱露出塞外部分的校正值为

$$\Delta t = 0.00016h(t_1 - t_2) \tag{6-24}$$

式中 Δt——温度计水银柱露出塞外部分的校正值（℃）；

h——温度计露出塞外部分的水银柱度数；

t_1——观测温度（℃）；

t_2——附着于 $h/2$ 处的辅助温度计温度（℃）。

经上面校正后的温度加上此校正值，即得到该样品的沸点温度。

（三）熔点的测定

物质的熔点范围是指用毛细管法所测定的从该物质开始熔化至全部熔化时的温度范围。

1. 原理

以加热的方式，使熔点管中的样品从低于其初熔时的温度升至高于其终熔时的温度，通过目视观察初熔及终熔的温度，以确定样品的熔点范围。

2. 仪器

（1）熔点管　用中性硬质玻璃制成的毛细管，一端熔封，内径为 0.9 ~ 1.1mm，壁厚为 0.10 ~ 0.15mm，长度以安装后上端高于传热液体液面为准（100mm）。

（2）温度计　测量温度计（用于测定熔点范围），单球内标式，分度值为 0.1℃，并具有适当的量程；辅助温度计（用于校正），分度值为1℃，并具有适当的量程。

（3）加热装置　必须使用可控制温度的加热装置，可选用以下装置：

1）高型烧杯：容积约为 600mL，蛇形玻璃管中固定一根功率为 300W 的电热丝。

2）圆底烧瓶：容积约为 250mL，球部直径约为 80mm，颈长为 20 ~ 30mm，口径约为 30mm；试管长度为 100 ~ 110mm，直径约为 20mm，胶塞外侧具有出气槽。

3）传热液体：应选用沸点高于被测物终熔温度，而且性能稳定、清澈透明、粘度较小的液体作为传热液体。终熔温度在 150℃以下的传热液体可采用甘油或液体石蜡；终熔温度在 300℃以下的传热液体可采用硅油。

熔点测定装置如图 6-6 所示。

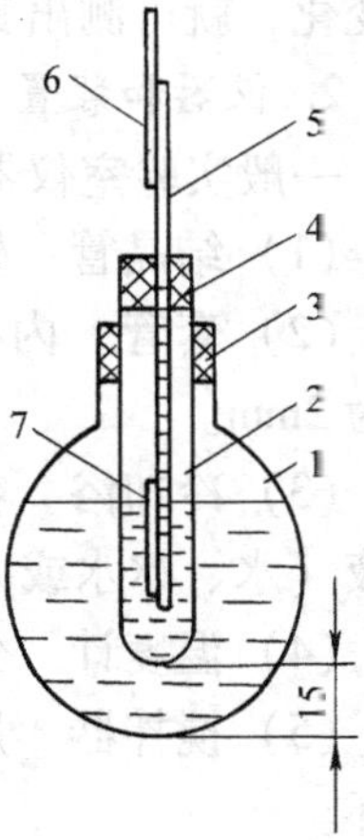

图 6-6　熔点测定装置

1—圆底烧瓶　2—试管　3、4—橡胶塞　5—测量温度计　6—辅助温度计　7—熔点管

3. 测定步骤

1）将样品研成尽可能细密的粉末，装入清洁、干燥的熔点管中，取一根长度约为 800mm 的干燥玻璃管，直立于玻璃板上，将装有试样的熔点管在其中投落数次，直到熔点管内的样品紧缩至 2 ~ 3mm 高。若所测的是易分解或易脱水的样品，则应将熔点管另一端熔封。

2）先将传热液体的温度缓缓升至比样品规格所规定的熔点范围的初熔温度

低10℃，然后将装有样品的熔点管附着于测量温度计上，使熔点管样品端与水银球的中部处于同一水平，测量温度计水银球应位于传热液体的中部，使升温速率稳定保持在（1.0±0.1）℃/min。若所测的是易分解或易脱水样品，则升温速率应保持在3℃/min。

3）样品出现明显的局部液化现象时的温度即为初熔温度；样品完全熔化时的温度即为终熔温度。记录初熔温度及终熔温度。

4. 结果计算

若测定中使用的是全浸式温度计，则应对所测得的熔点范围进行校正，校正值为

$$\Delta t = 0.00016(t_1 - t_2)k \tag{6-25}$$

式中 Δt——校正值（℃）；

k——温度计露出液面或胶塞部分的水银柱度数；

t_1——测量温度计读数（℃）；

t_2——露出液面或橡胶塞部分的水银柱的平均温度（℃）。该温度由辅助温度计测得，其水银球位于露出液面或胶塞部分的水银柱中部。

（四）结晶点测定

1. 原理

冷却液态样品，当液体中有结晶固体生成时，体系中固体、液体共存，两相成平衡，温度保持不变。在规定的试验条件下，观察液态样品在结晶过程中温度的变化，就可测出其结晶点。

2. 仪器和装置

一般实验室仪器，主要有以下几种：

（1）结晶管　外径约为25mm，长度约为150mm。

（2）套管　内径约为28mm，长度约为120mm，壁厚为2mm。

（3）冷却浴　容积约500mL的烧杯，盛有合适的冷却液（水、冰水或冰盐水），并带有普通温度计。

（4）温度计　分度值为0.1℃。

（5）搅拌器　用玻璃或不锈钢绕成直径约为20mm的环。

（6）热浴　将容积合适的烧杯放在电炉上，用调压器控温，并带普通温度计。结晶点测定装置如图6-7所示。

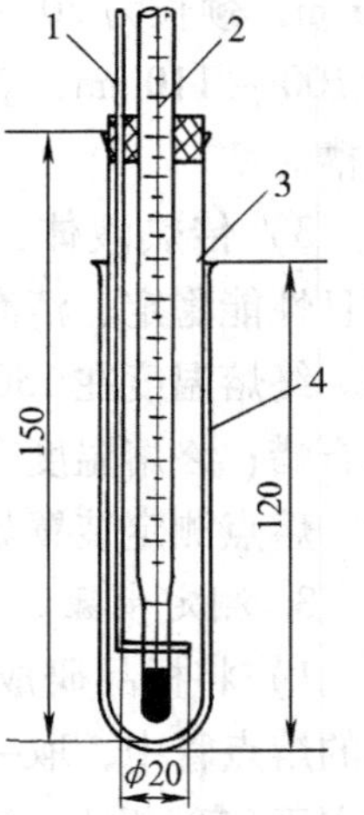

图6-7　结晶点测定装置

1—搅拌器　2—温度计

3—结晶管　4—套管

3. 操作步骤

向干燥的结晶管中放入样品，使样品在管中的高度

约为60mm（固体样品应适当大于60mm）。若样品为固体，则应在温度超过其熔点的热浴内将其熔化，并加热至高于结晶点约10℃。插入搅拌器，装好温度计，使水银球至管底的距离约为15mm，勿使温度计接触管壁。装好套管，并将结晶管连同套管一起置于温度低于样品结晶点5~7℃的冷却浴中，当样品冷却至低于结晶点3~5℃时开始搅拌并观察温度，当出现结晶时，停止搅拌，这时温度突然上升，读取最高温度，准确至0.1℃，并进行温度计刻度误差校正，所得温度即为样品的结晶点。

如果某些样品在一般冷却条件下不易结晶，则可另取少量样品，在较低温度下使之结晶，从中取少许作为晶种加入样品中，即可测出其结晶点。

训练2　化妆品的耐热性、耐寒性等理化指标的测定

（一）化妆品理化指标的要求

耐热性要求：化妆品在40℃保温24h后，恢复室温后无油水分离现象。耐寒性要求：化妆品在-15~-5℃保温24h后，恢复室温后无油水分离现象。离心考验：以2000r/min的转速旋转30min不分层（含不溶性粉质颗粒沉淀物除外）。

（二）耐热性的测定

1. 仪器

温度计（精度0.5℃）1支；电热恒温培养箱（灵敏度为±1℃）1台。

2. 测定方法

将试样分别倒入2支ϕ20mm×120mm的试管内，使液面高度约为80mm，然后塞上干净的软木塞，把一支待验的试管置于预先调节至规定温度±1℃的恒温培养箱内，经24h后取出，恢复至室温后与另一支试管的试样进行目测比较。

（三）耐寒性的测定

1. 仪器

温度计（精度为0.5℃）1支；冰箱（灵敏度为±1℃）1台。

2. 测定方法

将试样分别倒入2支ϕ20mm×120mm的试管内，使液面高度约为80mm，然后塞上干净的软木塞，把一支待验的试管置于预先调节至规定温度±2℃的冰箱内，保持24h后取出，恢复至室温后与另一支试管的试样进行目测比较。

（四）离心考验

1. 仪器

离心机1台；离心管（刻度为10mL）2支；电热恒温培养箱（灵敏度为±1℃）1台；温度计（精度为0.5℃）1支。

2. 测定方法

向离心管中注入试样（约为离心管高度的2/3并装实，用软木塞塞好，然后放入预先调节到38℃±1℃的电热恒温培养箱内，保温1h后移入离心机中，并将离心机调整到2000r/min的离心速度，旋转30min后取出观察。

• 训练3　化妆品（润肤乳液）感官指标的测定

（一）色泽的检验

取试样与标准样在非直射阳光下进行目测对比。

（二）香气的检验

取试样擦在清洁的手上，用嗅觉与标准样对比。

（三）结构的检验（细腻度）

取试样擦于皮肤上，在室内和非直射阳光下观察。

• 训练4　化肥粒度的测定

（一）原理

取一定量的样品，用筛分法，测定肥料的粒度。

（二）仪器设备

（1）分析筛　孔径为1mm、4mm、3.5mm、5mm的标准筛。

（2）天平　感量为0.1g。

（3）刷子　软的金属丝刷子和硬的毛刷子。

（4）振荡器　转速为60r/min。

（三）测定步骤

按规定的筛孔大小顺序叠加筛子，将筛孔最大的筛子放在最上面，把空盘（底）放在这一叠筛子的最下面。

称取100～150g试样，放入最上面的筛子里，将筛盖盖上，置于振荡器上振荡5min，或用人工振荡。

按顺序排列将筛子上的剩余物分别称重，记下每个筛子上试样的质量和底盘内的试样质量。

在称量每个筛子上的化肥时，必须用刷子刷去筛网眼内的部分，所有称取的质量必须精确到0.1g，每个筛子上的试样加起来总的质量应接近原样品的质量。

（四）结果计算

粒度以质量分数 w 表示为

$$w=\frac{m_1}{m} \tag{6-26}$$

式中　m_1——按照规定粒度的大小，选取筛上物（或筛下物）的质量（g）；

m——试样质量（g）。

所得结果应表示至1位小数。

训练5 农药的细度、润湿性的测定

（一）农药的细度测定——干筛法（适用于粉剂）

1. 原理

将烘箱中干燥至恒重的样品自然冷却至室温，并在样品与大气达到湿度平衡后，称取试样，用适当孔径的试验筛筛分至终点，称量筛中残余物，计算细度（若所干燥的样品易吸潮，则需将样品置于干燥器中冷却，并在尽量减少样品与大气环境接触的情况下完成筛分）。

2. 仪器

（1）试验筛　适当孔径，并具有配套的接受盘和盖子。

（2）玻璃皿　已知质量。

（3）刷子　2.5cm软平刷。

（4）恒温烘箱　100℃以内控温精度为±2℃。

（5）干燥器。

3. 测定步骤

（1）样品的制备　根据样品的特性，调节烘箱至适宜的温度，将足量的样品置于烘箱中干燥至恒重，然后使样品自然冷却至室温并与大气湿度达到平衡，备用。

如果样品易吸潮，则应将其置于干燥器中冷却至室温，并尽量减少与大气环境接触。

（2）测定　称取20g试样（精确至0.1g），置于与接收盘相吻合的适当孔径的试验筛中，盖上盖子，按下述两种方法之一进行试验。

1）震筛机法。将试验筛装在震筛机上振荡，同时交替轻敲接收盘的左右侧。10min后，关闭震筛机，让粉尘沉降数秒钟后揭开筛盖，用刷子清扫所有堵塞筛眼的物料，同时分散筛中的软团块，但不应压碎硬颗粒。盖上筛盖，开启震筛机，重复上述过程至2min内过筛物少于0.01g为止。将筛中残余物移至玻璃皿中称重。

2）手筛法。两手同时握紧筛盖及接收盘两侧，在带胶皮罩面的操作台上，将接收盘左右侧底部反复与操作台接触震筛，并不时按顺时针方向调整筛子方位（也可按逆时针方向）。在揭盖之前，让粉尘沉降数秒钟，用刷子清扫堵塞筛眼的物料，同时分散软团块，但不应压碎硬颗粒。重复震筛至2min内过筛物少于0.01g为止。将筛中残余物移至玻璃皿中称重。

（二）农药可湿性粉剂润湿性的测定

1. 方法提要

将一定量的可湿性粉剂，从规定的高度倾入盛有一定量标准硬水的烧杯中，测定其完全润湿的时间。

2. 仪器和设备

1）容量瓶：容量为100mL、1000mL。

2）移液管：容量为10mL。

3）聚乙烯瓶：容量为1000mL。

4）温度计：分度值为1℃，量程0～50℃或0～100℃。

5）烧杯：容量为250mL（内径为6.5cm±0.5cm，高度为9.0cm±0.5cm）、100mL、800mL、1000mL。

6）秒表。

7）量筒：容量为20mL、100mL±1mL、500mL。

8）表面皿：直径为9.0cm±0.5cm。

9）恒温水浴。

10）pH计。

3. 试剂和溶液

1）碳酸钙：使用前在400℃下烘2h。

2）氧化镁：使用前在105℃下烘2h。

3）无水氯化钙。

4）带6个结晶水的氯化镁。

5）氨水：$c(NH_3 \cdot H_2O) = 1mol/L$。

6）盐酸：$c(HCl) = 2mol/L$ 的溶液，$c(HCl) = 1mol/L$ 和 $c(HCl) = 0.1mol/L$ 的溶液。

7）甲基红：ρ(甲基红) = 5g/L 的溶液。

8）氢氧化钠：$c(NaOH) = 0.1mol/L$ 的溶液。

4. 标准硬水[$\rho(Ca^{2+} + Mg^{2+}) = 126mg/L$]的制备

下列三种方法可任选：

（1）制备方法之一

1）储备液的配制

① A溶液。$c(Ca^{2+}) = 0.04mol/L$ 溶液的配制：准确称取碳酸钙4.000g，置于800mL烧杯中，加少量水润湿，然后缓缓加入1.0mol/L的盐酸82mL，充分搅拌混合，待碳酸钙全部溶解后，加水400mL，煮沸，除去二氧化碳，冷却至室温后，加入2滴甲基红指示剂，用1mol/L氨水中和至橙色，将此溶液转移到1000mL容量瓶中，用水定容，摇匀，储存于聚乙烯瓶中备用。

② B溶液。$c(Mg^{2+})=0.04mol/L$ 溶液的配制：准确称取氧化镁1.613g，置于800mL烧杯中，加少量水润湿，然后缓缓加入1.0mol/L的盐酸82mL，充分搅拌混合并缓缓加热，待氧化镁全部溶解后，加水400mL，煮沸，除去二氧化碳，冷却至室温后，加入2滴甲基红指示剂，用1mol/L的氨水中和至橙色，将此溶液转移到1000mL容量瓶中，用水定容，摇匀，储存于聚乙烯瓶中备用。

2）标准硬水的配制。移取68.5mL溶液A和17.0mL溶液B置于1000mL烧杯中，加水800mL，滴加0.1mol/L的氢氧化钠溶液或0.1mol/L的盐酸溶液，将溶液的pH值调节为6.0~7.0（用pH计测量），然后将溶液转移到1000mL容量瓶中，用水定容，摇匀。

（2）制备方法二　称取无水氯化钙0.304g和带6个结晶水的氯化镁0.139g，置于1000mL烧杯中，加600mL水溶解后，倒入1000mL容量瓶中，用300mL水分数次冲洗烧杯，将冲洗液一并倒入容量瓶中，用水定容，摇匀。

（3）制备方法三　称取碳酸钙2.740g和氧化镁0.276g，置于100mL烧杯中，用少量2mol/L盐酸溶解，在水浴上加热蒸发至干，以除去多余盐酸，然后将残留物用60mL水溶解，倒入100mL容量瓶中，用30mL水分数次冲洗烧杯，将冲洗液一并倒入容量瓶中，用水将容量瓶定容，摇匀，用10mL移液管准确吸取10mL，注入1000mL容量瓶中，用水定容，摇匀。

5. 测定步骤

取标准硬水100mL±1mL，注入250mL烧杯中，将此烧杯置于25℃±1℃的恒温水浴中，使其液面与水浴的水平面平齐，待硬水温度至25℃±1℃时，称取5g±0.1g试样（试样应为有代表性的均匀粉末，而且不允许成团、结块），置于表面皿上，将全部试样从与烧杯口齐平的位置一次性均匀地倾倒在该烧杯的液面上，但不要过分地扰动液面。加试样时立即用秒表计时，直至试样全部润湿为止（留在液面上的细粉膜可忽略不计），记下润湿时间（精确至秒）。如此重复5次，取其平均值，作为该样品的润湿时间。

训练6　涂料细度、遮盖力、吸油量的测定

（一）涂料研磨细度的测定

研磨细度是在规定试验条件下，从标准细度计上所获得的读数。此读数表示细度计槽的深度，在此处，能清楚看到被测产品中突出的固体颗粒。

1. 仪器

（1）细度计　由长度约为175mm，宽度为65mm，厚度为13mm的淬火钢块制成。将钢块的上面磨平和磨光，在其上开出一条或两条平行于长边的长度约为140mm，宽度约为12.5mm的槽，槽的深度应沿长边均匀递减，槽的一端有一合适深度（例如15μm、25μm、50μm或100μm），而另一端的深度则为零，且按

表6-6规定分度。典型细度计的分度和测试细度范围见表6-6。

表6-6　典型细度计的分度和测试细度范围　　(单位：μm)

槽的最大深度	分度间隔	推荐测试范围
100	10	40～90
50	5	15～40
25	2.5	5～15
15	1.5	1.5～12

沿槽长度的任何位置的槽深度应该不偏离此位置的槽标称值的2.5μm。

钢块的表面应进行精磨或研磨加工，表面应平整，表面平面度误差为12μm，其横向母线的直线度误差为1μm。钢块的表面和底面的平行度误差为25μm。

(2) 刮刀　由长度约为90mm，宽度为40mm，厚度为6mm的单刃或双刃钢片制成，长边上的刀刃是平直的，其上有半径为0.25mm的小圆弧。适用的刮刀如图6-8所示。

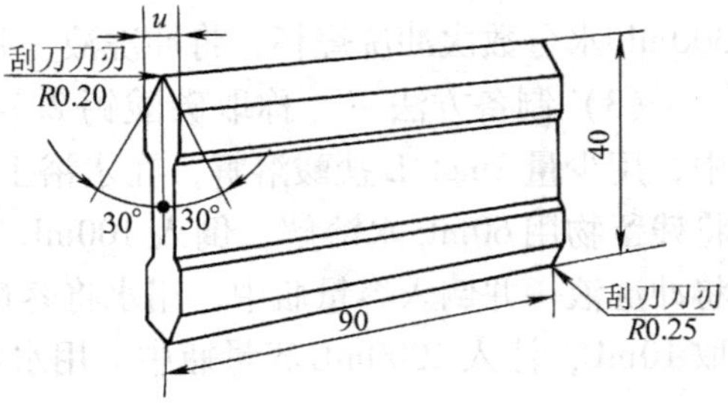

图6-8　刮刀

应定期检查刮刀的磨损、损伤及变形情况。检查方法为：将刮刀的刀口放在标准平板上，对着一束强光检查刀口的接触情况，当刮刀前后移动时，如果发现刮刀的刀口与标准平面之间接触不良，则不能使用此刮刀。

2. 测定步骤

1）进行预测，以确定最适宜的细度计规格和试样的近似研磨细度（见表6-6）。此近似测定结果不包含在试验结果中。进行三份试样的平行测定。

2）将彻底洗净干燥的细度计放在水平、平坦、不会滑动的平面上。

3）将足够量的样品倒入沟槽的深端，并使样品略有溢出。注意：在倾倒样品时勿使样品夹带空气。

4）用两手的大拇指和食指捏住刮刀，将刮刀的刀口放到细度计沟槽最深的一端，与细度计表面接触，并使刮刀的长边平行于细度计的宽边，而且要将刮刀垂直压于细度计的表面，使刮刀和槽的长边成直角（见图6-9），在1～2s内使刮刀以均匀的速度刮过整个

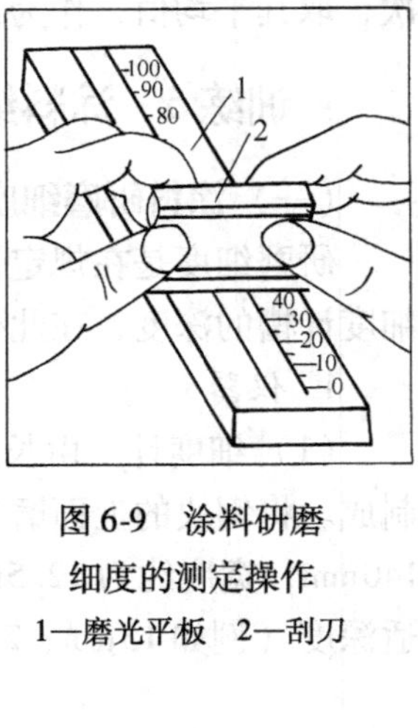

图6-9　涂料研磨细度的测定操作

1—磨光平板　2—刮刀

表面直到沟槽深度为零的一端。要施加足够的压力于刮刀上，以使沟槽中充满试样，多余的试样则被刮下。

5）在刮完样后不超过3s的时间内，从侧面观察细度计。观察时，视线与沟槽的长边成直角，且与细度计表面的角度小于或等于30°且大于或等于20°，同时要在易于看出沟槽中样品状况的光线下进行观察。

注意：如果由于试样的流变性能而造成在刮样后不能得到平整的试样，则可加入最低量的适宜的稀释剂并用人工搅拌，然后重复试验，并在试验报告中注明稀释情况，有时稀释试样可能发生凝聚，影响研磨细度的测定结果。

6）观察试样首先出现密集颗粒点之处，特别是在横跨沟槽3mm宽的条带内包含有5～10个颗粒的位置，对于在密集颗粒点出现之处的前面可能出现的分散点可不予理会。确定此条带上限的位置，读数精确程度分别为：对量程为100μm的细度计为5μm；对量程为50μm的细度计为2μm；对量程为25μm的细度计为1μm；对量程为15μm的细度计为0.5μm。

7）在每次读数之后应立即用适宜的溶剂仔细清洗细度计和刮刀。

3. 结果表示

（1）计算　计算三次测定结果的平均值，并以与初始读数相同的精度记录其结果。

（2）精密度

1）重复性。若由同一操作者在同一实验室，在同样短的时间间隔内，用同一设备，用同一试验方法所获得的相同试验材料的两个单独试验结果的绝对差值低于细度计量程10%，则可认为其置信度为95%。

2）再现性。若不同操作者在不同实验室，采用同一试验方法对同一材料进行试验所得两个单独试验结果之间的绝对差值低于细度计量程20%，则可认为其置信度为95%。

4. 试验报告

试验报告至少应包括下列内容：

1）试验产品的类型和名称。

2）所用细度计的规格。

3）说明稀释情况。

4）试验结果，以μm表示。

5）商定或说明由其他原因造成的与规定试验操作的任何不同之处。

6）试验日期。

（二）涂料遮盖力的测定

参见第四章第四节黑白格玻璃板的使用。

（三）颜料吸油量的测定

吸油量是指颜料样品在规定条件下所吸收的精制亚麻仁油量。

1. 试剂

精制亚麻仁油，酸值为5.0～7.0mgKOH/g。

2. 仪器

（1）平板　磨砂玻璃或大理石制，尺寸大于或等于300mm×400mm。

（2）调刀　钢制，锥形刀身，长度为140～150mm，最宽处为20～25mm，最窄处大于或等于12.5mm。

（3）滴定管　容量为10mL，分度值为0.05mL。

3. 测定步骤

进行两份试样的平行测定

（1）试样　根据不同颜料吸油量的一般范围，建议按表6-7规定称取适量的试样。

表6-7　不同颜料试样称取量

吸油量/（mL/100g）	试样质量/g
≤10	20
>10～30	10
>30～50	5
>50～80	2
>80	1

（2）测定　将试样置于平板上，用滴定管滴加精制亚麻仁油，每次加油量不超过10滴，加完后用调刀压研，使油渗入受试样品，继续以此速度滴加至油和试样形成团块为止。从此时起，在每加一滴后需用调刀充分研磨，当形成稠度均匀的膏状物，恰好不裂不碎，又能黏附在平板上时，即为终点。记录所耗油量，全部操作应在20～25min内完成。

4. 结果计算

吸油量以每100g产品所需油的体积或质量表示，即

$$吸油量 = \frac{100V}{m}$$

或

$$吸油量 = \frac{93V}{m} \tag{6-27}$$

式中　V——所需油的体积（mL）；

m——试样的质量（g）；

93——精制亚麻仁油的密度乘以100。

报告结果准确到每100g颜料所需油的体积或质量。

5. 试验报告

试验报告至少应包括下列内容：

1）试验样品的类型及名称。

2）按要求表示的试验结果。

3）与本试验规定操作的差异。

4）试验日期、试验人员。

训练7 水泥细度的测定

水泥细度的测定按照国家标准GB/T 1345—2005《水泥细度检验方法筛析法》进行。该标准适用于硅酸盐水泥、普通水泥、矿渣水泥、火山灰质水泥、粉煤灰水泥以及指定采用该标准的其他品种的水泥。

水泥细度的测定有负压筛法、水筛法和手工干筛法三种。当三种的测定方法结果不一致时，以负压筛法为准。

1. 仪器设备

（1）天平　最大称量为100g，分度值小于或等于0.05g。

（2）负压筛析仪　由筛座、负压筛、负压源及收尘器组成。其中，筛座由转速为(30±2)r/min的喷气嘴、负压表、控制板、微电动机及壳体等构成，如图6-10所示。

筛析仪负压可调范围为4000～6000Pa。喷气嘴上口平面与筛网之间的距离为2～8mm。负压源和收尘器由功率为600W的工业收尘器和小型旋风收尘筒组成，或用其他具有相当功能的设备。

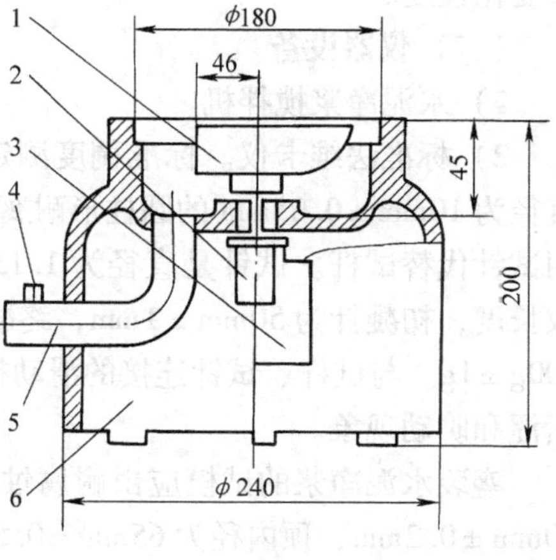

图6-10 筛座

1—喷气嘴 2—微电动机 3—控制板开口 4—负压表接口 5—负压源及收尘器接口 6—壳体

2. 测定步骤

称取试样25g，置于洁净的负压筛中，盖上筛盖，放在筛座上，开动筛析仪连续筛析2min，在此期间若有试样附着在筛盖上，则可轻轻敲击，使试样落下。筛毕，用天平称量筛余物，计算筛余物的质量分数。

3. 注意事项

1）在筛析试验前，应把负压筛放在筛座上，盖上筛盖，接通电源，检查控制系统，调节负压至4000～6000Pa范围内。

2）负压筛析仪在工作时，应保持水平，避免外界振动和冲击。

3）试验前要检查被测样品，不得受潮、结块或混有其他杂质。

4）每做完一次筛析试验，应用毛刷清理一次筛网。其方法是用毛刷在试验筛的正、反两面刷几下，清理筛余物，但每个试验后在试验筛的正反面刷的次数应相同，否则会影响筛析结果。

5）当负压筛连续使用时间过长时（一般超过30个样品时），应检查负压值是否正常，若不正常，则可将吸尘器卸下，打开吸尘器，将筒内灰尘和过滤布袋吸附着的灰尘等清理干净，使负压恢复正常。

• 训练8　水泥标准稠度用水量、凝结时间、安定性的测定

（一）测定原理

1）水泥标准稠度净浆对标准试杆或试锥的沉入具有一定阻力。通过试验测定不同含水量水泥净浆的穿透性，以确定水泥标准稠度净浆中所需加入的水量。

2）凝结时间以试针沉入水泥标准稠度净浆至一定深度所需的时间表示。

3）安定性的测定有两种方法。雷氏法是观测由两个试针的相对位移所指示的水泥标准稠度净浆体积膨胀的程度。试饼法是观测水泥标准稠度净浆试饼的外形变化程度。

（二）仪器设备

1）水泥净浆搅拌机。

2）标准法维卡仪。标准稠度测定用试杆的，有效长度为50mm±1mm，由直径为10mm±0.05mm的圆柱形耐腐蚀金属制成。测定凝结时间时应取下试杆，用试针代替试杆。试针是直径为1.13mm±0.05mm的圆柱体，由钢制成，其有效长度，初凝针为50mm±1mm，终凝针为30mm±1mm，滑动部分的总质量为300g±1g。与试杆、试针连接的滑动杆表面应光滑，能靠重力自由下落，不得有紧涩和旷动现象。

盛装水泥净浆的试模应由耐腐蚀且有足够硬度的金属制成。试模是深度为40mm±0.2mm、顶内径为65mm±0.5mm、底内径为75mm±0.5mm的截顶圆锥体。每只试模应配备一个直径大于试模、厚度不小于2.5mm的平板玻璃底板。

3）代用法维卡仪（即试锥法维卡仪）。

4）雷氏夹：由铜质材料做成。将一根指针的根部先悬挂在一根金属丝或尼龙丝上，在另一个指针的根部挂上300g质量的砝码时，两根指针针尖间的距离增加应在17.5 mm±2.5mm范围内，即$2x=17.5mm\pm2.5mm$，在去掉砝码后，针尖的距离能恢复至挂砝码前的状态。

5）煮沸箱。有效容积约为410mm×240mm×310mm，箅板的结构应不影响试

验结果，箅板与加热器之间的距离大于50mm，箱的内层由不易锈蚀的金属材料制成，能在30min ±5min 内将箱内的试验用水由室温升至沸腾状态并保持3h 以上，整个试验过程中不需补充水量。

6）雷氏夹膨胀测定仪：标尺最小刻度为0.5mm。

7）量水器：最小刻度为0.1mL，精度为1%。

8）天平：最大称量大于或等于1000g，分度值小于或等于1g。

（三）材料

试验用水必须是洁净的饮用水，当有争议时应以蒸馏水为准。

（四）试验条件

1）试验室温度为20℃ ±2℃，相对湿度应不低于50%；水泥试样、拌和水、仪器和用量的温度应与实验室一致。

2）湿气养护箱的温度为20℃ ±1℃，相对湿度不低于90%。

（五）标准稠度用水量的测定（标准法）

1. 对试验仪器设备的要求

1）维卡仪的金属棒能自由滑动。

2）在将试杆调整至接触玻璃板时，指针对准零点。

3）搅拌机运行正常。

2. 水泥净浆的拌制

用水泥净浆搅拌机搅拌，搅拌锅和搅拌叶片应先用湿布擦过，将拌和水倒入搅拌锅内，然后在5~10s 内将称好的500g 水泥小心地加入水中，防止水和水泥溅出。拌和时，先将锅放在搅拌机的锅座上，调至搅拌位置，起动搅拌机，低速搅拌120s，停15s，同时将叶片和锅壁上的水泥浆刮入锅中间，接着高速搅拌120s，停机。

3. 标准稠度用水量的测定步骤

拌和结束后，立即将拌制好的水泥净浆装入已置于玻璃底板上的试模中，然后用小刀插捣，轻轻振动数次，刮去多余的净浆，抹平后迅速将试模和底板移到维卡仪上，并将其中心定在试杆下，降低试杆直至与水泥净浆表面接触，拧紧螺钉1~2s 后，突然放松，使试杆垂直自由地沉入水泥净浆中。在试杆停止沉入或释放试杆30s 时，记录试杆距底板之间的距离。升起试杆后，立即将其擦净。整个操作应在搅拌后1.5min 内完成。以试杆沉入净浆并距底板6mm ±1mm 的水泥净浆为标准稠度净浆。其拌和水量为该水泥的标准稠度用水量（P），按水泥质量的百分比计。

（六）凝结时间的测定

1. 测定前的准备工作

在调整凝结时间测定仪的试针接触玻璃板时，指针对准零点。

2. 试件的制备

以标准稠度用水量按水泥净浆的拌制方法制成标准稠度净浆，用其一次装满试模，振动数次并刮平，立即放入湿气养护箱。记录水泥全部加入水中的时间，以此作为凝结时间的起始时间。

3. 初凝时间的测定

试件在湿气养护箱中养护至加水后30min时进行第一次测定。测定时，从湿气养护箱中取出试模放到试针下，降低试针与水泥净浆表面接触，拧紧螺钉1～2s后，突然放松，使试针垂直自由地沉入水泥净浆，观察试针停止下沉或释放试针30s时指针读数。当试针沉至距底板4mm±1mm时，为水泥到达初凝状态。从水泥全部加入水中至初凝状态的试件的这段时间为水泥的初凝时间，用“min”表示。

4. 终凝时间的测定

为了准确观测试针沉入的状况，在终凝针上安装了一个环形附件。在完成初凝时间的测定后，立即将试模连同浆体以平移的方式从玻璃板上取下，旋转180°（直径大端向上，小端向下），然后放在玻璃板上，再放入湿气养护箱中继续养护，邻近终凝时间时每隔15min测定一次，当试针沉入试体0.5mm时，即环形附件开始不能在试体上留下痕迹时，说明水泥达到终凝状态。从水泥全部加入水中至终凝状态的这段时间为水泥的终凝时间，用“min”表示。

5. 注意事项

测定时应注意，在最初测定时应轻轻扶持试针，使其徐徐下降，以防其撞弯，但结果以自由下落为准。在整个测试过程中，试针沉入的位置至少要距试模内壁10mm。临近初凝时，每隔5min测定一次；临近终凝时，每隔15min测定一次；到达初凝状态或终凝状态时应立即重复测一次，只有两次结论相同，才能定为到达初凝或终凝状态。重复测定时不能让试针落入原针孔，每次测试完毕必须将试针擦净并将试模放回湿气养护箱内，整个测试过程要防止试模受振。

（七）安定性的测定（标准法）

1. 测定前的准备工作

每个试样需成形两个试件，每个雷氏夹需配备两块质量为75～85g的玻璃板，与水泥净浆接触的玻璃板和雷氏夹的内表面都要涂上一层薄薄的油。

2. 雷氏夹试件的成形

将预先准备好的雷氏夹放在已稍擦油的玻璃板上，并立即将已制好的标准稠度净浆一次装满雷氏夹。装浆时，一只手轻轻扶持雷氏夹，另一只手用宽度约为10mm的小刀插捣数次，然后抹平，盖上稍涂油的玻璃板，接着立即将试件移至湿气养护箱内养护24h±2h。

3. 煮沸

1）调整好煮沸箱内的水位，使其能保证在整个煮沸过程中都超过试件，不需中途添补试验用水，同时又能保证在 30min ± 5min 内升至沸腾。

2）脱去玻璃板，取下试件，先测量雷氏夹指针尖端间的距离（A），精确到 0.5mm，接着将试件放入煮沸箱中的试件架上，使指针朝上，然后在 30min ± 5min 内加热至沸并恒沸 180min ± 5min。

3）结果判别。在煮沸结束后，立即放掉煮沸箱中的热水，打开箱盖，待箱体冷却至室温后，取出试件进行判别。测量雷氏夹指针尖端的距离（C）。准确至 0.5mm。当两个试件煮沸后增加距离的平均值（$C-A$）小于或等于 5.0mm 时，即认为该水泥安定性合格；当 $C-A$ 超过 4.0mm 时，应用同一样品立即重做一次试验，若 $C-A$ 仍超过 4.0mm，则认为该水泥的安定性不合格。

第四节 微生物检验

一、微生物检验简介

1. 微生物的概念及特点

微生物是一群体形微小，结构简单，人眼不能直接看到，必须借助于光学显微镜或电子显微镜才能观察到的微小生物。微生物除具有一切生物所具有的生命特征外，还具有以下特点：

1）个体微小，结构简单，绝大多数以纳米或微米为测量单位的非细胞或单细胞形式存在。

2）代谢旺盛，繁殖迅速，繁殖方式简单。绝大多数微生物为无性繁殖，繁殖速度极快，很多细菌 20min 即可繁殖一代。

3）种类繁多，分布广泛，在江河、湖泊、海洋、土壤、空气、矿层及人类、动植物体表、与外界相通的腔道都有种类不同、数量不等的微生物存在。微生物的种类在 10 万种以上。

2. 微生物的分类与体系

（1）微生物的分类　微生物的种类很多，按其结构和组成可分为三大类型。

1）非细胞型微生物。此类微生物无细胞结构，必须寄生于活的易感细胞内生长、繁殖，如病毒等。

2）原核细胞型微生物。此类微生物由单细胞组成，细胞核分化程度低，无核膜、核仁，染色体为裸露的 DNA 分子，胞浆中缺乏完整的细胞器，如细菌、支原体、衣原体、立克次体、螺旋体和放线菌等。

3）真核细胞型微生物。此类微生物有核膜、核仁和染色体，胞浆内有完整的细胞器，如真菌等。

微生物的分类等级与其他生物相同，也为界、门、纲、目、科、属、种。原核细胞型微生物属于原核生物界，真菌属于真菌界，病毒属于病毒界。临床微生物检验中常用的分类单位是科、属、种，在科、属间可添加族，在属、种间可添加亚属。种是细菌的基本分类单位，种下还可分亚种、变种。同一种细菌来源不同，可成为该菌的不同菌株。具有该菌典型特征的菌株称为准株。细菌的分类、鉴定、命名都以标准株为依据。

(2) 细菌的分类方法及命名　细菌的分类方法不同，有以生理生化特征为依据的传统分类法和数值分类法，有以核酸组成与同源性为依据的遗传学分类法。用分类方法对细菌进行分类可得出细菌的分类系统。细菌的分类系统有多种，目前国际上普遍采用的是伯杰分类系统。

细菌的命名国际上采用拉丁文双命名法。一个细菌的名称由两个拉丁词组成，前一个词是属名，首字母大写，后一个词为种名，首字母小写，如 Staphylococcus aureus，中文名为金黄色葡萄球菌。中文的命名次序与拉丁文相反，在拉丁文命名中，属名也可不将全文写出，只用第一个字母代表，如 S. aureus。

二、化妆品中微生物的检验

1. 化妆品微生物的概念及检验意义

化妆品微生物学是近年来新发展的卫生微生物学的一部分，是从卫生学的观点研究化妆品成分和原料中的微生物及其对人类健康和化妆品质量影响的一门学科。该学科主要研究化妆品中常见的污染微生物，特别是病原微生物的种类、性质、污染来源、生命活动规律及其可能对人群造成的危害；研究化妆品微生物检验方法，并根据检验资料，为制定化妆品微生物学标准及预防措施提供理论和实验依据，为提高人们的健康水平服务。此外，还要研究引起化妆品腐败变质的有关微生物。这些微生物虽然不直接使人致病，但是其分解代谢产物能对人产生不良的影响，同时又可造成巨大的经济损失。为减轻或避免微生物污染，保证化妆品质量，还要研究化妆品的防腐效力。

化妆品微生物检验有较强的社会性和应用性。随着科学的发展进步和人们生活水平的提高，化妆品成为人类生活不可缺少的物质。它们的卫生质量和安全性与每个人的健康息息相关，这就更加突出了化妆品卫生监督检验的重要性。

化妆品在生产储藏和使用过程中难免受到微生物的污染。由于微生物的作用，化妆品会变质、腐败，在感官上其色泽和气味发生变化，从而失去商品价值。

色泽的变化是由有色微生物和产色素的微生物生长所致。有些微生物在增殖过程中，可将其代谢产物中的色素分泌至细胞外，接触空气呈现出特殊的颜色，如绿脓假单胞菌和类蓝色假单胞菌能分别产生绿色和蓝色水溶性色素。这种色素大都是水溶性的。还有些微生物，其在增殖过程中产生的色素一部分被阻留在细胞内，一部分则被排至细胞外，如激质沙雷氏菌。也有些微生物，如金黄色葡萄球菌和藤黄八叠球菌产生的色素不溶于水，只能溶解于脂肪中，属于脂溶性色素。

气味的变化是由于微生物作用产生了挥发性的物质，如胺、硫化物等。有的微生物（如大肠杆菌、普通变形杆菌等）具有特定的脱羧酶，能使多种氨基酸脱羧生成有机胺。

组织的变化则是由于淀粉、蛋白质的水解和过量微生物生长引起成分改变并使乳状液分层引起的。

综上所述，微生物对化妆品的作用除使产品色、气味发生变化，品质下降外，更主要的是致病微生物的污染会危害人体健康，如化脓性细菌污染可引起皮肤和眼部的感染。当人体抵抗力降低时，某些非病原菌或条件致病菌也会引起感染。微生物的有毒代谢产物可使人中毒，特别是有些霉菌毒素（如黄曲霉毒素）有致癌性。即使污染的微生物被杀灭，其残存的菌酶也会引起产品变质，而且变质时分解的组分会对皮肤产生刺激作用。由此看来，化妆品被微生物污染除影响产品的质量外，更危险的是影响产品的使用安全。因此，加强化妆品微生物的检验与研究是十分必要的。

2. 不同种类化妆品的微生物检验

化妆品的种类不同，其成分也不相同，有的成分有利于微生物的生长繁殖，有的成分不适宜微生物的生存，对微生物有抑制作用，甚至有杀灭作用。因此，可根据化妆品的主要成分来决定其是否需要做微生物检验。

（1）香水类化妆品　包括香水、古龙水和花露水等。此类化妆品的主要成分为酒精和香料，酒精浓度均在70%以上，恰为杀菌浓度，但曾有过在这类化妆品中检出霉菌的报道。为检验微生物在此类化妆品中能否生长，对目前市场上销售的国产和进口的香水、古龙水、花露水进行了抽样调查，在102份不同品牌的香水类化妆品中均未检出细菌，个别样品检出了霉菌，但只有1cfu/mL，这难以辨别是化妆品中原有的污染还是操作过程中的污染。为进一步检验霉菌在香水类化妆品中能否生存，在这3种香水类化妆品中分别加入霉菌，作用10min后有20%的样品中能检出霉菌，作用1h后仅个别样品能检出霉菌，24h后全未检出霉菌。这表明微生物在这类化妆品中生存的时间很短。因此，此类化妆品中酒精浓度大于或等于75%者可不做微生物检验。

（2）染发类化妆品　其主要成分为对苯二胺和氧化剂。对苯二胺不适于微生物的生长繁殖，而氧化剂特别是强氧化剂（如过氧化氢等）本身即为杀菌剂。

（3）除臭类化妆品　其主要成分为抑菌剂和抑制汗腺分泌的收敛剂。

(4) 烫发类化妆品 其主要成分为巯基乙酸，具有较强碱性。

(5) 脱毛类化妆品 具有强碱性。

(6) 美容修饰类化妆品 如指甲油卸除液的主要成分为丙酮。

以上化妆品的主要成分均不适宜微生物的生长繁殖，有的甚至有抑菌作用，故在通常情况下可不做微生物检验。但有些烫发和染发化妆品中附有护发和洗发系列产品，对此类产品要做微生物检验。

(7) 育发类化妆品 该类化妆品的成分多数为中草药。中草药大多是植物，在生长过程中由于施肥等原因极易被微生物污染，此外在运输、储存等环节也难免受到微生物的污染。然而，在配制此种化妆品时多用酒精提取，由于使用的酒精浓度不同，其染菌的可能性也不同。在此类化妆品中，规定酒精浓度大于或等于75%者可不检测微生物。

除上述几种特殊用途的化妆品及某些化妆品的特殊规定外，其余的化妆品均需做微生物检验。但为了探讨、研究某种特殊需要，上述化妆品仍可做微生物检验。

3. 化妆品中菌落总数的测定

(1) 菌落总数的概念和测定意义 菌落是指细菌在固体培养基上经培养后生长繁殖而形成的能被肉眼所识别的生长物集落。它是由数以万计的相同细菌聚集而成的。菌落总数是指化妆品检样经过处理，在严格规定的条件下（培养基及其pH值、培养温度与时间、计数方法等）培养后，单位重量（g）、容积（mL）或表面积（cm^2）检样中所含菌落的总数。由菌落总数的含义可知，计入菌落总数的细菌仅指在一定条件下能繁殖的细菌，而某些需特殊条件培养的细菌则不能在该指标中反映出来。

目前我国化妆品细菌污染指标中的菌落总数是在卵磷脂、吐温80营养琼脂条件下，于37℃培养48h获得的细菌集落数。

菌落总数主要作为判定化妆品被细菌污染程度的标记。通过测定菌落总数也可观察化妆品中细菌的性质和细菌在化妆品中的繁殖动态，以便为被检样品进行卫生学评价提供科学依据。

(2) 菌落总数测定中的注意事项

1) 稀释检样时要充分振荡混匀，尽量使菌细胞分散开，使每个菌细胞生成一个菌落，否则将会导致重大的技术误差。

2) 当用吸管从检样稀释液加到另一支装有9mL空白稀释液的试管内时，应小心沿管壁加入，不要触及管内稀释液，以防吸管尖端外侧黏附的检液混入其中。

3) 为防止细菌增殖及产生片状菌落，在制成供检测的试液后，应尽快稀释，注皿。一般稀释后应在1h内操作完毕。

(3) 化妆品中菌落总数的测定方法 国家标准 GB 7918.2—1987 中规定的菌落总数的测定方法是标准平板记数法。

• 训练 化妆品中微生物菌落总数的测定

细菌总数是指 1g 或 1mL 化妆品中所含的活菌数量。细菌总数可用来判断化妆品被细菌污染的程度，以及生产单位所用的原料、工具设备、工艺流程、操作者的卫生状况，是对化妆品进行卫生学评价的综合依据。

(一) 方法提要

化妆品中的细菌种类不同，每种细菌都有它一定的生理特性，培养时对营养要求、培养温度、培养时间、pH 值、需氧性质等均有所不同。在实际工作中，不可能做到满足所有细菌的要求，因此所测定的结果，只包括在本方法所使用的条件下（在卵磷脂、吐温 80 营养琼脂上，于 37℃培养 48h）生长的一群嗜中温的需氧及兼性厌氧的细菌总数。

(二) 培养基和试剂

1）生理盐水。

2）卵磷脂、吐温 80 营养琼脂培养基。

① 成分：蛋白胨 20g；牛肉膏 3g；氯化钠 5g；琼脂 15g；卵磷脂 1g；吐温 80 7g；蒸馏水 1000mL。

② 制法：先将卵磷脂加到少量蒸馏水中，加热溶解，再加入吐温 80，并将其他成分（除琼脂外）加到其余的蒸馏水中，溶解后加入已溶解的卵磷脂、吐温 80，混匀，调 pH 值为 7.1～7.4，然后加入琼脂，于 121℃高压灭菌 20min，最后储存于冷暗处备用。

(三) 仪器

锥形烧瓶；量筒；pH 计或精密 pH 试纸；高压灭菌锅；试管；灭菌平皿（直径为 9cm）；灭菌刻度吸管（容量为 10mL、2mL、1mL）；酒精灯；恒温培养箱；放大镜。

(四) 训练步骤

1）用灭菌吸管吸取 1:10 稀释的检样 2mL，分别注入两个灭菌平皿内，每皿 1mL。另取 1mL 检样，注入 9mL 灭菌生理盐水试管中（注意勿使吸管接触液面），更换一支吸管，并充分混匀，使其成为 1:100 稀释液。从中吸取 2mL，分别注入两个灭菌平皿内，每皿 1mL。若样品含菌量高，则还可再稀释成 1:1000，1:10000，……每种稀释度应更换 1 支吸管。

2）将熔化并冷至 45～50℃的卵磷脂、吐温 80 营养琼脂培养基倾注在灭菌平皿内，每皿约 15mL，另倾注一个不加样品的灭菌空平皿，做空白对照。随即转动灭菌平皿，使样品与培养基充分混合均匀，待琼脂凝固后，翻转灭菌平皿，置于37℃培养箱内培养48h。

3）菌落计数方法。先用肉眼观察，点数菌落数，然后再用放大倍数为5～10的放大镜检查，以防遗漏。记下各灭菌平皿的菌落数后，求出同一稀释度各灭菌平皿中生长的平均菌落数。若灭菌平皿中有连成片状的菌落或花点样菌落蔓延生长，则该灭菌平皿不宜计数。若片状菌落不到灭菌平皿中的一半，而其余一半中菌落分布又很均匀，则可将此半个灭菌平皿菌落计数后乘以2，以代表全皿菌落数。

（五）菌落计数及报告方法

1）首先选取平均菌落数在30～300之间的灭菌平皿，作为菌落总数测定的范围。当只有一个稀释度的平均菌落数符合此范围时，即以该灭菌平皿菌落数乘其稀释倍数（见表6-8中的例次1）。

2）若有两个稀释度，并且其平均菌落数均在30～300个之间，则应通过两者菌落总数之比来决定。若其比值小于或等于2，则应报告其平均数；若大于2，则报告其中较小的菌落数（见表6-8中的例次2及例次3）。

3）若所有稀释度的平均菌落数均大于300个，则应按稀释度最高的平均菌落数乘以稀释倍数报告结果（见表6-8中的例次4）。

4）若所有稀释度的平均菌落数均少于30个，则应按稀释度最低的平均菌落数乘以稀释倍数报告结果（见表6-8中的例次5）。

5）若所有稀释度的平均菌落数均不在30～300个之间，并且其中一个稀释度大于300个，而相邻的另一稀释度小于30个，则以接近30或300的平均菌落数乘以稀释倍数报告结果（见表6-8中的例次6）。

6）若所有的稀释度均无菌生长，则报告数为每克或每毫升小于10个。

7）菌落计数的报告。当菌落数在10以内时，按实有数值报告；当大于100时，采用二位有效数字，在二位有效数字后面的数值应以四舍五入法计算。为了缩短数字后面零的个数，可用10的指数来表示（见表6-8报告方式栏）。在报告菌落数为“不可计”时，应注明样品的稀释度。

表6-8 细菌计数结果及报告方法

例次	不同稀释度的平均菌落数			两稀释度菌数之比	菌落总数/(个/g)或(个/mL)	报告方式/(个/g)或(个/mL)
	10^{-1}	10^{-2}	10^{-3}			
1	1365	164	20	—	16400	16000或1.6×10^4
2	2760	295	46	1.6	38000	38000或3.8×10^4
3	2890	271	60	2.2	27100	27000或2.7×10^4
4	不可计	4650	513	—	513000	510000或5.1×10^5
5	27	11	5	—	270	270或2.7×10^2
6	不可计	305	12	—	30500	31000或3.1×10^4

复习思考题

1. 怎样配制不含碳酸钠的氢氧化钠溶液？

2. 当用邻苯二甲酸氢钾标定氢氧化钠溶液时，为什么选用酚酞作指示剂？

3. 能否在分析天平上准确称取固体氢氧化钠直接配制标准滴定溶液？为什么？

4. 当用称量法标定盐酸溶液时，基准无水碳酸钠为什么必须进行预处理？

5. 当用基准无水碳酸钠标定盐酸溶液时，为什么要选用甲基橙作指示剂？

6. 以甲基橙或溴甲酚蓝—甲基红作指示剂标定盐酸溶液，为什么滴定至终点时要加热煮沸赶出二氧化碳？

7. 什么叫双指示剂法？怎样用双指示剂法测定烧碱中氢氧化钠和碳酸钠的含量？

8. 使用天平时，为什么强调必须先关闭升降枢旋钮，然后方可取放物体和加减砝码？否则会引起什么后果？

9. 在什么情况下应该用指定质量称样法称取试样？在什么情况下应该采用差减法称取试样？当用这两种称样法称取样品时，为什么可不必先测定天平的零点？

10. 怎样进行容量瓶的试漏、稀释、摇匀操作？

11. 从滴定管上读数时，应遵守哪些规则？

12. 当用移液管移取溶液时，为什么在管内液面下降到管尖后要再等 15s 才能取出移液管？是否要将残留在管尖处的少量溶液吹出？为什么？

第七章

测后工作

培训学习目标 通过本章学习，学员应能够针对盛装不同种类残渣、残液的器皿，选择和配制常用的洗涤液，并能采用适宜的清洗方法；能按检验结果有效数字位数的要求，正确进行数据的记录、修约和运算；能根据相关标准要求，判定测定结果中极限数值的取舍。

第一节 分析器皿的清洗

一项分析任务结束以后，应及时清洗使用过的仪器（特别是磨口仪器），避免放置过久，以防止难以洗净或磨口拆不开。凡盛放有毒试剂的试剂瓶，应先消毒，然后再清洗，清洗干净的仪器应放回原处。

一、玻璃仪器的洗涤常识

应用于分析工作的玻璃仪器在工作开始前以及工作结束后，均需仔细洗净。洗净的玻璃仪器的内壁应能被水均匀地润湿，无水的条纹，且不挂水珠。

在玻璃仪器的洗涤过程中，需根据试验要求、污物性质以及被污染程度的不同，选择不同的洗涤液和洗涤方法。一般的容器和粗量器，可用毛刷蘸上肥皂或洗衣粉刷洗，不宜使用毛刷刷洗的仪器和难以刷洗干净的仪器，则需采用相应的洗涤液洗涤。常用的洗涤液包括：

1. 铬酸洗涤液

配制：称取研细的重铬酸钾 5g，置于 250mL 烧杯内，加水 10mL，加热使它溶解。冷却后，缓缓加入 80mL 浓硫酸，边加边搅拌。待溶液冷却后，储于磨口瓶中备用。配好的洗液应为深褐色。

铬酸洗涤液用于洗涤除去仪器上的残留油污及有机物。洗涤时，应先将仪器中的水尽量控净，然后用少量洗涤液刷洗或浸泡。用过的洗涤液不能随意乱倒，只要洗液未变为绿色，就应倒回原瓶，以备下次再用。

2. 肥皂液及碱液洗涤液

当器皿被油脂弄脏时，可先用浓的碱液（质量分数为30%～40%）处理或用热肥皂液洗涤，再用热水和蒸馏水洗净。合成洗涤剂（洗衣粉）适用于洗涤被油脂或某些有机物沾污的器皿。将市售合成洗涤剂用热水配制成浓溶液，洗时放入少量溶液，加热效果更好，振荡后倒掉，再用自来水和蒸馏水洗净。

3. 硝酸-乙醇洗涤液

硝酸-乙醇洗涤液适用于洗涤用一般方法难以洗净的被油污、有机物及残炭沾污的仪器。洗涤时，在器皿内加入不多于2mL的乙醇与10mL浓硝酸，浸泡一段时间即可，必要时可小心进行加热。该洗涤液作用时反应激烈，放出大量热及NO_2，应注意采取防护措施。

4. NaOH-乙醇洗涤液

配制：称取60g NaOH溶于80mL水中，再以体积分数为95%的乙醇稀释至500mL。

NaOH-乙醇洗涤液也适用于洗涤油污及有机物沾污的器皿。但由于碱的腐蚀作用，玻璃器皿不能用该洗涤液长期浸泡，使用时不宜加热。

5. 工业盐酸和草酸洗涤液

工业盐酸的浓溶液或（1+1）盐酸溶液主要用于洗去碱性物质以及大多数无机物残渣。

草酸洗涤液的配制方法为：称取5～10g草酸（$H_2C_2O_4$）溶于100mL水中，再加入数滴浓盐酸。$H_2C_2O_4$洗涤液多用于洗涤碱性高锰酸钾洗涤液洗涤后留在器皿上的二氧化锰，该洗涤液也可加热使用。

6. 餐具洗涤剂

餐具洗涤剂是一种以非离子表面活性剂为主要成分的中性洗涤剂，可配成体积分数为1%～2%的溶液使用。

二、玻璃仪器的清洗方法

玻璃仪器的清洗方法很多，应根据分析的要求、污物的性质以及沾污的程度来选用。一般情况下，附着在仪器上的污物既有可溶性物质，也有尘土和其他不溶性物质，还有油污和有机物质。针对这种情况，可以分别采用下列洗涤方法。

1. 用水刷洗

准备一些用于洗涤各种形状仪器的毛刷，如试管刷、烧杯刷、锥形瓶刷、滴定管刷等。首先用毛刷蘸水刷洗仪器，然后再用水冲洗，既可以刷去黏附在仪器内壁上的尘土和不溶性物质，又可以溶去可溶性物质，但往往不能洗去油污和有机物质。

2. 用去污粉、肥皂或合成洗涤剂刷洗

去污粉是由碳酸钠、白土、细砂等混合而成的。使用时，首先把要洗的仪器用水润湿（水不能多），撒入少许去污粉，然后再用毛刷擦洗。碳酸钠是一种碱性物质，具有强去污能力，而细砂的摩擦作用和白土的吸附作用可以去掉多种污物，增强了清洗仪器的效果。待仪器的内外壁都经过仔细的擦洗后，用自来水冲去仪器壁上的去污粉，直到没有白色粉末为止。最后，用蒸馏水冲洗仪器3次，把自来水带来的钙、镁、铁、氯等离子冲洗除去。蒸馏水用量应采取少量多次的原则，注意节约。这样洗过的仪器壁就完全干净了，在把洗净的仪器倒置在淋洗架上时，就会观察到仪器中的水可以完全流尽而没有水珠附着在器壁上。用去污粉刷洗玻璃仪器会造成磨损，所以不能用去污粉刷洗滴定管等有刻度的仪器。

合成洗涤剂具有较强的去油污能力，所以近年来多采用合成洗涤剂来刷洗各种玻璃仪器。

3. 用铬酸洗涤液洗涤

铬酸洗涤液具有很强的氧化性，对有机物和油污的去污能力特别强。在进行定量分析时，一些口小管细的仪器很难用上述方法洗涤，此时可以用铬酸洗涤液来洗。

洗涤时，先把仪器内的水倒净，再往仪器内加入少量洗涤液，使仪器倾斜并慢慢转动，让仪器内壁全部被洗涤液湿润，转几圈后，将洗涤液倒回原瓶中，然后用自来水把仪器内壁上残留的洗涤液冲去，最后再用蒸馏水冲洗3次。

如果用洗涤液把仪器浸泡一段时间，并且用加热的洗涤液洗，则洗涤效果更好，但要注意安全，不要让热洗涤液灼伤皮肤。能用别的洗涤方法洗干净的仪器，尽可能不要用铬酸洗涤液清洗，因为用铬酸洗涤液洗涤仪器的成本较高，且毒性较大。

铬酸洗涤液的吸水性很强，应随时把装洗涤液的瓶子盖严，以防吸水后氧化能力减弱，从而降低去污能力。当洗涤液颜色变为绿色时，表明大部分的铬（Ⅵ）已被还原，失去了去污能力，不能继续使用。

4. 特殊沾污物的清洗

对于玻璃器皿内壁上沾污的一些特殊污物，则需根据污物的性质，采用适当的洗涤液或药品进行清洗。例如，由于盛放硝酸银而在容器壁上留下的黑褐色污物可用碘-碘化钾溶液清洗，由于盛放高锰酸钾而在容器壁上留下的褐色二氧化锰可用草酸洗涤液或亚硫酸钠、硫酸亚铁等还原剂洗涤。

5. 砂芯玻璃漏斗的洗涤

砂芯玻璃漏斗在使用前必须用热盐酸或铬酸洗涤液边抽滤边清洗，然后用蒸馏水冲洗干净，再置于烘箱中进行干燥。带1~4号滤片的漏斗使用后，滤片上的沉淀物可先用蒸馏水冲洗，必要时可用适当的洗涤剂浸泡4~5h，使沉淀溶解，再用蒸馏水冲洗至无沉淀为止。带5~6号滤片的漏斗使用后，所附着的细菌和沉淀物可先用混合溶液抽滤一次，再在该混合液中浸泡48h后取出，用蒸馏水冲洗、抽滤、干燥后存放备用。

6. 特殊要求的洗涤方法

有些试验对仪器的洗涤有特殊要求，在用上述方法洗净后，还需做特殊处理。

1）微量凯氏定氮仪在每次使用前都需要用装置本身产生的蒸汽处理5min以上，以除去仪器中的空气。

2）某些痕量分析用的仪器要求洗去极微量的杂质离子。因此，洗净的仪器还要用优级纯（1+1）的盐酸或体积分数为10%的硝酸浸泡几十小时，然后再用二次去离子水洗干净，有时还需在高温下洗净。

3）被有机物严重沾污的器皿，可置于高温炉中于400℃加热15~30min。

7. 利用超声波清洗器自动清洗

超声波清洗器是近年来广泛使用的一种自动清洗设备。该设备具有省时、省事、高效的特点。在使用超声波清洗器时，可在洗涤容器中装满待洗涤的仪器，起动超声波发生器后，即可自动进行清洗。

三、玻璃仪器的正确存放和保管

在玻璃仪器使用完后，应及时将其洗涤干净，并放回原处。仪器要本着方便、实用、有序和安全的原则进行存放和保管。

1）仪器在存放过程中应按照种类、规格顺序存放，并尽可能倒置，这样既可以自然控干，又能防尘。例如：烧杯等可直接倒扣在实验柜内；对于锥形瓶、烧瓶、量筒等，可在柜子的隔板上钻空，将仪器倒插于孔中。

2）试验用完的玻璃仪器要及时洗净干燥，放回原处。

3）滴定管用完洗净后，可装满蒸馏水，管口盖一个塑料帽，夹在滴定管夹上，也可以倒夹在滴定管夹上。

4）吸（量）管可在洗净后，用滤纸包住两端，置于吸管架上（横式）；若为竖式吸管架，则可将整个架子加罩防尘。

5）磨口仪器，如容量瓶、碘量瓶、分液漏斗等，使用前应用小绳（或橡皮筋）将塞子栓好，以免打破塞子或相互弄混。暂时不用的磨口仪器，干燥后应在磨口处垫一纸条，用橡皮筋栓好塞子保存。

当磨口活塞（瓶塞）打不开时，若用力拧，则可能会将其拧碎。若凡士林等油状物质粘住活塞，则可以用电吹风吹或用微火慢慢加热，使油类粘度降低，熔化后用木器轻敲塞子来打开。若因仪器长期不用或尘土等将活塞粘住，则可把它泡在水中，或在磨口缝隙处滴加几滴渗透力强的液体，如石油醚等溶剂或表面活性剂等，过一段时间就可能打开。对于被碱性物质粘住的活塞，可将器皿放于水中加热至沸，再用木棒轻敲塞子来打开。当内有试剂的瓶塞打不开时，若瓶内是腐蚀性试剂（如浓硫酸等），则要在瓶外放好塑料桶以防瓶子破裂，操作者应注意安全，配戴必要的防护用具，脸部不应与瓶口靠近。当需要打开有毒蒸发的瓶口（如液溴）时，要在通风柜中操作。对于因结晶或碱金属盐沉积、碱粘住的瓶塞，可把瓶口泡在水中或稀盐酸中，经过一段时间即可能打开。

6）比色皿用毕洗净，倒放在铺有滤纸的小磁盘中，晾干后放在比色皿盒中。

7）成套的专用仪器，如索氏提取器、凯氏定氮仪等，用完后要及时洗涤干净，存放于专用的包装盒中。

8）小件仪器可放在带盖的托盘中，最好用塑料托盘，并在盘内垫一层干燥、洁净的滤纸。已烘干并需在干燥状态下使用的小件仪器如称量瓶等，要存放在干燥器内。

第二节　数据处理

一、检验结果的计算

定量分析组分的含量时，通常需要经过一系列的试验过程，最后通过计算得出分析结果。当用数据表述分析结果时，除了要反映测量值的大小以外，还要反映测量时的准确程度。这就要求在分析化验工作中，不仅要准确地进行测量，而且要正确地进行记录和计算。

1. 检验结果有效数字的运算

当对一些准确度不同的数据进行运算时，需遵守一定的规则，以保证运算结果能真正反映实际测量的准确度，获得准确、可靠的分析结果。应用有效数字运算规则进行计算的步骤一般是：先修约（可先多保留一位有效数字），后计算，结果再修约。

例 7-1　利用有效数字运算规则计算下列结果：

(1) $2.45+3.174+5.2435=?$

(2) $\dfrac{0.03250\times5.703\times60.1}{126.43}=?$

(3) pH $=1.05$，$c(H^+)=?$

解 （1） $2.45 + 3.174 + 5.2435$

$= 2.45 + 3.174 + 5.244$（先修约，多保留一位有效数字）

$= 10.868$（计算）

$= 10.87$（结果再修约）

（2） $$\frac{0.03250 \times 5.703 \times 60.1}{126.43}$$

$$= \frac{0.03250 \times 5.703 \times 60.1}{126.4}$$（先修约，多保留一位有效数字）

$= 0.08813$（计算）

$= 0.0881$（结果再修约）

（3） $pH = 1.05$

$c(H^+) = 10^{-1.05} mol/L = 8.9 \times 10^{-2} mol/L$

有效数字运算规则的实质是：计算结果的准确度取决于算式诸数值中误差最大的那个数值。应用有效数字运算规则的优点是：既可以保证运算结果准确度取舍合理、符合实际，又可以简化计算、减少差错、节省时间。

2. *检验结果准确度与精密度的计算*

在进行定量分析时，不仅要得到待测组分的含量，而且需对测定结果进行分析评价，判断分析结果的可靠程度，分析误差的产生原因，采取减小误差的有效措施，从而提高分析结果的准确度和精密度。

例 7-2 用分析天平称量 A、B 两个样品的质量分别为 1.2452g 和 0.2452g。已知 A、B 两个样品的真实质量分别为 1.2453g 和 0.2453g，求用该分析天平称量 A、B 两个样品时的绝对误差及相对误差，并比较称量结果的准确度。

解 $E(A) = x_A - x_T = 1.2452g - 1.2453g = -0.0001g$

$$E_r(A) = \frac{E(A)}{x_T} \times 100\% = \frac{-0.0001}{1.2453} \times 100\% = -0.008\%$$

$E(B) = x_B - x_T = 0.2452g - 0.2453g = -0.0001g$

$$E_r(B) = \frac{E(B)}{x_T} \times 100\% = \frac{-0.0001}{0.2453} \times 100\% = -0.04\%$$

通过计算可看出，虽然称量 A、B 两个样品的绝对误差均为 -0.0001g，但称量 B 样品的相对误差却是称量 A 样品相对误差的 5 倍，即称量 A 样品的准确度较高。

例 7-3 标定某溶液浓度的四次结果分别是 0.2041mol/L，0.2049mol/L，0.2039mol/L，0.2043 mol/L。计算其测定结果的算术平均值、平均偏差、相对平均偏差、标准偏差和相对标准偏差

解 平均值 $\bar{x} = \dfrac{x_1 + x_2 + \cdots + x_n}{n}$

$$= \frac{0.2041\text{mol/L} + 0.2049\text{mol/L} + 0.2039\text{mol/L} + 0.2043\text{mol/L}}{4}$$

$$= 0.2043\ \text{mol/L}$$

平均偏差 $\bar{d} = \frac{|d_1| + |d_2| + \cdots + |d_n|}{n}$

$$= \frac{|0.0002| + |0.0006| + |0.0004| + |0.0000|}{4}$$

$$= 0.0003$$

相对平均偏差 $\bar{d}_r = \frac{0.0003}{0.2043} \times 100\% = 0.15\%$

标准偏差 $S = \sqrt{\frac{\sum_{i=1}^{n}(x_i - \bar{x})^2}{n-1}}$

$$= \sqrt{\frac{(0.0002)^2 + (0.0006)^2 + (0.0004)^2 + (0.0000)^2}{4-1}}$$

$$= 0.0004$$

相对标准偏差 $CV = \frac{S}{\bar{x}} \times 100\% = \frac{0.0004}{0.2043} \times 100\% = 0.20\%$

二、极限数值的结果检验

在分析化验工作中，为使测定结果准确可靠，对同一样品一般都要做多次平行测定，对各次测定所得的结果，应先做判断处理，对有显著差异的太大或太小的极限数值，应按照一定规则，先进行取舍，然后才能报告分析结果。对于测得的数据，不能随便将其舍弃。

在平行测定所得的一组分析试验数据中，往往有个别数据与其他数据相差较远，这一数据称为极限数值（或可疑值）。一般对极限数值可做如下处理：

1）确知原因的极限数值应弃去不用。对于在操作过程中有明显过失，如称样时样品洒落、溶样时样品溅失、滴定时滴定剂渗漏等，所测得的数据可视为极限数值，应舍弃；在复查分析结果时，对于能找出原因的极限数值，也应弃去不用。

2）不知原因的极限数值，应按原则判断，决定取舍。极限数值的取舍，对平均值影响很大，如果不能确定该极限数值确是由“过失”引起的，就不能为了单纯追求试验结果的“一致性”，而把这一数据随意舍弃。正确的做法是根据随机误差分布规律决定取舍。取舍的方法很多，下面介绍两种常用的检验方法。

（1）$4\bar{d}$ 检验法　$4\bar{d}$ 检验法即4倍平均偏差法，具体为：

1）除了极限数值外，将其余数据相加求算术平均值$\bar{x}$及平均偏差$\bar{d}$。

2）将极限数值与平均值之差的绝对值与$4\bar{d}$比较：若$\left|极限数值-\bar{x}\right| \geqslant 4\bar{d}$，则将极限数值舍去；若$\left|极限数值-\bar{x}\right| < 4\bar{d}$，则保留极限数值。

例 7-4 用 NaOH 滴定某甲酸溶液，进行四次平行测定，消耗 NaOH 溶液的体积分别为 25.36mL，25.45mL，25.40mL，25.38mL，试问 25.45mL 这个数据是否该保留？

解 首先不计极限数值 25.45，求得其余数据的平均值$\bar{x}$和平均偏差$\bar{d}$为

$$\bar{x}=\frac{25.36+25.40+25.38}{3}=25.38$$

$$\bar{d}=\frac{|0.02|+|0.02|+|0.00|}{3}=0.013$$

极限数值与平均值之差的绝对值为

$|25.45-25.38|=0.07$

而 $4\bar{d}=4\times 0.013=0.052$

因为$0.07>4\bar{d}$（0.052），所以 25.45 应舍去。

（2）Q 检验法 极限数值的取舍也可以通过 Q 检验法进行判断。其检验步骤为：

1）将各数据按递增的顺序进行排列：x_1，x_2，…，x_n。

2）求出最大值与最小值之差，即x_n-x_1。

3）求出极限数值与其最邻近数据之差x_n-x_{n-1}（$n\geqslant 2$）。

4）求出$Q=\frac{x_n-x_{n-1}}{x_n-x_1}$。

5）查 Q 表（见表 7-1），比较由 n 次测定求得的 Q 值与表中所列相同测量次数 $Q_{0.90}$ 的大小：若 $Q>Q_{0.90}$，则相应的极限数值应舍去；若 $Q<Q_{0.90}$，则相应的极限数值应保留。

表 7-1 90%置信水平的 $Q_{0.90}$ 值

n	3	4	5	6	7	8	9	10
$Q_{0.90}$	0.94	0.76	0.64	0.56	0.51	0.47	0.44	0.41

例 7-5 对某铁矿石中铁含量进行了六次测定，测定结果分别为 32.70%，33.90%，32.90%，32.60%，33.00%，32.80%，试用 Q 检验法判断极限数值 33.90% 是否应弃去？

解 ① 首先将各数值按递增的顺序进行排列：32.60%，32.70%，32.80%，32.90%，33.00%，33.90%。

② 求出最大值与最小值之差

$x_n - x_1 = 33.90\% - 32.60\% = 1.30\%$

③求出极限数值与其最邻近数据之差

$x_n - x_{n-1} = 33.90\% - 33.00\% = 0.90\%$

④ 计算 Q 值

$$Q = \frac{x_n - x_{n-1}}{x_n - x_1} = \frac{0.90\%}{1.30\%} = 0.69$$

⑤ 查表7-1，当 $n = 6$ 时 $Q_{0.90} = 0.56$，$Q > Q_{0.90}$，所以极限数值33.90%应弃去。

复习思考题

1. 如何判断玻璃仪器已经洗净？
2. 滴定管脏了，能否用毛刷蘸去污粉进行刷洗？为什么？
3. 如何配制铬酸洗涤液？铬酸洗涤液能否重复使用？如何判断铬酸洗涤液已经失效？
4. 如何配制1L NaOH-乙醇洗涤液？
5. 如何洗涤盛放硝酸银的试剂瓶？
6. 如何洗涤盛放高锰酸钾的试剂瓶？
7. 如何洗涤被有机物严重沾污的器皿？
8. 如何放置锥形瓶、容量瓶和吸（量）管？
9. 下列数据中各有几位有效数字？

   （1）0.0568　（2）3.5102　（3）0.1000　（4）24.02%

   （5）50000　（6）pH = 5.32　（7）0.2530　（8）3.56×10^{-8}
10. 将下列数据按照要求的有效数字位数进行修约：

    （1）将6.784修约成3位有效数字。

    （2）将24.348修约成4位有效数字。

    （3）将12.3478修约成4位有效数字。

    （4）将2.349修约成2位有效数字。

    （5）将7.351修约成2位有效数字。

    （6）将5.850修约成2位有效数字。
11. 下列分析报告是否合理？为什么？

    （1）某人分析铁矿石中的锰含量，称取样品2.5g，分析结果为0.4521%。

    （2）称取2.0g NaOH固体，溶解后配制成500mL溶液，则该NaOH溶液的物质的量浓度为0.1000mol/L。
12. 按有效数字运算规则，计算下列各式：

    （1）$5.18 + 0.0478 - 2.376$

    （2）$4.78 \times 0.1458 \div 1.280$

(3) $\frac{11.36\times(56-12.354)}{4.7842}$

(4) $3.78\times5.1\times10^{-2}-0.5428$

(5) $2.6\times0.0128+3.15\times10^{-2}+24\div7.864$

(6) $\sqrt{\frac{5.25\times4.2\times10^{-3}}{(0.8756-0.58)\times10^{3}}}$

13. 测定某铵肥中的氮含量，平行测定七次，测定结果分别为 34.27%，34.32%，34.30%，34.35%，34.28%，34.56%，34.33%，利用 4 $\bar{d}$检验法判断极限数值 34.56% 是否该保留？

14. 某化验员标定 HCl 溶液八次，结果分别为 0.1015，0.1018，0.1014，0.01013，0.1020，0.1016，0.1036，0.1019。试用 Q 检验法判断极限数值 0.1036 是否应弃去？

第八章

设备的维护与保养

培训学习目标　通过本章学习，学员应明确仪器设备维护与保养的意义、内容和要求；能够掌握分析天平、pH 计等常用仪器的维护与保养方法；熟悉分析天平、pH 计等简单仪器的基本结构；能查找和排除分析天平、pH 计的常见故障。

第一节　仪器设备的维护与保养

一、一般仪器设备的维护与保养知识

仪器设备是化验室必需的“硬件”，通过对仪器设备的维护、保养和有效管理，可以使仪器设备以良好的技术状态为生产及科研服务，最大限度地发挥其投资效益。

1. 仪器设备维护与保养的意义

仪器设备在长期的运行过程中，由于各种各样的原因，其技术状况必然会发生某些变化，从而对仪器设备的性能产生影响，严重时，可能会诱发仪器故障，甚至造成事故。

因此，为了保证仪器设备正常运行，这就要求操作人员应做好日常的维护与保养工作，以消除这些事故隐患，保证设备良好的运行状态。

2. 维护保养的内容及要求

（1）在用仪器设备的维护与保养

1）做好仪器设备的清洁工作，保持仪器设备的清洁。

2）定期进行仪器设备的功能和测量精度的检测、校验以及“磨损”程度的

测定。

3）定期做好仪器设备的润滑及防腐、防锈检查，及时发现仪器设备的变异部位及程度，并作出相应的技术处理，防患于未然。

(2)“封存”仪器设备的维护与保养

1）仪器设备在封存之前，必须进行全面的检查，并进行“防潮、防锈和防腐蚀”的密封包装，然后予以封存。

2）“封存”的仪器设备应存放在清洁、干燥、阴凉、没有有害气体和灰尘侵蚀的地方。

3）对于“封存”的仪器设备，应经常进行检查，若发现封存条件发生变化，则应及时采取措施进行维护。

(3) 备用仪器设备的维护与保养

1）备用仪器设备通常是不运行的，因此也可像“封存”仪器设备那样进行“防潮、防锈及防腐蚀”处理，但不需密封，只需罩上仪器罩，使其与外界分隔开即可。

2）备用的仪器设备必须定期开机维护，驱除机内潮气，检查仪器性能，确保其处于良好的工作状态。若发现仪器设备性能降低，则应迅速查找原因，及时处理，以保证相应仪器设备的“备用”作用。

(4) 仪器设备的维护保养要求　为了保证仪器设备的正常运行，在日常的维护保养过程中，应注意以下问题：

1）应根据仪器设备的性能及状况，制订相应的维护保养制度，以做到维护保养经常化、制度化，并与化验室的清洁工作结合起来，责任到人。

2）仪器设备的维护保养应坚持“三防四定”的原则，即要做到“防尘、防潮、防振动”和“定人保管、定点存放、定期维护和定期检修”。

3）对于大型精密、贵重仪器设备，应规定“一级保养”和“二级保养”等维护保养工作周期及工作时间，并列入工作计划，以保证按期实施。

二、一般仪器设备的维护与保养措施

1. 分析天平的维护与保养

1）天平室内温度最好保持在17~23℃，避免阳光晒射及涡流侵袭或单面受热，框罩内应放置干燥剂，最好用硅胶，忌用酸性液作干燥剂。

2）尽量少开启天平的前门，可以通过左右门取放砝码及样品，关闭窗门时务必轻缓。

3）当天平处在工作位置时，绝对不可在秤盘上取放物品或砝码、开关天平门或者做其他会引起天平震动的动作。

4）随时保持天平内部清洁，不可将样品洒落在秤盘或底板上，不要把湿或脏的物品放在秤盘上。含有吸湿性或腐蚀性的物体，必须放在密闭的容器内称量。

5）不要将过热或过冷的物体放在秤盘上称量，被称物品在称量前应在天平室内干燥器中放置15～30min，待它的温度与天平室温度达到平衡后，方可称量。

6）被称的物品与砝码不得超过天平的最大称量量，并应尽可能地放在秤盘中央，否则当天平开启时，秤盘将会动荡，这样既不易迅速观察停点，又会造成玛瑙刀刃磨损。

7）取用砝码时必须用砝码镊子，每次用完后应将砝码放回原处，不要将其放在天平底板或桌上。

8）取放圈码时要轻缓，不要过快转动指数盘，以免圈码跳落或变位。

9）称量完毕，将所称物品从天平框内取出，关好天平开关及天平门窗，并使圈码指数盘读数恢复到零位，拔下电源插头。

10）当发现天平有损坏或不正常时，应立即停止使用，送交有关修理部门，经检查合格后，方能继续使用。

2. pH计的维护保养

pH计是目前最常用的测量溶液pH值的专用仪器。对于pH计的维护与保养，主要应做好以下几方面工作：

1）pH计的放置应严格遵照仪器的使用条件。仪器应放置在干燥、无震动、无酸碱腐蚀性气体、环境温度稳定（一般工作环境温度为5～45℃）的地方。

2）pH计应有良好的接地，否则将会造成读数指针不稳定。若使用场所没有接地线或接地不良，则需另外补接地线。

3）使用仪器时，动作要轻，各调节旋钮的旋动不可用力太猛，按钮不要频繁按动，以防发生机械故障或破损。温度补偿器切不可旋转超位，以免损坏电位器或使温度补偿不准确。

4）仪器不能随便拆卸。

5）仪器通电后应进行预热才可开始测量。若进行短时间测量，则预热十几分钟即可；若仪器需长时间工作，最好预热1h以上，以使零点有较好的稳定性。

6）长期不用的仪器应定期通电。仪器平时不用时，最好每隔一两周通电一次（时间间隔视仪器安放地点的湿度大小而定），以防因潮湿、霉变或漏电而影响仪器性能；每隔一年应对仪器性能进行一次全面检定。仪器若重新使用，则预热时间应长一些。

7）仪器的输入端（即指示电极插口）必须保持清洁。仪器暂时不用时，输入端应插入续接器，以防止灰尘和潮气侵入。

8）仪器使用完毕后，应关闭电源，擦净仪器，放置干燥剂，盖好仪器罩或放入仪器箱内。

3. 电炉的维护保养

电炉是化验室中最常用的热源。为了延长其使用寿命，在平时的使用及维护保养中，应注意以下问题：

1）电源电压应与电路本身规定的电压相符，严禁使用超过其额定电压的电源，以免烧毁电阻丝。

2）电炉的加热时间不应过长，以免影响其使用寿命。

3）电炉的炉槽任何时候都应保持清洁，表面的焦煳物应及时清除，严防液体等溅落其上而导致漏电或影响其使用寿命。在清除电炉上的污物时，一定要先切断电源。

4. 空气压缩机的维护与保养

空气压缩机简称为空压机，是利用机械作用压缩并输送气体的电动设备。化验室中常用的空压机一般为小型的往复式压缩机。空压机的维护与保养方法如下：

1）空压机应安放在干燥、平稳的地方。

2）使用的电源电压应与空压机的标称电压相一致。

3）在空压机的吸气端应安装除尘过滤装置或水汽分离装置，以保证进气阀和排气阀正常工作。

4）空压机不能超压工作。

5）空压机在工作时不能有明显的振动或过大的噪声，否则应停机检查。

6）空压机不应在易燃、易爆的气体环境中使用，以免发生事故。

第二节 仪器设备故障的诊断和排除

一、简单仪器设备的结构

1. 分析天平的构造

下面以常用的 TG—328B 型半自动电光天平（见图 8-1）为例，介绍分析天平的基本构造。

（1）横梁　横梁是分析天平的主要部件。在横梁的中下方装有细长而垂直的指针，梁上装有三个三棱体的玛瑙刀，位于正中的称为中刀或支点刀，刀口向下；两端的称为边刀或承重刀，刀口向上。三个刀口必须完全平行而且处于同一水平面上，同时要求两承重刀口到支点刀口的距离（即天平臂长）相等。三个刀口的锋利程度对天平的灵敏度有很大影响。刀口越锋利，和刀口相接触的刀承

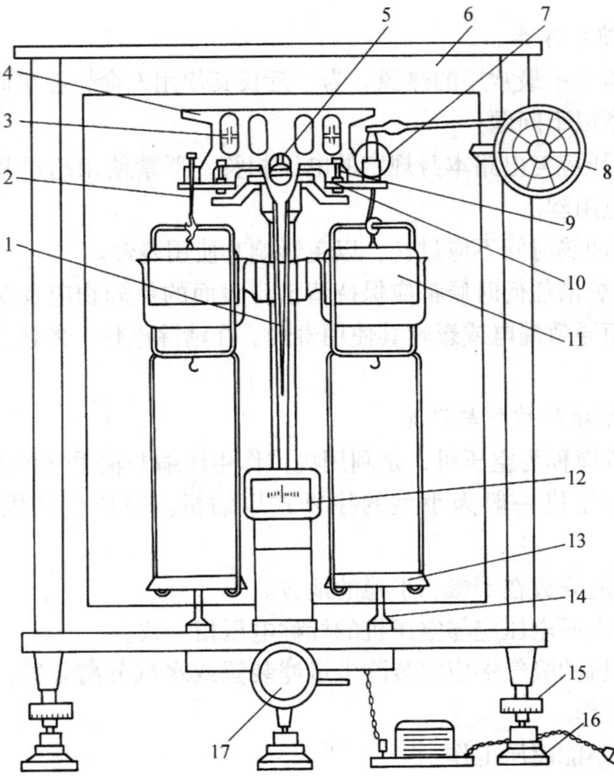

图 8-1 TG—328B 型分析天平

1—指针 2—吊耳 3—平衡调节螺钉 4—横梁 5—支点刀 6—框罩
7—圈码 8—指数盘 9—支力销 10—托翼 11—阻尼内筒 12—投影屏
13—称盘 14—盘托 15—螺旋脚 16—垫脚 17—升降旋钮

越平滑，它们之间的摩擦力越小，天平的灵敏度也就越高。梁的左右两端或对称孔内装有两个平衡螺钉，用以调整天平空载时的平衡位置。

（2）支柱 支柱位于天平正中，垂直固定在底座上，是横梁的起落架。柱的上方嵌有玛瑙平板，与梁中央的玛瑙刀口接触。柱上装有能升降的托梁架，在天平不摆动时，托住天平梁，使玛瑙刀口与平板脱开，以减少磨损，保护玛瑙刀口和平板。

（3）吊耳（见图 8-2） 两把边刀通过吊耳承受称盘和砝码或被称物品。吊耳中心面向下，嵌有玛瑙平板，并与梁两端的玛瑙刀口接触，使吊耳及挂盘能自由摆动。吊耳的两端面向下有两个螺钉凹槽，天平停止称量时，凹槽与托梁架上的托吊耳螺钉接触，将吊耳托住，使玛瑙平板

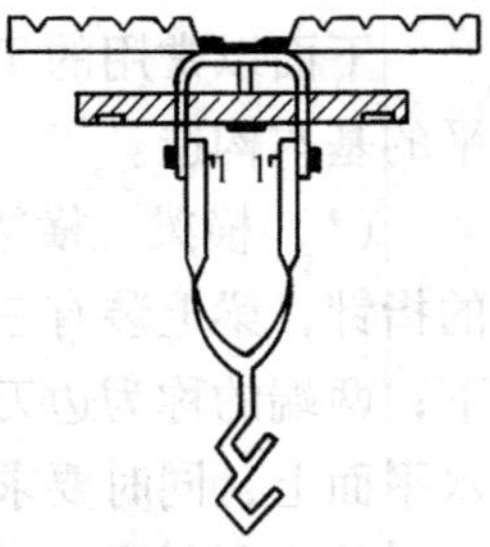

图 8-2 吊耳

与玛瑙刀口脱开。吊耳上还装有挂盘托和空气阻尼器内筒的悬钩。

(4) 阻尼器 由两个特制的金属圆筒组成，外筒固定在支柱上，内筒比外筒略小，悬于吊耳钩下，两筒之间间隙均匀，没有摩擦，当起动天平时，内筒能自由地上、下移动，利用筒内的空气产生阻尼作用，使天平横梁能较快地达到平衡状态，停止摆动。阻尼器内筒上有标记，注意不可错挂。

(5) 称盘和盘托 称盘是悬挂在吊耳钩上供放置砝码和被称量物品用的。盘托位于称盘的下面，装在天平的底板上，停止称量时，盘托上升，把称盘托住。左、右两具盘托也刻有“1”“2”标记。

(6) 读数系统 指针固定在天平梁的中央。指针的下端装有缩微标尺。天平工作时，指针左右摆动，光源通过光学系统将缩微标尺上的刻度放大，再反射到光屏上。从屏幕上可以看到标尺的投影，中间为零，左负右正。屏幕中央有一条垂直刻线，标尺投影与刻线重合处即为天平的平衡位置。

(7) 升降旋钮 升降旋钮在天平台下正中，是天平的制动系统。它连接托梁架、盘托和光源。使用天平时，旋开旋钮，接通光源，盘托下降，天平进入工作状态；停止称量时，关闭旋钮，则天平梁与称盘被托住，天平进入休止状态，切断光源。

(8) 机械加码 转动圈码指数盘，可往天平梁上加 10 ~ 990mg 的圈码。指数盘上刻有圈码质量值，分内、外两层，内层为 10 ~ 90mg，外层为 100 ~ 900mg。

(9) 框罩及水平调节脚 框罩也称为天平箱，用以保护天平不受灰尘、热源、潮湿、气流等外界条件的影响。箱两边的门用于取、放砝码和被称物品，前面的门只在安装和修理天平时才打开。称量时，只有将门关好才能读数。天平箱下装有三只脚，前面两只垫脚装有螺旋，用以调节天平的水平位置，后面一只脚是固定的。天平柱的后方装有气泡水准仪，用以观察天平是否水平。

(10) 砝码 每台天平都附有一盒配套的砝码。为了便于使用，砝码的质量大小有一定的组合形式。对最大称量为 200g 的分析天平，盒内一般由以下一组砝码组成，并按固定的位置放在砝码盒中。

100g	1 个	5g	1 个
50g	1 个	2g	2 个
20g	2 个	1g	1 个
10g	1 个		

2. pH 计的构造

pH 计是一种精密的实验室测量仪器，广泛地应用于样品溶液酸碱度的精确测量。pH 计的电计部分是一台具有高输入阻抗、深度负反馈的直流放大器，主要由输入极、模数转换、电源电路等部分组成。有些仪器（如 pHS—4 智能型 pH 计）目前已采用单片机作为核心组成硬件系统，因而具有精确度高、性能稳定、可靠性好等优点。此外，pH 计上一般设有零点调节器、定位调节器、温度补偿器及斜率补偿调节器等几个调节器。

（1）零点调节器　当指示电极和参比电极之间的极间电势为零时，溶液的 pH 值称为“零位 pH 值”（也称为测量元件的“零点”）。但由于仪器的零点是可变的且任意两个测量元件的零点也不相同，因此仪器的“电气零点”设计为可调方式。

（2）定位调节器　在测定前，用标准缓冲溶液对仪器进行校准时，需要用到定位调节器。它主要用于抵消外参比电极电位、不对称电位、液接电位等因素对测定结果造成的影响。定位调节时所用标准缓冲溶液的 pH 值应与待测液的 pH 值相接近。

（3）温度补偿器　温度补偿器主要用于补偿温度变化对电动势的影响。由于测定时，溶液的 pH 值与电动势的关系随着温度的变化而变化。因此，为了适应各种温度下溶液 pH 值的测量，在仪器中设置了温度补偿器。

在测量时，为了减小测量误差，要求待测溶液与标准缓冲溶液的温度应尽量接近。

（4）斜率补偿调节器　斜率补偿调节器主要用于补偿由于电极的理论斜率与实际斜率不完全相符对测定结果所造成的影响。

二、简单仪器设备常见故障及排除方法

1. 分析天平的常见故障及排除方法

分析天平的操作和维护是一项复杂而又细致的工作，需要具有专门的知识。经常使用分析天平的化验室工作人员应能够针对天平的一般故障，寻找其产生的原因，及时地予以排除，以保证分析工作正常进行。

（1）电光天平　电光天平的故障通常来自光学系统及机械加码装置等。电光天平常见故障及排除方法见表 8-1。

表 8-1　电光天平常见故障及排除方法

故障现象	产生原因	排除方法
零件位置不正	天平没有水平放置	①检查水准仪气泡是否走动 ②调节螺旋脚，使水准气泡处于中心位置
天平开启后灯泡不亮	①插头、插座、灯座接触不良 ②灯泡烧坏或变压器损坏 ③底板下弹簧开关的接触不良	查明后应立即检修

（续）

故障现象	产生原因	排除方法
阻尼器内、外筒间隙不等或存在摩擦	①天平没有水平安装 ②阻尼器螺钉松动 ③两筒之间掉进阻塞物	①调节水准仪使气泡处于中心位置 ②松动阻尼架上的螺钉，重新调整、固定阻尼器 ③检查两筒间有无阻塞物
投影屏光亮不足	聚焦位置不正确	转动灯头或前后移动灯头位置，使光源聚焦
投影屏上满光但不显影	①光线焦点不在刻度线上而在它的下方 ②微分标尺安装得过高或过低	升降微分标尺，使刻度线对准光线的焦点
微分标尺的刻度线模糊不清	①微分标尺与放大镜的距离不合适 ②微分标尺位置不正	①移动放大镜，调整微分标尺与放大镜间的距离 ②扭正标尺，使其左右平行于放大镜
微分标尺出现重影、弯曲	放大物镜发生摆动，两镜片不同心	旋紧内套螺钉，转动放大镜或前后移动聚光镜进行调整
微分标尺位置偏高或偏低	反射镜的角度不对	拧动第一反射镜的调节手轮，调节反射角度
挂码指数盘转动不灵活	活动部分缺油	拆下天平箱外的挂码指数盘，在转动部位加少许润滑油
挂码不落在挂码槽上或跳出槽外	①挂码钩形状不正 ②操作动作过大	①扭正挂码钩 ②缓慢操作挂码指数盘
指针总往一边偏移	接触部分可能脱落	检查吊耳等接触部分是否正常
指针摆不稳定	①天平箱内有气流通过 ②将被称物品易挥发或易吸潮	①关严天平的正门和两边的旁门 ②将被称物放在有盖的容器中，盖严瓶盖，快速称量
天平关闭后灯泡仍然亮	①在天平关闭后，弹簧开关的接点不能断开 ②弹簧开关的插头或插座上的连线短路	检查后应予以调整

（2）电子天平　电子天平常见故障及排除方法见表 8-2。

表8-2　电子天平常见故障及排除方法

故障现象	产生原因	排除方法
显示器全不亮	①天平未正常接通电源 ②天平显示器开关未开 ③瞬时干扰 ④熔丝损坏	①设法接通电源 ②按 <ON> 键 ③重新开关天平或重插电源线 ④更换熔丝，若再次烧坏，则送检修
仅显示上部线段“———”	①超过最大载荷 ②内部记忆校准数可能破坏 ③称盘未安装好	①应立即减小载荷 ②可按“校准天平”操作顺序重新校准。此时标准砝码放上去后，需经约8s稳定后，再显示校准结果 ③重新安装称盘
仅显示下部线段“___”	①称盘未安装好 ②未放上称盘	重新安装称盘
称量显示值不稳定（数据跳动）	①有气流 ②工作台不稳定 ③天平积分时间短 ④天平所处室温波动大	①关闭天平防风门 ②将天平置于稳定的工作台上 ③可选较长的积分时间 ④控制室温
称量结果不准确	①称物前未清零 ②天平未校准或校准砝码不准确 ③电源电压不正确	①按 <TAR> 键 ②重新校准 ③改用正确电源
显示器停留在某一位数字或出现无意义符号	①可能瞬时干扰 ②电源电压不正确	①重新开机或重插电源 ②改用正确电源
显示器左边稳定标志“0”不熄灭	①天平灵敏度较高 ②天平所处环境不理想（如气流大，有震动，室温波动大等）	①改选灵敏度较低挡位 ②应改变环境
一直显示等待状态“————”	①天平所处环境不理想（如气流大，有震动，室温波动大等） ②天平灵敏度过高	①应改变环境 ②改选灵敏度较低挡位
显示“Err－1”或“Err－2”	①可能瞬时干扰 ②天平有故障	①重新开机或重插电源 ②送检修单位

（续）

故障现象	产生原因	排除方法
显示“CAL”或“Err”	①在校准天平前，称盘上留有物体 ②校准砝码不准确 ③校准天平前未清零 ④未显示称量模式就按<CAL>键	①拿去物体，清零并校准 ②清零并校准 ③清零并校准 ④转到称量模式
显示器最右边的称量单位不显示	①天平未经校准 ②天平内部记忆的校准数被冲掉	需对天平进行校准
显示“Cou-Err”	①点数操作时未预置过常数 ②预置常数时称量太大 ③预置常数时称量太小	做点数平均数的预置操作

2. pH 计的常见故障及排除方法

pH 计的常见故障及排除方法见表 8-3。

表 8-3 pH 计的常见故障及排除方法

故障现象	产生原因	排除方法
电源插头插入后仪器不通电	①按钮未按下或接触不良 ②熔丝已断或电源插头接触不良 ③变压器断线	①按下按钮或用乙醚清洗，其使接触良好 ②更换熔丝，检查或更换电源插头 ③修理或更换变压器
输入阻抗降低	①绝缘材料，如聚四氟乙烯受污染，电极插口脏，屏蔽电缆线长霉 ②变容二极管漏电，性能变坏	①用乙醚清洗插口和开关，然后吹干或烘干 ②更换变容二极管
输入电路开路，输入信号加不进去	①读数开关接触不良 ②电极插口接触不良 ③电极引入线已断 ④机内电阻损坏	①乙醚清洗并吹干 ②将电极插进，并用小螺钉拧紧 ③更换电极输入屏蔽电缆线 ④检查并更换电阻
输入回路短路，输入信号加不进去	①有电容短路 ②屏蔽线的芯线与外层金属网短路	①检查并更换电容 ②排除短路处，重新焊接

(续)

故障现象	产生原因	排除方法
甘汞电极接线与机壳短路	接线柱安装时漏装塑料垫片，使接线柱与机壳直接接触；或者在焊接接线柱垫片时焊锡太多而碰机壳；或者范围开关连接的裸铜线碰开关；或者紧固螺钉碰机壳	排除碰机壳因素，重新接线，一旦甘汞电极损坏，就进行更换
mv 值无法调“0”	①零点调节器损坏 ②接入了玻璃电极（或复合电极）	①更换零点电位器 ②将电极从电极插口退出
仪器读数不稳定	①仪器接地不良 ②电源变压器已损坏 ③变容二极管性能差 ④电极使用时间过长，性能下降	①使仪器接地良好 ②更换电源变压器 ③更换变容二极管 ④更换新的电极

复习思考题

1. 如何维护与保养在用仪器设备?
2. 在维护与保养仪器设备时，有哪些具体要求?
3. 什么是仪器设备维护与保养的“三防四定”原则?
4. 被称量物品在称量前为何要在天平室内的干燥器中放置一段时间?
5. 在称量操作中，为何不能直接用手取放砝码?
6. 如何维护、保养 pH 计?
7. 在 pH 计上，为何要设置温度补偿旋钮?
8. 电光天平有哪些常见故障? 如何排除?

第九章

安全实验

培训学习目标 通过本章学习，学员要养成安全实验的良好习惯；在日常实验中，注意防火、防爆，能针对不同的起火原因，合理选择并使用消防器材；会正确使用气体钢瓶、通风柜、实验室中的电器及有关防护用品，并了解实验室中废液、废渣的处理方法。

第一节 实验室安全

在分析实验室中，许多化学试剂均为易燃、易爆、腐蚀性强、毒性大的物质。因此，在实验室的日常管理和使用过程中，必须十分重视安全问题，不能麻痹大意，应时刻牢记“安全第一”，防患于未然。分析实验室的工作人员，不仅需要熟悉并遵守实验室安全守则，而且需要了解各类消防器材的用途并能够正确使用。此外还需要了解、掌握有关的用电常识。

一、实验室安全守则

1. 实验室一般安全操作守则

1）必须熟悉实验室及周围环境和水阀、电闸、灭火器的位置。

2）实验室应始终保持整齐、清洁，仪器、试剂、工具摆放有序，试验台面干净，使用的仪器摆放合理。混乱、无序往往是引发事故的重要原因之一。

3）严格按照有关分析步骤和技术规程进行工作。对于每天的工作安排应做到心中有数，以保证工作能够紧张有序地进行。

4）工作时应穿工作服，进行危险性操作时要加着防护用具。工作服不宜穿出室外。

5）在进行有潜在危险的工作时，如危险物料的现场取样，易燃、易爆物品的处理，废料的焚烧等，必须有第二者陪伴。陪伴者应位于能够看清工作者工作情况的地方，并注意观察操作的全过程。

6）在使用电器设备时，不能用湿的手去开启电闸，以防触电。

7）一切有毒和有刺激性气味的气体试验，都应在通风橱内进行。使用浓的硝酸、盐酸、高氯酸、硫酸及浓氨水时，也应在通风橱中操作。

8）实验室中的每瓶试剂、溶液必须贴有名、实一致的标签，决不允许在瓶内盛装与标签内容不相符的试剂。

9）不能用手直接拿取试剂，要用药匙或指定的容器取用。当取用一些强腐蚀性的试剂（如氢氟酸、溴水等）时，必须带上橡胶手套。

10）浓酸、浓碱具有强腐蚀性，用时要小心，不要溅在皮肤和衣服上，废液应倒入废液缸中。稀释浓硫酸时，要把酸缓缓注入水中，绝不可将水倒入浓硫酸中，以免溅出。

11）对于易燃物（如酒精、乙醚、丙酮等）、易爆物（如氯酸钾等），使用时要远离火源，用完后应及时加盖并存放在阴凉通风处。在蒸馏或加热易燃液体时，绝不可使用明火，一般也不能蒸干。在操作过程中，操作人员不得离开，以防温度过高或冷却水临时中断引发事故。

12）绝不可在冰箱中（防爆冰箱除外）存放含有易挥发、易燃试剂的物品。

13）汞盐、砷化物、氰化物等剧毒物品，使用时应特别小心，氰化物不能与酸接触，因其作用后可产生 HCN。HCN 有剧毒！严禁直接将其倒入下水道或废液缸中。氰化物废液应倒入碱性亚铁盐溶液中，使其转化为亚铁氰化铁盐类，然后作废液处理。

14）绝对不允许将各种化学试剂任意混合，以免发生意外。

15）实验室内严禁饮食、吸烟，一切化学药品严禁入口。

16）实验完毕后要认真洗手，离开实验室时要认真检查，并熄灯，关闭门窗、水电等。

2. 气体钢瓶的安全使用

气体钢瓶是高压容器，瓶内通常罐装高压气体。此外，气体钢瓶还要承受搬运、滚动，有的还要经受震动冲击等外界的作用力。因此对其材料及质量的要求较高，一般用无缝合金或碳素钢管制成。

为了安全使用气体钢瓶，其本身首先必须是安全的。所用钢瓶生产、检验的标记必须明确、合格。无论盛装哪种气体的钢瓶，在其肩部都应有喷以白漆的钢印标记，标记该钢瓶的生产、检验及有关使用的一些基本数据，并且必须与实际相符。常用气体钢瓶的颜色标记见表 9-1。

表 9-1 常用气体钢瓶的颜色标记

序号	介质名称	化学式	瓶色	字样	字色	色环
1	氢气	H_2	淡绿	氢	大红	p[①] = 19.6 淡黄色环一道 p = 29.4 淡黄色环两道
2	氧气	O_2	淡酞蓝	氧	黑	p = 19.6 白色环一道 p = 29.4 白色环两道
3	氨气	NH_3	淡黄	液氨	黑	—
4	氯气	Cl_2	深绿	液氯	白	—
5	空气	—	黑	空气	白	p = 19.6 白色环一道
6	氮气	N_2	黑	氮	淡黄	p = 29.4 白色环两道
7	碳酰二氯	$COCl_2$	白	液化光气	黑	—
8	硫化氢	H_2S	白	液化硫化氢	大红	—
9	溶解乙炔	C_2H_2	白	乙炔不可近火	大红	—
10	二氧化碳	CO_2	铝白	液化二氧化碳	黑	p = 19.6 黑色环一道
11	一氧化二氮	N_2O	银灰	液化氧化亚氮	黑	p = 14.7 深绿色环一道
12	二氧化硫	SO_2	银灰	液化二氧化硫	黑	—
13	液化石油气	—	银灰	液化石油气	大红	—

① p 的单位为 MPa。

在存放、装卸及使用气体钢瓶时一般应注意以下几点：

1）气体钢瓶的存放位置应符合以下要求：阴凉、干燥、严禁明火、远离热源、不受日光暴晒、室内通风良好。除不燃气体外，一律不得进入实验楼内。

2）存放和使用中的气体钢瓶一般都应直立，并有固定支架，防止倒下。气体钢瓶的安全帽必须旋紧。

3）剧毒气体或相互混合能够引起燃烧或爆炸的气体钢瓶，必须单独放置在单间内，并在该室附近设置防毒、消防器材。

4）在搬运气体钢瓶时严禁摔掷、敲击或剧烈振动。钢瓶外必须有两个橡胶防振圈。此外，在搬运气体钢瓶时应戴上并旋紧安全帽。

5）气体钢瓶在使用时必须安装减压表，不得直接放气。不同的气体应使用不同的减压表。例如，氧气、氮气、氩气、氦气、空气等可使用氧气表，氢气、一氧化碳等可燃气体可使用氢气表，乙炔气则需要使用专用的乙炔表。

6）在装卸减压表时，必须注意管接头，防止丝扣滑牙，以免装卸不牢而射出。在卸下减压表时要注意轻放，妥善保存，避免撞击、振动，不要放在有腐蚀性物质的地方，并防止灰尘落入表内，以免阻塞失灵。在将减压表安装好后，应用皂液检查，防止漏气。

7）在开启气体钢瓶前，应先关闭分压表。开启气体钢瓶的动作要轻，用力要匀。在总压表已显示瓶内压力后，再开启分压表，调节输出压力至所需要的值。

8）开关高压气体钢瓶瓶阀时，应用手或专门扳手，不得随意使用凿子、钳子等工具硬扳，以防损坏瓶阀。

9）氧气瓶在放气和打开减压阀时，动作必须缓慢。若放气太快，气体过快流进阀门，会产生静电火花，可能引起氧气瓶爆炸。其他盛放可燃易爆气体如乙炔、氢气、丙酮等的钢瓶也均应如此。

10）气体钢瓶内的气体不得全部用尽，剩余压力一般不得小于0.2MPa（所装气体性质不同，剩余残压也有所不同），以备充气单位检验取样，同时也可防止空气或其他气体侵入瓶内。气体钢瓶剩余残压对安全生产有重大意义。

11）各种气体钢瓶必须定期进行技术检验。充装一般气体的钢瓶每3年应检验1次；充装腐蚀性气体的钢瓶应每2年检验1次。气体钢瓶在使用过程中，若发现有严重腐蚀或其他严重损伤，则应提前进行检验，对于盛装剧毒或高毒介质的气体，在定期进行技术检验的同时，还应进行气密性试验。

12）工作时，必须经常注意压力表的读数。当压力表的指针回不到零位或损坏时，应修理或更换后再用。

二、消防器材的正确选用

实验室中不仅需要经常使用易燃、易爆及强氧化剂等各类药品，而且还要经常进行加热、灼烧、蒸馏等可能引起着火燃烧的操作。因此，了解和掌握有关防火、灭火的知识和技术是非常必要的。

1. 防火、灭火知识

(1) 防火常识　火灾具有极强的破坏作用，而且容易蔓延，可造成财产甚至生命的惨重损失。因此，消防工作的基本原则是“以防为主，防消结合”，坚持“防患于未然”，在日常工作中应做好火灾的预防工作。防火的实质就是要避免“燃烧三要素”（即可燃物、助燃物和火源）的同时存在。为此，在实验室的日常工作中，应注意以下问题：

1）实验室的建筑、室内布置及消防设施应符合防火规范，实验室人员应充分认识着火的危险性，了解防火常识。

2）对于易燃、易爆及强氧化剂等危险化学试剂应尽量不用或少用，且应单独存放，置于阴凉通风处。实验室内严禁存放体积大于20L的瓶装易燃液体。

3）避免易燃物与助燃物的接触。经常检查易燃物的密封与保存情况，避免其泄漏及扩散，注意避免其与助燃物接触

4）在进行加热、灼烧、蒸馏等试验时，必须严格遵守操作规程。必须采用

水浴或封闭式电炉加热易燃溶剂，严禁用灯焰或电炉直接加热。

5）使用易燃易挥发试剂（如乙醚、丙酮、乙醇、石油醚等）时，应保持室内通风良好，绝不能在明火附近倾倒、转移此类易燃溶剂。

6）在使用酒精灯时，灯内燃料不得超过灯体容积的2/3。当灯内燃料不足1/4时，应先熄灭酒精灯后再添加酒精。点火时绝不可用另一个点着的灯引燃。熄火时，决不可用嘴去吹，以免引燃灯内酒精。

7）不可直接将电炉放在木制试验台上长时间连续使用。加热设备周围严禁放置可燃、易燃物及挥发性、易燃液体。

8）易燃液体的废液要用专用容器收集后统一处理，严禁直接倒入下水道中，以免引发爆炸事故。

9）做好电气防火工作。要定期检查电器设备、电源线路是否正常，要严格遵守安全用电规程，防止因电火花、短路、超负荷等而引起火灾。

（2）灭火常识 所谓的灭火，实质上就是采取一切可行的措施或手段，以破坏业已形成的"燃烧三要素"的组合，从而使燃烧终止。为此，化验室工作人员平时应注意意外着火的可能性，准备好适用于各种情况的灭火器材，如石棉布、消火砂及各类灭火器等。实验室备用的灭火器应定期检查，及时调换药液并保持喷嘴畅通。实验人员要掌握灭火的基本知识，学会正确选择、使用各类灭火器材，要能够根据不同的起火原因及火势的大小，采取相应的对策。具体要求如下：

1）电线着火时必须立即切断电源总闸，再用四氯化碳灭火器熄灭已燃烧的电线，不允许用水或泡沫灭火器熄灭燃烧的电线。

2）若衣服着火，则应立即将毯子等蒙盖在着火者身上，以熄灭燃烧的衣物，不应慌张跑动，以免因气流加强而导致火焰加大。

3）对于化学危险物品、电器等特殊火灾，灭火时需根据燃烧物的性质选用适当的灭火剂，以避免灭火禁忌。

4）若实验室局部着火，则要立即切断电源，关闭可燃性气源，扑灭着火源，移走可燃性物质。在扑灭火焰时，应针对着火的种类，选用不同的灭火器材，采取相应的灭火方法。常用的灭火方法包括隔断法、冷却法、窒息法及燃烧反应中断法等。

5）若火势较大，则必须及时报警，并在报警时说明火灾类型。

2. 防爆知识

氧化、燃烧、爆炸本质上均为氧化反应，只是反应速度不同而已。爆炸往往会比着火造成更大的危害，而且一旦发生，就难以控制。所以，凡是涉及爆炸性试剂的操作、储存、运输等，都需要格外小心，严格按照有关操作规程进行。

1）操作人员应清楚地知道工作中所用的每一种物质的物理和化学性质，反应混合物的成分，仪器结构及工作条件（如温度、压力等）。在操作时，应使能激发爆炸的刺激物（如火花、热体等）远离工作地点。

2）爆炸类药品（如苦味酸、高氯酸、高氯酸盐、三硝基甲苯等）以及高压钢瓶气体等，应放在低温处保管，不得与其他易燃物放在一起，在移动或使用时不可剧烈振动。

3）易发生爆炸的操作，不得对着人进行。例如，熔融过氧化钠时，坩埚口不得对着人；在利用高氯酸处理或回收含高氯酸的冰乙酸时，要加强安全措施，必要时，应戴面罩或使用防护挡板；当管式炉内存在有爆炸的可能性时，操作人员应禁止站在炉孔的对面，切忌面部靠近炉孔。

4）装有挥发性或受热易分解放出气体的药品（如五氧化磷）瓶子最好不要用石蜡封瓶塞。当瓶口因用蜡封住而打不开时，不能把瓶子放在火上烘烤。

5）分析时，有时需要对加热处理的溶液在隔断二氧化碳的情况下冷却，但冷却时不能把容器塞紧，以防冷却时爆炸，可以在塞子上装碱石灰管。

6）在使用危险物质工作时，工作地点应使用预防爆炸或减少其危害后果的仪器和设备。例如，用于进行有爆炸危险工作的通风橱内的玻璃，要用金属网保护，或用嵌网的特种玻璃保护。

7）在保证测量结果精确性和可靠性的情况下，对于危险性物质，必须取用最小量进行工作，在使用时绝对不可直接用火加热。

8）在使用爆炸性物质工作时，采用带磨口塞的玻璃瓶是非常危险的，因为开启或关闭磨口塞时的摩擦都可能引起爆炸。因此，必须使用软木塞或橡胶塞并保持其清洁。

9）在烘箱内干燥爆炸性物质时，绝对禁止关闭烘箱门，且最好在惰性气体气氛下进行。

10）对于可能产生爆炸的物质残渣，应及时将其销毁。例如，乙炔化物可用硫化铵分解，过氧化物可用还原方法销毁，叠氮化合物可通过酸化销毁。

3. 火灾类型及消防器材的选择

根据燃烧物质的性质不同，国际上将火灾统一分为四类，见表9-2。

表9-2 火灾的分类

火灾类别	着火物质
A	木材、纸张、棉花等
B	可燃性液体，如易燃化学试剂、石油化工产品等
C	可燃性气体，如煤气、液化气、氢气、甲烷等
D	可燃性金属，如钾、钠、钙、钛、铝粉等

当遇到火灾时，应沉着、冷静，保持头脑清醒，在消防人员未赶到之前，应根据火灾情况及燃烧物质的性质，在保证人身安全的前提下，选用相应的灭火器材，积极灭火。灭火器应放在指定地点，不能随意移用。

常用消防器材及其适用范围见表9-3。

表9-3 常用消防器材及其适用范围

序号	器材名称	主要成分	灭火机理及特性	适用范围	备注
1	水	H_2O	水的比热容、汽化潜热大，价廉、量大，能迅速降低着火物和火场周围的温度，所产生的水蒸气还可以降低空气中氧气的含量	A类火灾及切断了电路的电器失火等一般性火灾	下列情况禁用： 1）能与水反应生成可燃、有毒气体的物质着火 2）不溶于水且比水轻的易燃液体着火 3）忌酸性的化学药品（如氰化钠等）及忌水的化工产品（如钾、钠、电石等）着火
2	泡沫灭火器	$Al_2(SO_4)_3$、Na_2CO_3	与酸作用生成含CO_2的泡沫，覆盖于着火物表面遮断火焰热辐射，隔绝空气	A类、B类火灾	下列情况禁用： 1）D类火灾 2）遇水能发生燃烧的物质着火 3）带电设备着火
3	高倍数泡沫灭火器	脂肪醇、硫酸钠加稳定剂、抗烧剂	遮断火焰，隔绝空气		
4	二氧化碳灭火器	液体CO_2	将压缩液化CO_2装在灭火器中，使用时，急速喷出，因其急速气化而降温，并可有效降低空气中氧气的含量	B类火灾及电器（包括精密仪器、电子设备）着火	下列情况禁用： 1）碱金属、轻金属及其氢化物着火 2）自身能供氧的物质着火。
5	干粉灭火器	主要由$NaHCO_3$、硬脂酸铝、云母粉、滑石粉、石英粉等混合配成	使用时，借助压缩氮气或二氧化碳将干粉喷向燃烧物。当干粉与火接触时，发生一系列物理或化学作用而使火熄灭	B类、C类火灾及电气设备着火	不宜灭D类火灾
6	1211灭火器	CF_2ClBr	一种阻化剂，能加速灭火作用；不导电、无痕迹	B类火灾及电气设备、精密仪器、贵重图书资料着火	应尽量少用
7	四氯化碳灭火器	CCl_4	密度大且本身不燃，可阻断、覆盖火源		应尽量少用，使用时要位于上风口，且注意防毒

（续）

序号	器材名称	主要成分	灭火机理及特性	适用范围	备注
8	7150灭火器	三甲基硼氧六环	受热分解可吸收大量的热，并能形成氧化硼薄膜，隔绝空气	D类火灾，特别是镁、锡、钛等着火	—
9	砂土、石棉布	砂土、石棉布	覆盖燃烧物，隔绝空气	D类火灾，小范围	最经济有效

4. 常用消防器材的正确使用

（1）干粉灭火器　干粉灭火器是利用二氧化碳或氢气等气体作动力，将筒内的干粉喷出灭火的。干粉是一种干燥、易于流动的微细固体粉末，由能灭火的基料和防潮剂、流动促进剂、结块防止剂等添加剂组成，主要用于扑救石油、有机溶剂等易燃液体、可燃气体和电气设备的初起火灾。干粉灭火器按移动方式分为手提式、背负式和推车式三种。

1）手提式灭火器。使用时，将灭火器提到距火源适当位置后，先上下颠倒几次，使筒内的干粉松动，然后让喷嘴对准燃烧最猛烈处，拔去保险销，压下压把，灭火剂便会喷出灭火。

2）背负式灭火器。使用时，应站在距火焰边缘5～6m处，右手紧握干粉枪握把，左手扳动转换开关到3号位置（喷射顺序为3、2、1），打开保险机，将喷枪对准火源，扣扳机，干粉即可喷出。若喷完一瓶干粉未能将火扑灭，则可将转换开关拨到2号或1号位置，连续喷射，直到喷完为止。

3）推车式灭火器。使用时，将其后部向着火源（在室外应置于上风方向），先取下喷枪，展开出粉管（切记不可有拧折现象），再提起进气压杆，使二氧化碳进入储罐，当表压升至0.7～1MPa时，放下进气压杆，停止进气。这时打开开关，喷出干粉，由近至远灭火。当扑救油类火灾时，不要使干粉气流直接冲击油渍，以免溅起油面使火势蔓延。

（2）泡沫灭火器　泡沫灭火器有化学和机械两种。化学泡沫灭火器是一种化学反应式灭火器，由装在灭火器筒体的碳酸氢钠水溶液和少量的泡沫添加剂（外药）以及装在内胆里的硫酸铝的水溶液（内药）组成。机械泡沫灭火器是将机械泡沫液和水的混合液装在灭火器筒体内，再装进一定压力的氮气（贮压式）或另外装有一定量二氧化碳的储气瓶。

化学泡沫灭火器灭火时需将灭火器倒置，轻轻抖动几下，使内药和外药混合进行化学反应，产生泡沫和二氧化碳气体，靠内部产生的二氧化碳气压力将泡沫喷出，覆盖在燃烧物表面上，一方面可降低燃烧物的温度，另一方面又可隔绝空气，从而达到灭火效果（属于物理灭火）。

当使用机械泡沫灭火器灭火时，打开释放阀后，泡沫混合液在筒内气压作用下喷出。在喷管的出口处，混合液体与空气混合后产生大量的泡沫覆盖在燃烧物上，从而达到灭火效果。

（3）二氧化碳灭火器　此类灭火器是充装液态二氧化碳，利用气化的二氧化碳气体能够降低燃烧区温度，隔绝空气并降低空气中氧气的含量来进行灭火的。二氧化碳灭火器主要由钢瓶、启闭阀、虹吸管和喷嘴等组成。它包括 MT 型手轮式和 MTZ 型鸭嘴式两种类型。

在使用手轮式灭火器时，手提提把，翘起喷嘴，打开启闭阀即可。

当使用鸭嘴式灭火器时，用右手拔出鸭嘴式开关的保险销，握住喷嘴根部，左手将上鸭嘴往下压，二氧化碳即可以从喷嘴喷出。

当使用二氧化碳灭火器时，一定要注意安全措施。因为空气中二氧化碳的体积分数达到 8.5% 时，就会使人血压升高、呼吸困难；当其体积分数达到 20% 时，人就会呼吸衰弱，严重者可窒息死亡。所以，在狭窄的空间使用二氧化碳灭火器后应迅速撤离或戴呼吸器。其次，不要逆风使用，因为二氧化碳灭火器喷射距离较短，逆风使用可使灭火剂很快被吹散而妨碍灭火。此外，液态二氧化碳喷出后迅速变为气体并从周围空气中吸取大量的热，因此使用中要防止冻伤。

三、正确使用电器

实验室用电安全的关键是要严格遵守电气设备的安全使用守则，具体要求如下：

1）一切电气设备在使用前，应注意检查是否漏电，外壳是否带电，接地线是否脱落。电气设备接地要良好，特别是不停运转的设备，如真空泵、压缩机等，其外壳必须良好接地。

2）试验时必须先接好线路，再插上电源；试验结束时，必须先切断电源，再拆线路。

3）禁止在电气设备或线路上洒水，以免漏电。

4）实验室所有电气设备不得私自拆动或随意进行修理。

5）电源或电器的熔丝烧断时，应根据熔断的情况，初步判断原因（超负荷或是短路），在检查并排除故障后，再更换熔丝。不要随意增大熔丝的额定电流，更不允许利用铜丝代替熔丝。

6）在实验室内不要有裸露的电线头，更不要用它接通电灯、仪器或电动机。

7）电气设备要完好，绝缘要好。若发现电气设备漏电，要及时修理。不得使用不合格或老化、损坏的电线。应建立定期检查、维护制度。

8）注意电线的干燥度，遵守电器的使用规程。安置电器的房间、场所必须保持干燥，不得有漏水或地面潮湿现象。

9）绝不要用湿手接触电器、开关、插座等。在擦拭电气设备前，应将电源断开。

10）实验室应选用断路器及合格的插座。若为普通的刀开关，则在使用时使其处于完全合上或完全断开的位置，切忌若即若离，并且操控时动作要快，以免引起火花。

11）大型精密仪器、大功率用电设备，必须采用单独控制开关，不要几台设备只有一个控制开关。

12）凡工作电压在110V以上的设备，其金属部分必须安装地线，并使用有绝缘手柄的工具。

13）当用高压电流工作时，要穿上胶鞋并带上橡胶手套。

14）当电气动力设备（如电扇、电动机等）发生过热现象时，应立即使其停止运转，并请求维修。

第二节　实验人员安全防护

一、正确使用通风柜

在实验室中进行试验操作时可能产生各种有害气体、臭气、湿气以及易燃、易爆、腐蚀性物质等。为了保护操作者的安全，防止试验中的污染物质向实验室扩散，在污染源附近要使用通风柜。

1. 通风柜简介

通风柜是实验室中最常用的一种局部排风设备。其主要功能就是释放出通风柜内的各种有毒、有害气体。通风柜种类繁多，结构各异，目前实验室中所采用的通风柜主要有自然通风式通风柜、狭缝式通风柜、顶抽式通风柜、旁通式通风柜和补风式通风柜五种类型。

2. 通风柜的使用与保养

通风柜使用效果的好坏，除了与设计、安装有关之外，还与合理地使用和保养有很大的关系。在使用与保养通风柜时，应注意以下几点：

1）在试验开始以前，只有确认通风柜处于运行状态，才能进行试验操作。

2）试验结束后至少还要使其继续运行5min以上才可关闭通风机，以排出管道内的残留气体。也可考虑安装排风时间延时器，确保通风机延迟运行。

3）试验时，在距玻璃视窗150mm内不要放任何设备，大型试验设备要有充足的空间，不应影响空气的流动，前面视窗尽量要关闭使用。

4）产生有害物质的试验装置应放在距操作口150mm以外的地方，防止有害物溢出。

5）通风柜内的试验装置不应遮挡排风狭缝。

6）通风柜内部应经常保持清洁与密闭，要定期清理打扫。

7）为使玻璃门滑动灵活，应定期在滑轮上加注润滑油。

8）通风机、风管及有关附件，都应定期检修。

二、废液、废渣的正确处理

1. 实验室废液的分类

依据实验室废液的化学及生物特性的不同，可将一般实验室废液综合归纳为三大类。

（1）无机废液　依据其性质又可分为：

1）重金属废液，指一般重金属的废液。

2）酸碱废液，指含有害物质的酸碱及磷酸等。

3）水银为废液，分为无机汞化合物及烷基汞等有机汞化合物的废液。

4）铬酸废液，指六价铬的酸性溶液及含铬废液。

5）氰及砷为废液，指含有机氰及砷的废液、无机氰及无机砷的废液。

6）其他废液，包括氧化剂、还原剂等其他有害性废液。

（2）有机废液　依据其性质又可分为：

1）含有机磷化合物的废液，如巴拉松、甲基对硫磷、EPN等。

2）具有毒性的有机废液，包括有机重金属、有机废溶剂等。

3）废油类，如灯油、液压油、机械油、动植物油脂等。

4）含卤化物的有机废液，如三氯甲烷、四氯化碳、溴苯等。

5）一般有机废液，如酒精、酯、醚、醇、有机酸、酮、苯等。

（3）感染性废液　主要指来自生化实验室的废液，包括动物血液、体液、排放物及细菌培养液等。

此外，实验室废液还包括一般废水（如试验冷却水、清扫用水等）、物理性试验废液及放射性试验废液等。

实验室废液通常具有废液量少、种类繁多、废水排出形态复杂、排出的废水量变化大且不定时等特性。

2. 实验室废液的处理方法

实验室废液种类繁多且多具有毒性、腐蚀性、爆炸性，若未妥善处理，则对环境及安全性均构成威胁。因此，实验室废液在排放前应加以处理，以降低实验室废液对环境的影响。

针对实验室废液化学及生物特性的不同，可采用不同的处理方法。

（1）低危害无机盐类化合物的处理　一般可通过调整溶液 pH 值，使其产生沉淀，经过滤或经稀释后再排放。此类化合物中较常见的有含 Al^{3+}、Mg^{2+}、Cl^-、Br^-、CO_3^{2-} 等的盐类。

（2）重金属废水的处理　主要利用化学试剂与溶解性离子形成不溶性沉淀物而将其分离。常用的沉淀盐类有氢氧化物、碳酸盐、氯化物及硫化物等。一般实验室中较常见的重金属有 Cd、Ni、Cu、Cr、Hg、Ag 及 Pb 等。

（3）酸碱废液的处理　实验室使用的酸碱较多，实验室废液中所含酸性及碱性物质在排入下水道前，必须先加入各种化学药剂与其反应，或者将酸性废水与碱性废水混合，使 pH 值控制在适宜范围（$pH=5.0\sim9.0$）后再进行排放。中和酸性废液需用碱性药剂，如 NaOH、生石灰等；处理碱性废液常使用 H_2SO_4。若实验室酸碱废液量不大，也可通过稀释法处理。

（4）含铬废液的处理　铬在铬废液中一般以六价铬及三价铬存在，其中六价铬溶解度高且毒性较大，处理时需先将六价铬还原成三价铬，然后再提高 pH 值，使之产生 $Cr(OH)_3$ 沉淀后除去。常用的还原剂有 SO_2、$FeSO_4$、Na_2SO_3、$Na_2S_2O_3$ 等。

（5）氰化物废液的处理　通常氰化物具有强毒性，在处理及试验操作时必须特别注意。在处理氰化物废液时，首先将溶液的 pH 值控制在 9～10 之间，以次氯酸钠将氰化物（CN^-）氧化成毒性较低的氰酸盐（CNO^-），然后再将氰酸盐氧化成 CO_2 及 N_2 除去。

（6）含氧化剂废液的处理　实验室废液中常含有 ClO^-、CrO_4^{2-}、MnO_4^- 等强氧化剂，因其具有强反应性，必须予以还原处理，最常用的还原剂为 $NaHSO_3$。

（7）有机溶剂废液的处理　实验室使用有机溶剂的机会较多，而有机溶剂多具有易燃性，故实验室有机溶剂的处理或处置应格外留意。处理有机溶剂废液最佳的方式为通过蒸馏或分馏单元操作回收再利用。对于沸点接近室温的有机溶剂需特别留意，防止其蒸气逸散至大气中。另外，对于易形成过氧化物的有机溶剂（如醚类等），不可利用蒸馏单元操作回收。在处理含有重金属有机溶剂的废液时，应先做重金属预先处理，经沉淀过滤后再做后续的处理。

（8）有机毒性物的处理　许多毒性较高的有机物，如有机卤化物及有机硫化物，可在实验室中利用化学方法将其分解成毒性较低的物质，然后再依据分解后产物的性质，以排放或焚化的方法处理。

3. 废液处理时的注意事项

实验室废液不同于工业废水。实验室废液的成分及数量稳定度低，种类繁多且浓度高。所以，实验室废液处理的危险性也相对增高。在处理时，一般应注意以下事项：

（1）充分了解处理方法　实验室废液的处理方法因其特性而异，因此应在充分了解相应废液的处理方法后再尝试处理，否则极易发生意外。

（2）应注意避免皮肤直接接触致毒废液　皮肤触及大部分的实验室废液后仅有轻微的不适，只有少部分腐蚀性废液会伤害皮肤。有一部分废液则会经由皮肤进入人体而致毒，因此在搬运或处理废液时需要特别注意，不可使其接触皮肤。

（3）防止毒性气体的产生　在处理实验室废液时，若操作不当，则会产生有毒气体。例如，氰类与酸混合会产生剧毒的氢氰酸，漂白水与酸混合会产生剧毒的氯气或次氯酸，硫化物与酸混合会产生剧毒的硫化氢。因此，在处理废液时，应注意防止毒性气体的产生。

（4）防止爆炸性物质的产生　在处理实验室废液时，应完全按照已知的处理方法进行处理，不可任意混合其他废液，否则容易产生爆炸的危险。例如，胺类与漂白水的混合，硝酸银与酒精的混合，丙酮在碱性条件下与氯仿的混合等，均极易产生爆炸性物质。此外，过氧化物极易因热、摩擦、冲击而引起爆炸，因此在废液处理前应将过氧化物先消除。

（5）其他应注意事项

1）尽量避免同时处理大量废液，以防止因反应大量放热而发生意外。

2）处理剂应缓慢倒入废液中，以防止剧烈反应；必要时可在水溶性废液中加水稀释，以缓和反应速率，降低反应温度。

3）在加入处理剂后应充分搅拌，以防止局部反应。

4. 废渣的处理

实验室产生的废渣（固体废物）包括多余样品、分析产物、消耗或破损的试验用品（如玻璃器皿等）、残留或失效的化学试剂等。这些固体废物成分复杂，涵盖各类化学、生物污染物，尤其是不少过期失效的化学试剂，处理稍有不慎，很容易导致严重的污染事故。

对于实验室中少量的废渣（如生活、工作垃圾），可直接倒入垃圾箱，有毒废渣可埋入地下，固体可燃性废物可分类收集、处理后及时焚烧。固体非可燃性废物经分类收集后可加漂白粉进行氯化消毒处理，满足消毒条件后再做最终处置。

三、防护用品的正确使用

在日常生产和试验过程中可能产生各种有毒气体、蒸气、烟雾或灰尘等(例如一氧化碳、氢氟酸蒸气、磷的粉尘或烟雾)。这些有毒物质可通过呼吸道及消化道侵入人体而引起中毒。因此，实验室工作人员在日常试验中，除了要遵守实验室防止中毒方面的有关安全守则以外，还可以通过使用各种防护用品(如穿防护工作服、胶皮靴，戴手套及防毒面具等)加强个人防护。

1. 防护口罩

一般防护可以使用内夹过滤性物质的双层纱布口罩。根据有毒物质性质的不同，所使用的过滤性防毒物质也有所区别。常用的过滤性防毒物质主要有以下几种:

1) 活性炭，用于防护有机芳香烃类蒸气。

2) 氢氧化钠与氢氧化钾、弱酸盐（如碳酸钠）加活性炭，用于防护醛、酮、卤代烃类蒸气及酸性气体，如氯气、硫化氢、氰化氢、二氧化硫、光气、二氧化氮等。

3) 某些金属氢氧化物和盐类（如氢氧化铝、硫酸铜)，用于防护氰化物蒸气。

4) 硼酸、柠檬酸、强酸的酸性盐类（如硫酸氢钠）以及能与氨和肼配位的重金属氧化物和盐类（如氧化铜、硫酸铜)，用于防护氨气和肼蒸气。

5) 氧化剂加活性炭，用于防护重金属蒸气。

6) 二氧化锰、次氯酸盐或过氧化钠等，用于防护砷、锑化合物蒸气。

7) 二氧化锰加氧化铜，用于防护一氧化碳。

2. 防毒面具

防毒面具一般由滤毒罐、带导气管的头戴式面罩、面具袋等组成。在使用防毒面具时必须遵守以下原则:

1) 凡是有必要使用防毒面具的实验室人员，必须掌握其使用规则，并能够检查其气密性。防毒面具气密性的检查方法为：首先正确戴好面具，然后用手堵住滤毒罐的进气口，同时用力吸气，若感到闭塞不透气，则说明面具是气密的，否则，需要依次检查面罩、呼气活门、导气管等，以保证各部件完好。若仍有漏气现象，则需要更换滤毒罐。

2) 防毒面具的面罩需根据使用者头部的大小进行选择。

3) 必须定期检查面罩的气密性，若发现损坏或有漏气，则需及时修理或更换零部件。

4) 防毒面具必须具备滤毒罐，以防止毒害气体侵入。滤毒罐经长期使用后或在有高浓度毒害气体的环境中工作后，应及时更换。

5）防毒面具在存放时，滤毒罐下端的进气口应予以封闭，否则将造成滤烟层、装填层的吸收性能逐渐减弱。

复习思考题

1. 在稀释浓硫酸时，为什么不可以将水直接倒入浓硫酸中？
2. 能否将氰化物废液直接倒入下水道中？应该如何处理氰化物废液？
3. 气体钢瓶内的气体为什么不能全部用尽而必须留有余气？
4. 什么是燃烧三要素？消防工作的原则是什么？
5. 在试验过程中若操作人员衣服着火，应如何处理？
6. 根据燃烧物质的性质不同，火灾可分为哪几种类型？欲扑灭由钠、镁等燃烧引起的火灾应使用何种灭火器？
7. 如何使用手提式干粉灭火器？
8. 若实验室中熔断器的熔丝烧断，应如何处理？能否用铜丝代替熔断器的熔丝使用？
9. 通风柜的主要作用是什么？实验室中所使用的通风柜主要有哪几种类型？
10. 如何处理含重金属的废液？如何处理酸碱废液？
11. 防毒面具的组成是怎样的？如何检查防毒面具的气密性？

试 题 库

知识要求试题

一．判断题（对的画“√”，错的画“×”）

1. 精密度是指在相同条件下，多次测定值之间相互接近的程度。（　）

2. pH = 3.05 的有效数字位数是三位。（　）

3. 实验室使用浓的硝酸、盐酸、高氯酸均应在通风柜中操作，但使用浓氨水可不必在通风柜中操作。（　）

4. 当使用合成洗涤剂洗涤玻璃器皿时，适当加热，将使洗涤效果更好。（　）

5. 对于含有吸湿性或腐蚀性的物体，必须放在烧杯内进行称量。（　）

6. 可用直接法配制 HCl 标准滴定溶液。（　）

7. 当使用干燥箱时，试剂和玻璃仪器应该分开烘干。（　）

8. 在开启气体钢瓶前，应先关闭分压表。在总压表已显示瓶内压力后，再开启分压表。（　）

9. 影响氧化还原反应速度的主要因素有反应物的浓度、酸度、温度和催化剂。（　）

10. 配位滴定法只能测定试样中金属的含量。（　）

11. 随机误差影响测定结果的精密度。（　）

12. 容量分析法要求准确度越高越好，所以记录测量值的有效数字位数越多越好。（　）

13. 根据有效数字运算规则，0.1542 + 5.56 + 3.785 的计算结果为 9.3572。（　）

14. 马弗炉初次使用或长期停用后再用时，必须先用水将炉膛冲洗干净后再使用。（　）

15. 长期不用的 pH 计必须定期通电。（　）

16. 0.1mol/L 的 HAc 溶液的 pH 值等于 1。（　）

17. 在采集样品时，为了满足测定的需要，采样量应尽可能多一些。（　）

18. 在利用分析天平称量样品时，应先开启天平，然后再取放物品。（　）

19. 硝酸—乙醇洗涤液主要适用于洗涤一般方法难以洗净的被油污、有机物及残炭沾污的仪器。（　）

20. EDTA 可以用于测定所有的金属离子。（　）

21. 系统误差总是出现，偶然误差偶然出现。（　）

22. 0.0170 的有效数字位数是三位。（　）

23. 实验中所需使用的气体钢瓶，应就近放在实验室中。（　）

24. 使用二氧化碳灭火器灭火时，应注意勿顺风使用。（　）

25. 暂时不用的磨口仪器，应干燥后在磨口处垫一纸条，用皮筋拴好塞子保存。（　）

26. 滴定分析结果计算的根据是标准滴定溶液的浓度和滴定时消耗标准溶液的体积。（　）

27. EDTA 滴定法目前之所以能够被广泛应用的主要原因是其能与大多数的金属离子形成 1:1 的配位化合物。（　）

28. 在配位滴定中，选用的指示剂与金属形成的配位化合物的稳定性应比金属与 EDTA 生成的配位化合物的稳定性要高。（　）

29. 对于在用仪器设备，应定期进行功能和测量精度的检测、校验以及“磨损”程度的测定。（　）

30. 高锰酸钾法是以 $KMnO_4$ 作为滴定剂，一般在强酸性（HNO_3）介质中进行滴定。（　）

31. 在通风柜中的试验结束后，通风机至少还要继续运行 5min 以上才可关闭。（　）

32. 备用的仪器设备，必须定期开机维护。（　）

33. 一般来说，精密度高，准确度一定高。（　）

34. 根据有效数字运算规则，$7.9936 \div 0.9967 - 5.02$ 的计算结果为 3.00。（　）

35. 被称物品在称量前应在天平室内的干燥器中放置 15～30min，然后再进行称量。（　）

36. 用 EDTA 标准滴定溶液滴定金属离子时，必须使溶液的酸度高于允许的酸度。（　）

37. 由于沉淀剂过量可以使待沉淀组分沉淀完全，因此多加沉淀剂有益无害。（　）

38. 在缓冲溶液中加入少量酸或碱，溶液的pH值几乎不发生变化。（　）

39. 在一定条件下，用EDTA滴定某金属离子，被滴定的金属离子浓度c(M)越大，则滴定突跃范围越大。（　）

40. 用$KMnO_4$标准滴定溶液滴定Fe^{2+}溶液时，滴定突跃范围大小与反应物的起始浓度无关。（　）

41. 实验室中的电源如经常烧断，应使用铜丝代替熔丝。（　）

42. 氮气钢瓶上可以使用氧气表。（　）

43. 因盛放高锰酸钾而在容器壁上所留下的褐色二氧化锰，可用硫酸铁洗涤。（　）

44. 莫尔法和法扬斯法都使用$AgNO_3$标准滴定溶液。（　）

45. 根据有效数字运算规则，$\frac{3.10\times21.14\times5.10}{0.001120}$的计算结果为$3.00\times10^5$。（　）

46. 当以吸湿的Na_2CO_3为基准物标定HCl溶液时，结果将偏高。（　）

47. 滴定终点与滴定反应的化学计量点不一致所造成的误差的大小取决于指示剂的性质。（　）

48. 在酸碱滴定法中，不论被测物质的酸碱性强弱，化学计量点的pH值都等于7。（　）

49. 如果在同一溶液中有两种以上的金属离子，则只有通过控制溶液的酸度才能进行配位滴定。（　）

50. $KMnO_4$溶液作为滴定剂时，必须装在棕色酸式滴定管中。（　）

51. 滴定管、容量瓶、移液管在使用之前都需要用试剂溶液进行润洗。（　）

52. 若在实验室常用的去离子水中加入一两滴酚酞，则去离子水呈现红色。（　）

53. 使用吸管时，决不能用未经洗净的同一吸管插入不同试剂瓶中吸取试剂。（　）

54. 在用移液管移取溶液并将其转移后，残留于移液管管尖处的溶液应该用洗耳球吹入容器中。（　）

55. 分析测定结果的偶然误差可通过适当增加平行测定次数来减免。（　）

56. 国家标准规定，一般滴定分析用标准溶液在常温（15～25℃）下使用两个月后，必须重新标定浓度。（　）

57. 电子天平一定比普通电光天平的精度高。（　）

58. 配位化合物的稳定常数（$K_{稳}$）可以定量地说明配位化合物在某pH值时的稳定程度。（　）

59. 能够根据 EDTA 的酸效应曲线来确定某一金属离子单独测定时的最高 pH 值。 (　　)

60. 分析纯试剂可以直接用来配制标准溶液。 (　　)

61. pH =1 的溶液呈强酸性，溶液中无 OH^- 存在。 (　　)

62. 酸的离解常数越大，其水溶液的 pH 值就越低。 (　　)

63. 强酸强碱滴定时的化学计量点处 pH 值应为 7。 (　　)

64. 在酸碱滴定过程中，碱的浓度每增加 10 倍，滴定突跃范围就增加一个 pH 单位。 (　　)

65. 在过氧化氢与高锰酸钾的反应中，过氧化氢是氧化剂。 (　　)

66. 在用 $KMnO_4$ 滴定草酸时，加入第一滴 $KMnO_4$ 后，颜色消失很慢，这是由于溶液中还没有生成能使反应加速进行的 Mn^{2+}。 (　　)

67. 金属离子与 EDTA 配位化合物的稳定常数越大，配位化合物就越稳定。 (　　)

68. 用 $AgNO_3$ 滴定溶液中的 CN^- 含量，当滴定到终点时，稍过量的 $AgNO_3$ 与氰化物生成白色沉淀，使溶液变浑浊，故该方法属于沉淀滴定法。 (　　)

69. 要得到颗粒较大的晶形沉淀，沉淀剂必须过量，因此沉淀反应应在较浓的溶液中进行。 (　　)

70. 若标定氢氧化钠溶液时所用的邻苯二甲酸氢钾中含有少量邻苯二甲酸，则会使标定结果偏低。 (　　)

71. 凡是基准物质，使用前都要进行灼烧处理。 (　　)

72. 分析纯的 NaCl 试剂，若不做任何处理，直接用来标定 $AgNO_3$ 溶液的浓度，则结果会偏高。 (　　)

73. 凡是优级纯的物质都可用于直接法配制标准溶液。 (　　)

74. 试验中，应根据分析任务、分析方法对分析结果准确度的要求等选用不同等级的试剂。 (　　)

75. 当用酸碱滴定法测定工业乙酸中乙酸的含量时，应选择的指示剂是酚酞。 (　　)

76. 没有用完且没有被污染的试剂应倒回试剂瓶继续使用，避免浪费。 (　　)

77. 在每次滴定完毕后，滴定管中多余的试剂不能随意处置，应倒回原来的试剂瓶中。 (　　)

78. 对于滴定终点的颜色，有人判断其偏深，有人判断其偏浅，由此所造成的误差为系统误差。 (　　)

79. 当不慎触电时，首先应切断电源，必要时进行人工呼吸。 (　　)

80. 天平室要经常敞开通风，以防室内过于潮湿。 (　　)

二、选择题（将正确答案的序号填入括号内）

(一) 单选题

1. 仪器设备的维护与保养应坚持“三防四定”的原则，下列选项中(　　)不属于其中的“三防”原则。

A. 防尘　　B. 防潮　　C. 防腐蚀　　D. 防振动

2. 一般化学分析试验中所用的水应该采用(　　)。

A. 自来水　　B. 一级水　　C. 二级水　　D. 三级水

3. (　　)的试剂中所含有的杂质含量最高。

A. 分析纯　　B. 化学纯　　C. 光谱纯　　D. 优级纯

4. 在滴定分析中，一般利用指示剂颜色的突变来判断化学计量点的到达，在指示剂变色时停止滴定。这一点称为(　　)。

A. 滴定零点　　B. 滴定误差点

C. 等当点　　D. 滴定终点

5. 人体血液中平均每100mL中含19mg K，则人体血液中K^{+}（K的摩尔质量为39g/mol）的物质的量浓度（单位为mol/L）约为(　　)。

A. 4.9　　B. 0.49　　C. 0.049　　D. 0.0049

6. 读取滴定管读数时，下列错误的是(　　)。

A. 在常量分析中，滴定管读数必须读到小数点后第四位

B. 读数时，应使滴定管保持垂直

C. 读取弯月面下缘最低点，并使视线与该点在一个水平面上

D. 读数前要检查管壁是否挂水珠，管尖是否有气泡

7. 下列溶液中具有缓冲作用的是(　　)。

A. $CH_3COOH + CH_3COONa$　　B. $HCl + CH_3COOH$

C. $NaOH + NH_3 \cdot H_2O$　　D. $HCl + NaCl$

8. 下列物质中可以用氧化还原滴定法测定的是(　　)。

A. 草酸　　B. 乙酸　　C. 盐酸　　D. 硫酸

9. 在Ca^{2+}、Mg^{2+}的混合溶液中，用EDTA法测定Ca^{2+}，要消除Mg^{2+}的干扰，宜用(　　)。

A. 沉淀掩蔽法　　B. 配位掩蔽法

C. 氧化还原掩蔽法　　D. 离子交换法

10. 把0.1mol/L的NaOH溶液滴入0.1mol/L的30mL乙酸中，到酚酞变红时消耗0.1mol/L的NaOH溶液30mL，则溶液呈(　　)。

A. 中性　　B. 碱性

C. 酸性　　D. 饱和溶液

11. 1mL 0.1mol/L 的 HCl 溶液，加水稀释至 100mL，则溶液的 pH 值为(　　)。

A. 3　　B. 11　　C. 不变　　D. 1

12. 以 0.1000mol/L 的 HCl 标准滴定溶液滴定 0.1mol/L 的氨水溶液时，应选用的指示剂为（　　）。

A. 酚酞　　B. 甲基红

C. 中性红　　D. 百里酚酞

13. 基准试剂是一类用于配制滴定分析用标准滴定溶液的标准物质，其主成分的质量分数一般为（　　）。

A. 99.90%~100.50%　　B. 99.99%~100.10%

C. 99.95%~100.05%　　D. 99.90%~100.10%

14. 常用的电光分析天平可准确称量至（　　）

A. 0.1g　　B. 1mg　　C. 0.1mg　　D. 0.01mg

15. 使用容量瓶时，手应拿住（　　）。

A. 瓶颈刻度线以上部分　　B. 瓶颈刻度线以下部分

C. 握住球部　　D. 托住球部

16. 在 pH=10 时，用 EDTA 测定水的硬度，若用铬黑 T 作指示剂，则终点颜色变化为（　　）。

A. 由紫红色变为亮黄色

B. 由蓝色变为酒红色

C. 由紫红色变为淡黄色

D. 由酒红色变为纯蓝色

17. 在分析实验室常用的去离子水中加入一两滴酚酞指示剂，则水的颜色为(　　)。

A. 蓝色　　B. 红色　　C. 无色　　D. 黄色

18. 在配制 $K_2Cr_2O_7$ 前，需在（　　）条件下使其干燥，然后直接配制。

A. 95~105℃　　B. 140~150℃

C. 170~180℃　　D. 250~270℃

19. 标定 HCl 溶液常用的基准物质是（　　）。

A. 无水 Na_2CO_3　　B. $CaCO_3$

C. 邻苯二甲酸氢钾　　D. 草酸

20. 测定水的总硬度的常用方法是（　　）。

A. 称量法　　B. 碘量法

C. $KMnO_4$ 法　　D. EDTA 法

21. 使用滴定管读数应准确至（　　）。

A. 最小分度1格 B. 最小分度的1/2
C. 最小分度的1/10 D. 最小分度的1/5

22. 分析天平中空气阻尼器的作用为（ ）。
A. 提高灵敏度 B. 提高准确度
C. 提高精密度 D. 提高称量速度

23. 物质的量浓度相同的下列物质的水溶液，其pH值最高的是（ ）。
A. NaCl B. NH_4Cl
C. NH_4Ac D. Na_2CO_3

24. 密度为1.47g/mL（20℃），体积分数为57.0%的H_2SO_4溶液中，H_2SO_4的物质的量浓度（单位：mol/L）为（ ）。[已知M（H_2SO_4）=98.07g/mol]
A. 17.1 B. 0.854 C. 8.38 D. 8.54

25. 下列物质中不可以用酸碱滴定法测定的是（ ）。
A. 盐酸 B. 硫酸钾 C. 乙酸 D. 碳酸钙

26. 下列有关指示剂变色点的叙述正确的是（ ）。
A. 指示剂的变色点就是滴定反应的化学计量点
B. 指示剂的变色点因反应的不同而改变
C. 指示剂的变色点与指示剂的本质有关，其pH值等于pK_a
D. 指示剂的变色点一般是不确定的

27. 用酸碱滴定法测定碳酸钙的含量，可采用的方法是（ ）。
A. 直接滴定法 B. 返滴定法
C. 置换滴定法 D. 间接滴定法

28. $\lg K_{CaY}=10.7$，当溶液的pH=9.0时，$\lg\alpha_{Y(H)}=1.28$，则$\lg K'_{CaY}$等于（ ）。
A. 11.96 B. 10.69 C. 9.42 D. 1.28

29. 影响氧化还原反应平衡常数数值的因素是（ ）。
A. 反应物的浓度 B. 温度
C. 反应产物的浓度 D. 催化剂

30. 莫尔法采用$AgNO_3$标准滴定溶液测定Cl^-的含量时，其滴定的酸度条件是（ ）。
A. pH=6.5~10.5 B. pH=2~4
C. pH=3~5 D. pH≥12

31. 高压液相色谱分析试验用水应为（ ）。
A. 一级水 B. 二级水
C. 自来水 D. 三级水

32. 某碱样为 NaOH 和 Na_2CO_3 的混合液，用 HCl 标准滴定溶液滴定，先以酚酞为指示剂，耗去 HCl 溶液的体积为 V_1，继以甲基橙为指示剂，又耗去 HCl 溶液的体积为 V_2，则 V_1 与 V_2 的关系是（　　）。

A. $V_1 = V_2$　B. $V_1 = 2V_2$　C. $2V_1 = V_2$　D. $V_1 > V_2$

33. 用 0.1000mol/L 的 NaOH 滴定同浓度丙酸（C_2H_5COOH 的 $pK_a = 4.87$）时的 pH 值突跃范围为 7.87～9.70，若将两者的浓度均增大 10 倍，则 pH 值突跃范围为（　　）。

A. 6.87～9.70　B. 6.87～10.70

C. 7.87～10.70　D. 8.87～10.70

34. 与缓冲溶液的缓冲容量大小有关的因素是（　　）。

A. 缓冲溶液的 pH 值范围　B. 缓冲溶液的总浓度

C. 缓冲溶液组分的浓度比　D. 外加的酸量

35. 将 pH＝5.0 与 pH＝3.0 两种强酸溶液等体积混合，混合后溶液的 pH 值为(　　)。

A. 1.3　B. 1.5　C. 2.5　D. 3.3

36. 用 0.02mol/L 的 EDTA 溶液测定某试样中 MgO[M(MgO)＝40.31g/mol] 的含量。设试样中 MgO 的质量分数约为 50%，试样溶解后定容成 250mL，吸取 25mL 进行滴定，则试样称取量应为(　　)。

A. 0.1～0.2g　B. 0.16～0.32g

C. 0.3～0.6g　D. 0.6～0.8g

37. 在 EDTA 配位滴定中，下列有关 EDTA 酸效应的叙述中，正确的是(　　)。

A. 酸效应系数越大，配位化合物的稳定性越高

B. 酸效应系数越小，配位化合物的稳定性越高

C. 溶液中的 pH 值越大，EDTA 酸效应系数越大

D. EDTA 的酸效应系数越大，滴定曲线的 pM 突跃越宽

38. 影响氧化还原反应平衡常数数值的因素是（　　）。

A. 温度　B. 反应物的浓度

C. 催化剂　D. 反应产物的浓度

39. 在酸性介质中，用 $KMnO_4$ 标准滴定溶液滴定草酸盐溶液时，滴定应(　　)。

A. 像酸碱滴定那样快速进行

B. 在开始时缓慢，以后逐步加快，近终点时又减慢滴定速度

C. 始终缓慢地进行

D. 开始时快，然后减慢

40. 应用佛尔哈德法测定 Cl^- 时，若没有加入硝基苯，则测定结果将会(　　)。

A. 偏高　　B. 偏低　　C. 无影响　　D. 难预测

41. 有一碱液，可能为 NaOH、$NaHCO_3$、Na_2CO_3 或它们的混合物，用 HCl 标准滴定溶液滴定至酚酞终点时耗去 HCl 的体积为 V_1，继续以甲基橙为指示剂又耗去 HCl 的体积为 V_2，且 $V_1 < V_2$，则此碱液为（　　）。

A. Na_2CO_3　　B. $Na_2CO_3 + NaHCO_3$

C. $NaHCO_3$　　D. $NaOH + Na_2CO_3$

42. 用0.1000mol/L 的 NaOH 标准滴定溶液滴定相同浓度的 HAc（pK_a = 4.76）溶液的 pH 值突跃范围为7.76～9.70。若用0.1000mol/L 的 NaOH 标准滴定溶液滴定甲酸（HCOOH 的 pK_a = 3.77），则 pH 值突跃范围为（　　）。

A. 8.77～9.70　　B. 7.77～9.70

C. 6.77～9.70　　D. 7.77～10.70

43. 下列物质中，不可以作为缓冲溶液的是（　　）。

A. 氨水—氯化铵溶液　　B. 乙酸—乙酸钠溶液

C. 碳酸氢钠溶液　　D. 乙酸—氯化钠溶液

44. 将0.56g 含钙试样溶解成250mL 试液，用0.02mol/L 的 EDTA 溶液滴定，消耗30mL，则试样中 CaO[M(CaO) = 56g/mol]的质量分数为（　　）。

A. 3%　　B. 6%　　C. 12%　　D. 30%

45. 用纯水把下列溶液稀释10倍，其中 pH 值变化最大的是(　　)。

A. 0.1mol/L HAc + 0.1mol/L NaAc

B. 0.1mol/L HAc

C. 0.1mol/L HCl

D. 0.1mol/L $NH_3 \cdot H_2O$

46. 间接碘量法中加入淀粉指示剂的适宜时间是（　　）。

A. 滴定开始时

B. 滴定至近终点时

C. 用标准滴定溶液滴定了近50%时

D. 用标准滴定溶液滴定了50%后

47. 欲配制1000mL 0.1 mol/L 的 HCl 溶液，应取浓盐酸（12mol/L）（　　）。

A. 0.84mL　　B. 8.4mL　　C. 1.2mL　　D. 12mL

48. 为了测定水中的 Ca^{2+}、Mg^{2+} 含量，在以下消除少量 Fe^{3+}、Al^{3+} 干扰的方法中，正确的是（　　）。

A. 于酸性溶液中加入三乙醇胺，然后调至 pH = 10 的氨性溶液

B. 于酸性溶液中加入 KCN，然后调至 pH = 10

C. 于 pH = 10 的氨性缓冲溶液中直接加入三乙醇胺

D. 加入三乙醇胺时不考虑溶液的酸碱性

49. 称取含有 KCl 与 KBr 的混合物 0.3028g，溶于水后用 $AgNO_3$ 标准溶液滴定，用去 0.1014 mol/L 的 $AgNO_3$ 溶液 30.20mL，则该混合物中 KCl 和 KBr 的质量分数分别为（　）。[已知 $M(KCl)=74.55g/mol$；$M(KBr)=119.0g/mol$]

A. 34.15%，65.85%　　B. 65.85%，34.15%

C. 68.30%，31.70%　　D. 17.08%，82.92%

50. 用 EDTA 滴定含 NH_3 的 Cu^{2+} 溶液，则下列有关 pCu 突跃范围大小的陈述中，正确的是（　）。

A. 酸度越大，NH_3 的浓度越小，pCu 突跃范围越大

B. NH_3 的浓度越大，pCu 突跃范围越大

C. 适当地增大酸度，则 pCu 突跃范围变大

D. Cu^{2+} 的浓度越大，pCu 突跃范围越大

51. 用摩尔法测定纯碱中的氯化钠，应选择的指示剂是（　）。

A. $K_2Cr_2O_7$　　B. K_2CrO_7　　C. KNO_3　　D. $KClO_3$

52. 分析工作中实际能够测量到的数字称为（　）。

A. 精密数字　　B. 准确数字　　C. 可靠数字　　D. 有效数字

53. pH = 5.26 中的有效数字为（　）位。

A. 0　　B. 2　　C. 3　　D. 4

54. 可用下述那种方法中的（　）来减少滴定过程中的偶然误差。

A. 进行对照试验　　B. 进行空白试验

C. 进行仪器校准　　D. 进行分析结果校正

55. 分析纯化学试剂标签的颜色为（　）。

A. 绿色　　B. 棕色　　C. 红色　　D. 蓝色

56. 在实验室中，当皮肤溅上浓碱时，在用大量水冲洗后，应再用（　）溶液处理。

A. 5%的小苏打溶液　　B. 5%的硼酸溶液

C. 2%的硝酸溶液　　D.（1 + 5000）高锰酸钾溶液

57. 电气设备失火可以使用的灭火剂是（　）。

A. 泡沫　　B. 二氧化碳　　C. 1211　　D. 干粉

58. 在同样的条件下，用标样代替试样进行的平行测定叫做（　）。

A. 空白试验　　B. 对照试验　　C. 回收试验　　D. 校正试验

59. 一般来说，电热恒温鼓风干燥箱的适用范围在（　）以下。

A. 100℃　　B. 300℃　　C. 500℃　　D. 1000℃

60. 加热后的样品若未冷却至室温就称量，则称量值（　）。

A. 偏低　B. 偏高　C. 不变　D. 高低不一定

61. 测定煤样挥发分时应称取样品（　　）。

A. 1g±0.1g　B. 1g±0.01g　C. 1g±0.001g　D. 1g±0.0001g

62. 欲配制（1+5）HCl溶液，应在10mL 6mol/L的盐酸溶液中加水（　　）。

A. 100mL　B. 50mL　C. 30mL　D. 20mL

63. 用盐酸溶液滴定碳酸钠溶液的第一个和第二个化学计量点可分别用选用（　　）指示剂。

A. 甲基红和甲基橙　B. 酚酞和甲基橙

C. 酚酞和甲基红　D. 甲基红和铬黑T

64. 天平和砝码要定时检定，一般规定检定时间间隔不超过（　　）。

A. 半年　B. 一年　C. 二年　D. 三年

65. 在使用分析天平进行称量的过程中，加减砝码或取物体时应把天平托起是为了（　　）。

A. 减少玛瑙刀口的磨损　B. 防止指针摆动

C. 防止天平摆动　D. 防止天平梁弯曲

66. 在物质的量浓度（以其化学式为基本单元）相同的情况下，下列物质的水溶液pH值最高的是（　　）。

A. NaAc　B. NH_4Ac　C. NH_4Cl　D. NaCl

67. 用0.1mol/L的HCl滴定0.1 mol/L的NaOH时pH值突变范围是9.7~4.3，用1mol/L的HCl滴定1 mol/L的NaOH时pH值突变范围应为（　　）。

A. 9.7~4.3　B. 8.7~4.3　C. 10.7~3.3　D. 8.7~5.3

68. 将pH =3与pH =1的两种电解质溶液等体积混合后，溶液的pH值为（　　）。

A. 0.3　B. 2.0　C. 1.3　D. 2.3

69. 氧化还原滴定法和酸碱滴定法基本相同之处是（　　）。

A. 方法原理　B. 分析操作　C. 反应历程　D. 反应速度

70. 已知某数据测量结果的绝对误差为1g，测量结果的平均值为20g，则其结果的相对误差为（　　）。

A. 5%　B. 10%　C. 4%　D. 3%

71. 硫代硫酸钠应装入（　　）滴定管中使用。

A. 棕色酸管　B. 棕色碱管　C. 白色酸管　D. 白色碱管

72. 在试验中要准确量取20.00mL溶液，可以使用的仪器为（　　）。

A. 锥形瓶　B. 量筒　C. 胶帽滴管　D. 滴定管

73. 在定量分析工作中，要求测定结果的误差（　　）。

A. 越小越好　B. 等于0

C. 略大于允许误差　　　　　　　　D. 在允许误差范围内

74. 测定 H_2SO_4 溶液的浓度应采用（　　）。

A. 直接滴定法　B. 间接滴定法　C. 返滴定法　　D. 置换滴定法

75. 碘量法测量中使用碘量瓶的目的主要是防止（　）。

A. 碘的挥发　　B. 溶入氧　　C. 溶入二氧化碳　D. 水分进入

76. 以硫酸滴定碳酸钠溶液时，应在等当点前煮沸被滴定溶液，以除去二氧化碳，否则测定结果（　　）。

A. 偏高　　　　B. 偏低　　　　C. 不变　　　　D. 不能确定

77. 酸碱指示剂变色的内因是指示剂本身（　）变化。

A. 浓度　　　　B. 温度　　　　C. 结构　　　　D. 体积

78. 氢氧化钠中常含有少量的碳酸钠，是因为其具有很强的（　　）。

A. 碱性　　　　B. 氧化性　　　C. 吸湿性　　　D. 酸性

79. 一定条件下，配位化合物的稳定常数越大，则该配位化合物越稳定，滴定的突跃（　）。

A. 越大　　　　B. 越小　　　　C. 不一定　　　D. 没有影响

80. 下列仪器中可以放在电炉上直接加热的是（　　）。

A. 表面皿　　　B. 量杯　　　　C. 瓷坩埚　　　D. 烧杯

（二）多选题

1. 下列操作中错误的是（　　）。

A. 配制 NaOH 标准溶液时，用量筒量取水

B. 把 $AgNO_3$ 标准溶液储于橡胶塞的棕色瓶中

C. 把 $Na_2S_2O_3$ 标准溶液储于棕色细口瓶中

D. 用 EDTA 标准溶液滴定 Ca^{2+} 时，滴定速度要快一些

2. 测定中出现下列情况，属于偶然误差的是（　　）。

A. 滴定时所加试剂中含有微量的被测物质

B. 某分析人员几次读取同一滴定管的读数不能取得一致

C. 滴定时发现有少量溶液溅出

D. 某人用同样的方法测定，但结果总不能一致

3. 以 $CaCO_3$ 为基准物标定 EDTA 时，（　　）需用操作液润洗。

A. 滴定管　　　B. 容量瓶　　　C. 移液管　　　D. 锥形瓶

4. 下列标准滴定溶液中，需储放于棕色细口瓶中的有（　　）。

A. $AgNO_3$　　　B. $Na_2S_2O_3$　　　C. NaOH　　　D. EDTA

5. 下列基准物质中，可用于标定 EDTA 的是（　）

A. 无水碳酸钠　　　　　　　　　B. 氧化锌

C. 碳酸钙　　　　　　　　　　　D. 重铬酸钾

6. 化工产品所具有的特点包括（　　）。

A. 种类多　　B. 易分解

C. 性质稳定　　D. 更新换代快

7. 下列溶液中具有缓冲作用的是（　　）。

A. 100mL 2mol/L HAc + 100mL 1mol/L NaOH

B. 100mL 1mol/L HCl + 50mL 2mol/L $NH_3 \cdot H_2O$

C. 200mL 1mol/L HAc + 100mL 2mol/L NaOH

D. 100mL 1mol/L NH_4Cl + 100mL 1mol/L $NH_3 \cdot H_2O$

8. 洗涤下列仪器时，不能用去污粉洗刷的是（　　）。

A. 烧杯　　B. 滴定管　　C. 比色皿　　D. 漏斗

9. 下列数据中，有效数字位数为四位的是（　　）。

A. $[H^+]=0.006$mol/L　　B. pH = 11.78

C. w(MgO) = 14.18%　　D. c(NaOH) = 0.1132 mol/L

10. 在维护和保养仪器设备时，应坚持“三防四定”的原则，即要做到(　　)。

A. 定人保管　　B. 定点存放

C. 定人使用　　D. 定期检修

11. 在纯水中加入一些酸，则溶液中（　　）。

A. $[H^+][OH^-]$ 的乘积增大　　B. $[H^+]$ 减小

C. $[H^+][OH^-]$ 的乘积不变　　D. $[H^+]$ 增大

12. 下列各混合溶液中，（　　）对溶液的pH值具有缓冲能力。

A. 100mL 1mol/L HAc + 100mL 1mol/L NaOH

B. 100mL 1mol/L HCl + 200mL 2 mol/L $NH_3 \cdot H_2O$

C. 200mL 1mol/L HAc + 100mL 2mol/L NaOH

D. 100mL 1mol/L NH_4Cl + 100mL 1mol/L $NH_3 \cdot H_2O$

13. 从商业方面考虑，采样的主要目的是（　　）。

A. 验证样品是否符合合同的规定

B. 检查生产过程中泄漏的有害物质是否超过允许极限

C. 验证是否符合合同的规定

D. 保证产品销售质量，以满足用户的要求

14. 碘量法中使用碘量瓶的目的是（　　）。

A. 防止碘的挥发

B. 防止溶液与空气接触

C. 提高测定的灵敏度

D. 防止溶液溅出

15. 下列要求中不是重量分析法对称量形式的要求的是（　　）。

A. 性质要稳定　　B. 颗粒要粗大

C. 相对分子质量要大　　D. 表面积要大

16. 化工产品的特点包括（　　）。

A. 更新换代快　　B. 具有不稳定性

C. 多数有毒　　D. 性能差异大

17. 下列玻璃仪器中，加热时需垫石棉网的是（　　）。

A. 烧杯　　B. 碘量瓶

C. 试管　　D. 圆底烧瓶

18. 通用化学试剂包括（　　）。

A. 分析纯试剂　　B. 光谱纯试剂

C. 化学纯试剂　　D. 优级纯试剂

19. 用0.1mol/L的NaOH滴定0.1mol/L的HCOOH（$pK_a=3.74$）时，适用的指示剂是（　　）。

A. 酚酞　　B. 溴甲酚绿

C. 甲基橙　　D. 百里酚蓝

20. 被高锰酸钾溶液污染的滴定管可用（　　）溶液洗涤。

A. 铬酸洗液　　B. 碳酸钠

C. 草酸　　D. 硫酸亚铁

21. 下列物质着火，不宜采用泡沫灭火器灭火的是（　　）。

A. 可燃性金属　　B. 可燃性化学试剂

C. 木材　　D. 带电设备

22. 下列关于判断酸碱滴定能否直接进行的叙述正确的是（　　）。

A. 当弱酸的电离常数 $K_a<10^{-9}$ 时，可以用强碱溶液直接滴定

B. 当弱酸的浓度 c 和弱酸的离解常数 K_a 的乘积 $cK_a \geqslant 10^{-8}$ 时，滴定可以直接进行

C. 极弱碱的共轭酸是较强的弱酸，只要能满足 $cK_a \geqslant 10^{-8}$ 的要求，就可以用标准溶液直接滴定

D. 对于弱碱，只有当 $cK_b \leqslant 10^{-8}$ 时，才能用酸标准溶液直接进行滴定

23. EDTA直接滴定法需符合（　　）。

A. $c(\mathrm{M})\ K'_{\mathrm{MY}} \geqslant 10^6$　　B. $c(\mathrm{M})\ K'_{\mathrm{MY}} \geqslant c(\mathrm{N})\ K'_{\mathrm{NY}}$

C. $\dfrac{c(\mathrm{M})\ K'_{\mathrm{MY}}}{c(\mathrm{N})\ K'_{\mathrm{NY}}} \geqslant 10^5$　　D. 要有某种指示剂可选用

24. 某EDTA滴定的pM突跃范围很大，这说明滴定时（　　）。

A. M的浓度很大　　B. 酸度很大

C. 反应完成的程度很大　　D. 反应平衡常数很大

25. 在EDTA滴定中，下列（　）能降低配位化合物MY的稳定性。

A. M的水解效应　　B. EDTA的酸效应

C. M的其他配位效应　　D. pH的缓冲效应

26. 为减小间接碘量法的分析误差，滴定时可用下列方法中的（　）。

A. 快摇慢滴

B. 慢摇快滴

C. 开始慢摇快滴，终点前快摇慢滴

D. 反应时放置暗处

27. 精密仪器着火时，可以使用（　）灭火。

A. 四氯化碳灭火器　　B. 1211和二氧化碳灭火器

C. 用水或泡沫灭火器　　D. 沙土

28. 用分析天平称量样品时，其称量误差的来源有（　）。

A. 称量时样品吸水，天平和砝码的影响

B. 环境因素的影响

C. 空气浮力的影响

D. 操作者自身造成的影响

29. 实验室防火防爆，要避（　）的同时存在。

A. 可燃物　　B. 火源　　C. 电源　　D. 助燃物

30. 下列标准溶液中，使用中必须采用棕色酸式滴定管的有（　）。

A. I_2　　B. $Na_2S_2O_3$　　C. $KMnO_4$　　D. H_2SO_4

31. 基准物质必须符合下列条件中的（　）。

A. 纯度在99.9%以上　　B. 必须储存于干燥器中

C. 组成与化学式完全相符　　D. 性质稳定，具有较大的摩尔质量

32. 通用化学试剂包括（　）。

A. 分析纯试剂　　B. 光谱纯试剂　　C. 化学纯试剂　　D. 优级纯试剂

33. 下列情况下，导致试剂质量增加是（　）。

A. 盛浓硫酸的瓶口敞开　　B. 盛浓盐酸的瓶口敞开

C. 盛固体氢氧化钠的瓶口敞开　　D. 盛胆矾的瓶口敞开

34. 在选取试剂时，以下操作正确的是（　）。

A. 取用试剂时应注意保持清洁

B. 固体试剂可直接用手拿

C. 可用量筒准确地量取溶液

D. 在分析工作中，所选用试剂的浓度及用量都要适当

35. 可导致化学试剂变质的因素包括（　）。

A. 空气湿度　　B. 温度　　　　C. 光　　　　D. 使用的器皿

36. 某分析结果的精密度很好，准确度很差，可能是（　）造成的。

A. 称量记录有差错　　　　　　B. 砝码未校正

C. 试剂不纯　　　　　　　　　D. 所用计量器具未校正

37. 在滴定分析操作中出现下列情况，导致系统误差的有（　　）。

A. 滴定管未经校准　　　　　　B. 滴定时有溶液溅出

C. 指示剂选择不当　　　　　　D. 试剂中含有干扰离子

38. 使用（　　）时必须在通风柜中进行，若不注意，则可能引起中毒。

A. 浓硝酸　　B. 浓盐酸　　C. 浓高氯酸　　D. 浓氨水

39. 下列叙述中是沉淀滴定反应必须符合的条件的为（　　）。

A. 沉淀反应要迅速、定量地完成

B. 沉淀的溶解度要不受外界条件的影响

C. 要有确定滴定反应终点的方法

D. 沉淀要有颜色

40. 不能在烘箱中进行烘干的玻璃仪器是（　　）。

A. 滴定管　　B. 移液管　　C. 称量瓶　　D. 容量瓶

三、填空题（将正确的答案填在横线上）

1. 常用的灭火方法包括________法、________法、________法及________法等。

2. 由于盛放高锰酸钾而在容器壁上所留下的褐色二氧化锰，可用________、________或________等溶液洗涤。

3. 仪器设备的维护与保养要做到________化、________化，并应做到责任到人。

4. pH 计又称为________计，它是目前最常用的测量溶液________的专用仪器。

5. 有机试样的分解通常可以采用________和________等方法进行。

6. 根据化学试剂的性质和使用要求，GB15346 对化学试剂的包装单位规定为________类，化学试剂纯度越高，包装单位越________。

7. 根据化学反应的分类，滴定分析法可分为________、________、________和________四种。

8. 在采样过程中，在满足需要的前提下，样品量应越________越好。

9. 煤炭根据煤化程度可分为________、________、________和________四类。

10. 在配制和使用剧毒试剂时，应穿戴好劳保护具，在________内配制和使用。________的人不得配制和使用剧毒试剂。未用完的溶液应放在________内加锁保管，试验完后应进行无毒化处理，不得直接排入下水道。

11. 使用 pH 计进行“定位”操作时，应选择________的标准缓冲溶液，且两者的________应尽量一致。

12. 利用分析天平称量潮湿或有腐蚀性的试剂时，应放在________内进行。

13. 利用 pH 计同时测量一批试液时，一般先测 pH 值________的溶液，后测 pH 值________的溶液。

14. 欲配制 0.1000mol/L 的 HCl 标准滴定溶液 500mL，需要 0.5000mol/L 的 HCl 标准滴定溶液________ mL。

15. 化验室中所用的分析纯试剂，其英文标志为________，其所使用标签的颜色为________色。

16. 氰化物废液应倒入________溶液中，使其转化为________，然后作废液处理。

17. 电光分析天平的圈码指数盘分内、外两层，通过转动圈码指数盘可往天平梁上加________ mg 的圈码。

18. 实验室中常用的铬酸洗涤液是用________和________配制而成的。铬酸洗涤液用久后变为________色时，表示其已经失效。

19. 摩尔法所用的标准滴定溶液是________，使用的指示剂是________，测定应在________介质中进行。

20. 试验中不能用手直接拿取试剂，要用________或________取用。当取用一些强腐蚀性的试剂（如氢氟酸、溴水等）时，必须________。

21. 有效数字是指________的数字。在有效数字中，只有________数字是可疑的。

22. 按化学成分分类，水泥可分为________水泥、________水泥和________水泥等系列，其中以________水泥应用最广。

23. 玻璃量器按量取方式的不同，可分为________式量器和________式量器。

24. 硝酸银标准滴定溶液应保存在________瓶中，可用________基准物进行标定。

25. 浓硝酸和硝酸银一般应放在________瓶和________处。

26. 取用砝码必须用________，每次用完后应________。

27. 20g NaOH 配成 250mL 溶液，则此溶液的物质的量浓度为____ mol/L；若从上述溶液中取出 10mL，则其物质的量浓度为____ mol/L。[M（NaOH）= 40.00g/mol]

28. 化验室中所用的化学纯试剂，其英文标志为________，其所使用标签的颜色为________色。

29. 玻璃塞滴定管用来装________溶液和________溶液，碱式滴定管用来装________溶液和________溶液。

30. 冰乙酸的浓度为________ mol/L；（1+1）HNO_3溶液的物质的量浓度约为________ mol/L。

31. 由于所利用的化学反应不同，滴定分析法可分为________、________、________和________四种。滴定分析法适用于________含量组分的测定。

32. 金属指示剂必须具备的主要条件是 K'_{MIn} 与常数 K'_{MY} 之差大于________，即 $\lg K'_{MY} - \lg K'_{MIn} >$ ________。

33. 用 EDTA 滴定 Ca^{2+} 和 Mg^{2+} 的总量时，以________作为指示剂，溶液的 pH 值必须控制在________。滴定 Ca^{2+} 时，以________作为指示剂，溶液的 pH 值则应控制在________以上。

34. 气体样品的采集方法包括________法、________法和________法。

35. 氮肥中的有效成分含量常以________表示；磷肥中的有效成分含量常以________表示。

36. 测定涂料、漆浆、油墨和其他液体及浆状物中颜料及杂质颗粒大小和分散程度的专用仪器是________。

37. 测定油墨、涂料的涂层对底材遮盖能力时，通常采用的仪器是________。

38. EDTA 配位化合物的稳定性与其溶液的酸度有关，酸度越________，稳定性________。

39. 化肥是指以________、________、________等为原料经过化学和机械加工制成的肥料。

40. 使用分析天平时，取放砝码的基本原则是________。

41. 若需要使用 pH 计同时测量一批试液，一般先测________的溶液，后测________的溶液；或者先测________溶液，后测________溶液。

42. 干粉灭火器是利用________或________作动力，将筒内的________喷出灭火的。干粉灭火器按移动方式的不同，可分为________式、________式和________式三种。

43. 影响氧化还原反应速度的因素有________、________、________和________。

44. 在测量溶液的 pH 值时，为了减小测量误差，要求标准缓冲溶液的温度应________。

45. 无机试样通常可以采用________法、________法及________法等方法进行分解。

46. 用强碱滴定弱酸时，要求弱酸的 cK_a________；用强酸滴定弱碱时，要求弱碱的 cK_b________。

47. 采样的基本原则是__________________。

48. 若配制 NaOH 溶液时未除净 CO_3^{2-}，在以草酸标定其浓度后，用于测定 HAc 浓度，所得结果将________；若滴定 HCl 溶液，结果将________（偏高、偏低或无影响）。

49. 某些痕量分析用的仪器要求洗去________。因此，洗净的仪器还要用________或________浸泡几十小时，然后再用________洗干净。

50. pH 计是一种精密的实验室测量仪器，在 pH 计上一般均设有________、________、________及________等几个调节器。

51. 通用化学试剂包括________试剂、________试剂和________试剂。

52. 酸碱滴定曲线是以________变化为特征的。滴定时酸碱的浓度越大，滴定突跃范围越________；酸碱的强度越大，则滴定的突跃范围越________。

53. 标定 NaOH 溶液，最常用的基准物是________，滴定时用________作指示剂。

54. 铬黑 T 能与很多金属生成________色的配位化合物，为使终点敏锐，最好控制滴定反应的 pH 值在________之间。

55. 沉淀滴定法中的莫尔法以________作指示剂，而佛尔哈德法则用________作指示剂。

56. 称量分析中，对称量形式的要求是________、________和________。

57. 碘量法是利用________的氧化性和________的还原性进行物质含量测定的。

58. 滴定分析中主要的容量仪器有________、________和________三种，其中量出式仪器是________和________。

59. 欲配制 0.20mol/L 的 HCl 溶液 1000mL，应取 12mol/L 的浓 HCl________ mL。

60. 用 NaOH 滴定 HCl 达到化学计量点时，溶液呈________性；而 NaOH 滴定 HAc 达到化学计量点时，溶液呈________性。

技能要求试题

一、0.1mol/L 氢氧化钠标准滴定溶液的制备

1. 准备要求

（1）仪器的准备　分析天平；烘箱；称量瓶（扁形）；1000mL 烧杯 1 个；1000mL 试剂瓶 1 个（配橡胶塞）；500mL 塑料桶 1 个；50mL 碱式滴定管 1 支；250mL 锥形瓶 3 个；5mL 量筒 1 个。

（2）试剂的准备

1）邻苯二甲酸氢钾（基准物质）。

2）NaOH（分析纯）。

3）酚酞指示剂（10g/L 乙醇溶液）。

（3）仪器的洗涤与校正

1）所用玻璃仪器均需按照洗涤要求清洗干净。

2）所用分析天平的砝码、滴定管、容量瓶及移液管事前均需校正。

3）所用水均为三级水。

（4）仪器的检查　考核前应认真检查、核对仪器，做到仪器完好、无缺。

2. 考核内容

（1）考核要求

1）0.1mol/L 氢氧化钠标准滴定溶液的配制。称取 100g 氢氧化钠，溶于 100mL 水中，摇匀，注入聚乙烯容器中，密闭放置至溶液清亮，然后用塑料管虹吸 5mL 上层清液，注入 1000mL 无二氧化碳的水中，摇匀。

2）0.1mol/L 氢氧化钠标准滴定溶液的标定。称取 0.6g（精确到 0.0001g）于105～110℃烘至恒重的基准邻苯二甲酸氢钾，溶于 50mL 无二氧化碳的水中，加 2 滴酚酞指示剂（10g/L），用配制好的氢氧化钠溶液滴定至溶液呈粉红色，平行测定三次，同时做空白试验。

3）结果计算。氢氧化钠标准滴定溶液浓度的计算公式为

$$c(\mathrm{NaOH}) = \frac{m \times 1000}{(V_1 - V_2) \times 204.22}$$

式中　$c(\mathrm{NaOH})$——氢氧化钠标准滴定溶液的物质的量浓度（mol/L）；

m——邻苯二甲酸氢钾的质量（g）；

V_1——氢氧化钠标准滴定溶液的用量（mL）；

V_2——空白试验氢氧化钠溶液的用量（mL）；

204.22——邻苯二甲酸氢钾的摩尔质量（g/mol）。

4）其他要求。正确分析天平、滴定管、移液管使用。

（2）时间定额 90min 内完成所有考核内容。

（3）安全文明操作

1）正确执行实验室安全操作规程。

2）遵守实验室规则，认真、如实记录试验数据。

3）保持试验台面及周围环境整洁，仪器、用品摆放整齐。

3. 配分、评分标准（见表1）

表1 氢氧化钠标准滴定溶液的制备配分、评分标准

序号	操作项目	考核内容	配分标准	评分标准③	考核记录	扣分	得分
1①	基准物的称取	分析天平的使用	30	天平罩的折叠和放置位置正确			
				砝码盒放置位置正确			
				接收器放置位置正确			
				记录本放置位置正确			
				检查天平各部件是否完整、正常			
				检查并调整天平水平情况			
				清扫天平称盘和底盘灰尘			
				调整天平零点的方法②			
				天平开关动作（轻、缓、匀）②			
				检查砝码是否完整			
				清扫砝码上的灰尘			
				开启干燥器的方法			
				干燥器盖子的放置			
				拿取称量瓶的方法			
				粗称样品			
				称量瓶没有随便放置			
				称量时，称量瓶放置在称盘中间			
				砝码的放置位置（大的居中，紧凑但不相碰）			
				砝码的选择（从大到小，个数最少，带*号的优先）			
				圈码的选择（从大到小，中间截取）			
				纸带大小合适、位置合适			

（续）

序号	操作项目	考核内容	配分标准	评分标准③	考核记录	扣分	得分
1①	基准物的称取	分析天平的使用	30	倾倒试样时手持称量瓶的动作规范			
				倾倒试样时称量瓶的位置合适且不碰接收器			
				倾倒试样的方法（敲击）			
				称量瓶口处试样的处理（回敲）			
				回敲时称量瓶在接收器上方			
				没有试样洒落（若有应及时清理）②			
				天平未平衡前的开启程度②			
				每称一个试样的倾倒次数少于三次			
				及时关闭天平门（试重时打开）			
				读数正确②			
				读数时进行砝码空穴校对			
				称量时有无砝码掉落②			
				称量时有无圈码脱落②			
				没有在天平开启状态下取放样品或砝码②			
				称量时间②			
				称样量范围（±10%）			
				称量结束，称量瓶放回干燥器			
				砝码入盒，环码退零②			
				关闭天平门			
				复查天平零点			
				填写天平使用登记表，罩上天平罩，放回板凳			
				清洁台面、废纸入篓			
				其他			
2①	标定	滴定管的使用	30	滴定管种类、规格选择正确			
				滴定管洗涤方法正确			
				洗涤效果好			
				试漏			
				试漏方法正确			
				摇匀待装液			

(续)

序号	操作项目	考核内容	配分标准	评分标准③	考核记录	扣分	得分
2①	标定	滴定管的使用	30	用待装液润洗三次以上			
				润洗液用量			
				润洗方法			
				赶气泡			
				赶气泡的方法			
				调节液位前放置1~2min			
				初读数姿态			
				初读数准确			
				滴定前管尖悬挂液的处理			
				滴定管的握持姿势			
				滴定时管尖插入锥形瓶口的距离			
				滴定时摇动锥形瓶的姿态			
				滴定速度			
				滴定时左右手的配合			
				近终点时的半滴操作			
				没有挤松活塞漏液的现象②			
				没有滴出锥形瓶外的现象②			
				终点判断及终点控制②			
				终点后滴定管尖没有悬挂液			
				终点后管尖没有气泡			
				终点后停1~2min读数			
				读数时取下滴定管			
				读数时滴定管的握持			
				终读数姿态（滴定管垂直，视线水平，读数准确）②			
				数据记录及时、规范			
				滴定完毕后管内残液的处理			
				及时清洗滴定管且方法正确			
				洗净后滴定管的放置			

（续）

序号	操作项目	考核内容	配分标准	评分标准③	考核记录	扣分	得分
3	试验结果	数据处理	25	数据记录及时，字迹工整，有效数字正确，数据无涂改（或个别划改），酌情扣5～10分			
				结果计算有误，扣10分			
				精密度有误，扣5分			
				准确度有误，扣5分			
4	操作时间	按时完成操作	10	未按时完成，酌情扣1～10分			
5	安全文明生产	台面及试验条理性	5	未达到安全操作规程规定，酌情扣1～5分；发生重大人身和设备事故，按考核不合格论处			
6	分数合计		100				

① 序号1和2中的各考核项目，每错1项扣1分。

② 为重点考核内容，若没有达到要求，则可加倍扣分。

③ 基准物称取和标定操作有误，每项扣1分。

二、0.1mol/L 盐酸标准滴定溶液的制备

1. 准备要求

（1）仪器的准备　分析天平；高温炉；干燥器；坩埚钳；称量瓶；1000mL 烧杯1个；1000mL 试剂瓶1个；250mL 锥形瓶3个；50mL 酸式滴定管1支。

（2）试剂的准备

1）浓盐酸。

2）无水碳酸钠（基准试剂）。

3）溴甲酚绿－甲基红混合指示剂：质量分数为0.1%的溴甲酚绿酒精溶液与质量分数为0.2%的甲基红酒精溶液以体积比3:1混合。

（3）仪器的洗涤与校正

1）考核中所用玻璃仪器均需按照洗涤要求清洗干净。

2）考核中所用分析天平的砝码、滴定管、容量瓶及移液管事前均需校正。

3）所用水均为三级水。

（4）仪器的检查　考核前应认真检查、核对仪器，做到仪器完好、无缺。

2. 考核内容

（1）考核要求

1）0.1mol/L 盐酸标准滴定溶液的配制。量取密度为 1.19g/cm³ 的浓盐酸 9mL，注入 1000mL 盛有蒸馏水的烧杯中，摇匀后转入试剂瓶中。

2）0.1mol/L 盐酸标准滴定溶液的标定。称取 0.2g（精确至 0.0001g）于 270～300℃灼烧至恒重的基准无水碳酸钠，溶于 50mL 水中，加 10 滴溴甲酚绿-甲基红混合指示剂，用配制好的盐酸溶液滴定至溶液由绿色变为暗红色，煮沸 2min，冷却后继续滴定至溶液再呈暗红色。平行测定 3 次，同时做空白试验。

3）结果计算。盐酸标准滴定溶液浓度的计算公式为

$$c(\mathrm{HCl}) = \frac{m \times 1000}{(V_1 - V_0) \times 52.99}$$

式中 $c(\mathrm{HCl})$——盐酸标准滴定溶液的物质的量浓度（mol/L）；

m——基准无水碳酸钠的质量（g）；

V_1——盐酸标准滴定溶液的用量（mL）；

V_0——空白实验中盐酸标准滴定溶液的用量（mL）；

52.99——碳酸钠（$1/2Na_2CO_3$）的摩尔质量（g/mol）。

4）其他要求。正确使用分析天平、滴定管及移液管，准确计算测定结果。

（2）时间定额　90min 内完成所有考核内容。

（3）安全文明操作

1）正确执行实验室安全操作规程。

2）遵守实验室规则，认真、如实记录试验数据。

3）保持试验台面及周围环境整洁，仪器、用品摆放整齐。

3. 配分、评分标准（略）

三、工业冰乙酸含量的测定

1. 准备要求

（1）仪器的准备

1）一般实验室仪器。

2）具塞称量瓶（容量约为 3mL）。

（2）试剂的准备

1）氢氧化钠标准滴定溶液［$c(\mathrm{NaOH}) = 1\mathrm{mol/L}$］。

2）酚酞指示剂（5g/L）。

（3）仪器的洗涤与校正

1）考核中所用玻璃仪器均需按照洗涤要求清洗干净。

2）考核中所用分析天平的砝码、滴定管及容量瓶事前均需校正。

3）所用水均为三级水。

（4）仪器的检查　考核前应认真检查、核对仪器，做到仪器完好、无缺。

2. 考核内容

(1) 考核要求

1) 工业冰乙酸含量的测定。用具塞称量瓶称取约 2.5g 试样(精确至 0.0002g),置于已盛有 50mL 无二氧化碳水的 250mL 锥形瓶中,加 0.5mL 酚酞指示剂,用氢氧化钠标准滴定溶液滴定至微粉红色保持 5s 不褪色为终点。平行测定 3 次。

2) 测定结果的计算。以质量分数表示的乙酸含量的计算公式为

$$w = \frac{cV \times 60.05 \times 10^{-3}}{m} \times 100\%$$

式中 V——试样消耗氢氧化钠标准滴定溶液的体积(mL);

c——氢氧化钠标准滴定溶液的实际浓度(mol/L);

m——试样质量(g);

60.05——乙酸的摩尔质量(g/mol)。

3) 其他要求。正确使用分析天平及滴定管,准确计算测定结果。

(2) 时间定额 90min 内完成所有考核内容。

(3) 安全文明操作

1) 正确执行实验室安全操作规程。

2) 遵守实验室规则,认真、如实记录试验数据。

3) 保持试验台面及周围环境整洁,仪器、用品摆放整齐。

3. 配分、评分标准(略)

四、工业氢氧化钠中氢氧化钠和碳酸钠含量的测定

1. 准备要求

(1) 仪器的准备

1) 一般实验室仪器。

2) 磁力搅拌器。

(2) 试剂的准备

1) 氯化钡溶剂(质量分数为 10%)。

2) 酚酞指示剂(1g/L)。

3) 甲基橙指示剂(0.1g/L)。

4) 无水碳酸钠(基准试剂)。

5) 盐酸标准滴定溶液(1mol/L)。

(3) 仪器的洗涤与校正

1) 考核中所用玻璃仪器均需按照洗涤要求清洗干净。

2) 考核中所用分析天平的砝码、滴定管、移液管及容量瓶事前均需校正。

3）所用水均为三级水。

（4）仪器的检查　考核前应认真检查、核对仪器，做到仪器完好、无缺。

2. 考核内容

（1）考核要求

1）试样溶液的制备。用已知质量的称量瓶，迅速称取固体氢氧化钠50g（精确至0.01g），溶解后定量移至1000mL容量瓶中，稀释至接近刻度，待冷却到室温后稀释至刻度，定容，摇匀。

2）氢氧化钠含量的测定。吸取50.00mL上述试样溶液，注入250mL具塞磨口锥形瓶中，加入20mL质量分数为10%的氯化钡溶液，再加入两三滴酚酞指示剂，在磁力搅拌器搅拌下，用1mol/L盐酸标准滴定溶液密闭滴定至溶液呈微红色为终点。平行测定3次。

3）氢氧化钠和碳酸钠含量的测定。吸取50.00mL上述试样溶液，注入250mL具塞磨口锥形瓶中，加入两三滴甲基橙指示剂，在磁力搅拌器搅拌下，用1mol/L盐酸标准滴定溶液密闭滴定至溶液呈橙色为终点。平行测定3次。

4）测定结果的计算。氢氧化钠质量分数的计算公式为

$$w(\mathrm{NaOH}) = \frac{cV \times 40.00 \times 10^{-3}}{m \times \dfrac{50}{1000}} \times 100\%$$

式中　c——盐酸标准滴定溶液的物质的量浓度（mol/L）；

V——滴定时盐酸标准滴定溶液的用量（mL）；

m——试样的质量（g）；

40.00——氢氧化钠的摩尔质量（g/mol）。

碳酸钠的质量分数计算公式为

$$w(\mathrm{Na_2CO_3}) = \frac{c(V_1 - V) \times 52.99 \times 10^{-3}}{m \times \dfrac{50}{1000}} \times 100\%$$

式中　c——盐酸标准滴定溶液的物质的量浓度（mol/L）；

V——以酚酞为指示剂滴定时，盐酸标准滴定溶液的用量（mL）；

V_1——以甲基橙为指示剂滴定时，盐酸标准滴定溶液的用量（mL）；

m——试样的质量（g）；

52.99——碳酸钠（$1/2\mathrm{Na_2CO_3}$）的摩尔质量（g/mol）。

5）其他要求。正确使用分析天平、容量瓶、移液管及滴定管，准确计算测定结果。

（2）时间定额　120min内完成所有考核内容。

（3）安全文明操作

1）正确执行实验室安全操作规程。

2）遵守实验室规则，认真、如试记录试验数据。

3）保持试验台面及周围环境整洁，仪器、用品摆放整齐。

3. 配分、评分标准（略）

五、工业硫酸含量的测定

1. 准备要求

（1）仪器的准备　一般实验室仪器

（2）试剂的准备

1）氢氧化钠标准滴定溶液［c(NaOH)＝0.5mol/L］。

2）甲基红-次甲基蓝混合指示剂。

（3）仪器的洗涤与校正

1）考核中所用玻璃仪器均需按照洗涤要求清洗干净。

2）考核中所用分析天平的砝码、滴定管事前均需校正。

3）所用水均为三级水。

（4）仪器的检查　考核前应认真检查、核对仪器，做到仪器完好、无缺。

2. 考核内容

（1）考核要求

1）试样溶液的制备。用已称量的带磨口盖的小称量瓶称取约 0.7g 试样（精确至 0.0001g），小心移入盛有 50mL 水的 250mL 锥形瓶中，冷却至室温，备用。

2）硫酸含量的测定。于上述试液中加入两三滴混合指示剂，用氢氧化钠标准滴定溶液滴定至溶液呈灰绿色为终点。

3）测定结果的计算。硫酸质量分数的计算公式为

$$w(H_2SO_4) = \frac{cV \times 0.04904}{m} \times 100\%$$

式中　c——氢氧化钠标准滴定溶液的浓度（mol/L）；

V——滴定耗用的氢氧化钠标准滴定溶液的体积（mL）；

m——试样的质量（g）；

0.04904——与 1.00mL 氢氧化钠标准滴定溶液［c(NaOH)＝1.000 mol/L］相当的硫酸的质量（g/mmol）。

4）其他要求。正确使用分析天平及滴定管，准确计算测定结果。

（2）时间定额　90min 内完成所有考核内容。

（3）安全文明操作

1）正确执行实验室安全操作规程。

2）遵守实验室规则，认真、如实记录试验数据。

3）保持试验台面及周围环境整洁，仪器、用品摆放整齐。

3. 配分、评分标准（略）

六、工业液体氯代甲烷类产品中酸度的测定

1. 准备要求

（1）仪器的准备　一般实验室仪器和秒表。

（2）试剂的准备

1）实验室用蒸馏水或同等纯度的水，对溴甲酚绿呈中性。在装有蒸馏水的容器中按每150mL蒸馏水加入5~8滴1g/L的溴甲酚绿乙醇溶液，用0.01mol/L氢氧化钠（或盐酸）标准滴定溶液中和至颜色恰好变为纯蓝色为止。

2）0.01mol/L氢氧化钠标准滴定溶液。

3）0.01mol/L盐酸标准滴定溶液。

4）1g/L溴甲酚绿乙醇溶液：称取0.1g溴甲酚绿，用质量分数为95%的乙醇溶解后，再稀释至100mL。

（3）仪器的洗涤与校正

1）考核中所用玻璃仪器均需按照洗涤要求清洗干净。

2）所用水均为三级水。

（4）仪器的检查　考核前应认真检查、核对仪器，做到仪器完好、无缺。

2. 考核内容

（1）考核要求

1）试样溶液的制备。根据实验室样品中酸度的高低，用量筒量取20~80mL试样，置于分液漏斗中。

用量筒量取40mL对溴甲酚绿呈中性的蒸馏水，置于已加试样的分液漏斗中，振荡3min后，静置分出底层试样，水层留作备用。

2）样品酸度的测定。用量筒量取萃取液30mL置于100mL锥形瓶中，若指示剂不足，则可增加一两滴，用0.01mol/L氢氧化钠标准滴定溶液滴定至颜色变为纯蓝色即为终点。

3）结果计算。样品中酸度（以质量分数计）的计算公式为

$$w=\frac{cV_1\times 0.03646}{\rho V_2\times\frac{30}{40}}\times 100\%$$

式中　c——氢氧化钠标准滴定溶液实际的物质的量浓度（mol/L）；

V_1——滴定时样品消耗氢氧化钠标准滴定溶液的体积（mL）；

V_2——试样的体积（mL）；

ρ——试样的密度（g/cm^3）；

0.03646——与1.00mL氢氧化钠标准滴定溶液［$c(NaOH)=1.000\ mol/L$］相当的盐酸的质量（g/m mol）。

4）其他要求。正确使用量筒及滴定管，准确计算测定结果。

（2）时间定额 90min内完成所有考核内容。

（3）安全文明操作

1）正确执行实验室安全操作规程。

2）遵守实验室规则，认真、如实记录试验数据。

3）保持试验台面及周围环境整洁，仪器、用品摆放整齐。

3. 配分、评分标准（略）

七、表面活性剂碱度的测定

对适于作表面活性剂的溶液、浆状物或粉体，用碳酸盐、碳酸氢盐、氢氧化碱或游离有机碱（如三乙醇胺）等形式的碱进行测定。

1. 准备要求

（1）仪器的准备 普通实验室仪器，250mL锥形瓶，10mL酸式滴定管。

（2）试剂的准备

1）蒸馏水或纯度与蒸馏水相当的水。

2）盐酸标准滴定溶液［$c(HCl)=0.1mol/L$］。

3）甲基橙指示剂（1g/L）。

4）溴酚蓝指示剂（1g/L）。

（3）仪器的洗涤与校正

1）考核中所用玻璃仪器均需按照洗涤要求清洗干净。

2）考核中所用分析天平的砝码、滴定管事前均需校正。

（4）仪器的检查 考核前应认真检查、核对仪器，做到仪器完好、无缺。

2. 考核内容

（1）考核要求

1）试样溶液的制备。称取约5g试样，精确至0.001g，置于250mL锥形瓶中。

2）试样碱度的测定。在上述试样中加入50mL水，充分溶解或均化，然后加2滴甲基橙（或溴酚蓝）指示剂，并用盐酸标准滴定溶液滴定至终点。

注意：为了便于比色，用同样的步骤称取约5g试样，溶于50mL水，加2滴甲基橙（或溴酚蓝）指示剂，作为滴定终点时参考比色。

3）测定结果的计算。产品的碱度以氧化钠（Na_2O）的质量分数表示，其计算公式为

$$w = \frac{cV \times 0.031}{m} \times 100\%$$

式中　c——所用盐酸标准滴定溶液的实际浓度（mol/L）；

V——所用盐酸标准滴定溶液的体积（mL）；

m——试样的质量（g）；

0.031——与1.00mL盐酸标准滴定溶液［c(HCl)＝1.000mol/L］相当的氧化钠的质量（g/m mol）。

4）其他要求。正确使用分析天平及滴定管，准确计算测定结果。

（2）时间定额　90min内完成所有考核内容。

（3）安全文明操作

1）正确执行实验室安全操作规程。

2）遵守实验室规则，认真、如实记录试验数据。

3）保持试验台面及周围环境整洁，仪器、用品摆放整齐。

3. 配分、评分标准（略）

八、工业硫酸锌（$ZnSO_4 \cdot 7H_2O$）中锌含量的测定

1. 准备要求

（1）仪器的准备　一般实验室仪器

（2）试剂的准备

1）碘化钾（分析纯）。

2）氧化锌（基准试剂）。

3）氟化铵溶液（200g/L）。

4）（1＋1）硫酸溶液。

5）乙酸-乙酸钠缓冲溶液：pH＝5.5，称取200g乙酸钠，溶于水，加10mL冰乙酸，稀释至1000mL。

6）对硝基酚指示剂（1g/L）。

7）二甲酚橙指示剂（2g/L）。

8）EDTA标准滴定溶液：c(EDTA)≈0.05mol/L。称取20g乙二胺四乙酸二钠，加热溶于1000mL水中，冷却，摇匀，待标。

（3）仪器的洗涤与校正

1）考核中所用玻璃仪器均需按照洗涤要求清洗干净。

2）考核中所用分析天平的砝码、滴定管、移液管及容量瓶事前均需校正。

3）所用水均为三级水。

（4）仪器的检查　考核前应认真检查、核对仪器，做到仪器完好、无缺。

2. 考核内容

（1）考核要求

1）EDTA 标准滴定溶液的标定。称取 1g 于 800℃灼烧至恒重的基准氧化锌，用少量水湿润，加（1+1）盐酸溶液至全部溶解，移入 250mL 容量瓶中，稀释至刻度，摇匀。

用移液管移取 25.00mL 上述溶液，置于 250mL 锥形瓶中，滴加 2 滴 1g/L 对硝基酚指示剂，用（1+1）氨水调至溶液为黄色后，用（1+1）盐酸溶液调至溶液恰为无色。加入 15mL 乙酸-乙酸钠缓冲溶液，3 滴 2g/L 二甲酚橙指示剂，用 EDTA 标准滴定溶液滴定至溶液由红色变为亮黄色。同时做空白试验。

EDTA 标准滴定溶液浓度的计算式为

$$c = \frac{m \times \frac{25}{250}}{(V_1 - V_2) \times 81.38 \times 10^{-3}}$$

式中 c——EDTA 标准滴定溶液的实际浓度（mol/L）；

m——氧化锌的质量（g）；

V_1——滴定消耗待标定 EDTA 溶液的体积（mL）；

V_2——空白试验消耗待标定 EDTA 溶液的体积（mL）；

81.38——氧化锌的摩尔质量（g/mol）。

2）样品溶液的制备。称取 5g 试样，精确至 0.0002g，置于 250mL 烧杯中，滴加 10 滴硫酸溶液，移入 250mL 容量瓶中，用水稀释至刻度，摇匀。

3）锌含量的测定。用移液管移取 25.00mL 试验溶液，置于 250mL 锥形瓶中，加 50mL 水，10mL 氟化铵溶液，0.5g 碘化钾，混匀后加入 15mL 乙酸－乙酸钠缓冲溶液，3 滴二甲酚橙指示剂，用 EDTA 标准滴定溶液滴定至溶液由红色变为亮黄色。平行测定 3 次，同时做空白试验。

4）测定结果的计算。工业硫酸锌（$ZnSO_4 \cdot 7H_2O$）中锌的质量分数的计算公式为

$$w(Zn) = \frac{c(V - V_0) \times 65.39 \times 10^{-3}}{m \times \frac{25}{250}} \times 100\%$$

式中 c——EDTA 标准滴定溶液的实际浓度（mol/L）；

m——试样的质量（g）；

V——滴定中消耗 EDTA 标准滴定溶液的体积（mL）；

V_0——空白试验消耗 EDTA 标准滴定溶液的体积（mL）；

65.39——锌的摩尔质量（g/mol）。

5）其他要求。正确使用分析天平、容量瓶、移液管及滴定管，准确计算测

定结果。

(2) 时间定额　120min 内完成所有考核内容。

(3) 安全文明操作

1) 正确执行实验室安全操作规程。

2) 遵守实验室规则，认真、如实记录试验数据。

3) 保持试验台面及周围环境整洁，仪器、用品摆放整齐。

3. 配分、评分标准（略）

九、工业循环冷却水中钙、镁离子的测定

1. 准备要求

(1) 仪器的准备　一般实验室仪器

(2) 试剂的准备

1) (1+1) 硫酸溶液。

2) 过硫酸钾溶液：40g/L 溶液，储存于棕色瓶中（有效期为1个月）。

3) (1+2) 三乙醇胺溶液。

4) 氢氧化钾（200g/L 溶液）。

5) 钙-羧酸指示剂：0.2g 钙-羧酸指示剂［2-羟基-1-（2-羟基-4-磺基-1-萘偶氮）-3-萘甲酸］与100g 氯化钾混合研磨均匀，储存于磨口瓶中。

6) EDTA 标准滴定溶液［c(EDTA)=0.01mol/L］。

7) 氨-氯化铵缓冲溶液（pH=10）。

8) 铬黑T指示剂：0.50g 铬黑T和2.0g 盐酸羟胺溶于乙醇，用乙醇稀释至100mL，用前制备。

(3) 仪器的洗涤与校正

1) 考核中所用玻璃仪器均需按照洗涤要求清洗干净。

2) 考核中所用分析天平的砝码、滴定管、移液管及容量瓶事前均需校正。

3) 所用水均为三级水。

(4) 仪器的检查　考核前应认真检查、核对仪器，做到仪器完好、无缺。

2. 考核内容

(1) 考核要求

1) 钙离子的测定。用移液管移取50mL 水样，置于250mL 锥形瓶中，加1mL 硫酸溶液和5mL 过硫酸钾溶液，加热煮沸至近干，取下冷却至室温，加50mL 水，3mL 三乙醇胺，7mL 氢氧化钾溶液和约0.2g 钙-羧酸指示剂，用 EDTA 标准滴定溶液滴定，近终点时速度要缓慢，当溶液颜色由紫红色变为亮蓝色时即为终点。

2) 镁离子的测定。用移液管移取50mL 水样，置于250mL 锥形瓶中，加1mL 硫酸溶液和5mL 过硫酸钾溶液，加热煮沸至近干，取下冷却至室温，加

50mL 水和 3mL 三乙醇胺溶液，用氢氧化钾溶液调节 pH 值至近中性，再加 5mL 氨-氯化铵缓冲溶液和 3 滴铬黑 T 指示剂，用 EDTA 标准滴定溶液滴定，近终点时速度要缓慢，当溶液颜色由紫红色变为纯蓝色时即为终点。

3）测定结果的计算。水样中钙离子质量浓度的计算公式为

$$\rho(\text{Ca}) = \frac{cV_1 \times 40.08}{V} \times 10^3$$

式中 ρ（Ca）——水样中钙离子的质量浓度（mg/L）；

V_1——滴定钙离子时，消耗 EDTA 标准滴定溶液的体积（mL）；

c——EDTA 标准滴定溶液的浓度（mol/L）；

V——所取水样的体积（mL）；

40.08——钙的摩尔质量（g/mol）。

水样中镁离子质量浓度的计算公式为

$$\rho(\text{Mg}) = \frac{c(V_2 - V_1) \times 24.31}{V} \times 10^3$$

式中 ρ（Mg）——水样中镁离子的质量浓度（mg/L）；

V_2——滴定钙、镁含量时，消耗 EDTA 标准滴定溶液的体积（mL）；

V_1——滴定钙离子时，消耗 EDTA 标准滴定溶液的体积（mL）；

c——EDTA 标准滴定溶液的浓度（mol/L）；

V——所取水样的体积（mL）；

24.31——镁的摩尔质量（g/mol）。

4）其他要求。正确使用分析天平、容量瓶、移液管及滴定管，准确计算测定结果。

（2）时间定额　120min 内完成所有考核内容。

（3）安全文明操作

1）正确执行实验室安全操作规程。

2）遵守实验室规则，认真、如实记录试验数据。

3）保持试验台面及周围环境整洁，仪器、用品摆放整齐。

3. 配分、评分标准（略）

十、工业氯化钙含量的测定

1. 准备要求

（1）仪器的准备　普通实验室仪器。

（2）试剂的准备

1）（1+2）三乙醇胺溶液。

2）氢氧化钠溶液（100g/L）。

3）EDTA 标准滴定溶液［$c(\mathrm{EDTA}) \approx 0.02\ \mathrm{mol/L}$］。

4）钙羧酸指示剂：称取1g钙羧酸指示剂（或钙羧酸钠）与100g氯化钠混合，研细，密闭保存。

（3）仪器的洗涤与校正

1）考核中所用玻璃仪器均需按照洗涤要求清洗干净。

2）考核中所用分析天平的砝码、滴定管、移液管及容量瓶事前均需校正。

3）所用水均为三级水。

（4）仪器的检查　考核前应认真检查、核对仪器，做到仪器完好、无缺。

2. 考核内容

（1）考核要求

1）试验溶液的制备。称取约3.5g无水氯化钙或约5g二水氯化钙试样，精确至0.0002g，置于250mL烧杯中，加水溶解，全部转移至500mL容量瓶中，用水稀释至刻度，摇匀。此溶液为A溶液，用于有关测定。

2）氯化钙含量的测定。用移液管移取10mL试验溶液A，加水至约50mL，加5mL三乙醇胺溶液，2mL氢氧化钠溶液，约0.1g钙羧酸指示剂，用EDTA标准滴定溶液滴定，溶液由红色变为蓝色，即为终点。同时做空白试验。

3）测定结果的计算。氯化钙质量分数的计算公式为

$$w(\mathrm{CaCl_2}) = \frac{c(V_1 - V_0) \times 0.1110}{m \times \dfrac{10}{500}} = \frac{5.55c(V_1 - V_0)}{m} \times 100\%$$

式中　c——标准滴定溶液的实际浓度（mol/L）；

V_1——滴定试验溶液时消耗的EDTA标准滴定溶液的体积（mL）；

V_0——空白试验中消耗的EDTA标准滴定溶液的体积（mL）；

m——试样的质量（g）；

0.1110——与1.00mL EDTA标准滴定溶液［$c(\mathrm{EDTA}) = 1.000\ \mathrm{mol/L}$］相当的氯化钙的质量（g/m mol）。

4）其他要求。正确使用分析天平、容量瓶、移液管及滴定管，准确计算测定结果。

（2）时间定额　120min内完成所有考核内容。

（3）安全文明操作

1）正确执行实验室安全操作规程。

2）遵守实验室规则，认真、如实记录试验数据。

3）保持试验台面及周围环境整洁，仪器、用品摆放整齐。

3. 配分、评分标准（略）

模拟试卷样例

一、判断题（对的画✓，错的画×；每题1分，共25分）

1. 误差是指测定值与真实值之差，误差的大小说明分析结果准确度的高低。（　）

2. 根据有效数字运算规则，213.64 +4.4 +0.3244 的计算结果为218.36。（　）

3. 分析纯 NaOH（固体）可用于直接配制标准溶液。（　）

4. 只有基准试剂才能用来直接配制标准溶液，所以优级纯的邻苯二甲酸氢钾不能直接配制标准溶液。（　）

5. 普通玻璃仪器在存放过程中应按照种类、规格顺序存放，并尽可能倒置。（　）

6. 取放砝码及样品时，应通过开启天平的前门来完成。（　）

7. 电气设备着火时可以使用二氧化碳灭火器灭火，但不能使用泡沫灭火器。（　）

8. 实验室常用的铬酸洗涤液由 $K_2Cr_2O_7$ 和浓 HCl 组成。（　）

9 浓度较大的碱溶液应使用聚乙烯容器盛装。（　）

10. 只要金属离子能与 EDTA 形成配位化合物，就能用 EDTA 直接滴定。（　）

11. 玻璃电极在使用前应在蒸馏水中浸泡 2h 以上。（　）

12. 采取工业过氧化氢试样时，取样量一般不得少于100mL。（　）

13. 以 NaOH 标准滴定溶液测定 HAc 的含量时，用酚酞作指示剂，滴定终点时溶液由无色变为浅粉红色。（　）

14. 沉淀滴定法中使用吸附指示剂时，为了使滴定终点变色敏锐，应避免强光直射。（　）

15. 光谱纯、分析纯、化学纯试剂统称为通用化学试剂。（　）

16. 氧化还原反应进行的完全程度常用反应平衡常数的大小来衡量。（　）

17. 几个数据相乘或相除时，它们的积或商的有效数字位数必须以各数据中有效数字位数最多的数据为准。（　）

18. 佛尔哈德法测定 Cl^- 时，应采用返滴定法。（　）

19. 洗涤沉淀时，应遵循“少量多次”“尽量沥干”的洗涤原则，用适当少

的洗涤液，分多次洗涤。 (　　)

20. 原子吸收光谱分析用水应使用实验室一级水。 (　　)

21. 当有人触电时，必须用最快的方法使触电者脱离电源。 (　　)

22. 在水的总硬度测定中，必须依据水中 Ca^{2+} 的性质选择滴定条件。 (　　)

23. 在每次试剂称量完毕后，多余试剂不能随意处置，应倒回原来的试剂瓶中。 (　　)

24. 定量分析中产生的系统误差是可以校正的误差。 (　　)

25. 常用的酸碱指示剂是一些有机弱酸或弱碱。 (　　)

二、选择题

（一）单选题（将正确答案的序号填入括号内；每题1分，共25分）

1. 欲配制 6mol/L 的 H_2SO_4 溶液，应在 100mL 蒸馏水中加入（　　）18mol/L 的 H_2SO_4 溶液。

A. 60mL　　B. 40mL　　C. 50mL　　D. 10mL

2. 当下列各酸性水溶液中的氢离子浓度相同时（单位为mol/L），（　　）溶液物质的量浓度最大。

A. HAc（$K_a = 1.8 \times 10^{-5}$）　　B. H_3BO_3（$K_{a_1} = 5.7 \times 10^{-10}$）

C. $H_2C_2O_4$（$K_{a_1} = 5.9 \times 10^{-2}$）　　D. HCl（$K_a >> 1$）

3. 在实验室中，通常使用（　　）在高温条件下灼烧沉淀。

A. 电炉　　B. 电热干燥箱

C. 马弗炉　　D. 电动振荡器

4. 用盐酸标准滴定溶液测定氨水的含量时，其化学计量点的 pH 值是(　　)。

A. 等于7　　B. 小于7　　C. 大于7　　D. 等于0

5. 标定 NaOH 溶液常用的基准物质是（　　）。

A. 无水碳酸钠　　B. 硼砂

C. 邻苯二甲酸氢钾　　D. 碳酸钙

6. 在 EDTA 配位滴定中，pM 突跃范围的大小取决于（　　）。

A. 指示剂的用量　　B. 被滴定物质 M 的浓度

C. 要求的误差范围　　D. 滴定的顺序

7. 标定 $KMnO_4$ 溶液时，常用的基准物质是（　　）。

A. $K_2Cr_2O_7$　　B. $Na_2C_2O_4$

C. $Na_2S_2O_3$　　D. KIO_3

8. 下列数据中，具有四位有效数字的是（　　）。

A. 0.04526　　B. 2.36×10^3

C. pH = 10.36　　D. 25380

9. pH 玻璃电极不能测定的试液是（　　）。

A. 酸性溶液　　B. 碱性溶液

C. 含 F^- 的溶液　　D. 水泥

10. 被 $KMnO_4$ 溶液污染的滴定管应用（　）溶液洗涤。

A. 铬酸洗涤液　　B. Na_2CO_3

C. 洗衣粉　　D. $H_2C_2O_4$。

11. 国家标准规定的实验室用水分为（　）级。

A. 4　　B. 5　　C. 3　　D. 2

12. 淀粉是一种（　）指示剂。

A. 自身　　B. 氧化还原型　　C. 专属　　D. 金属

13. 重铬酸钾法测定铁时，加入硫酸的作用主要是（　　）。

A. 降低 Fe^{3+} 含量　B. 增加酸度　　C. 防止沉淀　　D. 变色明显

14. 使用浓盐酸、浓硝酸，必须在（　）中进行。

A. 大容器　　B. 玻璃器皿　　C. 耐腐蚀容器　　D. 通风柜

15. 由下列化学物品引起的火灾能用水灭火的是（　　）。

A. 金属钠　　B. 五氧化二磷　　C. 过氧化物　　D. 三氧化二铝

16. 被酸蚀伤时，应用大量的水冲洗，然后用（　　）冲洗，再用水冲洗。

A. 0.3mol/L 的 HAc 溶液　　B. 质量分数为 2% 的 $NaHCO_3$ 溶液

C. 0.3mol/L 的 HCl 溶液　　D. 质量分数为 2% 的 NaOH 溶液

17. 沉淀中若杂质含量太大，则应采用（　）措施使沉淀纯净。

A. 再沉淀　　B. 提高沉淀体系温度

C. 增加陈化时间　　D. 减小沉淀的比表面积

18. 称取铁矿样 0.2500g，处理成 $Fe(OH)_3$ 沉淀后灼烧为 Fe_2O_3，称得其质量为 0.2490g，则矿石中 Fe_3O_4 的质量分数为（　　）。（已知：$M_{Fe_3O_4}=231.5g/mol$，$M_{Fe_2O_3}=159.7g/mol$）

A. 99.6%　　B. 96.25%　　C. 96.64%　　D. 68.98%

19. 下列物质中，能用氢氧化钠标准溶液直接滴定的是（　　）。

A. 苯酚　　B. 氯化氨　　C. 乙酸钠　　D. 草酸

20. 在滴定分析法测定中出现的下列情况，可导致系统误差的是（　　）。

A. 滴定时有液溅出　　B. 砝码未经校正

C. 滴定管读数读错　　D. 试样未经混匀

21. 碘量法滴定的酸度条件为（　　）。

A. 弱酸性　　B. 强酸性　　C. 弱碱性　　D. 强碱性

22. 滴定分析的相对误差一般要求达到0.1%，使用常量滴定管耗用标准溶液的体积应控制在（　　）。

A. 5～10mL　B. 10～15mL　C. 20～30mL　D. 15～20mL

23. 在滴定分析中一般利用指示剂颜色的突变来判断化学计量点的到达，在指示剂颜色突变时停止滴定，这一点称为（　　）。

A. 化学计量点　B. 理论变色点　C. 滴定终点　D. 以上说法都可以

24. 在重量分析中能使沉淀溶解度减小的因素是（　　）。

A. 同离子效应　B. 盐效应　C. 酸效应　D. 生成配位化合物

25. 氧气通常灌装在（　　）的钢瓶中。

A. 白色　B. 黑色　C. 深绿色　D. 淡蓝色

（二）多选题（将正确答案的序号填入括号内；每题1分，共20分）

1. 基准物质应具备（　　）条件。

A. 性质稳定　B. 物质的组成与化学式相符合

C. 易溶解　D. 最好具有较大的摩尔质量

2. 下列玻璃仪器中属于玻璃量器的是（　）。

A. 锥形瓶　B. 移液管

C. 滴定管　D. 容量瓶

3. 下列各混合溶液，（　　）对溶液的pH值具有缓冲能力。

A. 100mL 1mol/L HAc ＋ 100mL 1mol/L NaOH

B. 100mL 1mol/L HCl ＋ 200mL 2mol/L $NH_3 \cdot H_2O$

C. 200mL 1mol/L HAc ＋100mL 2mol/L NaOH

D. 100mL 1mol/L NH_4Cl ＋ 100mL 1mol/L $NH_3 \cdot H_2O$

4. 选择采样技术的重要依据是待检物料的（　　）。

A. 形态　B. 粒径　C. 状态　D. 数量

5. EDTA直接滴定法需符合（　　）条件。

A. $c(M)\ K'(MY) \geqslant 10^6$

B. $c(M)\ K'(MY) \geqslant c(N)\ K'(NY)$

C. $\dfrac{c(M)\ K'(MY)}{c(N)\ K'(NY)} \geqslant 10^5$

D. 要有某种指示剂可选用

6. 在称量分析中，称量形式应具备的条件是（　）。

A. 摩尔质量大

B. 组成与化学式相符

C. 不受空气中O_2、CO_2及水的影响

D. 与沉淀形式组成一致

7. 提高分析结果准确度的方法有（　　）。

A. 减小称量误差 B. 对照试验 C. 空白试验 D. 提高仪器精度

8. 下列器皿中，需要在使用前用待装溶液荡洗三次的是（　　）。

A. 锥形瓶 B. 滴定管 C. 容量瓶 D. 移液管

9. 目前配位滴定中常用的指示剂主要有（　　）。

A. 铬黑 T B. 二甲酚橙 C. 钙指示剂 D. 甲基橙

10. 莫尔法主要用于测定（　　）。

A. Na^+ B. Cl^- C. Br^- D. I^-

三、填空题（将正确的答案填在横线上；每空 1 分，共 30 分）

1. 标准滴定溶液是指已知________的溶液，其配制方法有________法和________法。

2. 用电光分析天平称量某物，零点为 -0.2mg，当砝码和环码加到 11.8500g 时，显示屏上显示停点为 +0.5mg。此物质的质量应记录为________g。

3. 用已知准确浓度的 HCl 标准滴定溶液滴定 NaOH 溶液，以甲基橙指示化学计量点的到达。其中，HCl 溶液称为________溶液，甲基橙称为________。

4. （1+1）HCl 溶液的浓度约为________mol/L；质量分数为 5.6% 的 KOH 溶液的浓度约为________mol/L。[已知 M（KOH）=56g/mol]

5. 标定 0.1mol/L 的 NaOH 溶液时，将滴定的体积控制在 25mL 左右。若以邻苯二甲酸氢钾（摩尔质量为 204.2g/mol）为基准物质，则应称取________g。若改用草酸（摩尔质量为 126.1 g/mol）为基准物质，则应称取________g。

6. 由于盛放硝酸银而在容器壁上所留下的黑褐色污物，可用________溶液进行清洗。

7. 仪器设备在封存之前，必须进行全面的检查，并对其进行________、________和________的密封包装，然后予以封存。

8. 通用化学试剂指的是纯度分别为________纯、________纯和________纯的试剂。

9. 试验中稀释浓硫酸时，要把________缓缓注入________中，绝不可反向操作，以免发生危险。

10. 甲基橙的变色范围是 pH 值为________。当溶液的 pH 值小于这个范围的下限时，指示剂呈现________色。

11. 0.01mol/L 的 CH_3COOH 溶液，其 pH 值为________。

12. 涂料的组成一般包括________、________、________和________。

13. 对于所采集的固体试样，欲将它制备成最终的样品，一般需经过________、________、________和________四个步骤。

答案部分

知识要求试题答案

一、判断题

1. √	2. ×	3. ×	4. √	5. ×	6. ×	7. √	8. √
9. √	10. ×	11. √	12. ×	13. ×	14. ×	15. √	16. ×
17. ×	18. ×	19. √	20. ×	21. ×	22. √	23. ×	24. ×
25. √	26. √	27. √	28. ×	29. √	30. ×	31. √	32. √
33. ×	34. √	35. √	36. ×	37. ×	38. √	39. √	40. ×
41. ×	42. √	43. ×	44. √	45. ×	46. √	47. √	48. ×
49. ×	50. √	51. ×	52. ×	53. √	54. ×	55. √	56. √
57. ×	58. ×	59. ×	60. √	61. ×	62. √	63. √	64. ×
65. ×	66. √	67. √	68. √	69. ×	70. √	71. ×	72. √
73. ×	74. √	75. √	76. ×	77. ×	78. √	79. √	80. ×

二、选择题

（一）单选题

1. C	2. D	3. B	4. D	5. D	6. A	7. A	8. A
9. A	10. B	11. A	12. B	13. C	14. C	15. A	16. D
17. C	18. B	19. A	20. D	21. C	22. D	23. D	24. D
25. B	26. C	27. B	28. C	29. B	30. A	31. A	32. D
33. C	34. B	35. D	36. C	37. B	38. A	39. B	40. B
41. B	42. C	43. D	44. B	45. C	46. B	47. B	48. A
49. A	50. D	51. B	52. D	53. B	54. D	55. C	56. B
57. C	58. B	59. B	60. A	61. B	62. D	63. B	64. B
65. A	66. A	67. C	68. C	69. B	70. A	71. A	72. D
73. D	74. A	75. A	76. B	77. C	78. A	79. A	80. C

（二）多选题

1. B、D	2. B、D	3. A、C	4. A、B
5. B、C	6. A、B、D	7. A、D	8. B、C
9. C、D	10. A、B、D	11. C、D	12. B、D
13. A、C、D	14. A、B	15. B、D	16. A、B、C、D
17. A、B、D	18. A、C、D	19. A、D	20. C、D
21. A、D	22. B、C	23. A、C、D	24. A、D
25. A、B、C	26. C、D	27. A、B	28. A、B、C、D
29. A、B、D	30. A、B、C	31. A、C、D	32. A、C、D
33. A、C	34. A、D	35. A、B、C、D	36. B、C、D
37. A、C、D	38. A、B、D	39. A、C	40. A、B、D

三、填空题

1. 隔断　冷却　窒息　燃烧反应中断　　2. 草酸　亚硫酸钠　硫酸亚铁

3. 经常　制度　　4. 酸度　pH 值　　5. 灰化法　消化法　　6. 五　小

7. 酸碱滴定　氧化还原滴定　配位滴定　沉淀滴定　　8. 少

9. 泥煤　褐煤　烟煤　无烟煤　　10. 排风柜　皮肤有外伤　指定的铁柜

11. 与待测液 pH 值接近　温度　　12. 密闭的容器　　13. 低　高

14. 100　　15. A. R　金光红色　　16. 碱性亚铁盐　亚铁氰化铁盐类

17. 10 ~ 990　　18. 浓 H_2SO_4　$K_2Cr_2O_7$　绿

19. 硝酸银　铬酸钾　中性或弱碱性　　20. 药匙　指定的容器　带上橡胶手套

21. 在分析工作中实际能测量到　最后一位

22. 硅酸盐　铝酸盐　硫铝酸盐　硅酸盐

23. 量出　量入　　24. 棕色　氯化钠　　25. 棕色　暗凉（避光）

26. 砝码镊子　放回原处　　27. 2　2　　28. C. P.　中蓝色

29. 酸性　氧化性　碱性　不与橡胶反应的　　30. 17　8

31. 酸碱滴定法　配位滴定法　氧化还原滴定　沉淀滴定法　常量

32. 10^2　2　　33. EBT　10　钙指示剂　12

34. 直接采样　富集采样　无动力采样

35. 氮元素的质量分数　有效五氧化二磷的质量分数

36. 刮板细度计　　37. 黑白格玻璃板　　38. 低　强

39. 矿物　空气　水　　40. 先大后小　中间截取

41. pH 值低　pH 值高　水　非水

42. 二氧化碳　氢气　干粉　手提　背负　推车

43. 反应物浓度　酸度　温度　催化剂　　44. 尽量与待测试液的温度相接近

45. 溶解　熔融　半熔　　46. $\geqslant 10^{-8}$　$\geqslant 10^{-8}$

47. 使采得的样品具有充分的代表性　　48. 偏大　无影响
49. 极微量的杂质离子　盐酸　硝酸　二次去离子水
50. 零点调节器　定位调节器　温度补偿器　斜率补偿调节器
51. 化学纯　分析纯　光谱纯　　52. pH值　大　大
53. 邻苯二甲酸氢钾　酚酞　　54. 红色　9~10
55. 铬酸钾　铁铵矾
56. 称量形式的组成必须与化学式相符　称量形式要有足够的稳定性　称量形式的摩尔质量应尽可能大
57. I_2　I^-　58. 容量瓶　滴定管　移液管　滴定管　移液管
59. 16.7　　60. 中　碱

模拟试卷样例答案

一、判断题

1. √	2. ×	3. ×	4. ×	5. √	6. ×	7. √	8. ×
9. √	10. ×	11. ×	12. ×	13. √	14. √	15. ×	16. √
17. ×	18. √	19. √	20. ×	21. √	22. ×	23. ×	24. √
25. √							

二、选择题

(一) 单选题

1. C	2. B	3. C	4. B	5. C	6. B	7. B	8. A
9. C	10. D	11. C	12. C	13. B	14. D	15. D	16. B
17. A	18. B	19. D	20. B	21. A	22. C	23. C	24. A
25. D							

(二) 多选题

1. A、B、D	2. B、C、D	3. B、D	4. A、B、C、D	5. A、C、D
6. A、B、C	7. A、B、C	8. B、D	9. A、B、C	10. B、C、D

三、填空题

1. 准确浓度　直接　间接　　2. 11.8507　　3. 标准滴定　指示剂
4. 6　1　　5. 0.51　0.16　　6. 碘—碘化钾　　7. 防潮　防锈　防腐蚀
8. 优级　分析　化学　　9. 酸　水　　10. 3.1~4.4　红　　11. 3.37
12. 主要成膜物质　颜料　助剂　溶剂　　13. 破碎　过筛　混匀　缩分

附　　录

附录 A　常用酸碱指示剂及其配制方法

指示剂	变色范围（pH 值）	配制方法
甲基紫	黄 0.1～1.5 蓝	0.25g 溶于 100mL 水
间甲酚紫	红 0.5～2.5 黄	0.10g 溶于 13.6mL 0.02mol/L 的氢氧化钠中，用水稀释至 250mL
对二甲苯酚蓝	红 1.2～2.8 黄	0.10g 溶于 250mL 乙醇
百里酚蓝（麝香草酚蓝）（第一次变色）	红 1.2～2.8 黄	0.10g 溶于 10.75mL 0.02mol/L 的氢氧化钠中，用水稀释至 250mL；0.10g 溶于 100mL 质量分数为 20% 的乙醇中
二苯胺橙	红 1.3～3.0 黄	0.10g 溶于 100mL 水
苯紫 4B	蓝紫 1.3～4.0 红	0.10g 溶于 100mL 水
茜素黄 R	红 1.9～3.3 黄	0.10g 溶于 100mL 温水
2，6-二硝基酚（β）	无色 2.4～4.0 黄	0.10g 溶于几毫升乙醇中，再用水稀释至 100mL
2，4-二硝基酚（α）	无色 2.6～4.0 黄	0.10g 溶于几毫升乙醇中，再用水稀释至 100mL
对二甲氨基偶氮苯	红 2.9～4.0 黄	0.10g 溶于 200mL 乙醇
溴酚蓝	黄 3.0～4.6 蓝	0.10g 溶于 7.45mL 0.02mol/L 的氢氧化钠中，用水稀释至 250mL
刚果红	蓝 3.0～5.2 红	0.10g 溶于 100mL 水
甲基橙	红 3.0～4.4 黄	0.10g 溶于 100mL 水
溴氯酚蓝	黄 3.2～4.8 蓝	0.10g 溶于 8.60mL 0.02mol/L 的氢氧化钠中，用水稀释至 250mL

(续)

指示剂	变色范围（pH值）	配制方法
茜素磺酸钠	黄3.7~5.2紫	0.10g溶于100mL水
2，5二硝基酚（γ）	无色4.0~5.8黄	0.10g溶于20mL乙醇中，用水稀释至100mL
溴甲酚绿	黄3.8~5.4蓝	0.10g溶于7.15mL 0.02mol/L的氢氧化钠中，用水稀释至250mL
甲基红	红4.2~6.2黄	0.10g溶于18.60mL 0.02mol/L的氢氧化钠中，用水稀释至250mL
氯酚红	黄5.0~6.6红	0.10g溶于11.80mL 0.02mol/L的氢氧化钠中，用水稀释至250mL
对硝基酚	无色5.0~7.6黄	0.25g溶于100mL水
溴甲酚紫	黄5.2~6.8紫	0.10g溶于9.25mL 0.02mol/L的氢氧化钠中，用水稀释至250mL
溴酚红	黄5.2~7.0红	0.10g溶于9.75mL 0.02mol/L的氢氧化钠中，用水稀释至250mL
溴百里酚蓝（溴麝香草酚蓝）	黄6.0~7.6蓝	0.10g溶于8.00mL 0.02mol/L的氢氧化钠中，用水稀释至250mL
姜黄	黄6.0~8.0棕红	饱和水溶液
酚红	黄6.8~8.4红	0.10g溶于7.15mL 0.02mol/L的氢氧化钠中，用水稀释至250mL
中性红	红6.8~8.0黄	0.10g溶于70mL乙醇中，用水稀释至100mL
树脂质酸	黄6.8~8.2红	1.00g溶于100mL质量分数为50%的乙醇中
喹啉蓝	无色7.0~8.0紫蓝	1.0g溶于100mL乙醇中
甲酚红	黄7.2~8.8红	0.10g溶于13.10mL 0.02mol/L的氢氧化钠中，用水稀释至250mL
1-萘酚酞	玫瑰色7.3~8.7绿	0.10g溶于100mL质量分数为50%的乙醇中
间甲酚紫	黄7.4~9.0紫	0.10g溶于13.10mL 0.02mol/L的氢氧化钠中，用水稀释至250mL
百里酚蓝(麝香草酚蓝)（第二次变色）	黄8.0~9.6蓝	0.10g溶于10.75mL 0.02mol/L的氢氧化钠中，用水稀释至250mL
酚酞	无色7.4~10.0红	1.00g溶于60mL乙醇中，用水稀释至10mL
邻甲酚酞	无色8.2~10.4红	0.10g溶于250mL乙醇中
1-萘酚苯	黄8.5~9.8绿	1.00g溶于100mL乙醇中
百里酚酞（麝香草酚酞）	无色9.3~10.5蓝	0.10g溶于100mL乙醇中
硝胺	无色11.0~13.0红棕	0.10g溶于100mL质量分数为60%的乙醇中
达旦黄	黄12.0~13.0红	0.10g溶于100mL水中

附录 B 弱酸（碱）在水中的离解常数（25℃，$I=0$）

酸（碱）	化学式	类型	K_a	pK_a
砷酸	H_3AsO_4	K_{a1} K_{a2} K_{a3}	6.5×10^{-3} 1.15×10^{-7} 3.2×10^{-12}	2.19 6.94 11.50
亚砷酸	H_3AsO_3	K_{a1}	6.0×10^{-10}	9.22
硼酸	H_3BO_3	K_{a1}	5.8×10^{-10}	9.24
碳酸	H_2CO_3（CO_2+H_2O）	K_{a1} K_{a2}	4.2×10^{-7} 5.6×10^{-11}	6.38 10.25
铬酸	H_2CrO_4	K_{a2}	3.2×10^{-7}	6.50
氢氰酸	HCN	—	4.9×10^{-10}	9.31
氢氟酸	HF	—	6.8×10^{-4}	3.17
氢硫酸	H_2S	K_{a1} K_{a2}	8.9×10^{-8} 1.2×10^{-13}	7.05 12.92
磷酸	H_3PO_4	K_{a1} K_{a2} K_{a3}	6.9×10^{-3} 6.2×10^{-8} 4.8×10^{-13}	2.16 7.21 12.32
硅酸	H_2SiO_3	K_{a1} K_{a2}	1.7×10^{-10} 1.6×10^{-12}	9.77 11.80
硫酸	H_2SO_4	K_{a2}	1.2×10^{-2}	1.92
亚硫酸	H_2SO_3（SO_2+H_2O）	K_{a1} K_{a2}	1.29×10^{-2} 6.3×10^{-8}	1.89 7.20
甲酸	HCOOH	—	1.7×10^{-4}	3.77
乙酸	CH_3COOH	—	1.75×10^{-5}	4.76
丙酸	C_2H_5COOH	—	1.35×10^{-5}	4.87
氯乙酸	$ClCH_2COOH$	—	1.38×10^{-3}	2.86
二氯乙酸	$Cl_2CHCOOH$	—	5.5×10^{-2}	1.26
氨基乙酸	H_2NCH_2COOH	K_{a1} K_{a2}	4.5×10^{-3} 1.7×10^{-10}	2.35 9.78

(续)

酸（碱）	化学式	类型	K_a	pK_a
苯甲酸	C_6H_5COOH	—	6.2×10^{-5}	4.21
草 酸	$H_2C_2O_4$	K_{a1} K_{a2}	5.6×10^{-2} 5.1×10^{-5}	1.25 4.29
α-酒石酸	CH(OH)COOH | CH(OH)COOH	K_{a1} K_{a2}	9.1×10^{-4} 4.3×10^{-5}	3.04 4.37
琥珀酸	CH_2COOH | CH_2COOH	K_{a1} K_{a2}	6.2×10^{-5} 2.3×10^{-6}	4.21 5.64
邻苯二甲酸	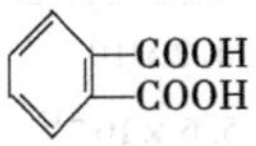	K_{a1} K_{a2}	1.12×10^{-3} 3.91×10^{-6}	2.95 5.41
柠檬酸	CH_2COOH | C（OH）COOH | CH_2COOH	K_{a1} K_{a2} K_{a3}	7.4×10^{-4} 1.7×10^{-5} 4.0×10^{-7}	3.13 4.76 6.40
苯酚	C_6H_5OH	—	1.12×10^{-10}	9.95
乙酰丙酮	$CH_3COCH_2COCH_3$	—	1×10^{-9}	9.0
乙二胺四乙酸	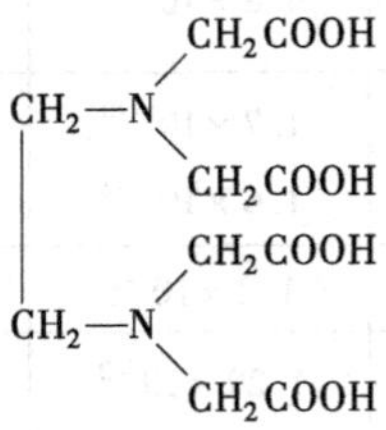	K_{a1} K_{a2} K_{a3} K_{a4} K_{a5} K_{a6}	0.13 3×10^{-2} 1×10^{-2} 2.1×10^{-3} 5.4×10^{-7} 5.5×10^{-11}	0.9 1.6 2.0 2.67 6.16 10.26
8-羟基喹啉	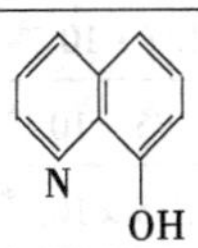	K_{a1} K_{a2}	8×10^{-6} 1×10^{-9}	5.1 9.0
苹果酸	$HOOCCH_2CHCOOH$ | OH	K_{a1} K_{a2}	4.0×10^{-4} 8.9×10^{-6}	5.1 9.0

（续）

酸（碱）	化学式	类型	K_a	pK_a
水杨酸	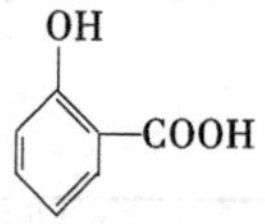	K_{a1} K_{a2}	1.05×10^{-3} 8×10^{-14}	2.98 13.1
磺基水杨酸	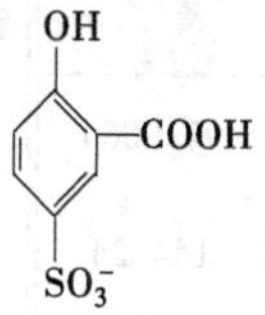	K_{a1} K_{a2}	3×10^{-3} 3×10^{-12}	2.6 11.6
顺丁烯二酸	CH—COOH ‖ CH—COOH	K_{a1} K_{a2}	1.2×10^{-2} 6.0×10^{-7}	1.92 6.22
氨	NH_3	—	1.8×10^{-5}	4.75
联氨	$H_2N\text{-}NH_2$	K_{b1} K_{b2}	9.8×10^{-7} 1.32×10^{-15}	6.01 14.88
羟氨	NH_2OH	—	9.1×10^{-9}	8.04
甲胺	CH_3NH_2	—	4.2×10^{-4}	3.38
乙胺	$C_2H_5NH_2$	—	4.3×10^{-4}	3.37
苯胺	$C_6H_5NH_2$	—	4.2×10^{-10}	9.38
乙二胺	$H_2NCH_2CH_2NH_2$	K_{b1} K_{b2}	8.5×10^{-5} 7.1×10^{-8}	4.07 7.15
三乙醇胺	$N(CH_2CH_2OH)_3$	—	5.8×10^{-7}	6.24
六次甲基四胺	$(CH_2)_6N_4$	—	1.35×10^{-9}	8.87
吡啶	C_5H_5N	—	1.8×10^{-9}	8.74
邻二氮菲	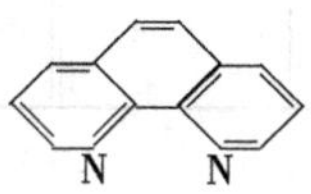	—	6.9×10^{-10}	9.16

附录C 相对原子质量（*Ar*）表

元素		*Ar*	元素		*Ar*	元素		*Ar*	元素		*Ar*
符号	名称		符号	名称		符号	名称		符号	名称	
Ag	银	107.868	F	氟	18.998403	Nb	铌	92.9064	Sc	钪	44.9559
Al	铝	26.98154	Fe	铁	55.847	Nd	钕	144.24	Se	硒	78.96
As	砷	74.9216	Ga	镓	69.72	Ni	镍	58.69	Si	硅	28.0855
Au	金	196.9665	Ge	锗	72.59	O	氧	15.9994	Sn	锡	118.69
B	硼	10.81	H	氢	1.0079	Os	锇	190.2	Sr	锶	87.62
Ba	钡	137.33	He	氦	4.00260	P	磷	30.97376	Ta	钽	180.9479
Be	铍	9.01218	Hf	铪	178.49	Pb	铅	207.2	Te	碲	127.60
Bi	铋	208.9804	Hg	汞	200.59	Pd	钯	106.42	Th	钍	232.0381
Br	溴	79.904	I	碘	126.9045	Pr	镨	140.9077	Ti	钛	47.88
C	碳	12.011	In	铟	114.82	Pt	铂	195.08	Tl	铊	204.383
Ca	钙	40.08	K	钾	39.0983	Ra	镭	226.0254	U	铀	238.0289
Cd	镉	112.41	La	镧	138.9055	Rb	铷	85.4678	V	钒	50.9415
Ce	铈	140.12	Li	锂	6.941	Re	铼	186.207	W	钨	183.85
Cl	氯	35.453	Mg	镁	24.305	Rh	铑	102.9055	Y	钇	88.9059
Co	钴	58.9332	Mn	锰	54.9380	Ru	钌	101.07	Zn	锌	65.38
Cr	铬	51.996	Mo	钼	95.94	S	硫	32.06	Zr	锆	91.22
Cs	铯	132.9054	N	氮	14.0067	Sb	锑	121.75			
Cu	铜	63.546	Na	钠	22.98977						

附录 D 化合物的摩尔质量（*M*）表

化 学 式	*M*/(g/mol)	化 学 式	*M*/(g/mol)
Ag_3AsO_3	446.52	$C_{12}H_8N_2$（邻二氮菲）	180.21
Ag_3AsO_4	462.52	$C_{12}H_8N_2 \cdot H_2O$（邻二氮菲）	198.21
$AgBr$	187.77	$C_2H_5NO_2$（氨基乙酸，甘氨酸）	75.07
$AgSCN$	165.95	$C_6H_{12}N_2O_4S_2$（L-胱氨酸）	240.30
$AgCl$	143.32		
Ag_2CrO_4	331.73	$CaCO_3$	100.09
AgI	234.77	$CaC_2O_4 \cdot H_2O$	146.11
$AgNO_3$	169.87	$CaCl_2$	110.99
		CaF_2	78.08
$Al(C_9H_6ON)_3$（8-羟基喹啉铝）	459.44	CaO	56.08
		$CaSO_4$	136.14
$AlK(SO_4)_2 \cdot 12H_2O$	474.38	$CaSO_4 \cdot 2H_2O$	172.17
Al_2O_3	101.96		
		$CdCO_3$	172.42
As_2O_3	197.84	$Cd(NO_3)_2 \cdot 4H_2O$	308.48
As_2O_5	229.84	CdO	128.41
		$CdSO_4$	208.47
$BaCO_3$	197.34		
$BaCl_2$	208.24	$CoCl_2 \cdot 6H_2O$	237.93
$BaCl_2 \cdot 2H_2O$	244.27	$CuSCN$	121.62
$BaCrO_4$	253.32	$CuHg(SCN)_4$	496.45
$BaSO_4$	233.39	CuI	190.45
BaS	169.39	$Cu(NO_3)_2 \cdot 3H_2O$	241.60
		CuO	79.55
$Bi(NO_3)_3 \cdot 5H_2O$	485.07	$CuSO_4 \cdot 5H_2O$	249.68
Bi_2O_3	465.96		
$BiOCl$	260.43	$FeCl_2 \cdot 4H_2O$	198.81
		$FeCl_3 \cdot 6H_2O$	270.30
CH_2O（甲醛）	30.03	$Fe(NO_3)_3 \cdot 9H_2O$	404.00
$C_{14}H_{14}N_3O_3SNa$（甲基橙）	327.33	FeO	71.85
$C_6H_5NO_3$（硝基酚）	139.11	Fe_2O_3	159.69
$C_4H_8N_2O_2$（丁二酮肟）	116.12	Fe_3O_4	231.54
$(CH_2)_6N_4$（六次甲基四胺）	140.19	$FeSO_4 \cdot 7H_2O$	278.01
$C_7H_6O_6S$（磺基水杨酸）	218.18		

(续)

化学式	M/(g/mol)	化学式	M/(g/mol)
HCOOH	46.03	$K_4Fe(CN)_6$	368.35
CH_3COOH	60.05	$KHC_4H_4O_6$ (酒石酸氢钾)	188.18
H_2CO_3	62.03	$KHC_8H_4O_4$(苯二甲酸氢钾)	204.22
$H_2C_2O_4$	90.04	$K_3C_6H_5O_7$ (柠檬酸钾)	306.40
$H_2C_2O_4 \cdot 2H_2O$ (草酸)	126.07	KI	166.00
$H_2C_4H_4O_4$ (琥珀酸，丁二酸)	118.090	KIO_3	214.00
$H_2C_4H_4O_6$ (酒石酸)	150.088	$KMnO_4$	158.03
$H_3C_6H_5O_7 \cdot H_2O$(柠檬酸)	210.14	KNO_2	85.10
HCl	36.46	KNO_3	101.10
HNO_3	63.01	KOH	56.11
HNO_2	47.01	K_2PtCl_6	485.99
H_2O_2	34.01	$KHSO_4$	136.16
H_3PO_4	98.00	K_2SO_4	174.25
H_2S	34.08	$K_2S_2O_7$	254.31
H_2SO_3	82.07		
H_2SO_4	98.07	$Mg(C_9H_6ON)_2$ (8-羟基喹啉镁)	312.61
$HClO_4$	100.46		
$HgCl_2$	271.50	$MgNH_4PO_4 \cdot 6H_2O$	245.41
Hg_2Cl_2	472.09	MgO	40.30
HgO	216.59	$Mg_2P_2O_7$	222.55
HgS	232.65	$MgSO_4 \cdot 7H_2O$	246.47
$HgSO_4$	296.65	$MnCO_3$	114.95
		MnO_2	86.94
$KAl(SO_4)_2 \cdot 12H_2O$	474.38	$MnSO_4$	151.00
KBr	119.00		
$KBrO_3$	167.00	$NH_2OH \cdot HCl$(盐酸羟胺)	69.49
KCN	65.116	NH_3	17.03
KSCN	97.18	NH_4	18.04
K_2CO_3	138.21	$NH_4C_2H_3O_2$ (乙酸铵)	77.08
KCl	74.55	NH_4SCN	76.12
$KClO_3$	122.55	$(NH_4)_2C_2O_4 \cdot H_2O$	142.11
$KClO_4$	138.55	NH_4Cl	53.49
K_2CrO_4	194.19	NH_4F	37.04
$K_2Cr_2O_7$	294.18	$NH_4Fe(SO_4)_2 \cdot 12H_2O$	482.18
$K_3Fe(CN)_6$	329.25	$(NH_4)_2Fe(SO_4)_2 \cdot 6H_2O$	392.13

（续）

化 学 式	M/(g/mol)	化 学 式	M/(g/mol)
NH_4HF_2	57.04	$Ni(C_4H_7N_2O_2)_2$(丁二酮肟镍)	288.91
$(NH_4)_2Hg(SCN)_4$	468.98		
NH_4NO_3	80.04		
NH_4OH	35.05	PbO	223.2
$(NH_4)_3PO_4 \cdot 12MoO_3$	1876.34	PbO_2	239.2
$(NH_4)_2S_2O_8$	228.19	$Pb(C_2H_3O_2)_2 \cdot 3H_2O$	379.3
		$PbCrO_4$	323.2
$Na_2B_4O_7$	201.22	$PbCl_2$	278.1
$Na_2B_4O_7 \cdot 10H_2O$	381.37	$Pb(NO_3)_2$	331.2
$NaBiO_3$	279.97	PbS	239.3
$NaC_2H_3O_2$（乙酸钠）	82.03	$PbSO_4$	303.3
$Na_3C_6H_5O_7$（柠檬酸钠）	258.07		
Na_2CO_3	105.99	SO_2	64.06
$Na_2CO_3 \cdot 10H_2O$	286.14	SO_3	80.06
$Na_2C_2O_4$	134.00	SO_4	96.06
$NaCl$	58.44	SiF_4	104.08
$NaClO_4$	122.44	SiO_2	60.08
NaF	41.99	$SnCl_2 \cdot 2H_2O$	225.63
$NaHCO_3$	84.01	$SnCl_4$	260.50
$Na_2H_2C_{10}H_{12}O_8N_2$（EDTA二钠盐）	336.21	SnO	134.69
		SnO_2	150.69
$Na_2H_2C_{10}H_{12}O_8N_2 \cdot 2H_2O$	372.24	$SrCO_3$	147.63
$NaH_2PO_4 \cdot 2H_2O$	156.01	$Sr(NO_3)_2$	211.63
$Na_2HPO_4 \cdot 2H_2O$	177.99	$SrSO_4$	183.68
$NaHSO_4$	120.06		
$NaOH$	39.997	$TiCl_3$	154.24
Na_2SO_4	142.04	TiO_2	79.88
$Na_2S_2O_3 \cdot 5H_2O$	248.17		
$NaZn(UO_2)_3(C_2H_3O_2)_9 \cdot 6H_2O$	1537.94	$ZnHg(SCN)_4$	498.28
		$ZnNH_4PO_4$	178.39
		ZnS	97.44
$NiSO_4 \cdot 7H_2O$	280.85	$ZnSO_4$	161.44

参考文献

[1] 高职高专化学教材编写组．分析化学［M］．2版．北京：高等教育出版社，2000.
[2] 姜洪文．分析化学［M］．北京：化学工业出版社．1995.
[3] 顾明华．无机物定量分析基础［M］．北京：化学工业出版社，2002.
[4] 张铁垣．化验工作实用手册［M］．北京：化学工业出版社，2003.
[5] 邹毓良，顾明华．化工分析基础［M］．北京：中国矿业大学出版社，1993.
[6] 季剑波，凌昌都．定量化学分析例题与习题［M］．北京：化学工业出版社，2004.
[7] 杭州大学化学系分析化学教研室．分析化学手册：第一分册［M］．2版．北京：化学工业出版社，1997.
[8] 张铁垣．分析化学中的量和单位［M］．2版．北京：中国标准出版社，2002.
[9] 夏玉宇．化验员实用手册［M］．北京：化学工业出版社，2004.
[10] 武汉大学化学系分析化学教研室．分析化学［M］．长沙：湖南科学技术出版社，1988.
[11] 郑星泉，周淑玉．化妆品卫生检验手册［M］．北京：化学工业出版社，2003.
[12] 吕春绪，诸松渊．化验室工作手册［M］．南京：江苏科学技术出版社，1994.
[13] 王瑛．分析化学操作技能［M］．北京：化学工业出版社，1992.
[14] 李楚芝．分析化学实验［M］．北京：化学工业出版社，1995.
[15] 杨新星．工业分析技术［M］．北京：化学工业出版社，2000.
[16] 苗凤琴，于世林．分析化学实验［M］．北京：化学工业出版社，2001.
[17] 郭积燕．微生物检验技术［M］．北京：人民卫生出版社，2002.
[18] 毛培坤．表面活性剂产品工业分析［M］．北京：化学工业出版社，2002.
[19] 化学工业部人事教育司，化学工业部教育培训中心．化验室基本知识［M］．北京：化学工业出版社，1997.
[20] 马桂铭．化验室组织与管理［M］．2版．北京：化学工业出版社，2002.
[21] 骆巨新．分析实验室装备手册［M］．北京：化学工业出版社，2003.
[22] 胥朝禔．分析工［M］．北京，化学工业出版社，1997.
[23] 刘珍，黄沛成，于世林，等．化验员读本［M］．3版．北京：化学工业出版社，1998.
[24] 黄一石，乔子荣．定量化学分析［M］．北京：化学工业出版社，2004.
[25] 孙彩兰．化学检验技术［M］．北京：化学工业出版社，2008.
[26] 王建梅．化学检验基础知识［M］．北京：化学工业出版社，2009.
[27] 丁敬敏，杨小林．化学检验工理论知识试题集［M］．北京：化学工业出版社，2008.
[28] 冯颖．化学检验工：初级［M］．北京：化学工业出版社，2010

国家职业资格培训教材

丛书介绍：深受读者喜爱的经典培训教材，依据最新国家职业标准，按初级、中级、高级、技师（含高级技师）分册编写，以技能培训为主线，理论与技能有机结合，书末有配套的试题库和答案。所有教材均免费提供PPT电子教案，部分教材配有VCD实景操作光盘（注：标注★的图书配有VCD实景操作光盘）。

读者对象：本套教材是各级职业技能鉴定培训机构、企业培训部门、再就业和农民工培训机构的理想教材，也可作为技工学校、职业高中、各种短训班的专业课教材。

- 机械识图
- 机械制图
- 金属材料及热处理知识
- 公差配合与测量
- 机械基础（初级、中级、高级）
- 液气压传动
- 数控技术与AutoCAD应用
- 机床夹具设计与制造
- 测量与机械零件测绘
- 管理与论文写作
- 钳工常识
- 电工常识
- 电工识图
- 电工基础
- 电子技术基础
- 建筑识图
- 建筑装饰材料
- 车工（初级★、中级、高级、技师和高级技师）
- 铣工（初级★、中级、高级、技师和高级技师）
- 磨工（初级、中级、高级、技师和高级技师）
- 钳工（初级★、中级、高级、技师和高级技师）
- 机修钳工（初级、中级、高级、技师和高级技师）
- 锻造工（初级、中级、高级、技师和高级技师）
- 模具工（中级、高级、技师和高级技师）
- 数控车工（中级★、高级★、技师和高级技师）
- 数控铣工/加工中心操作工（中级★、高级★、技师和高级技师）
- 铸造工（初级、中级、高级、技师和高级技师）
- 冷作钣金工（初级、中级、高级、技师和高级技师）
- 焊工（初级★、中级★、高级★、技师和高级技师★）
- 热处理工（初级、中级、高级、技师和高级技师）
- 涂装工（初级、中级、高级、技师和高级技师）
- 电镀工（初级、中级、高级、技师

有工种，共10种。

读者对象：可作为相关企业培训部门、各级职业技能鉴定培训机构的鉴定培训教材，也可作为变压器行业从业人员学习、考证用书，还可作为技工学校、职业高中、各种短训班的教材。

- ◆ 变压器基础知识
- ◆ 绕组制造工（基础知识）
- ◆ 绕组制造工（初级 中级 高级技能）
- ◆ 绕组制造工（技师 高级技师技能）
- ◆ 干式变压器装配工（初级、中级、高级技能）
- ◆ 变压器装配工（初级、中级、高级、技师、高级技师技能）
- ◆ 变压器试验工（初级、中级、高级、技师、高级技师技能）
- ◆ 互感器装配工（初级、中级、高级、技师、高级技师技能）
- ◆ 绝缘制品件装配工（初级、中级、高级、技师、高级技师技能）
- ◆ 铁心叠装工（初级、中级、高级、技师、高级技师技能）

国家职业资格培训教材——理论鉴定培训系列

丛书介绍：以国家职业技能标准为依据，按机电行业主要职业（工种）的中级、高级理论鉴定考核要求编写，着眼于理论知识的培训。

读者对象：可作为各级职业技能鉴定培训机构、企业培训部门的培训教材，也可作为职业技术院校、技工院校、各种短训班的专业课教材，还可作为个人的学习用书。

- ◆ 车工（中级）鉴定培训教材
- ◆ 车工（高级）鉴定培训教材
- ◆ 铣工（中级）鉴定培训教材
- ◆ 铣工（高级）鉴定培训教材
- ◆ 磨工（中级）鉴定培训教材
- ◆ 磨工（高级）鉴定培训教材
- ◆ 钳工（中级）鉴定培训教材
- ◆ 钳工（高级）鉴定培训教材
- ◆ 机修钳工（中级）鉴定培训教材
- ◆ 机修钳工（高级）鉴定培训教材
- ◆ 焊工（中级）鉴定培训教材
- ◆ 焊工（高级）鉴定培训教材
- ◆ 热处理工（中级）鉴定培训教材
- ◆ 热处理工（高级）鉴定培训教材
- ◆ 铸造工（中级）鉴定培训教材
- ◆ 铸造工（高级）鉴定培训教材
- ◆ 电镀工（中级）鉴定培训教材
- ◆ 电镀工（高级）鉴定培训教材
- ◆ 维修电工（中级）鉴定培训教材
- ◆ 维修电工（高级）鉴定培训教材
- ◆ 汽车修理工（中级）鉴定培训教材
- ◆ 汽车修理工（高级）鉴定培训教材
- ◆ 涂装工（中级）鉴定培训教材
- ◆ 涂装工（高级）鉴定培训教材

- ◆ 汽车修理工（中级）操作技能鉴定实战详解
- ◆ 汽车修理工（高级）操作技能鉴定实战详解

技能鉴定考核试题库

丛书介绍：根据各职业（工种）鉴定考核要求分级编写，试题针对性、通用性、实用性强。

读者对象：可作为企业培训部门、各级职业技能鉴定机构、再就业培训机构培训考核用书，也可供技工学校、职业高中、各种短训班培训考核使用，还可作为个人读者学习自测用书。

- ◆ 机械识图与制图鉴定考核试题库
- ◆ 机械基础技能鉴定考核试题库
- ◆ 电工基础技能鉴定考核试题库
- ◆ 车工职业技能鉴定考核试题库
- ◆ 铣工职业技能鉴定考核试题库
- ◆ 磨工职业技能鉴定考核试题库
- ◆ 数控车工职业技能鉴定考核试题库
- ◆ 数控铣工/加工中心操作工职业技能鉴定考核试题库
- ◆ 模具工职业技能鉴定考核试题库
- ◆ 钳工职业技能鉴定考核试题库
- ◆ 机修钳工职业技能鉴定考核试题库
- ◆ 汽车修理工职业技能鉴定考核试题库
- ◆ 制冷设备维修工职业技能鉴定考核试题库
- ◆ 维修电工职业技能鉴定考核试题库
- ◆ 铸造工职业技能鉴定考核试题库
- ◆ 焊工职业技能鉴定考核试题库
- ◆ 冷作钣金工职业技能鉴定考核试题库
- ◆ 热处理工职业技能鉴定考核试题库
- ◆ 涂装工职业技能鉴定考核试题库

机电类技师培训教材

丛书介绍：以国家职业标准中对各工种技师的要求为依据，以便于培训为前提，紧扣职业技能鉴定培训要求编写。加强了高难度生产加工，复杂设备的安装、调试和维修，技术质量难题的分析和解决，复杂工艺的编制，故障诊断与排除以及论文写作和答辩的内容。书中均配有培训目标、复习思考题、培训内容、试题库、答案、技能鉴定模拟试卷样例。

读者对象：可作为职业技能鉴定培训机构、企业培训部门、技师学院培训鉴定教材，也可供读者自学及考前复习和自测使用。

- ◆ 公共基础知识
- ◆ 电工与电子技术

- ◆ 机械制图与零件测绘
- ◆ 金属材料与加工工艺
- ◆ 机械基础与现代制造技术
- ◆ 技师论文写作、点评、答辩指导
- ◆ 车工技师鉴定培训教材
- ◆ 铣工技师鉴定培训教材
- ◆ 钳工技师鉴定培训教材
- ◆ 焊工技师鉴定培训教材
- ◆ 电工技师鉴定培训教材
- ◆ 铸造工技师鉴定培训教材
- ◆ 涂装工技师鉴定培训教材
- ◆ 模具工技师鉴定培训教材
- ◆ 机修钳工技师鉴定培训教材
- ◆ 热处理工技师鉴定培训教材
- ◆ 维修电工技师鉴定培训教材
- ◆ 数控车工技师鉴定培训教材
- ◆ 数控铣工技师鉴定培训教材
- ◆ 冷作钣金工技师鉴定培训教材
- ◆ 汽车修理工技师鉴定培训教材
- ◆ 制冷设备维修工技师鉴定培训教材

特种作业人员安全技术培训考核教材

丛书介绍：依据《特种作业人员安全技术培训大纲及考核标准》编写，内容包含法律法规、安全培训、案例分析、考核复习题及答案。

读者对象：可用作各级各类安全生产培训部门、企业培训部门、培训机构安全生产培训和考核的教材，也可作为各类企事业单位安全管理和相关技术人员的参考书。

- ◆ 起重机司索指挥作业
- ◆ 企业内机动车辆驾驶员
- ◆ 起重机司机
- ◆ 金属焊接与切割作业
- ◆ 电工作业
- ◆ 压力容器操作
- ◆ 锅炉司炉作业
- ◆ 电梯作业
- ◆ 制冷与空调作业
- ◆ 登高作业

读者信息反馈表

亲爱的读者：

您好！感谢您购买《化学检验工（初级）第 2 版》（朱伟军　主编）一书。为了更好地为您服务，我们希望了解您的需求以及对我社教材的意见和建议，愿这小小的表格在我们之间架起一座沟通的桥梁。另外，如果您在培训中选用了本教材，我们将免费为您提供与本教材配套的电子课件。

<table>
<tr><td>姓　名</td><td></td><td colspan="2">所在单位名称</td><td colspan="2"></td></tr>
<tr><td>性　别</td><td></td><td colspan="2">所从事工作（或专业）</td><td colspan="2"></td></tr>
<tr><td>通信地址</td><td colspan="3"></td><td>邮编</td><td></td></tr>
<tr><td>办公电话</td><td colspan="2"></td><td colspan="2">移动电话</td><td></td></tr>
<tr><td>E-mail</td><td colspan="2"></td><td colspan="2">QQ</td><td></td></tr>
<tr><td colspan="6">1. 您选择图书时主要考虑的因素（在相应项后面画✓）
出版社（　　）　内容（　　）　价格（　　）　其他：________
2. 您选择我们图书的途径（在相应项后面画✓）
书目（　　）　书店（　　）　网站（　　）　朋友推介（　　）　其他：________</td></tr>
<tr><td colspan="6">希望我们与您经常保持联系的方式：
□电子邮件信息　□定期邮寄书目　□通过编辑联络　□定期电话咨询</td></tr>
<tr><td colspan="6">您关注（或需要）哪些类图书和教材：</td></tr>
<tr><td colspan="6">您对本书的意见和建议（欢迎您指出本书的疏漏之处）：</td></tr>
<tr><td colspan="6">您近期的著书计划：</td></tr>
</table>

请联系我们——

地　　址　北京市西城区百万庄大街 22 号　机械工业出版社技能教育分社

邮　　编　100037

社长电话　（010）88379083　88379080

传　　真　（010）68329397

营销编辑　（010）88379534　88379535

免费电子课件索取方式：

网上下载　www. cmpedu. com

邮箱索取　jnfs@ cmpbook. com